公共哲学

PUBLIC PHILOSOPHY

第8卷

科学技术与公共性

〔日〕佐佐木毅　〔韩〕金泰昌　主编　　吴光辉　译

PUBLICNESS IN SCIENCE AND
TECHNOLOGY

人民出版社

《公共哲学》丛书编委会

主　编　佐佐木毅　金泰昌

编委会

主　任　张立文　张小平

副主任　陈亚明　方国根

委　员（按姓氏笔画为序）

　　　　山胁直司　方国根　田　园　矢崎胜彦　卞崇道　竹中英俊

　　　　李之美　陈亚明　佐佐木毅　张小平　张立文　罗安宪

　　　　金泰昌　林美茂　洪　琼　钟金铃　夏　青　彭永捷

译委会

主　任　卞崇道　林美茂

副主任　金熙德　刘雨珍

委　员（按姓氏笔画为序）

　　　　刁　榴　王　伟　王　青　卞崇道　刘文柱　刘　荣　刘雨珍

　　　　朱坤容　吴光辉　林美茂　金熙德　崔世广　韩立新　韩立红

出版策划　方国根

编辑主持　夏　青　李之美

责任编辑　夏　青

版式设计　顾杰珍

封面设计　曹　春

总 序

公共哲学,作为一种崭新学问的视野

卞崇道　林美茂*

近年来,"公共哲学"(public philosophy)这一用语在我国学术界开始逐渐被人们所熟悉,这一方面来自于我国学术界对于国外前沿学术思潮的敏感反应,另一方面则与日本公共哲学研究者在我国的推介多少有关。其实,在半个多世纪前,"公共哲学"这一用语就在美国出现了,1955 年著名新闻评论家、政论家李普曼(Walter Lippman)出版了一部名为《公共哲学》(*The Public Philosophy*)的著作,倡导并呼吁通过树立人们的公共精神来重建自由民主主义社会的秩序,他把这样的理论探索命名为"公共的哲学"。但是,此后,对公共哲学的探索在美国乃至西欧并没有取得较大的进展,尽管也有少数学者如阿伦特、哈贝马斯等相继对"公共性"问题做过一些理论探讨。另外,宗教社会学家贝拉等人也提出了

* 卞崇道:哲学博士,原中国社会科学院哲学研究所研究员,现任浙江树人大学教授,我国当代研究日本哲学的知名学者。
林美茂:哲学博士,中国人民大学哲学院副教授,主要研究领域:古希腊哲学,公共哲学,日本哲学。

1

以公共哲学"统合"长期以来被各种专业分割的社会科学。然而，把公共哲学作为一门探索新时代人类生存理念的学问来构筑，并没有在学术界受到普遍而应有的关注。

自20世纪90年代开始，东方的发达资本主义国家日本的学术界，却兴起了一场堪称公共哲学运动的学术探索。1997年，在京都论坛的将来世代综合研究所（现更名为公共哲学共働研究所）所长金泰昌教授和将来世代财团矢崎胜彦理事长的发起、倡导以及时任东京大学法学部部长（即法学院院长）、不久后出任东京大学校长的著名政治学家佐佐木毅教授的推动下，经过充分的准备，在京都成立了"公共哲学共同研究会"，并且于1998年4月在京都召开了第一次学术论坛，从此拉开了日本公共哲学运动的帷幕。该研究会后来更名为"公共哲学京都论坛"（Kyoto Forum For Public Philosophizing），迄今为止，该论坛召开了八十多次研讨会，其间还召开过数次国际性公共哲学研讨会，各个学科领域的著名学者、科学家、社会各界著名人士等已有1600多人参加过该论坛的讨论。研讨的成果已由东京大学出版会先后出版了"公共哲学系列"丛书第一期10卷、第二期5卷、第三期5卷，共20卷。这次由人民出版社推出的这一套10卷《公共哲学》译丛，采用的就是该丛书日文版的第一期10卷本。这套译丛的问世，是各卷的译者们在百忙的工作之中抽出宝贵的时间，经过了四年多辛勤努力的汗水结晶。

这套中译本《公共哲学》丛书，涵盖了公共哲学在人文、社会科学的各个领域的理论与现实的相关问题，其中包括了对政治、经济、共同体（日本和欧美等国家地区以及各类民间集团）、地球环境、科学技术以及公共哲学思想史等问题的综合考察。第1卷《公与私的思想史》以西欧、中国、伊斯兰世界、日本和印度为对象,主要由这些领域的专家从比较思想史的角度,就公私问题进行讨论。第2卷《社会科学中的公私问题》围绕政治学、社会学以及经济学各领域中的公私观的异同展开涉及多学科的讨论。第3卷《日本的公与私》从历史角度重新审视日本公私观念的原型及其变迁,并就现代有关公共性的学说展开深入的讨论。第4卷《欧美的公与私》以英、法、德、美等现代欧美国家为对象,探讨其以国家为中心的公共性向以市民为中心的公共性之转变是如何得以完成的问题;并且重点讨论了向类似欧盟那样的超国家公共性组织转换的可能性等问题。第5卷《国家·人·公共性》,在承认20世纪各国于民族统一性原则、总动员体制、意识形态政治、全能主义体制等方面存在着差异的前提下,围绕今后应该如何思考国家和个人的关系展开议论。第6卷《从经济看公私问题》是由具有代表性的日本经济学家们围绕着是否可以通过国家介入和控制私人利益来实现公共善以及应该如何看待日本的经济问题等进行了讨论。第7卷《中间团体开创的公共性》围绕介于国家和个人之间的家庭、町内会(町是日本城市中的街区,类似于中国的巷、胡同;町内会则是以町为单位成立的地区居民自治组织)、小区(community)、新的志愿者组织、非营利组织(NPO)、非政府组织(NGO)等新旧民间(中间)团体在日本能否开创出新的公共性问题进行了探讨。第8卷《科学技术与公共性》,主要由科学家、技术人员和制定有关政策的官员讨论科学技术中的公私问题,以及人类能否控制既给人类的生存、生活带来巨大的便利,同时又有可能导致人类灭亡的科学技术的问题。第9卷《地球环境与公共性》着重讨论了在单个国家无法解决的全球环境问题的今天,如何重新建立环境伦理、生命伦理和环境公共性的问题。第10卷《21世纪公共哲学的展望》由来自不同领域的专家学者从不同的

3

视角探讨着构建哲学、政治、经济和其他社会现象的学问——公共哲学——所必须关心的问题以及相关问题的研究现状。

这套丛书除了第 10 卷《21 世纪公共哲学的展望》之外,其他 9 卷的最大特点是打破了以往学术著作的成书结构,采用了由各个领域的一名著名学者提出论题,让其他来自不同领域的学者参与讨论互动,使相关问题进一步往纵向与横向拓展的方式,因此各章的内容基本上都是由"论题"、"围绕论题的讨论"、"拓展"等几个部分构成,克服了传统的学术仅仅建立在学者个人单独论述、发言的独白性局限,体现了"公共哲学"所应有的"对话性探索"之互动=公共的追求。其实,作为学术著作的这种体例与风格,与日本的公共哲学京都论坛的首倡者、组织者、构建者金泰昌教授对该问题的认识有关①,也与日本构筑公共哲学的代表性学者、东京大学的山胁直司教授的学术理想相吻合。② 金泰昌教授认为,"公共哲学"应该区别于由来已久的学者对学术的垄断,即由专家、学者单独发言,读者屈居于倾听地位的单向思想输出的学院派传统,让学问在一种互动关系中进行,达到一种动态的自足性完成。所以"公共哲学"中的"公共"应该是动词,不是名词或者形容词。公共哲学是一门"共媒—共働—共福"的学问。"共媒"就是相互媒介;"共働"的"働"字在日语中的意思是"作用",在这里就是相互作用;"共福",顾名思义就是共同幸福,公共哲学是为了探索一种让人们的共同幸福如何成为可能的学问。而山胁直司教授提倡并探索公共哲学的目标在于,如何打破19世纪中叶以来逐渐形成的学科分化、学者之间横向间隔的学术现状,让各个领域的学术跨学科横向对话,构筑新时代所需要的学术统合。那么,在这种思想和目标的基础上编辑而成的这套丛书,当然不可能采用传统的仅仅只是某个专家、学者单独著述的形式,而在书中展开跨领域、跨学科的学者之间的对话互动成为它的一大特色。

从上述的情况我们已经可以看出,关于"公共哲学"问题,无论作为一种学术概念,还是作为一门新兴的学科,都是一个产生的历史并不太长、尚未得以确立的学术领域。针对这种情况,我们认为有必要借这次出版该译丛的机会,通过国外关于公共哲学的理解,提出并尽可能澄清一些与此相关的最基本问题,为我国学术界今后的研究提供一些参考性思路。

组织者、推动者,致力于学术对话的社会实践活动的学术方式不同,山胁教授多年来致力于相关学术著作的著述,先后出版了介绍公共哲学的普及性著作《公共哲学是什么》(筑摩新书2004年版),面向专家、学者的学术专著《全球—区域公共哲学》(东京大学出版会2008年版),面向高中生的通俗读本《如何与社会相关——公共哲学的启发》(岩波书店2008年版)等,成为日本在公共哲学领域的代表性学者。

一、公共哲学究竟是怎样的学问

当我们谈到"公共哲学"的时候,首先面临的是"公共哲学是什么"问题。那是因为,近年来冠以"公共"之名的学术语言越来越多,而对于使用者来说其自身未必都是很清楚这个概念的真正内涵,更何况读者们对此更是模糊不清。所以,我们在此首先必须对相关思考进行一些相应的考察和梳理。

李普曼只是从西方自由民主制度下的自由公民的责任问题出发,提出了在现代民主社会中构建一种公共哲学的必要性。至于公共哲学是什么、是一种怎样的哲学的问题并没有给予明确的解答。之后,宗教社会学家贝拉等人为了统合各种专门的社会科学,再次提出构建公共哲学这个问题。他们以"作为公共哲学的社会科学"为理想,通过"公共哲学"的提倡来批判现存的分割性的学问体系。但是,对于公共哲学究竟是什么的问题,同样没有给出明确的定义。很显然,从"公共哲学"产生的背景与学问理念来看,在美国其中最根本的问题并没有得到解决。金泰昌教授甚至指出:李普曼著作中所谓的"公共哲学"之"公共"问题,与东方的"公"的意思基本相近,即其中包含了"国家"、"政府"等"被公认的存在"的意义。但是,对于我们东方人来说,"公"与"公共"的内涵是不同的。① 更进一步,我们不难注意到,李普曼的公共哲学的理念与西方古典的政治学、伦理学的问题难以区别,而贝拉等人所

---

① 汉字中"公"的意思,以及在中国传统文化思想中公和私的问题,沟口雄三教授在论文《中国思想史中的公与私》(参见《公共哲学》第1卷《公与私的思想史》)作了详细的介绍。还有请参见《中国的公与私》(沟口雄三等著,研文社1995年版)以及日本传统思想中"公"与"私"的问题(请参见《公共哲学》第3卷《日本的公与私》)。

提倡的统括性学问，与黑格尔哲学中以哲学统合诸学问的追求几乎同出一辙。

当然，日本的学者也同样面临着如何界定"公共哲学是什么"的问题。作为日本探索、公共哲学代表性学者的山胁教授，他在《公共哲学是什么》(筑摩书房 2004 年 5 月初版)一书中，同样也避开了直接对于这个问题的明确界定，只是强调指出"公共性"概念、问题的探索属于公共哲学的基本问题，他把汉娜·阿伦特在《人的条件》一书中对于"公共性"概念所作的定义，作为哲学对公共性的最初定义，以此展开了他对于公共哲学的学说史的整理和论述。从山胁教授为 2002 年出版的《21 世纪公共哲学的展望》(本卷丛书的第 10 卷)中所写的"导言"——《全球—区域公共哲学的构想》一文看出他的关于公共哲学的立场。本"导言"在开头部分作了以下的表述：

> 公共哲学，似乎是由阿伦特和哈贝马斯的公共性理论以及李普曼、沙里文、贝拉、桑德尔、古定等人的提倡开始的在 20 世纪后半叶新出现的学问。其实，如果跨过他们的概念之界定，把公共哲学作为"哲学、政治、经济以及其他的社会现象从公共性的观点进行统合论述的学问"来把握的话，虽然这种把握只是暂定性的，但是即使没有使用这个名称，公共哲学在欧洲和日本都是一种拥有传统渊源的学问。

这种观点包含了以下两个方面的问题意识：一是公共哲学好像是崭新的学问，其实其拥有悠久的传统；二是公共哲学是一种从公共性的观点出发进行诸学问统合性论述的学问。

那么，为什么公共哲学好像是崭新的学问又不是崭新的学问呢？他认为，这种学问的兴起，是为了"打破 19 世纪中叶以来产生的学问的专门化与章鱼陶罐化后，使哲学与社会诸科学出现了分化的这种现状,从而进行统括性学问的传统复辟",以此作为这种学问追求的目标。当然,这里所说的统括性学问的"复辟"问题,与黑格尔的哲学追求有关。但是,他同时指出:公共哲学的立场不可能是黑格尔的欧洲中心主义的立场,而应该是追溯到康德的"世界市民"理念,只有这样的理念才是全球化时代相适应的统括性之崭新学问的目标。为此,他对公共哲学作出了如上所述那样暂定性的定义。很明显,山胁教授在承认公共哲学的崭新内容的同时又不把公共哲学作为崭新的学问的原因是,他不把这种学问作为与传统的学问不同的东西来理解与把握,而是通过对于"传统渊源"的学问再检讨,在克服费希特的"国民"和黑格尔的"欧洲中心主义"的同时,以斯多亚学派的"世界同胞"和康德的"世界市民"的理念为理想,重构黑格尔曾经追求过的统括性的学问,以此放在全球化时代的背景之下来构筑的哲学。这就是他所理解的公共哲学。在此,他创造了"全球—区域公共哲学"的问题概念,提出了在全球化时代构筑公共哲学的视野(全球性—地域性—现场性)和方法论(理想主义的现实主义与现实主义的理想主义)。

与山胁直司教授不同,在构筑现代公共哲学中起到中心作用的金泰昌教授的看法就不是那么婉转,他一贯认为公共哲学是一个崭新的学术领域、一门崭新的学问。并且,这种学问正是这个全球化时代中人们所体验的后现代意识形态才可能产生的学问,才可能开辟的崭新的知的地平线。金教授认为,西方的古典学问体系是以"普遍知"的追求为理想,寻求最为单纯的、单一的、具有广泛适用性和包容性的知识体系。但是,近代以后的学术界,意识到这种统括性的形而上学所潜在的危机,开始重视拥有多样性的"特殊知",诸学问根据学科开始了走细分化的道路,其结果出现了诸学问的学科之间的分割、断裂现象的问题。那么,公共哲学一方面要避免"普遍知"的统括性,另一方面也要克服学问的学科分化,实现学科之间的横向对话,构筑"共媒性"的学问。所以,与传统的"普遍知"和近代以来的"特殊知"不同,公共哲学是一种"共媒知"的探索。为此,2005 年 10 月 11 日他在清华大学所进行的一场"公共哲学是什么?"的对话与讲演中,针对学者们的提问,他提出了公共哲学的三个核心目标,那就是"公共的哲学"、"公共性的哲学"、"公共(作用)的哲学",并进一步指出三者之间相互联动的重要性。所谓公共的哲学,那就是从市民的立场思考、判断、行动、负责任的哲学;公共性的哲学,就是探索"公共性"是什么的问题之专家、学者所追求的哲学;公共(作用)的哲学,就是把"公共"作为动词把握,以"公"、"私"、"公共"之间的相克—相和—相生的三元相关思考为基轴,对自己—他者—世界进行相互联动把握的哲学,其目标是促进"活私开公—公私共创—幸福共创"的哲学。以此体现日本所进行的公共哲学研究与美国所提出的公共哲学的不同之处,强调日本的公共研究的独特性。①

上述山胁教授所提供的问题意识,对于我们进行公共哲学的研究,拥有许多启发性的要素,在一定的时期,将会为人们进行公共哲学的研究与探索,提供一种学术的方向性,这是其研究的重要意义所在。但是,他那暂定性的诸规定,并没有从正面回答"公共哲学是什么"的问题,只是在公共哲学的概念、问题还处于模糊的状态中,就进入了关于公共哲学的目标和学问视野的界定。其实,这种现象并不仅仅只是山胁教授一个人的问题,也是现在日本在

9

---

① 公共哲学共働研究所编:《公共良知人》,2005 年 1 月 1 号。

公共哲学的探索过程中所存在的共同问题。①

金泰昌教授的观点与山胁教授相比体现其为理念性的特征，其内容犹如一种公共哲学运动的宣言。这也充分体现了在日本构建公共哲学的过程中，他作为运动的组织者和领导者而存在的角色特征。确实，我们应该承认，金教授的见解简明易懂，可以接受的地方很多。特别是他提出的公共哲学所具有的三大特征性因素，对于打破 19 世纪中叶以来所形成的学问的闭塞现状，将会起到一种脚手架式的辅助作用。但是，问题是他的那种有关知的划分方式仍然只是停留在西方传统的学问分类之中，还没有超越西方人建立起来的学术框架。仅凭这些阐述，我们还无法理解他所说的"共媒知"与传统的"普遍知"有什么本质上的区别，而"共媒知"是否可以获得与"普遍知"对等的历史性意义的问题也根本不明确。当然，西方思想中所谓的"普遍知"是以绝对的符合逻辑理性并且是以可"形式化"（符合逻辑，通过文字形式的叙述）为基本前提的，而金教授所提倡的"共媒知"却没有规定其必须具有"普遍"适用的绝对合理性。与其如此，倒不如说，其作为"特殊知"之间的桥梁，多少带有追求东方式的"默契"的内涵，也就是"无须言说性"的认知。这种"默契知"的因素，从西方的理性主义来看属于"非理性"，但是，在东方世界中这种不求"形式知"，以"默契知"达到人与人之间、人与世界之间的沟通是得到人们承认的。

那么，很显然，无论在美国，还是在日本，所展开的至今为止的有关公共哲学的研究，明显地并没有对"公共哲学是什么"的问题给予明确的回答。根据至今为止的研究史来看，如果一定需要我

---

① 桂木隆夫著：《公共哲学究竟应该是什么——民主主义与市场的新视点》，东京：劲草书房 2005 年版。

们对公共哲学给予一个暂定性的定义的话，那么，只能模糊地说：公共哲学是一门探索公共性以及与此相关问题的学问。关于这个问题，我们觉得可能在相当长的一段历史中，仍然会不断被人们争论和探讨。

也许正是由于"公共哲学"的学术性概念的不明确，其研究对象、涵盖的范围也茫然不定，现在仍然被学院派的纯粹哲学研究者们所敬畏。在日本，东京大学的研究者们展开了积极而全方位的研究活动，而保持学院派传统的京都大学的学者们至今仍然保持静观的沉默态度。但是，我们与其不觉得一种学问的诞生，最初开始就应该都是在明确的概念的指引下进行的，倒不如说一般都是在其研究活动的展开过程中，其所探讨的问题意识、预期目标逐渐明确，方法论日益定型，通过研究成果的积累而达到对问题本质的把握。从泰勒士开始的古希腊学问的起源正是如此开始的。为了回答勒恩的提问，毕达哥拉斯也只能以"奥林匹亚祭典"的比喻来回答哲学家是怎样一种存在的问题。对哲学概念的定义，只是在后世的学者们整理学说史的过程中才慢慢得到比较明确把握的。

我们认为，对"公共哲学"的学术界定问题也会经过同样的过程。只有到了我们所有的人都能站在全球化的视阈和立场上思考、感受、共同体验一切现实生活的时候，所有的人理所当然地站在公共性存在的立场上享受人生、悲戚相关的时候，公共哲学在这种社会土壤中就会不明也自白的。对于"公共哲学是什么"的回答，应该属于这种社会在现实中得以实现的时候才可以充分给予的。这个回答其实与过去对于"哲学是什么"的回答一样，学者们在实践其原意为"爱智慧"的追求过程中，通过长期不懈的探索智慧的努力，才得以逐渐明确地把握的。当然，为了实现对于"公共哲学是什么"问题的本质把握，社会的意识改革与实际生活中的

11

坚持实践的探索追求是不可或缺的。要在全社会实现了上述的每一个社会构成员对于公共性问题的自我体验的目标，从现在开始循序渐进地努力是必不可少的。当思考公共性的问题成为人们自然而然地接受和体验的时候，"公共哲学"究竟应该是什么的答案将会自然地显现。从这个意义来说，现在日本所进行的公共哲学的探索，朝着自己所预设的暂定性的学术目标所作的研究和努力，也许可以说正是构筑一种崭新学问所能走的一条正道。

二、公共哲学是否属于一门崭新的学问

在这里，我们涉及一个重要的问题，在日本所展开的公共哲学研究，企图构筑一种崭新的学问。那么，我们必须进一步思考：日本的学术界所谓的公共哲学的崭新性是什么？究竟公共哲学是否属于一门崭新的学问？如果作为崭新的学问来看待的话，必须以哪些领域作为其研究对象？应该设定怎样的目标、采取怎样的方法进行探讨呢？

纵观日本的公共哲学研究，上述的金泰昌教授与山胁直司教授值得关注。笔者对金教授的学术理想虽然拥有共鸣，而从山胁教授的研究视野、所确定的研究领域和研究方法也能得到启发。但是，两者所表明的关于公共哲学的"崭新性"问题，笔者觉得其认识仍然比较暧昧，而有些方面，两者的观点也不尽相同。

如前所述，山胁教授的"公共哲学……似乎作为崭新的学问而出现"的发言，容易让人觉得他并不承认这种学问的"崭新性"。其实不然，他就是站在公共哲学是一门崭新的学问的前提下展开了相关的研究。他在《公共哲学》20卷丛书出版结束时于2006年8月发表的一篇短文中，明确地表明了公共哲学是一门崭新的学问的认识。他认为：公共哲学是一门发展中的学问，虽然学者之间

可能会有各种各样的见解,但是自己把其作为崭新学问的理由,除了认为它是一门"从公共性①的观点出发对于哲学、政治、经济以及其他的社会现象进行统合性论述的学问"之外,它的崭新性还可以从以下五个方面得以认识:(1)对于现存学问体系中存在的"社会现状的分析研究 = 现实论"、"关于社会所企求的规范 = 必然论"、"为了变革现状的政策 = 可能论"之学科分割问题进行综合研究,特别是没有把其中的"必然论"与"现实论"和"可能论"分割开来进行研究是公共哲学的重要特征。(2)以提倡"公的存在"、"私的存在"、"公共的存在"进行相关把握的三元论,取代原来的"公的领域"与"私的领域"分开对待的"公私二元论"思考。(3)通过提倡"活泼每一个人使民众的公共得到开启,使政府之公得到尽可能的开放"之"活私开公"的社会根本理念,克服传统的"灭私奉公"或者"灭公奉私"的错误价值观。(4)把人们交流、交往活动中的性质进行抽象性把握,探索一种具有公开性、公正性、公平性、公益性之"公共性"理念,这也是公共哲学的实践性特征。(5)在公共哲学的构筑过程中,努力尝试着进行"公共关系"的社会思想史的重新再解释,这种研究也是这种学问的重要内容。②

与山胁教授不同,金教授邀请日本甚至世界各国著名学者会聚京都(或大阪),进行"公共哲学"对话式探讨的同时,积极到世界各国特别是韩国和中国行走,进行讲演和对话活动。到 2008 年

---

① 关于"公共性"、"公共圈"（öffentlichkeit，öffentlich，publicité，publicity）的问题,哈贝马斯在《公共性的结构转换》一书中,对于其历史形态的发展过程做了详细的梳理和研究。日本的"公共性"问题的探索,从哈贝马斯的研究中得到诸多的启示。

② 山胁直司著:《公共哲学的现状与将来——寄语〈公共哲学〉20 卷丛书的发行完成》(请参见 *UNIVERSITY PRESS*),东京大学出版会,2006 年第 8 期。

10月为止,在中国就进行过十多次关于"公共哲学公共行动的旅行"。在这个过程中,每当人们问及公共哲学是否属于崭新的学问的时候,他都是明确地回答这是一门崭新的学问。但是,纵观其所表明的见解,其中所揭示的"崭新性"也都是停留在这种学问追求的"目标"和"方法"之上。他承认自己所说的这种学问的崭新性,并不是从根本的意义上来说的,而是"温故知新"的"新","是对学问的传统向适应于现在与将来的要求而进行的再解释、再构筑意义上"的崭新性问题。就这样,毫不犹豫地宣言公共哲学是一门崭新学问的金教授的见解,基本上与山胁教授的观点是一致的。只是他明确表示不赞同山胁教授的"统合知"的看法,公共哲学的目标应该是"共媒知"的追求。① 而针对山胁教授所提倡的"全球—地域(グローカル)"公共哲学的探索目标,他却提出了"全球—国家—地域(グローナカル)"公共哲学的学术视野。

上述的两位学者关于公共哲学"崭新性"的见解,基本体现了日本当代公共哲学研究的一种共有的特征。但是,我们面对这种观点,自然会产生下述极其朴素的疑问。

只要我们回顾一下人类思想史就不难发现,人类对于社会生活中的公共性问题的思考、探索的学问,古代社会就已经存在,并不是现在这个时代才产生的新问题。从古代希腊的城邦社会的城邦市民到希腊化时期的世界市民,从近代欧洲的市民国家到现代世界的国民国家,随着历史的发展,公共性的诸种问题在伦理学、政治学、经济学等领域中都被提起,并以某种形式被论述过。因此,并不一定要把公共哲学作为一种崭新的学问来理解,即使过去并没有使用过这个概念来论述,但是,其中所探讨的问题在本质上

---

① 公共哲学共働研究所编:《公共良知人》,2006年10月1号。

是一致的。现在所谓的"公共哲学",只是从前的某个学问领域或者几个领域所被探讨的问题的重叠而已。如果这种理解可以说得通,那么现在所探索的"公共哲学"与过去的时代所被探讨过的有关"公共性问题的哲学",即使其所展开的和涵盖的范围不尽相同,其实那只是由于生存世界环境发生变化所带来的现象上的差异,从根本上来说,其问题的内核并没有多大的变化。那么,他们强调"公共哲学"属于一种崭新的学问领域的必要性和依据究竟何在呢?

更具体一点说,public 的概念中包含了"公共性"问题。这种情况下所谓的"公共性",就是相对于"个"(即"私")来说的"公"的意思。通常,从我们的常识来说,构成"个"之存在的要素是乡村、城市,进一步就是国家。把"个"之隐私的生活、行动、思想、性格、趣味等,敞开置放于谁都可以明白的"公"的场所的意思包含在 public 的语义之中。那么,public 本意就是以敞开之空间(场所)为前提的,即"öffentlich"的场所(行动、思想、文化的)。正因为如此,汉娜·阿伦特把"公共性"的概念,定义为"最大可能地向绝大多数人敞开"的世界。但是,个体的世界在敞开的程度上会由于时代的不同而存在着差异。随着时代的变迁,生活的世界也在逐渐地扩大。这种发展的过程到了现代社会,随着全球化的浪潮扩大成为世界性(或者地球)的规模出现在我们面前。因此,如果以个人(私)与社会(公)的对比来考虑这些问题的话,虽然其规模不同,但其根本点是一样的。所以,公共性问题自人类组成社会、共同体制度确立以来,从来就没有间断过、总是被思考和探讨的古典问题。对于个人(私)来说,公的规模从很小的村庄发展到小镇,从县、市发展到大都会,然后是国家,随着其规模扩大的历史进程,其构成员之每一个人之"个"的生存意识也要进行相应的变革,这种一个又一个历史阶段的超越过程,就是人类历史的真实状况。因此,认为现代社会的公共性问题会在本质上出现或者说产生出崭新的内涵是值得怀疑的。

当然,金教授和山胁教授以及日本的公共哲学研究界,对于这种"私"与"公"的发展历史是明确的。正因为如此,金教授在谈到公共哲学之"崭新性"时,承认"如果采取严密的看法的话,这个世界上完全属于新的东西是没有的",强调对于这里所说的"崭新性",是一种"继往开来"意义上的认识。① 而山胁教授更是在梳理社会思想史中的古典公共哲学遗产的基础上展开了他的公共哲学的研究。然后,根据"全球—区域公共哲学"的理念,提出了构筑"应答性多层次的自己—他者—公共世界"的方法论,尝试着以此界定作为公共哲学的崭新内容。② 就这样,即使认识到提出公共哲学之"崭新性"就会遇到各种难以克服的问题,却还要强调并探索赋予公共哲学的崭新意义,日本的这种研究现象说明了什么呢?

如前所述,在人类历史的现实中,公与私的对比是随着规模的不断扩大而发生变化的。个人层次的自他的界限,是在向由个体所构成的社会的扩大过程中逐渐消除的。个体是置身于公的场合而获得生活的领域的。但是,这种情况下"个"性并没有消亡,而是成为新的"公"中所携带着的"个"的内核。也就是说,从对于"个"来说属于"公"的立场的"村",与其他"村"相比就会意识到自他的区别与对立,这时作为"公"之存在的"村"就转变为"私"

---

① 公共哲学共働研究所编:《公共良知人》,2006 年 10 月 1 号。
② 山胁直司著:《公共哲学是什么?》,东京:筑摩书房 2004 年版,第 207—226 页。

的立场。而"村"放在比村的规模更大的"公"(乡镇、县市、国家)的面前,其中的对立就自然消除。接着是乡镇、县市、国家也都是如此,最初作为个体的"个"性所面对的"公",而这种"公"将被更大的"公"所包摄而产生公私立场的转换。这种链条型动态结构,与亚里士多德《形而上学》中的"实体论"的结构极为相似。这就是自古以来人类社会进化的过程,基本上来自于人类本性中所潜在的自我中心(或者利他性)倾向所致。这也就是普罗泰哥拉思想中产生"人的尺度说"的根本所在。从这种意义上来看,普罗泰哥拉的哲学已经存在着公共哲学的端倪,"尺度说"思想应该属于公共哲学的先驱。

人类在国家这种最大的"公"的场所中寻求"公"的立场经过了几千年,现在却直面全球化的浪潮,从而使原来处于"公"的立场之国家面临着"私"的转变。因此,可以说全球化的产生来源于原来的"公"的立场的国家之"个"性的增强所致。即由于国家之"个"性的增强,由此产生了侵略、榨取、掠夺、环境恶化等生存危机状况的意识在世界各国中日益提高,为此,全球化的问题从原来的历史潜在因素显现出历史的表面,让人们无法拒绝地面对。当然,这种意识根据各国的发展情况不同而强弱有别。那么,新时代的"公共性"问题,要想获得拥有"崭新意义"的概念内涵,就需要各国各自扬弃自身的"个"性,也就是说强烈地意识到个的立场的基础之"公"性,实现站在"公"的立场思考、行动的一场意识形态革命。人的意识变革,不能仅仅停留在立法、政策的层面纸上谈兵。如果不能做到地球上的每一个人真正回到思考作为人的本性、在现实生活中实现把他者当做另外的一个不同的自己之"公"的意识,一切立法和政策都将是空谈,最多也只是国家之间的一时性的政治妥协而已,没有实质性的现实意义。只有实现了这种意

17

识形态的变革,所有的人类在生活中极其平常地接受新的生存意识,崭新的公共性才会成为现实中人们的行为规范。现在日本所进行的公共哲学的研究,有意识地将其作为崭新的学问领域进行探索,应该就是以上述思考为前提而致。金教授的"活私开公"的理念提出和"公—私—公共世界"之三元论的提倡,山胁教授"学问改革"的目标和"全球—区域公共哲学"的构筑等等,都应该属于以新时代意识革命为目标而构筑起来的面向将来的理想。

但是,现在日本的公共哲学研究中所提出的"公"与"私"的关系,并没有明显地把"公"作为"私"的发展来把握。他们过于强调"公"是"私"的对立存在,缺少关于包含着"私"之性质的"公"的认识。因此,在那里所论述的"私"只是始终保持自我同一性之狭义的"私",对于包含着自我异质性的、内在于他者之中的另一个自己,即广义的"私",属于向"公"的发展与转化的问题,还没有得到充分的认识。这种意识结构,明显地受到西方近代以来个人与国家、与社会对立关系的把握与定立方式的影响。那么,在这种思考方式下所展开的公共哲学的研究,其中对于"公共性"问题的领域的圈定、目标的设立、方法论的构筑等,当然无法脱离西方理性主义之知的探索方法的束缚,为此,在这里所揭示的这种学问的"崭新性",只是一种旧体新衣式的转变,根本无法从本质上产生真正"崭新"的内容。

三、作为崭新学问的公共哲学所必须探索的根本问题

那么,我们能否把公共哲学作为完全崭新的学问来构筑呢?能否通过"公共哲学"来探索一种与至今为止在西方理性主义和形而上学的基础上建立起来的学问体系不同的、崭新的思维结构、思考方式并以此来重新认识和把握我们所面临的生存世界呢? 如

果设想这是可能的话,我们该以怎样的问题为探索对象?应该具备怎样的视阈和目标进行探索呢?对于我们现有的学问积累来说,要回答这些问题需要一种无畏的野心和面向无极之路的勇气。从我们自己现在的浅薄的学识出发,将会陷入一种已经精疲力尽却还要在茫茫大海中漂流的恐惧之中。一切的努力最终都会如海明威笔下的那位老人,拖回海滩的只是一架庞大的鱼骨。然而,我们明白,自己已经出海了。也就是说一旦把上述问题提出来了,就已经无法逃脱,就必须确立自己即使是不成熟也要确立的目标和展望。为此,我们想从以下三个方面,把握公共哲学作为崭新学问的可能性。

1. 首先必须明确公共哲学的构建问题已经在日本引起重视并开始展开全面探索的现实背景问题。一句话,这种学问的胎动与 20 世纪 80 年代前后伴随着信息技术的飞速发展、网络技术的出现与迅速普及、标志着全球化时代的全面到来的时代巨变有直接的关系。在全球化的大潮面前,至今为止处于被人们所依存的公的存在,几千年来,作为处于公的立场的国家,面对其他的国家时其内在的"个"性(私)逐渐增强,伴随着这种历史的进展而出现的弊端(侵略、榨取、战争、环境恶化等),特别是首先出现的经济全球联动、环境问题的跨国界波及等,让世界各国日益增强了现实的危机意识,无论个人还是国家,都面临着作为私的存在领域和公的存在领域该如何圈定的全新的挑战。那么,新时代出现的"公共性"问题,以区别于过去历史中的同类问题,凸显其迥然不同的内核,这些问题成了迫在眉睫的必须探讨的现实问题。人们希望从哲学的高度阐明这个新时代的"公共性"问题的内在性质和结构,为解决现实问题提供崭新的生存理念。

然而,从一般情况来看,现在学术界热切关注的全球化问题,

19

主要集中在政治学、经济学、环境科学等社会科学和自然科学的领域，从文化人类学的角度进行思考的并不太多。特别是从哲学的理性高度出发把握人类生存基础所发生的根本性变化的研究几乎没有。学者们在这个时代所呈现的表面现象上各执一端、盲人摸象式的高谈阔论的研究却很多。这就是现在学术界的现状。而在全球化问题日益显著的 20 世纪 90 年代开始在日本出现的"公共哲学"的研究胎动，虽然所涉及的研究领域是全方位的，可是其探索的热点同样也只是集中在政治学、经济学、宗教学、环境科学等社会科学诸领域中凸显的个别问题的个案研究，从高度的哲学理性进行知的探索，对于现实现象进行生存理性的抽象和反思的研究还没有真正出现。从哲学的角度（或者高度）思考全球化时代出现的问题，就必须超越一般的社会科学和自然科学中所探讨的问题表象，通过洞察人类生存的根本基础在这种时代中究竟发生了怎样的变化，这些变化意味着什么，通过前瞻性地揭示人类生存的本质，为人类提供究竟该如何生存的行为理念。那是因为，只要是哲学就必定要探讨人类该如何生存的根本问题，哲学是一种探讨世界观、提供方法论的基础学问，公共哲学作为哲学，同样离不开这样的学术本质。

　　20 世纪的人类历史，科学技术的进步促成了至今为止几千年来所形成的人类生存的基础发生了根本性的改变，使人类面临着全新的生存背景。为此，必须从根本上重新思考人类自身的生存问题，探索出一种可以适合日益到来的未来生存之崭新的思考方式、认识体系。之所以这么说，那是因为 20 世纪的科技发展从根本上改变了迄今为止的人类生存际遇和意识形态基础。核武器的开发利用，使人类的破坏力达到了极限。宇宙开发所带来的航空技术的发展，登月的成功，使人类的目光从地球转向了宇宙太空，从而打开了把地球作为浮游在宇宙太空中的一个村庄来认识的历史之门。网络技术的发展、利用和普及,使国界线逐渐丧失现实的意义。特别是网络上的虚拟空间的诞生,使人类的现实生存发生了根本的改变,从此虚拟空间与现实空间开始争夺占领人类的生存世界。最后不可忽视的是克隆技术的出现、开发、研究、利用,摧毁了至今为止人类作为人类生存的最后堡垒。也就是说,克隆技术使动物的无性繁殖成为可能,从而使人类获得了本来属于神才能具备的创造力。这些巨大的科学进步,使人类生存的根本之生命的意识、意义必须重新面对和认识。至今为止的人类构成社会基础的婚姻、家庭、所有制、共同体、国家的起源与存续,都必须开始重新认识和界定。我们已经进入了这样的崭新历史阶段,20世纪发生的全球化现象,来自于上述人类生存基础的根本性改变,这是最为根源的时代基础。哲学是一种关于根源性问题的探索。公共哲学中所关注的以"公共性"为核心概念的诸问题,必须深入到这种时代的根源性认识,只有这样,才能获得作为新时代的崭新学问的基础。

2. 对于崭新时代的思考、认识与把握,当然是从反省已经过去了的时代的历史开始的。为此,我们要对从古希腊开始产生的西方理性主义和形而上学以及中国先秦出现诸子百家思想的历史背景进行一次彻底的再认识,由此出发探索适应于后现代的生存时代可能诞生的学问,并对此进行体系的构筑。

确实我们应该承认,从这套中译本中也可以看出,现在日本的公共哲学的研究,一边关注现实问题,一边整理学问的历史,正进行着适合于这个时代的学问的再认识和再构筑。他们对于公共哲学的构想与探索实践以及对于学问历史的整理和方法论的摸索,都是站在现实与历史的出发点上而展开的,特别是他们鲜明地提

21

出了对于东亚的思想传统的挖掘和再评价的探索目标,具有极其重要的历史与现实意义。但是,问题是他们的这种研究,尚未克服从西方人的思维方法、问题意识出发的局限,还没有获得具有东方人固有的、独特的把握世界方式的自觉运用。为此,在这里所构筑的"公共哲学",仅仅只是通过"公共哲学"这个崭新的概念对于传统的学问体系所作的重新整理而已。

从泰勒士开始的西方学问的传统,是把与人类现实生活不直接相关的对象即客观的自然中的"存在(最初称之为'本原')"作为探索的对象。之后,巴门尼德通过逻辑自洽性的批判性质疑,进一步把完全超越于人类生存现实的彼岸世界中、完全属于抽象的存在,作为哲学探索的终极目标在思维中置定。但是,由于从自然主义的绝对性出发,就无法承认人的现实生存的种种际遇的存在价值。对于这种自然主义的人文观,出现了强调人的现实生存的价值问题的反省,这就是智者学派的出现。他们为了把人类只朝向自然的目光在人类生存现实中唤醒,为了高扬人类生存的价值和意义,提出了人的"尺度说"思想。但是,如果要想给予人类存在一种客观的依据,人的"臆见"、主张与具有绝对的客观性之"知识"的冲突问题自然会产生。这种冲突以苏格拉底的"本质的追问"形式在学问探索的历史中出现,从而开始了关于如何给予人的思考方式、接受方式以客观的依据,使人的价值获得认识的哲学探索。继承苏格拉底思想的柏拉图哲学,把迄今为止的自然哲学家的探索进行了综合性的整理和把握,把自然的、客观的存在性与人文的、主观的存在性的探索进行思考和定位,构筑成"两种世界"的存在理论之基本学术框架,为之后的西方哲学史确立了基础概念和探索领域。最后,由亚里士多德把两种世界进行统一的把握,完成了西方学问的范畴定立,从此,建立起西方传统的理性主义和形而上学的一套完整的理论体系。虽然，亚里士多德对于柏拉图的超越性存在的定立持批判的态度，但是，在他的形而上学的"实体论"的体系构筑中，最终不得不追溯到"第一实体"的存在，只能回到柏拉图的超越性世界之中才能得以完成。从此，西方哲学的探索以形而上学作为最高的学问，存在论成为哲学的最基本领域。虽然到了黑格尔之后的西方近现代哲学出现了哲学终结论和形而上学的恐怖的呼声，但是，植根于欧洲传统思维基础上思考与反叛传统的西方近现代哲学思潮，仍然无法从根本上彻底动摇西方学问的思维基础和思考方法。

那么，究竟为什么西方人在哲学探索时必须把探索的对象悬置于与人类隔绝的彼岸世界之上呢？从简单的结论来说，那是因为，自古以来人类被自身之外的自然世界所君临，对于自然世界中未知的存在潜在着本能的恐怖，彼岸的存在来自于这种恐怖的本能而产生的假说。从而产生了把宇宙世界不可见的绝对者在宗教世界里被供奉为神，在哲学世界里被界定为根源性的存在的抽象认识。为了逃离这种绝对者的君临，从本能上获得自由的愿望成为哲学探索的原动力。但是，人类对于超越现实存在的彼岸世界究竟是否存在都无法确认，又将如何认识与把握这个世界呢？为此，几千年的努力没有结果之后，自然地会反省自身的最初假设，终于就在这种思考的土壤上产生了"终结论"和"恐怖论"，点燃了对于传统思考反叛的狼烟。但是，上面说过，20世纪的科技发展与进步，使人类的存在上升到神的高度。几千年来的人类恐怖从对于彼岸世界的恐怖转移到对于自己生活的此岸世界的恐怖。这时，对于人类的良知和理性的要求，完全超越了智者时代的层次，成为人类从恐怖中解放出来的根本所在。在此，西方理性主义所企图构筑的均质之多样性和谐的传统求知方式，已经成为人类认

23

识世界的过时方法,人类需要探索一种能够把握多元之异质性和谐的超理性主义的知识体系的构筑方法。如果将公共哲学作为崭新的学问体系来探索全球化时代的生存理念的话,那么,首先必须获得的就是这种此岸认识和超理性主义的思考方法,并以此为前提展开公共性、公共理性的思考和探索,构筑起自己—他者—公共世界的三元互动的体系。只有这样,才能够真正地开拓出一道崭新的知识地平线。

3. "此岸"认识与多元之异质性和谐的探索之超理性主义的知识体系,与其说是西方,倒不如说这是我们东方的思维方式。①但是,只要我们回顾一下至今为止的历史就不难发现,那是一种西方的思维方式向东方、向世界的单向输出的历史,东方的东西虽然有一部分进入西方,对于西方的思考却没有构成太大的影响。特别是近代西方通过工业革命之后,其文明得到极端的膨胀,使得东方文明转变为弱势文明。东方文明在西方强势文明面前为了自我保存,不得不采取通过接受西方的思维方式,整理和解释自己的思想遗产,以此获得文明延续的苦肉之策。现在我们所使用的学术话语基本上都是西方的舶来品,西方的思维方式几乎成了人类思考、认识世界的国际标准,我们无意识中都在使用着一个"殖民地大脑"思考现实的种种问题。在全球化日益进展的后现代社会中,这种倾向更为明显地凸显了出来。那么,在这全球化生存背景下构筑公共哲学的探索中,我们就必须有意识地改变西方文明单向输出的人类文明的交流与对话方式,提出一套平等的文明对话的理念。为了做到这一点,公共哲学的目标就不应该单纯地只是

① 这里所说的"东方",只是特指"以儒家文明为基础的东亚世界",不包括印度和阿拉伯地区。

追求打破 19 世纪以来形成的学问体系,而必须更进一步,做到对于西方的学问体系、求知方式进行彻底的反思,充分认识与挖掘东方思维方式的固有特征和内在结构,以此补充、完善西方思维方式的缺陷,探索并构筑起与全球化时代的人类全新生存相适应的认识体系。

确实,现在日本的公共哲学研究,已经开始对于东方的知识体系开始整理,相关的研究已经纳入探索的视野。在古典公共哲学遗产的整理过程中,对于中国、日本甚至印度、伊斯兰世界的思想文化遗产也都有所探讨。在金教授的一系列的讲演和论文与山胁教授的著作中都提供了这种思考信息。还有,源了圆教授(关于日本)、黑住真教授(关于亚洲各国主要是日本和中国)、沟口雄三教授(关于中国)、奈良毅教授(关于印度)、阪垣雄三教授(关于伊斯兰各国)等,许多学者也都发表了重要的论述或者论著。而《东亚文明中公共知的创造》①和《公共哲学的古典与将来》②两本著作的出版,集中体现了这种视野的目标和追求。但是,也许是一种无意识的结果,学者们的视点基本上还是存在着从西方的学问标准出发,挖掘和梳理东方传统思想中知的遗产的思考倾向。也就是说,那是因为西方古典思想中拥有与公共问题相关的哲学探索,其实我们东方也应该有这样的知的探索存在的思考。对于究竟东方为什么拥有这种探索、这种探索所揭示的东方的固有性和认知结构如何等问题,都还没有得到进一步的挖掘和呈现。

21 世纪的世界,正是要求我们对于近代以来在接受西方的思

25

---

① 佐佐木毅、山胁直司、村田雄二郎编:《东亚文明中公共知的创造》,东京大学出版会 2003 年版。

② 宫本久雄、山胁直司编:《公共哲学的古典与将来》,东京大学出版会 2005 年版。

维方式、学问体系的过程中,形成了东方式的西方思考和学问体系进行反思,从而对于东方的文明遗产中的固有价值再认识和揭示的时代。① 在这个基础上构筑新的学问体系,探索新的思维方式应该成为公共哲学的目标和理想。也就是说,以全球化时代为背景而产生的公共哲学问题,在其学问体系的构筑过程中,其最初和终极目标都应该是:打破东西方文明的优劣意识,改变君临在他文明之上的欧洲中心主义所拥有的思维方式以及由此形成的学问体系的求知传统,为未来的人类提供一幅既面对"此岸"生存又可获得"自由"的思维体系的蓝图。

以上三点,只是作为我们的问题和思考基础提出来的,当然要达到这个目标还需要漫长的探索过程。为了实现这些学术目标,西方哲学的研究者和东方哲学的研究者的对话、参与、探索不可或缺。特别是现在从事西方哲学的研究者们,利用自己的学术基础和发挥自己形而上的思维习惯,有意识地接触、思考、探讨东方哲学思维方式,改变已经形成的思维定式和思维结构更是当务之急。也只有这些人的参与,才有可能出现令人欣喜的巨大成果。

四、在我国译介这套丛书的意义

我国长期以来存在着一种潜意识里的接受机制,一提到国外的著述就会产生"高级感"。确实,在学术上国外的几个发达国家在许多方面领先于我们,需要向人家学习的地方还很多。但是,学

---

① 笔者强调"东方",没有"东方中心主义"的追求,无论"西方中心主义"还是"东方中心主义"都是狭隘的"地域主义",都是应该予以批判的。我们强调"东方",是由于几百年来"东方"文明被忽视之后出现了地球文明的畸形发展,要纠正这种不平衡,就必须提醒"东方"缺失的危险性,克服我们无意识中存在的"殖民地大脑"思维局限,明确地而有意识地揭示我们"东方"的文明价值。

术虽然存在着质量的高低、方法论的新旧，但是更为根本的应该是要把握观点上存在的不同之别。我们认为，现在应该是有意识地克服我们学术自卑感的时代了。所以，我们在学术引进时，虚心肯定与冷静批判的眼光都不可或缺。因为肯定所以接受，而批判则不能只是简单的隔靴搔痒、肤浅的意识形态对立，而是在明白对方在说什么的基础上有的放矢。所以，在我们揭示翻译这套丛书的意义之前，需要上述的接受眼光以及相关问题的基本认识。

那么，从我国近年的学术界情况来看，公共哲学的研究也已经展开，即使没有使用"公共哲学"这个学术概念，而与公共哲学的研究领域和探索对象相关的论文和著述陆续出现、逐年增加。比如说，从 1995 年开始，由王焱主编的以书代刊的杂志《公共论丛》，在这个论丛中主要有《市场社会公共秩序》、《经济民主与经济自由》、《直接民主与间接民主》、《自由与社群》、《宪政民主与现代国家》等。而从 1998 年前后开始，在《江海学刊》等杂志上陆续出现了一些关于公共哲学的研究性或者介绍性论文。此外，还有华东师范大学现代思想文化所编辑出版的"知识分子论丛"、清华大学编辑出版的《新哲学》等。特别需要一提的是，中共中央党校出版社编辑出版"新兴哲学丛书"，其中在 2003 年出版了一部直接名为《公共哲学》（江涛著）的论著，书中的参考文献中介绍了大量的有关公共问题研究的相关论文。到了 2008 年年初，吉林出版集团也开始出版由应奇、刘训练主编的"公共哲学与政治思想"系列丛书，其中包括《宪政人物》、《正义与公民》、《自由主义与多元文化论》、《代表理论与代议民主》、《厚薄之间的政治概念》等。除此之外，还有一些杂志也登载一些相关问题的文章。从这些丛书的书名中不难看出，在中国，关于"公共哲学"的概念与学术领域的理解是多元的、多维的，其中比较突出的特点是学术视野集中在对于西方学术思想中政治学、伦理学、社会学等介绍和评述上，他们有的循着哈贝马斯的社会批判论，有的倾向于罗尔斯的政治哲学等，所以，在公共哲学的研究中存在着把其理解为管理哲学的倾向，甚至被作为行政学问题进行阐述。因此，这些研究与现在日本的公共哲学研究相比，在学术视野、问题的设定以及参与研究的学者阵容上都相差甚远，基本上缺少一种在现代化和全球化的浪潮逐步深入和拓展的时代背景下，面对日益出现的伦理失范、道德缺席、环境危机、政治困境、经济失衡等一系列与公共性理念相关问题的关联性探讨，更没有把公共哲学作为一种崭新的学问体系来构筑和探索的宏大视野。由于存在着对所研究问题的意识不明确，学术方向和目标定位过于混乱，甚至不排斥一些属于功利的猎奇需要，所以，作为一种学问的公共哲学的研究，至今为止还谈不上有什么引人注目的成果出现。

从这套译丛中我们不难看出，日本的公共哲学研究是建立在各个领域一流学者的参与互动的基础上，寻求构建适应于这个全球化时代的学问体系。他们的那些有关公共性问题的历史与现实的梳理、研究、探索，拥有政治、经济、文化、法律、宗教、环境、科技、福祉、各种社会性组织的作用等全方位的视觉，是一场全面而深入的跨学科的学术对话。因此，在日本学术界掀起的这场关于公共哲学问题的探索与建构，呈现着立足本土、走向世界的一种学术行动的意义。这套 10 卷《公共哲学》译丛，从其所涉及内容的广度和深度而言，所探讨及试图解决的问题已经不只是局限于日本国内而是世界性的问题，其目标是探讨在新时代生存中与每一个人息息相关的生存理念的确立问题。为此，我们认为，通过这套来自于日本的关于公共哲学研究成果的译介，必定对我国今后关于同类问题的研究有所启发并有所裨益。其意义至少体现在以下三个方面：

第一，借鉴性。日本的公共哲学在建构伊始，首先遇到的是如何把握公与私的内涵、理解公与私的关系问题。因为在不同的文化语境或不同的历史时代，公与私的含义是不尽相同的。从思想史上看，迄今的公私观大体有一元论与二元论之两大类别。灭私奉公（公一元论）和灭公奉私（私一元论）是公私一元论的两种极端形态，尽管二者强调的重点不同，但在个人尊严丧失或者他者意识薄弱的公共性意识欠缺的问题上却是相通的。而公私二元论基本上反映的是现代自由主义思想，它通过在公共领域追求自由主义而避免了公一元论的专制主义；但由于它更多的是在私的领域里讨论经济、宗教、家庭生活等而往往会忽视其公共性问题，从而容易导致单方面追求个人主义的弊端。所以，日本的公共哲学努力寻求在批判公私一元论、克服公私二元论存在着弊端的基础上，提倡相关性的公、私、公共的"三元论"价值观，即在"制度世界"里把握"政府的公—民的公共—私人领域"三个层面的存在与关系，倡导全面贯彻"活私开公"的制度理念，①而在"生活世界"中提倡树立"自己—他者—公共世界"的生存理念，以此促进"公私共媒"

---

① "活私开公"是金泰昌教授提出的公共哲学的探索理念。根据他的解释："私"是自我的表征，是具有实在的身体、人格的，是人的个体的存在。因此，对作为自我的、个体存在的"私"的尊重和理解，对"私"所具有的生命力的保存与提高，就是构成生命的延续性的"活"的理念。这种个体的生命活动，称之为"活私"。复数的"活私"运动，就是自我与他我之相生相克、相辅相成的运动。而把处于作为国家的"公"或代表个人利益的"私"当中有关善、福祉、幸福的理念，从极端的、封闭的制度世界里解放出来，使之根植于生活世界，进而扩大到全球与人类的范围，使之能够为更多的人所共有，在开放的公共的世界里得到发展与实践（超越个人狭隘的对私事的关心），这就是"开公"。简单说来，就是把我放在与他者的关系中使个人焕发生机，同时打开民的公共性。只有活化"私"（重视并且打开"私"、"个人"），才能打开"公"（关心公共性的东西）。

社会的形成。

上述日本学术界的有关公共哲学探索中所提出的问题,应该是当今世界上卷入全球化时代的无论哪个国家和个人都存在的并且必须面对的问题。特别是几千年来习惯了在巨大的公权力统治下生存与发展的中国社会,"私"与"公"基本上不具备对等的立场和地位,"公一元论"的问题是值得我们反思的问题。相反,随着市场经济的接受、实行、发展,原来的"公一元论"正逐渐被"私一元论"所取代,公私关系的价值观里的另一种极端在当今社会的各个领域已经开始出现。在这原有的公权力作用极其巨大的作用尚未退场的社会里,随之而来的是对于"公"的挑战的"私一元论"的价值观正在蔓延,那么,在巨大的公权力作用下的中国市场经济社会里,对于"他者"如何赋予其"他者性",应该是我们迫切需要探索的紧要问题。因此,在我国研究、探索公共哲学,就应该把日本的这种对于传统公私关系的反思纳入自己的视野,只有在这种学术视野下的研究,才会出现属于"公共哲学"意义上的成果。如果我们只是把"公共哲学"当做"管理哲学"或者作为"行政学"来理解,至多作为"政治哲学"的一种领域来研究,那么,这种视野里的"公共哲学",其实在本质上还是"公的哲学"范畴,这里所理解的"公共",只是长期以来人们习惯了的把"公"等同于"公共"的历史产物。所以,我们相信这套译丛对于我国公共哲学的研究具有重要的借鉴意义。除此之外,采用跨学科的学者之间的对话互动的探索方式,也是值得我们参考和借鉴的。

第二,推动性。对于"公共哲学"这个学术领域的研究,无论在国外还是国内都只是刚刚开始,基本学术方向和学术领域的设定还处于探索阶段,将来会发展成一门怎样的学问体系,现在还不明确。对于这种新兴的学术动向,通过我们及时掌握国外的相关研究信息,促进我国的学术进步,为我国在 21 世纪真正达到与世界学术接轨,实现与世界同步互动,其意义不言而喻。我们的学术研究无论在方法上还是视野上仍然比国外落后,对于这个问题,从事学术研究的每一个学者都应该是心知肚明的。那么,在这思想解放、国门全面敞开、提倡接轨世界的当代学术界,对于国外最新的学术动态的把握、参与,必将有助于推动我国新时代学术视野的世界性拓展,在未来的历史中不再落后于别人,甚至可能让中华的学术再铸辉煌。

从这套译丛中我们可以了解到,日本学术界所探讨的公共哲学,体现着一个基本理念,那就是如何有意识地让公共哲学从传统意义的哲学中凸显出来,他们所追求的公共哲学的学术特色、构筑理念是:其一,其他哲学如西方哲学、佛教哲学等都是在观察(见、视、观)后进行思考或者在阅读后进行论说。与之不同,公共哲学是在听(闻、听)后进行互相讨论。公共哲学的探索不在于追求最高真实的真理的观想,而是以世间日常的真实的实理之讲学为主要任务。所谓讲学,不是文献至上主义,而是参加者进行互动的讨论、议论和论辩。其二,其他哲学几乎都倾力于认识、思考内在的自我,而公共哲学则以自他"间"的发言与应答关系为基轴,把阐明自他相关关系置于重点。其三,公共哲学与隐藏于其他哲学中的权威主义保持一定的距离。权威主义既是对专家、文献权威的一种自卑或盲从的心理倾向,同时也是指借他物的权威压迫他者的态度和行动。但是,人是以对话的形式而存在的,为了实现复数的立场、意见、愿望之不同的人们达到真正的平等、和解、共福,建立对话性的相互关系是必要条件。后现代的世界不再是冀望于神意或良心的权威,而是冀望于对话的效能,这才是后自由、民主主义时代的社会中作为哲学这门学问应有的状态。

31

日本的这种学术目标和姿态，可以推动我国学术界对于近代以来单方面地引进、移植西方学术话语与思想的接受心态进行一次当下的反思，促进我国在新的时代自身学术自信的建立，并为一些名家和硕学走下学术圣坛、接受新的学术倾向的挑战提供一种心理基础。从日本的公共哲学探索的参与者来看，许多领域的代表性学者基本都在讨论的现场出现，而在我国出现的公共哲学的研究，还只是一些学界的新人亮相。那么，通过这套丛书的译介，我们期待着能够推动我国各个领域的代表性学者也能积极参与这种前沿学术的探索，并且，目前的公共哲学研究还处在探索阶段，对于究竟何谓公共哲学，公共哲学的理论框架以及公共哲学的最终目标是什么等，都还没有一致的意见。这种具备极大挑战性和将来性的学术探索，对于我国的新时代学术研究的推动作用是值得期待的。

第三，资料性。这套丛书的另一个突出特点是问题的覆盖面广，作为了解国外的前沿学术动态，具有极高的资料性价值。这里所讲的资料价值包含以下几个方面的内容：其一，通过这套译丛，有助于我们了解在日本学术界，哪些问题是人们关注的前沿问题，而这些问题的探讨达到怎样的学术高度。特别是日本的学术界基本与欧美的学术界是同步的，通过日本学术界的研究成果，同样可以让我们了解到欧美学术界的最新学术动态、相关问题的代表性学术观点。其二，通过这套译丛提出以及被探讨的问题，可以让我们了解到在当前的日本社会中，存在着怎样的亟待解决的问题。为什么会存在这些问题，问题的起因、症候、状况是什么，这些问题会不会成为正在发展中的我国市场经济社会必将遇到的问题等等，这些都会成为我们的学术前沿把握中不可多得的信息、资料。其三，至今为止，我们翻译外国文献，即使是一套丛书，也只能集中在某个领域、某些时期、某种学科。可是，这套丛书的内容，其中涉及的学术领域可以说是全方位的，而被探讨的问题的时期既有古代的、近代的，也有现代的，成为他们探索对象的国家有欧洲的、美洲的、亚洲的最主要国家，这为我们拓展学术视野、在有限的书籍中掌握到尽可能多的研究对象的资料等，都具有向导性的意义。

　　一般情况下，资料给予人的印象都是一些被完成了的、静态的文献，可是这套译丛所提供的资料却是一种未完成的、处于动态观点的对话中被提示的内容。这种资料已经超越了资料的意义，往往会成为激发每一个读者参与探索其中某个问题的冲动契机。

　　正是我们认识到这套丛书至少拥有上述三个方面的意义，我们才会付出许许多多的不眠之夜，才能做到尽可能抑制自己的休闲渴望，尽量准确地把这套前沿性学术成果翻译、介绍给国内学术界，丛书的学术价值就是我们劳动的根本动力之所在。当然，如果仅仅只有我们的愿望，没有得到具有高远的学术眼光和令人敬佩的学术勇气的人民出版社的大力支持，我们的愿望也只能永远停留在愿望之中。在此，让我们代表全体译者，谨向人民出版社的张小平副总编、陈亚明总编助理以及哲学编辑室方国根主任、夏青副编审、田园编辑、李之美编辑、洪琼编辑、钟金玲编辑，对于你们的支持和所付出的劳动，致以由衷的敬意。同时，在这套译丛付梓之际，也要向参与本丛书翻译的每一位译者表示我们深深的谢意。当然，我们也要感谢日本的京都论坛——公共哲学共働研究所金泰昌所长、矢崎胜彦理事长以及东京大学出版会的竹中英俊理事，是他们全力支持我们翻译出版这套由他们编辑、出版的学术成果。

　　对于刚刚过去的 20 世纪末所发生的事情，相信我们一定还记忆犹新。世界性的 IT 产业从 80 年代兴起到 90 年代陆续上市，世界上几大发达资本主义国家的股市，很快走向来自新兴产业带来的崭新繁荣。网络时代的到来把当时的世界卷入一场新时代到来的欣喜之中。可是随着跨入新世纪钟声的敲响，发生在发达国家的一场 IT 泡沫的破灭体验，让人们在尚未从欣喜中回过神来之时就陷入梦境幻灭的深渊。然而，IT 技术正如人们的预感，由其所带来的世界性信息、产业、资本、流通的全球化格局的形成，正以超越人的意志的速度向全世界波及。改革开放后的中国经过 90 年代的提速，紧紧抓住了这个历史性发展的机遇，逐渐奠定了自己在世纪之交的这一历史时期里名副其实的"世界工厂"的地位，并逐渐从生产者的境遇过渡到作为消费者出现在"世界市场"的前沿，历史让中国成了全球化时代形成过程中世界经济的安定与繁荣举足轻重的存在。可是，正当中华民族切身体验着稳定发展的速度，享受着新中国成立以来未曾有过的经济繁荣的时候，源于美国华尔街并正在席卷全球的"金融海啸"，强烈地冲击着尚处于形成过程中的世界性经济格局。那么，当这场海啸过后，在我们的面前会留下一些什么？幸免者会是怎样的国家？幸免者得以幸免的理由何在？为什么这种全球性的金融风暴会发生？为了避免类似的事件在将来重演需要确立怎样的生存理念？这些问题都将是此劫过后我们必然要面对的问题。

进入 21 世纪，前后不到 10 年，世界就在短短的时期内频繁地经历着彼伏此起的全球性经济繁荣与萧条，无论是所谓发达的资本主义国家，还是新兴的发展中国家，都要为某个国家、某个地区的经济失控付出来自连带性关系的代价。很明显，历史上通过战争转化国内矛盾的暴力方法，已经被经济全球性的互动格局所取代。这种只有通过相互之间的磋商、协助、合作才能实现利益双赢的 21 世纪世界，我们当然应该承认其标志着人类历史的巨大进步。然而，这种现象的出现，让生活在这个时代的每一个人不得不接受一种生存现实的提醒，那就是"全球化时代"的真正到来。"全球化时代"的到来首先在经济上得到了确认，与此相关的是，在国际政治上不同国家之间的对话方式开始发生变化，而如何做到自身文化传统的独立性保持、宗教信仰的相互尊重等问题也日益凸显。那么，一种崭新的生存理念的产生，正在呼唤着适应这种理念发展、确立所需要的人类睿智的探索、挖掘和构筑。那么，"公共哲学"的探索，是否就是这种呼唤的产物呢？当然现在为之下这样的定论还为时过早。然而，在新时代人类生存理念构筑过程中，我们相信"公共哲学"的探索将成为一种不可替代的学术方向。

那么，这套译丛如果能够为这种时代提供一种参考性思路，促进新世纪的中国在学术振兴与繁荣上有所裨益，我们所付出的一切劳动，它在未来的历史中一定会向我们投来深情的回眸。我们期待着，所以我们可以继续伏案，坚守一方生命境界里昭示良知的净土。

2008 年平安夜　于北京

35

凡　例

1. 本书是以"将来世代国际财团·将来世代综合研究所"共同举办的第 26 次公共哲学共同研究会"科学技术与公共性"(2000 年 10 月 14 日至 16 日,丽嘉皇家大饭店·京都)的讨论为基础编辑而成。

2. 第 26 次公共哲学共同研究会的参加者一览表参加本书卷末。

3. 各个议题与讨论经参加者校阅。议题在不影响主旨的前提下进行了一定的改写,讨论部分进行了一定的压缩与省略。

4. 日本政府的省厅名称,原则上依循本研究会召开之际的名称。

1

目　录

1

3

前　言

佐藤文隆

英国历史学家埃里克·霍布斯鲍姆以漫长的 19 世纪为对象，创作了《革命的年代 1789—1848》、《资本的年代 1848—1875》、《帝国的年代 1875—1914》三部曲，描述了欧洲发达国家的资产阶级、市民、劳动者走上历史舞台，不断壮大，彼此之间的矛盾不断激化的一段历史。第一次世界大战使"帝国的时代"落下帷幕，也使一系列矛盾急剧爆发，历史由此进入到了"短暂的 20 世纪"。20 世纪是一个围绕这一系列矛盾发生变革的"极端的年代"，它经历了第一次世界大战、纳粹、第二次世界大战、原子弹爆炸、民族解放、冷战体制、越南战争、大量消费、环境破坏、苏联解体等一系列历史事件，确实是一个走向极端的年代。

首先，19 世纪是科学技术从人民大众的心目中的神圣领域转向世俗领域的一个转换时期。国家主义（national）就是这个漫长的 19 世纪孕育出来的意识形态，而后出现的社会主义、民族解放运动使之进一步强化，走向了世界化。科学技术承担起了国家主义体制下的国家建设之任务，它的公共性也就显著地体现于此。之所以会这样，其重要原因之一乃是在于科学技术对于旧体制具有强大的破坏力，它不仅可以带来富国强兵的社会变革，而且也标志着人才与知识权威的新旧交替。因此，科学技术在国家建设的

1

教育制度之中得到了优待与重视。

其次，科学技术被委以维持新出现的流动型社会结构之原动力的重要使命。它在被期以"破坏力"的同时，也被世人赋予了"构筑力"的属性。由此，科学技术扮演了一个救世主的形象，使人类脱离了"零和游戏"（zero-sum game）之规则，即避免人类陷入一方以革命或者斗争的形式来掠夺另一方之陷阱，体现为了站在人类社会之外，为人类社会带来富裕的"价值投资"。这样的第一次产业革命所形成的科学技术的形象，毫无悬念地成为了超越阶级或者阶层，统合整个国民的目标。

最后，冷战体制决定了 20 世纪后半期的社会发展。经历了两次世界大战之后，科学技术成为了保障国家安全不可缺少的条件，原子能开发、火箭技术、雷达技术使人们认识到国家安全与研究最前沿之间的密切关系。而且，在资本主义的逻辑之外，出现了一个投资科学研究的新契机。这一认识在冷战体制下得以拓展，它为科学的基础性研究——我们可以不必在意这一研究是否会带来收益——提供了一个绝好的环境。不仅如此，冷战体制的长期化不仅体现在了军事领域这一方面，而且也进一步加剧了知识权威之间的竞争。由此，科学技术的研究如同竞技体育一样，展现为一个履行新的"神圣"使命的国际主义者的行为。正如奥林匹克运动会所体现出来的竞争一样，诺贝尔奖的角逐也成为了国家与国家之间的彼此竞争。

苏联解体为"短暂的 20 世纪"画上了一个句号，与此同时，20 世纪的科学技术的诸多矛盾也开始走向表面化。由此，超越民族主义的国家体制的公共性究竟是什么，这样的课题研究开始浮现出来。

一方面，以丰富人类生活为目的的大量生产、大量的能源消耗、大量的输送、大量的废弃物等一系列人类的经营行为,使地球环境的负荷达到了一个可容忍的极限。医疗的普及、卫生条件的改善、传染病的防治等科学技术的提高,带来了发展中国家的人口激增、发达国家的老龄化与少子化等人口结构极为异常的新的社会问题。克隆人、基因图谱、生物医学、信息科学、纳米技术、环境保护、能源问题等科学技术的研究呈现出了一片繁荣的景象,从而缩短了技能、产业、企业的变动周期,加速了竞争与优胜劣汰、胜败之间的不断交替。面对这样的现实,大多数人对于放肆性地宣扬"科学进步将会解决一切问题"这样的观念开始出现怀疑与不安。

另一方面,不断扩大的科学技术的内部问题也是层出不穷,既出现了科学制度即不予进行市场评价所造成的普遍性问题,也存在了围绕评价本身而出现的科学技术自身的问题。科学技术研究的量的扩大导致了相互评价的官僚化,助长了大型研究课题的无责任化。科学技术的研究本身就是"向未知的挑战",投资失败的责任究竟由谁来负责,确实存在着难以判断的一面。进而,研究领域不断细化,研究者们投入到这样的研究领域之中,给人类的整体性的世界观带来了误解,使一批具有单一技能的怪人登上科学的舞台。不仅如此,科研资金的支持团体从国家逐渐转向了市场,过去的科学研究理念即"公有制、普遍主义、从私利之中解放出来、系统性的怀疑主义"开始出现崩溃,取而代之的,则是专利、资金、下层经济基础、技术培养等制度走到了历史前台。这样一个事实,标志着科学技术乃是"对于人类社会整体的价值投入"这一理念的崩溃,从而改变了科学技术的社会形象。

19世纪末作为制度而展现出来的科学技术,而后在国家主义的国民国家建设与冷战体制之中走上了不断扩大的道路。但是,到了经济、政治的环境发生剧变的现在,我们站在国家主义体制下

3

来探讨科学技术的公共性已经是不可能了。在公共性开始脱离国家主义体制，走向多样化的今天，我们要站在新的公共哲学的视角，重新探讨与科学技术交织在一起，不断涌现出来的大量问题。这是一个重要的课题。本书是对第26次公共哲学共同研究会——"科学技术与公共性"的讲演与发言的编辑，其目的即在于为此而提供广泛的问题意识，以期为解决它发挥出一定的贡献。

论 题 一

科学技术的公私问题

柴田治吕

　　我所隶属的科学技术振兴事业集团是一个特殊的法人。在此，我首先向各位介绍一下。本事业集团的前身是"科学技术情报中心"和"新技术事业集团"。"科学技术情报中心"是从事科学技术信息流通的事业团体；"新技术事业集团"是将新技术转化到民间的事业团体。大约在 4 年前，两个团体合并为"科学技术振兴事业集团"。本事业集团开展了广泛的事业活动，诸如从事信息流通事业，摘录科学技术信息，以便于世人的广泛利用；促进政府向民间进行技术转化的融资事业；推进基础性研究，同时也进行硬件开发研究，并创立了特殊的系统。而且，本事业集团也大力促进国内外研究学者的交流活动。如今的世界进入到了一个地域性的时代，本事业集团也深入到了各个领域，积极促进地域性科学技术研究。不仅如此，鉴于日本国民还没有充分地理解科学技术，时而也发生与之相关的分歧或者不和，因此，为了推动国民对于科学技术的理解，本事业团体也积极开展科学技术的宣传活动。

　　在此，共同研究会的举办者为我确定了"科学技术的公私问题"这一议题，但是，科学技术的哪些问题可以视为"公私"

1

的问题，对此我也心存疑问。我并不是一个哲学家，在此，就以自己的思考为中心，站在"公"与"私"两个视角来考察科学技术的问题。

一提到"公"，人们会自然而然地联想到它就是指政府以及相关机构；所谓"私"，也就是指民间企业与个人。在此，作为第一个发言者，请允许我大略地阐释一下科学技术与公私问题的各个基本观点，并概述一下整个科学技术所面对的问题、现状。在论述的过程中，我将从"公"的立场来重点阐述国家干预的作用。

1. 研究开发组织

科学技术源自研究开发，而研究则是一个多样性的行为。首先，研究以个人为主体。一个人推进自身的研究，这是研究的最初阶段。如果我们注意到它是个人的活动的话，那么我们可以断定它是一个"私"的活动。但是，个人的研究若只是局限在了个人的活动范围内是难以实现的，它必须具备超越个人条件的场所与资金。政府就具备了这样的功能，因此，它可以为个人提供科研经费，对个人的研究予以支持。我们的事业团体，也正是出于激发个人的优异才能这一宗旨而制定了支持个人研究的制度。

以项目为计算单位，政府的科研经费一年大概为 100 万—300 万日元。本事业团体则提供了接近 1000 万日元的经费来支持个人的自由研究。在此，尽管我提到的是"个人"，但是他们利用的是"公"的资金，研究的项目也大多是与社会无关的、纯粹个人性的研究。业余爱好者观测天体，可以经常发现流星，但是，这不过是个人的兴趣而已。但是，如果他们是利用科学经费的话，那么就会在一定的程度上体现出"个人"与"公"之间的关系。对于这样一个局面,我们将如何对待呢?

就我自己的研究而言,也是如此。一方面,我是事业团体的行政官;另一方面,我也从事日本与阿伊努民族(译者注:日本北海道的少数民族)之间的语言比较研究,并从事着陶器制作的工作。我开始进行研究的动机极为简单,那是在我有了自己的孩子之后,我觉得孩子学习语言的过程非常有趣,由此也就对这一现象极为关注。而且,我也并非是刻意地要去研究什么,只是记录一下孩子什么时候说了什么话而已。

在此,我叙述的或许只是一对溺爱孩子的糊涂父母的故事。不过,某个时候我突然想到,这一过程持续下去,必然会发现一座研究的"宝库"。就"语言"而言,世界的语言学家所考虑的对象都是大人的语言,对于出生不久的孩子来说,语言几乎是零。到了三四岁的时候,孩子开始不断地掌握语言,由此我们可以发现语言的本质。每天早晨,我与孩子一道散步。那个时候,我在一所综合开发研究机构工作。每天我都是特意地尽早回家,黄昏之际也经常与孩子在一起。由此,我突然下决心要将孩子的所有语言全部记录下来。这样的一个记录究竟有什么价值,一开始我几乎是一无所知的,只是期望经过了数年积累之后,通过分析数据或许我可以发现什么吧。

我对这样的数据加以分析的时候,正是担任日本驻法国大使馆随员的一段时期。因此,我想这样的记录毕竟是要公之于世的,倒不如就用法语来撰写并将之发表吧。我将自己的论文呈给相关者审阅,对方告诉我:"这篇论文非常有意思,它揭示了一个真理。"于是,我就在法国出版了我的研究成果。

这一研究完全是一个个人的研究,我只是偶然之中将自己的研究成果公之于世。个人的研究即便不能超出个人的范围，上升到"公"的层次，但是也会为世人所知，并得以推广传播。这就是科学技术的原点。

但是，大多数的个人研究并没有这样的好运，它们只是停留在了个人的水平上，一步也没有跨越出去，最终也就以个人兴趣作为了终结。就此而言，科学技术的研究可以说是一大关键。它最终既可以成为"公"的研究，也未必会如此。若是成为了"公"的研究，则必将对社会带来一定的影响。

这样的"个人性研究"并不仅仅是趣味一类的，或者大学教师出于兴趣使然的研究，即便是在民间企业，也经常发生与之相似的事例。不言而喻，企业的目的是为了追求利益，所以作为组织者会团结在一起，共同推动研究发展下去。但是，往往也会出现一类并不合乎公司的经营方针但是将对公司起到必然的促进作用的研究课题。对于这样的课题，研究者本人认为将会对公司有利，从而才开始研究，但是上司却不予同意。在这样的状况下，放弃乃是最为简单的，不过到了不管如何也要研究下去这个地步的话，那么，研究者就会对上司加以隐瞒，一个人继续研究下去，这也就是所谓的"实验性"(underground)研究。

以小西六这一人物为例，他是第一个将自动聚焦技术推广到世界的人。作为一名研究技术人员，他的这一研究违背了公司的主导方针，所以也拿不到多少研究资金，只能是自己一点点地去摸索。而且，这样的研究活动也只能是在下班之后的夜晚。最后，他所属的直接主管部门实在不堪这样的困窘局面，也就为此准备了一定的研究资金。现实之中，这样的事情也是时有发生。研究蓝色激光的中村修二也是如此，因为与公司的既定方针不相吻合，所以也就只能是在争执之中来独自进行，最后则是一个人拼命似的工作。科学研究之所以会出现"私人性",它的原点也就在于此吧。

因此,研究将会不断地推进下去,到了一定的规模,也就会组成两三个人的小组机制。大学之中,助手、讲师、副教授会成为小组机制的基本成员,也会出现召集两三个研究生来从事研究。我们的事业集团所提供的研究资助,不仅仅针对个人的研究,同时也针对这样的两三个人所组成的团体研究。

如果研究的圈子进一步扩大的话,也就是所谓的"团体研究"。它的形式是需要一个团体领导,需要一名副手,之下配备研究人员。我想,大学的研究室就是这样的一个模式吧。团体研究具有多种多样的存在形式,我们的事业集团采取的是"创造科学技术推进制度",它是基础研究的支柱之一。大学或者企业的团体研究,会利用既有的组织、既有的体制来进行,如同封闭在一个鱿鱼筐中。这是日本学术研究的弱点之一。为了打破这样的状况,我们的制度之中,将会选出一名研究领导者,将研究的事宜全面委托给他。他会利用个人的网络,提拔各个方面的优秀人才。这样一来,既有的组织体制也就无法包容这样的新状况。若是这样的话,人们就会抱着创建一个新的研究室的目的,利用最近不断增加的租赁研究室,将所有的人、所有的机械都放入到一个全新的环境之中,正如一个国际型的研究机构所出现的"产、官、学"的结合体一样,而且也将外国人招纳进来共同从事研究。这一制度,我们曾历经 5 年的时间来进行尝试,并得到了世界上的高度评价。美国在七八年前就派遣代表团来访问,并评价指出:"它是日本研究领域中的一个特例,即便在世界上,它也是一个特殊性的存在。"

如果再将研究的圈子扩大,也就是大规模的研究开发计划。

5

以"文殊计划"①为例,日本在经历了"钠蒸气泄漏"事件之后,就停止了这一计划。就日本而言,若是要进行这样的高水平开发研究,也确实存在了一大堆的研究课题。从"钠"的流体力学,到"钠"真空泵,到"钠"流动,必须全部要加以解决。这一计划利用的是新的高速反应堆,所以也需要展开中性子的核物理研究。它的目的在于建设发电厂,所以电气系统的研究也是必不可少的。同时,它也完全涉及了机械这一领域,所以也需要机械研究的课题,而且,还需要防止放射线之影响、如何进行遮蔽的研究。就此而言,这一研究需要各种各样的团体领导者,之下需要配备各自的研究带头人、研究副手,其规模将会达到数百人乃至上千人。

　　如果是"个人"的话,那么也就无从考虑这样的大型研究了。这样说或许对于个人而言过于偏激了,但"个人"的研究确实是难以吸引公众的关注。但是,若是达到了这样一个庞大的规模的话,也就会自然而然地得到人们的关心了。"公"与"私"的定义大概不少吧,如果说"私"是指被限定在了一个圈子之中的活动的话,那么"公"也就意味着为世人普遍了解,由此才成为了"公"。如今,私人企业也正在进行着大规模的研究开发,我们究竟应该将它视为"公"还是"私"?我认为,从事大型研究的开放事业应该说也具备了"公"的特征吧。

------

　　① 文殊核电站的反应堆位于日本福井县敦贺市,是一个尚处于研究开发阶段的装置,主要研究在燃烧钚和铀的混合氧化物燃料过程中如何使钚增殖的课题。1994 年,该反应堆首次达到临界状态,输出功率达到 28 万千瓦时。从核发电使用过的燃料中提取钚,再次用做燃料是日本政府"燃料循环再利用政策"的关键课题之一。1995 年,该核电站发生钠蒸气泄漏事故,引起小范围火灾,反应堆当即停止运行并被关封。

2. 科学技术与社会

科学技术基本上就是"知识"的创造,简单而言,也被称为了"发明"或者"发现"。较之"发明","发现"一语更为接近于"世界观"。例如,开普勒矢志不渝地研究天体运动,发现了开普勒定律;伽利略倡导新的地动说,出现新的力学的世界观。这一系列新的发现与传统的基督教的思维方式截然不同,由此科学与宗教开始出现对立。那个时期并没有什么新闻媒体,学会组织发挥了主要的作用,并影响到普通阶层。一个科学的发现,就这样改变了人们的世界观。

遗传学之父门德尔(Mandel)提出遗传学法则之后的二三十年期间,这一法则完全被世间埋没,而后才被世人发现,并产生了将遗传纳入到思考领域之中的新的世界观。最近的例子,也就是DNA的发现。就人类而言,人们一般认为"某人养育了什么人",但是如今,人们认为"DNA决定了人的个性或者性格"。我不知道这是否正确,"养育"的过程即后天的发展对于人的性格影响或许更为重大。由此可见,"发现"也促使"人的观念"本身发生根本的变化。

这样的"发现"也作为时代的精神或者潮流对国民产生深远的影响。一方面,科学技术的思维方式渗透到国民之中,而且也自然而然地对伦理、行为产生指导性的影响。另一方面,极端的"即物式"——创造实物的潮流也为技术所激发,进入到企业生产活动之中。而后,它也转化为消费者的意识,对国民的生活方式带来影响。在这样的状况下,因为研究者承担了发现新的知识的任务,由此也就成为首要的关注对象。对于研究者而言,好奇心是最为

7

重要的。但是,现实中的研究者并不是出自好奇心而从事研究,而是最为显著地着眼在了商业性的开发。由此,转化为商业活动的、借助创造性的技术、寻求产品之应用的开发,也就成为一个最为显著的目标。

依照自身的好奇心进行研究,而研究成果却不能推之于世,那么不管研究什么,也就不会与社会之间产生任何关系。但是,如果一个新的发明问世,并且推之于世,那么研究者的道德问题也就会成为一个大问题,毕竟并不是任何研究都会带来好的影响。核武器的开发就是一个负面的例子,给社会带来了各种各样的问题。尽管这是一个政治或者外交的问题,但是同时它也是开发者个人、研究者个人的道德问题。

接下来,引起轩然大波的一个问题,就是遗传因子重组技术出现之后,应该如何来加以推进这一问题的大讨论。如果任意妄为,就可能导致生物界的混乱。哪怕是一个意想不到的新型病毒,也会令人们担心造成传染病而大肆蔓延。日本的理化学研究所如今正从事建立 P4 型遗传因子重组设施的计划。重组是从 P1 到 P4,到了 P4 的阶段,就需要最为严格的规章制度,或许这一计划会带来划时代的、超越人类想象的新发现。因此,在设计建造 P4 设施的时候,也出现了各种各样的反对声音。就此而言,研究者应该抱着什么样的态度研究开发下去,也就成为一大问题。正因为它是一个新的问题,因此也就尤为重要。

到了现在,克隆技术开始登场,"人"的克隆成为了一个现实性的课题。这样一来,研究本身应该如何去做,人们也必须对此加以深刻思考。在上一次的国会会议之中,政府提出禁止克隆的法案,但令人遗憾的是没有获得通过。我想下一次的国会会议之中这一法案还会被再次提出,但是,因为它牵涉到法律的问题,所以目前的状况也就在于针对这样的研究本身要提出一个"公"的规制。

技术大致可以分为两个，即"产品的技术革新"与"工序的技术革新"。前者是指创造出迄今为止世界上还没有的新产品；后者是指创造新产品的过程。

时钟就是产品技术革新的典型事例。过去，人们大量使用机械式时钟，日本的精工公司发明了电子表，如今的手表几乎全是电子式的。就此而言，日本成功地实现了时钟的技术革新。不过，站在国民的立场而言，时钟变成电子表确实是方便了，但是它作为时钟的功效却丝毫没有改变。但是，同样是产品的技术革新，计算机出现之后，国民生活却完全发生了改变。一开始，计算机只是从事计算，与普通人几乎没有什么关系，但是接下来计算机可以认识模型，并可以输入文字，而后与通信密切结合在一起，计算机与计算机之间可以进行信息传递。这样一来，就实现了网络的功能，即便是在家里也可以进行商品的交易，可以接受世界的各种各样的信息。这样的技术革新，可以说完全超出了人们的预想。

网络究竟是谁构想出来的？令人遗憾的是，日本的研究者完全没有考虑到这一问题。科学技术政策研究所每隔 5 年都会进行一次大规模的技术预测，针对至少 4000 位日本研究者进行问卷调查，询问未来的二三十年将会出现什么新的发明。在日本研究者的预测之中，手机是一个，网络却不在其中。实际上，这样的产品的技术革新出现之后，必将给社会带来巨大变革。

至于工序的技术革命，简而言之，就是把质量优良的东西转化为更为廉价的产品。或许有人会认为这并没有什么了不起，但是事实却并非如此。以汽车为例，产业技术革命创造出汽车，一开始汽车是高级产品，只能是一部分人消费，而后进入到大众都可以使

9

用的汽车普及化时代，正是工序的技术革命才使之成为可能。最初，T型"福特"系列进入批量生产，到了最近，则是"丰田"的品牌式生产成为最为突出的特征。各个工程技术革命的成果也就在于向社会提供品质优异、价格低廉的产品，由此，也就在现实之中引起了社会的革命。就这样的意义而言，工序的技术革命也是一个极为重要的问题。

令人遗憾的是，日本产品的技术革命较弱，工序的技术革命较强。因此，世界认为日本的模式是一种"改良、改善"型。现阶段日本处在这样的状况下，也是无可争议的事实。但是不可否认，生产物美价廉的产品也是一场艰难的课题，为此，日本也正在付出巨大的努力。而且，它最终也会给国民带来方便与利益，我认为不可轻视这一方面的问题。

对于这样的一个转变过程，站在公与私的立场来看，知识产权的问题就成为一大课题。知识产权就是专利权、新实用设计、著作权，是保护发明者或发现者的制度，是可以给予适当优先占有权的法律制度。那么，为什么会出现这样的法律制度呢？技术一旦问世，就会引起模仿，技术的模仿并非是制造哥伦布之蛋，因此模仿起来极为简单。就此而言，技术的普及是必然的。当然，擅自模仿是不允许的。但是，我认为也不可轻视模仿的行为。我们总是在学习的过程中创造出新的事物，只要依循这样的专利制度的规则，并善于利用就可以了。

技术必然会普及，正如水会从高的地方流向低的地方一样，技术将会在整个世界得到传播。知识产权的目的是为了保护发明者的权益，但是同时它也意味着阻碍技术的传播，对技术施行垄断。就此而言，"专利权"原本就是私人性的、个人性的东西。日本的大多数场合，与其说是单独的一个人所有，倒不如说是"职务发明",即归属于公司,为公司所持有。以前取得好的专利权,公司即便是由此赢利,但是都没有返还给发明者。但是最近也出现了给予大量报酬的例子,公司会依据销售额度给予专利持有者以百分之几的补偿。

依据这样的私人活动——知识产权的垄断来实现对信息的掌控,究竟对技术或者社会的发展发挥了多大的作用?或者具有了多大的效益?对此也存在了各种各样的研究。换句话说,与技术的泄密相关,也出现了各种各样的研究。最近的一个新的倾向,即尽管公司取得了专利权,但是却不能那么长期地处在垄断性的优越地位。这是因为在公司的专利权公开之后,其他的公司也可以通过尝试其他途径来实现赶超。

夏普公司的前身——早川电器公司开发了自动铅笔,这一公司的口号是"不要模仿,开发新产品,制造令他人模仿的东西",因而不断地进行新的产品的生产。早川电器公司制造了无线电,生产了日本最早的微波电子加热器,处在技术的领先地位。但是,实际上它并没有给公司带来繁荣。松下公司拥有巨大的销售能力并取而代之。因此,世间才会流传"领先的早川电器,模仿的松下电器"这样的传闻。对于这一事例,究竟应该说是私人性的还是公共性的,我不是十分清楚,应该也是一个研究课题吧。

如果站在与"公共性"直接相关的角度来探讨技术问题的话,那么也就会出现研究开发的"标准"究竟是什么这一问题。应该说我们可以随意地进行技术的开发,只要是为了大众服务。但是,如果技术的规格不统一,就会给使用者带来困扰。举一个简单的例子,美国的插座与电压与日本不一致,所以美国不能使用日本产品。同样的一个典型例子,就是日本究竟要开发 VTR 还是 VHS 的论争。对于消费者来说,处在两者之间无法进行转换的一个时

11

代,实在是令人感到非常为难。"标准"的要求既来自消费者一方,也来自工业界一方,也就是要统一为 JIS 或者 JAS 这样的标准。

技术的快速发展,使我们进入到了"标准"掌控世界市场的时代。就此而言,技术层面意义上的"标准",也就成为"公共性"的活动。"标准"或许就是科学技术的"公共性"的一大要点。

雇佣问题,也是一个突出的问题。随着科学技术的进步与生产技术的提高,减少劳动者数量成为了一个必然,这是一个不可改变的宿命。历史上曾经出现毁坏机器的运动,熟练工人对于科学技术的进步提出批判。这不仅是历史的事实,同时也是科学技术无法逃避的命运。

而今,技术人员充满了紧迫感,犹如一场流行病一般。一批人指出,日本经济的症结在于生产力过剩(设备过剩)和劳动力过剩。从公司谋求自身的生存与追求技术的进步这一目的出发,它也只能以减少劳动者为代价。尽管日本存在着终身雇佣制,日本也不曾以减少劳动者为代价,但是站在私营企业的"私"的立场,减少劳动者无疑是一个正确选择。但是,私营企业耽于"私"的行为准则,若是大家都出现了紧张感,那么整个社会就会出现失业、消费低下等一系列大问题。这样的问题乃是社会的问题,也就是"公共性"的问题。就此而言,也就出现了"公"与"私"的对立。我认为,这也是科学技术与公私问题的要点之一。

接下来,就是普通平民的问题。如果我们将目光投向国民、消费者,应该说科学技术尽管存在了各种各样的问题,但是就"经济"的意义而言,它还是作出了巨大贡献。经济学领域是通过 TFP(total factor productivity)来进行测量,以整理出"非资本与非劳动"的产出。这样一个测量原本可以独立于科学或者技术之外,但是它的程序却极为复杂。较之资本、劳动(或许"较之"一词过于夸张),新的科学技术对于经济的发展无疑作出了贡献,如果没有新的发明或者发现,世界是不会进步的。

生活质量是否提高也是一个问题。如今,我们可以切身体会到世界的便捷,通过网络传递信息,乘坐飞机可以快速地到达目的地,利用汽车可以到处往来,各种各样的食品源源不断,显而易见,人们的生活质量获得了显著提高。不过,随之也带来了不少问题,最为显著的就是安全问题。不仅食品,也包括新的医疗技术,也存在着安全性的问题。

安全性的问题不仅仅是一个与消费者(平民)密切相关的问题,即便是巨大的机器设备,也存在着安全性的问题。最为典型的就是核电站的问题,所有的化工厂也是如此。各种各样的产品在工厂之中是否真正安全地被生产出来,也是问题之一。这一系列问题不仅仅是企业的问题,同时也是一个"公共性"的问题,政府在国家责任这一方面也要谋求企业生产的安全性。

环境问题也是其中之一。在生产力无限扩大、超越了自然环境的承受能力的状况下,环境问题必然会随之产生,而且也是一个大问题。

"伦理"的问题,如今也受到了广泛的关注。物品生产的现场存在了自身的道德精神,而站在科学技术的层面,新的"生命伦理"问题才是我们每一个人必须深刻思考的日益紧迫的问题。遗传因子资料与脑死亡的问题,我们究竟在这一方面取得了多大的一致呢?

对于这样的一系列问题,要组织起一个体现国家之作用的、作为公共的"场"的科学技术组织。内阁总理大臣担任议长,由文部大臣、科学技术厅长官等官员与学识渊博者共同组成,使之成为国

13

家最高的科学技术政策的决策机构。科学技术组织下设生命伦理委员会，委员会不仅要吸纳学识渊博的研究者加入，也要邀请伦理学者、哲学家加入进来。在这样的框架内，也可以尝试对克隆人的研究进行规范性的管理。

如今，大量的服务性产品流入大型超市，在这一过程中所出现的最大的问题，就是个人隐私的问题。我们进入到了一个 IT（信息技术）的社会，要想完全保有信息几乎是不可能的，现阶段采取科学性的防范措施也极为困难。如今的社会既存在着计算机黑客，计算机本身也存在着问题。因此，如何保护个人隐私，也是我们面临的问题之一。

在遗传因子这一领域，还存在着人的 DNA 的隐私问题。个人信息一旦公开，一批人就有可能无法加入生命保险。我们是否可以放任这样的问题存在呢？对于这样的一系列问题，最近也成为了一部分研究者的研究课题。我认为，对于科学技术的社会应用、社会影响的研究，我们大家必须站在"公共性"的立场加以认真地思考，逐一地解决。

3. 研究开发的国内体制

接下来，我们站在另外一个视角来思考一下公与私的问题，即站在科学技术这一角度，或许我们可以导入"学"的视角。私营企业（从事"产"的活动）的基本作用是开发技术、制造产品、进行销售，由此而活跃于社会之中。与此相反，初等、中等教育机构之中，教育是根本性的原点；到了大学，则是教育与新知识的研究齐头并进。初等、中等教育机构推进理论性的教育，高等教育机构则是培养人才。创造新的知识成为"学"的中心任务。日本的大学存在着国立、公立与私立之分，站在广泛的意义而言，国立、公立就是指"官＝公"，与此相反，私立大学则是"私"；若是站在与西方的"University"相关联的普遍意义下而言，私立大学或许也是"公"的类别之一。

作为与各个政府部门密切相关的行政机构，国立考试研究机构多达90所。其根本作用，就是从事行政活动所必不可少的研究。因而，它实际上也对科学研究起到了促进的作用。最近，国立研究机构正在重点推进一批基础性研究，这样的基础性研究是大学或者私营企业所无法进行的。

政府行政发挥的最大作用在于规范化管理。所谓规范化管理，是指个人不可随意进行研究。而且，它不仅要求研究规范，同时也要求以安全性为目标。各个政府机构所制定的有关技术的各项规定，我认为就是公共机构所发挥的重要作用。

日本的"产学研"相结合的科学技术如今处在一个什么样的状况下呢？在此，我想简单介绍一下。首先，就日本与世界的科学技术研究开发经费而言，日本年均投入约16兆日元，美国为39兆日元。就研究开发经费的金额来看，日本列于欧洲与美国之间。这一组数据表现的是一个宏观的整体的印象。但是，就GDP的人均比率来看，日本在发达国家之中名列首位，达到了3.3%，美国为2.6%。换句话说，日本将国家财富投入到研究开发之中的比率最高。究其原因，是因为日本的民间活动极为活跃。从政府承担的比率来看，日本是发达国家之中最低的。美国到了最近，政府的作用也在逐渐减弱，尽管如此依旧占据了26%，而日本只维持在了21%。就政府（官）发挥的作用而言，依据世界的基准，日本可以说是一个相对较低的国家。

研究开发的类别，大致可以分为基础开发与应用开发。在欧洲,基础研究占据了一个比较大的比重,其次是美国。在发达国家之中,日本对于基础研究的投入相对较低。

就整个国家的资金流向而言,承担研究开发费用的部分可以分为产业界、政府、大学、民营研究机构和外国机构。日本的产业界投入了 11 兆日元的资金来进行自主研究开发,政府基本上不会将资金投入到产业界的研究开发活动之中。政府的资金一般是转到政府直辖的特殊法人或者国立研究所,其次则是大学。

美国政府的研究开发经费在投入到政府机构和大学这一方面与日本大略一致,不过,流入到产业界的渠道则是极为宽裕,日本在这一方面则是异常狭窄,因此,公与私之间的相互干扰在美国非常多,而日本则极为少见。在此,我只是论述了研究开发资金的流向问题而已,不过,就科学技术的公与私的作用而言,我认为这也是一个基本要点。

发达国家之中,投入到社会、经济的科学技术经费究竟是如何被使用的,根据经济协助开发机构(Organization for Economic Co-operation and Development,OECD)的国别数据调查结果,日本在经费支出这一方面,针对基础性的知识进步这一领域最多,也就是大学的研究。首先,在环境保护这一方面,日本与其他国家基本一致。其次,就是能源方面的支出。日本通产省(政府机构)的能源相关预算与原子能预算占据了极大的比重,与其他国家相比,只有日本最为突出。与此相反,美国的支出接近一半是防卫预算,其次是医疗保健。美国的特征就在于将科学技术相关经费集中投到了防卫系统。

德国与日本极为相似。与日本一样,德国的科学技术相关经费侧重在大学以及产业开发领域,但是,防卫、宇宙开发这一领域极为薄弱。法国和英国则与美国相似,防卫费占据了极大的比重。

在基础性的知识进步这一领域支出较多的,则是日本与欧洲。

国家与国家之间出现这样的差异,实则是一个历史的、本质性的问题。日本政府认为,科学技术的目的在于民生,在于经济实力的提高,也就是产业的竞争力与国民生活水平的提高。但是,美国并不这么认为。美国对于科学技术的援助,其根本目的在于安全保障,在于防卫。依据历史,美国对于科学技术的投入基本上是从农业开始的,在一个广阔的国土上进行各种各样的农业活动,这样的研究开发是作为个人的农家所无法承担的,因此,只有政府才能承担这一任务,也就开始了技术性的研究开发。原点即在于此。不过,如今的现实却是安全保障所占据的比重非常高。

到此为止,我们站在经费的角度对科学技术的问题进行了探讨,接下来我们来讨论一下人的因素。首先,我们来看一下各个国家不同部门的科学技术研究者的人数与分布。不言而喻,美国的科研人员的总数最多,接近90万—100万人,其次是日本,达到了70万人。不过,日本的统计数字之中,究竟有多少人是从事专门性的科学研究,却没有进行细分。大学教师之中,一大批人要从事教育活动,实际上应该将他们排除出去。不过,就研究人员的整体数字而言,日本也实在是不少。

美国的科研人员之中,产业界的人士居多。欧洲与日本一样,大多是大学的研究人员。以非人文社会研究领域为例,日本国内研究人员的分布为:理科之中数学、物理、化学居多;工科之中电器、通信、船舶、航空较多。与大学、政府或民营的研究机构相比,民间(产业界)的研究者占据了绝大部分。在日本保持优势的电器产品、汽车等领域,产业界的研究人员处在领先地位;生物系统之中,无论是大学还是民间,研究者的绝对人数都非常少,这也是日本生命科学研究滞后的原因之一。

17

电器、机械的研究人员在民间（产业界）的分布最为显著，而在大学则并非如此，倒不如说，医学、药学、医药局、保健这一类的医科、病院数量较多。产业界的研究开发经费大部分投入到了电器、化学、运输（汽车产业）三大领域，依据产品的类别，绝大多数投入到了汽车行业的研究开发，这就是日本的研究与科学技术的概况。

站在这样的状况下来思考"公与私"的问题，那么，国家究竟发挥了什么样的作用呢？国家究竟在干什么呢？20 世纪 90 年代，泡沫经济开始之后，日本的经济状况持续低迷。大约在 5 年前，为了改变这样的低迷状况，日本政府认为必须振兴科学技术，从而出台了《科学技术基本法》。它的背景，首先在于日本没有资源，只能走"贸易立国"的道路。如果不这么做的话，那么也就"国将不国"。要实现"贸易立国"的目标，只能依赖科学技术。日本政府相信，科学技术才是日本发展的原点。就中国而言，中国将之称为"科技立国"，也就是通过科学技术与教育两大支柱来建设国家的基本方针。

《科学技术基本法》（以下简称为《基本法》）的精神，就是振兴科学技术。作为口号，日本 5 年前就提出了"科学技术创造立国"。在《基本法》之中也提到："国家具有制定关于振兴科学技术的综合政策以及加以实施的义务。"由此，也就必须制定《实施细则》，综合性地来进行下去。

《基本法》之中也提到了"私"，也就是"民间"。它指出："国家鉴于民间在我国科学技术活动中发挥作用的重要性，会积极协助民间的自主性开发活动，采取必要的措施来促进民间的研究开发。"基本上明确了针对民间的研究开发活动采取大力支援的态度。由此，也就制定了以"科学技术创造立国"为目标的

《实施细则》，开始逐步改善日本科学技术研发系统的各个薄弱环节。

例如，从制度上来看，日本普遍地采用终身雇佣制度，但是就研究者而言，我认为最好是建立起一定的人员流动制度。一般来说，经历了各个不同场所的任职之后，研究人员的素质将会大幅提高。以美国为例，大学毕业之后绝不会留在同一所大学，而是一般会转到其他的大学，日本的现实则是大多进入到同一大学的研究生院。若是采取一定的人员流动政策，大学会受到国家公务员法的限制，企业实行的是终身雇佣制度，可以说相当困难。不过，在这个时候制定任期制或者采取一定任期的岗位制度，法律上也是可以允许的。

接下来，就是导入竞争性的资金问题。科研经费制度早已有之，不过它采取的是公开招标的形式，就此而言，这样的经费也就成为了经常性的经费，绝对数额比较少。在此，各个政府部门也试图引入一批竞争性的资金。例如，现阶段的大型的竞争性资金主要来自文部省和科学技术厅，各为 250 亿日元，合在一起大约为 500 亿日元。其他的政府部门也达到了几十亿日元，与现在的总计 1400 亿日元的科研经费相比，超过了 500 亿日元的竞争性资金可谓是相当大的一笔经费。

在人才方面，美国确立了博士后制度，日本也尝试对此加以扩充，提出了博士后 1 万人的计划，如今已实现了这一目标。

要推进"科学技术创造立国"还是需要资金的投入。《实施细则》之中明确写明：5 年期间的资金为 17 兆日元。因为当时的年度预算没有达到 3 兆日元，因此，5 年期间要达到 17 兆日元可以说是一个相当大的挑战。不过，如果加入补助预算的话，那么，到 2000 年的 5 年期间，日本的实际科研经费就会达到这一

19

目标。

4. 日本科学技术的现状与课题

在此,我想就日本科学技术的现状来讨论一下。之前,我就日本对科学技术的研究究竟投入了多少的财力与人力进行了概述,那么,其结果究竟如何呢? 一个是论文的数量。世界性的科学杂志的发行限定在了英语圈之中,所以论文的总数只能体现为英语杂志的论文数量,就此而言,美国处在遥遥领先的地位,日本则几乎与英国、德国并列。

论文引用不仅是一个数量的问题,同时也包括了质量的问题。质量是通过被引用次数来进行衡量的。各个国家的论文比重与引用次数的分布可以参照图 1。美国无论是论文所占的数量比重还是被引用的次数皆位居首位,在图 1 之中,美国的学术论文的被引用次数位于 45°线的上方,远远超过了被引用数的平均值。由此,可以判定其论文的质量极为优异。英国、德国、日本构成了一个小团体,英国的论文数与日本大致相同,但是被引用数却居多。毕竟统计的对象是英语撰写的学术论文,所以日本并不具备什么优势。因此,单纯地依据数字并不能作出准确的评价。不过,日本赶不上英国、德国,也是令人遗憾的事。

还有一个参照值,就是"专利权"(参照图 2)。图 2 表示的是在美国登记的各个国家专利权的比率。日本最为突出的是在 20 世纪 80 年代增长快速,1980 年仅为 11.5%,如今几乎增加了一倍,不过,到了 90 年代之后,呈现出一个平稳的发展变化。

图 2 不过是对专利权进行的一个定量分析,关于它的质,也存在了一个科学索引(science linkage)的评价方式。在美国申请专

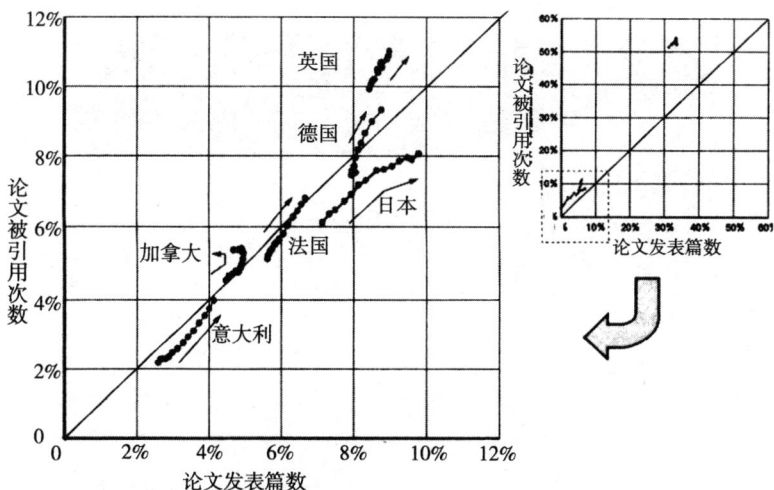

图1　各个主要国家论文被引用数变化表(1981—1998年)

注:(1)仅为自然科学以及工科论文数值。

(2)年度轴以5年为一基准。

(3)右图的点为美国的数值。

资料来源:科学技术政策研究所依据 Institute for Scientific Information, *National Science Indicators on Diskette*. 1981‑1998(Deluxe version)的统计。

利的时候,美国的专利权管理人员进行审查之际,针对科学性论文的引用要作出评价数值。评价的内容即是一项专利究竟涉及了多少篇的学术论文。美国平均达到了3.2—3.3,日本则仅仅是打破了1,令人遗憾地落后于英国、法国。

根据各个领域来看,最为显著的差异体现在生物、生物化学、微生物学领域,也就是生活科学(life science)或者生命科学(biotechnology)这一领域。在这一领域,美国的一项专利涵盖了数十篇学术论文,而日本的论文数则为数篇,差距显著。在有机化学这一领域,日本与美国之间的差距也极为明显。

整个世界如今皆在探讨IT(信息技术)与Bio(生命科学)两个

21

图2

(%)

100

90

80

70

60

50

40

30

20

10

0

年份	1980	1981	1982	1983	1984	1985	1986	1987	1988	1989	1990	1991	1992	1993	1994	1995	1996	1997	1998
日本	11.5	12.8	14.1	15.5	16.5	17.8	18.7	20.0	20.7	21.1	21.6	21.8	22.5	21.3	22.0	21.5	21.1	20.7	20.9
美国	60.2	59.4	58.3	57.6	57.0	55.2	53.8	52.4	51.9	52.5	52.4	53.0	53.5	56.1	55.0	54.8	55.6	54.8	54.2

美国专利权申请比重表

其他
英国
法国
德国

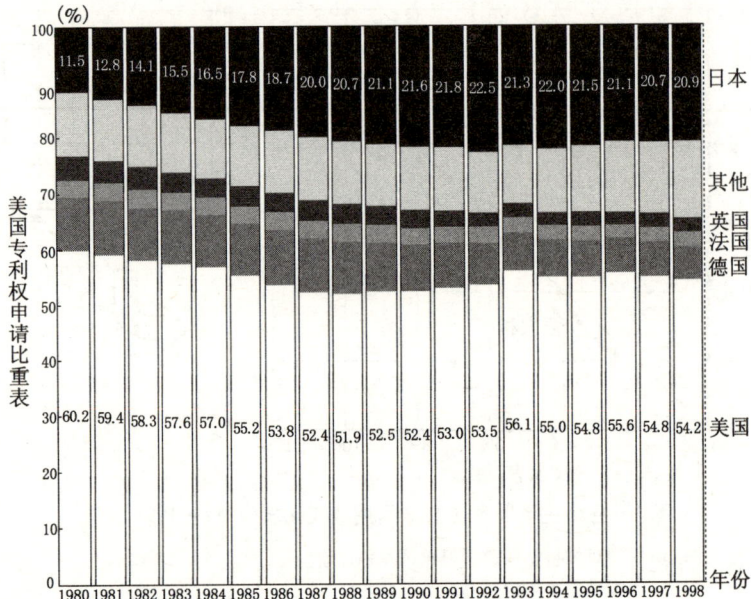

图2 美国登记的各个主要国家专利权比重变化表

资料来源:CHI Research Inc., *National Technological Indicators Database.*

关键词,图3讲述的就是日本与美国之间存在着巨大差异的这两大领域的研究开发与产业应用的实际状况。

显而易见,现代社会,应用型的科学技术走向成熟,技术也得以确立,由此,科学本身的比重也就相对弱化。不过,如今对它加以细致的分类也比较困难,日本出现了基本的电器因子这一术语,硬件也属于这一范畴。这样的电器研发的文献索引数处在一个较低的水平,与此相反,涉及生命科学的文献索引相对较高。如果再考虑到另一个视角即科学技术的发展阶段与成熟程度的话,那么也就会牵涉到"公与私"的问题了。我认为,探讨本研究的主题即"公与私"的问题是极为必要的。

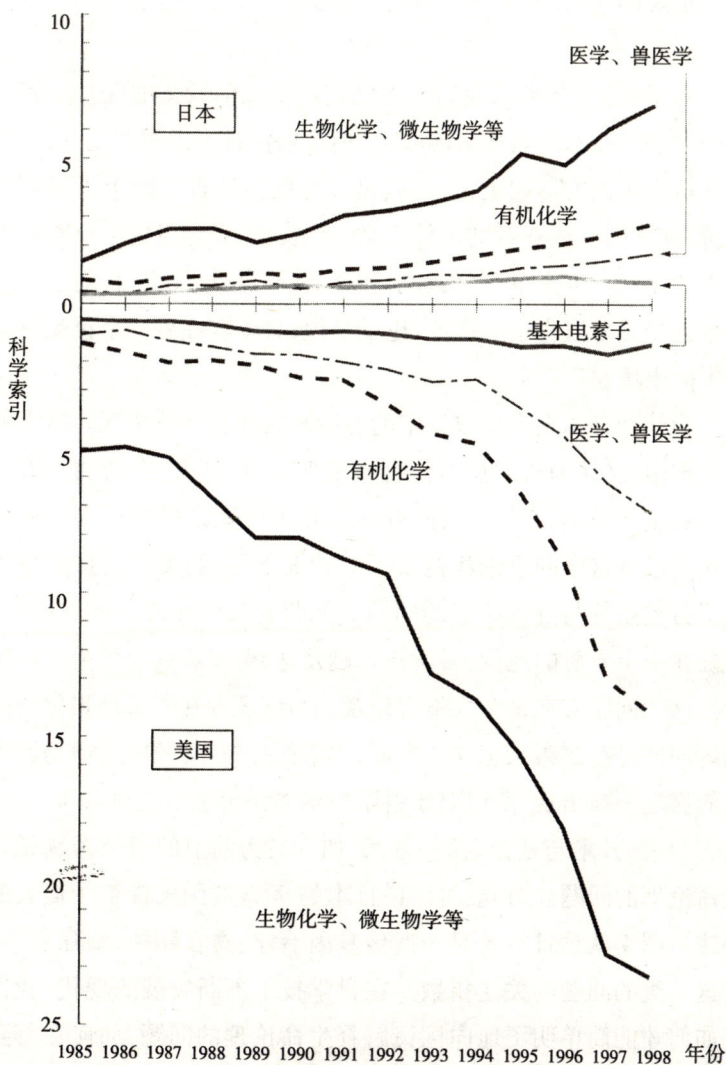

图3　日本与美国主要研究开发领域的科学索引变化图

金泰昌先生之前曾提到,国民与科学技术之间的关联是一个非常重要的问题,根据这一研究会的主题,我在此也想介绍一两个事例。

对于"科学技术",我们的国民究竟是如何看待的呢?尽管人们认为科学技术的负面影响较大,但是根据日本内阁的统计,大部分人认为正面的影响更大,尤其是男性的被调查者给予了高度的评价,女性的被调查者则评价不高。在美国,曾经发生了反对科学技术的运动。但是不管怎么说,就普通的日本国民而言,对于科学技术大多是采取肯定的态度,也就是说,日本存在着一个接受科学技术的土壤。

为什么日本人会采取肯定的态度来接受科学技术呢?最大的一个理由,是认为科学技术使物质更加丰富,其次,它增加了每一个人的生活乐趣。另一方面,在科学技术究竟是提高了人们的生活还是没有这样的争论相持不下的状况下,人们关注的焦点集中在了劳动条件与健康状态的问题。就劳动条件而言,科学技术与它处在一个矛盾的地位,科学技术越发达,劳动者的数量需求就越少。这一问题实在是令人不容乐观,而且,还存在着劳动强化的问题。即便是在健康状态这一方面,尽管医疗技术提高了,但是因为新的疾病不断出现,所以对于科学技术的评价也不是那么高。

"科学技术与社会"这一方面,如今最为前卫的研究课题就是生命伦理的问题。对此,可以说日本的90%的国民皆给予莫大的关注。图4就是日本人对于遗传基因治疗、器官移植、脑死亡、克隆这一类的问题的关注指数。在科学技术不断发展的现代,我们要如何才能简单明了地向国民解释生命伦理的问题,如何在得到国民的一致许可下推进它的研究开发,我认为也是一个非常重要的课题。一方面是研究者,另一方面是社会,两者之间的交流与"公私"问题究竟如何相关联,也是一个大的问题。

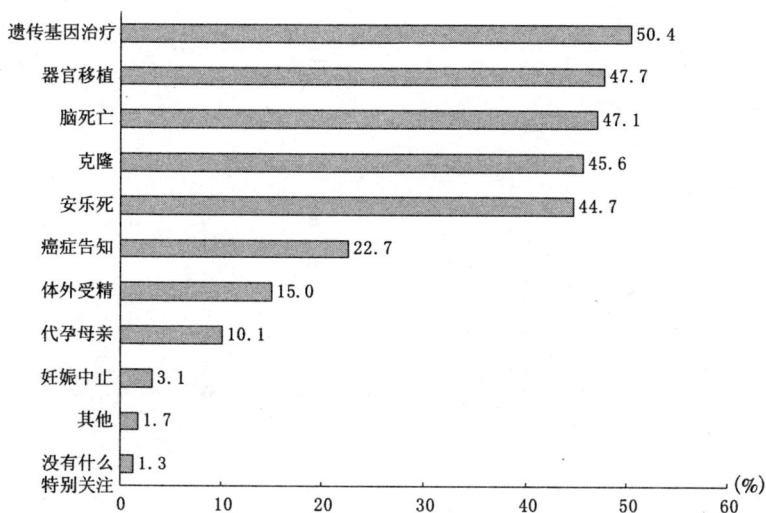

图4　最具关注的生命伦理问题

资料来源:总理府广报室《关于克隆的有识之士的问卷调查》(1998年9月实施)

最后,我想就国家的作用这一问题来探讨一下。承前所述,日本如今采取了"科学技术创造立国"的方针,5年之内将落实实施细则,到了今年即2000年计划完成。从2001年开始,就要制定新的基本规划,现在日本的科学技术组织正在讨论这一新的计划。

在此,我介绍一下讨论的要点,仅供各位参考。

第一,现在的日本科学技术的状况究竟如何? 瑞士的IMD这一调查研究机构对各个国家的国力进行了比较(参照图5)。图5体现的是世界主要国家的竞争力的变化过程,美国保持首位。从20世纪80年代至90年代初,日本排在第三位,时而进入到第二的位置;最近则是下滑,缺乏世界性的竞争力,也存在着一定的危机。这是一个极为普遍的认识。

第二,科学技术渗透到国民之中的速度加快。例如,通信传媒

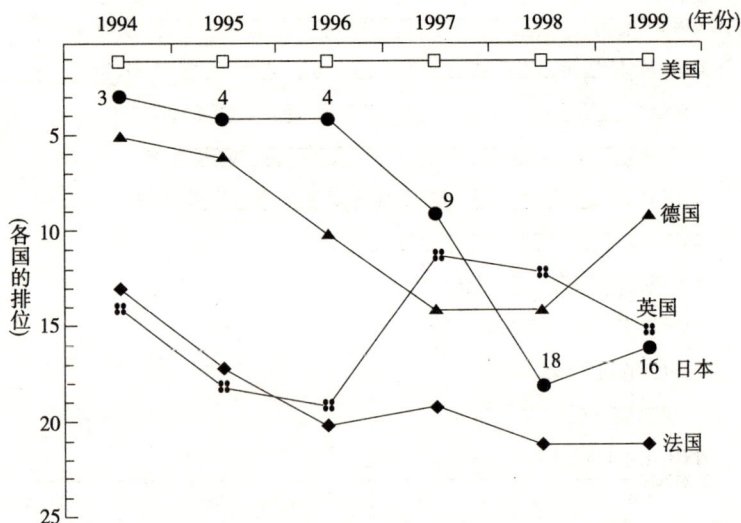

图5 《世界竞争力报告》之中的主要国家竞争力变化图

资料来源:IMD, *The World Competitiveness Yearbook*(各个年度版).

的普及率达到10%所需要的时间,电话为76年,传真机为19年,家庭计算机为13年,网络则缩短为5年,由此可见,信息社会的发展极为迅速。同样,从研究的现场到推广至整个社会的时间,过去极为漫长,而今不断缩短。研究发明出来的东西,不久就会出现在人们的生活之中。

就在这样的快速发展过程之中,日本的科学技术究竟应该如何走?这是一个我们必须深刻思考的问题。现在,科学技术组织在进行新的基本规划的讨论。日本为什么要振兴科学技术,对此,大家一致认可如下的三大基本理念。

其一,它是为了创造知识。知识的创造是科学技术的原点,要推进知识的创造,要推进基础性研究,要成为一个为世界所信任、所尊敬的国家。就这样的意义而言,我们要通过基础性研究来切实地推进知识的创造。其二,科学技术直接关系到国民的问题,为了建设一个令国民健康安全的社会,建设一个能够有效保障国民福祉的社会,就有必要振兴科学技术。其三,日本产业界的竞争力如今存在着极大的问题,因此,在强化产业实力的意义上,我们应该振兴科学技术。

这样的三大理念获得一致认可。那么,今后立足于此,我们应该做什么呢?关于研究开发的系统,今后将在这5年的基础之上进一步加以改善,政府的各个部门预算应该增加到一个什么样的程度,并非只是增加预算的金额就可以了,还应该研究一下更为有效的预算使用方式。竞争性的资金今后应该如何增加,也是一个正在探讨的问题。

围绕论题一的讨论

金泰昌:非常感谢您的发言,您提示了一个与本研究会的主旨密切相关的议题。在此,我也要提示一下自己的观点,希望在座各位了解,或许会成为展开讨论的参考之一。

首先,我在与大家一道设定"科学技术与公共性"这一标题的时候,发生了不少与我的问题意识彼此相关的事件。最近,日本国内与世界上发生了不少重大事故和不祥之事,而且,世界战争与局部战争之中的大规模的非人道主义残酷行为也受到整个世界的关注,通过这样的一连串事件,人们开始了深刻的反思,开始从根本上质疑是否存在着健全的科学技术。那么,究竟科学技术在什么地方受到了人们的质疑呢?对此,我个人认为大致可以归结为五点。

第一,是关于科学技术领域的专家是依据自己的专业爱好与选择来从事科学技术的研究这一问题。不管采用什么样的方法，不管是抱着什么样的目的，只要是一个专门性的研究或者技术开发，是否就可以放纵这样的研究一直持续下去，是否就可以免除它们的社会责任乃至义务，可以不必追究这样的研究成果所造成的后果呢？

第二，科学技术专家的研究与技术开发对于整个社会的影响越来越大，甚至会涉及人的生死存亡的问题。在这样的现状下，仅仅依靠专家集团的内部逻辑、伦理、事理来加以思考、采取行动、进行判断是否有欠公平或者公正呢？

第三，仅仅依据科学技术领域的专家的知识与经验，来对研究与技术开发所造成的结果的危害性以及社会影响进行判断，由此而制定出一个安全的、值得信赖的对策，这样的操作是否可以做到最为合适或者最为完善呢？

第四，科学技术专家们的研究与技术开发的内容与结果必须对社会负责，必须向社会进行公开、说明，提供信息，普通平民也具有一定的知情权。既然如此，那么他们就应该负担起共同的责任，即针对研究与技术开发所产生的结果必须作出一个与利益或者风险相关的适当判断，由此而采取适当的对应措施。

第五，科学技术的专家们作为个人或者集团，在积极协助国家的政策实施与企业的经济（营利）活动的同时，是否能够坚持自己的良知与勇气，以防止科学技术的不当使用。

基于这样的现实认识，我认为，在思考"科学技术与公共性"的时候，必须首先直接面对的最为根本的问题，即究竟应该如何来理解"公"与"私"？

作为我们讨论的一个出发点，我首先来谈一下"公"与"私"究竟是什么。所谓"公"，就是为了国家，使之成为国家；所谓"私"，就是为了自己,使之成为自己(自我)。我并不是站在相互矛盾、相互否定之二元对立的两极的立场来把握它们,而是以"公共性"这一概念来概括具有自觉意识的人的思索与实践,即他们是如何批判性地将两极结合在一起来思考"公"与"私"之间的相互发展的问题。

以往,人们普遍认为,"公"代表国家,"私"代表个人,将两者加以实体化。由此,"公"与"私"处在一个二律背反的关系。站在两者不可两立的立场,"灭私奉公"或者"灭公奉私"这样的两极之间择其一的论调风靡世间。世人断定"公"就是为了天下国家作出奉献,"私"则是为了私利私欲而奔走。但是,这样的绝对对立的二元对立论,是不可能有什么前途的。因此,在充分肯定私人性的动机的同时,也使这样的私人性内敛于自我本部,并使之转向为大众服务这一方向,这才是既现实的又理想的一种方式。由此,我强烈地感到要建立一个动态坐标,使之可以打破"公"与"私"对立的封闭框架。它并不是"灭私奉公"或者"灭公奉私"这样的两者择其一,而是"活私开公",也就是通过"公"与"私"的互为中介来思考"公共性"的问题。进一步言之,就是将重点放在"公"的部分,通过"公"与"私"之间互补性的互动,使之得以复活。在此,我认为以往的国家性(内敛性)的"公"有必要重新设定为"市民"的公共性,而且,还应该考虑将之区分为两个不同的范畴,即为了国家或大企业的科学与为了市民(社会)的科学。这是因为科学技术存在着一定的危险性,有可能被政治所恶用,成为纯粹追求利益的工具。在此,健全的市民精神将会对它加以一定的管理与限制。

进行科学技术的研究,资金的支持必不可少。我们可以将之称为研究开发资金。研究开发资金是通过国家预算来支持的,因此,研究也就被标上了"为了国家"的名目,企业提供的赞助资金,也就被打上了"为了企业"的标签。但是，追根溯源，它是来自国民每一个人的纳税金，是市民购买商品所产生出来的收入。因此，科学技术的研究应该是为了作为纳税者或者消费者的"市民"，这也就是我所说的"公"的意义。

假如为了国家（政府或者大企业）就是"公"，为了个人就是"私"，那么，相互为了彼此而进行的共同讨论，也就是我所思考的"公共"。在此，我将迄今为止的"为了国家"解释为"为了市民"，但是，回顾过去的历史，尤其是现代史，可以说未必如此。一个国家的政权尽管它标榜"为了国家"，但其根本则是为了谋求权力的更大化或者企业利润的最大化，所谓为了国家，不过是为了实现一时的野心并使之正当化的借口而已。这样的事例不胜枚举。对此，不少抱着善意而加入到公的事业的科学家们最终也不得不背负起巨大的社会责任，遭受良心的谴责，他们或者自杀，或者陷入到难以表述的痛苦之中。

那么，站在市民（人）的立场来进行论述是否就不重要了呢？对此，我认为在设定"科学技术与公共性"这一课题并由此来探讨新的公共性的问题之际，这也是一个基本的立场。

以往，企业被置于"私"的一方，而且，国家就是"公"，企业就是"私"，这样的看法究竟意味着什么呢？企业的科技研究也存在着一定的公共性的内涵。不过，从现状来看，由于企业的反公共性、追求剩余价值的目的而招致批评的事例也不少。尽管如此，我们也不可否认，企业的科学研究也存在着从普通市民的日常生活需要出发，与人的利益直接相关的基本内涵。

由此可见，我们不能将企业的研发行为完全概述为"私"，倒不如说，与以国家名义而进行的科学研究比较而言，它也会取得更具有公共性的高尖成果，也会对包括了市民社会与国家在内的人类或者地球带来极大的恩惠。这样一来,站在市民的公共性的角度,以往的"国家 = 公"、"企业 = 私"的认识可以说并不一定稳妥。"公"未必就等于是"公共性",因此我们在探讨大型企业的问题的时候,应该慎重地认识到公私混同的弊端将会导致致命的危险。作为我个人的意见,我认为健全的、中小型企业的公共作用反而令人抱以莫大的期待。

最后,我想谈一下市民对于"科学"的认识究竟如何的问题。客观地说,日本一方面存在了崇尚反科学的、迷信的倾向;另一方面,也存在着可以称之为"科学教"(宗教化)这样的将科学绝对化的倾向。这两个倾向彼此共存,因此也就给我留下了一个科学与生活认识之间怎么也无法取得平衡的印象。

我听说日本出现了"舆论会议"(Consensus)这一组织,本次共同研究会也邀请了其代表小林傅司先生。国际上也有与此类似的会议组织,我曾参加过几次在芬兰、爱尔兰、瑞典、挪威以及丹麦等北欧国家举行的会议,并以"公众、科学、技术"为主题,站在未来学的角度进行了讨论或者演讲。在澳大利亚的悉尼大学经营研究科执教的时候,我还与其他几位教授一起组织了以"科学、技术、社会"为标题的讲座式小组讨论。由此,我切身认识到应该在科学家与普通市民之间建立起一个令彼此可以相互理解的平台。

但是,我同时认识到,在取得"舆论一致"或者"合意"之前,究竟如何"认知"这一问题也极为重要。不管是普通市民还是科学技术领域的专家,或者其他领域的专家,最为重要的,首先是要站在"人"的立场来进行思考。就这一立场而言,我们将通过均衡判断下的思索与确认来展开自己的实践活动,而拥有实现这一目的所必需的知识是极为必要的。这样的知识的共有,应该是通过科学技术的专家们发挥其理该具备的"公共关怀"来逐步加以实现

31

的。"现在的科学技术就到这一程度,将这一技术使用到社会之中会出现这样的利益,从现在的基准来看也会出现这样的风险。"就如这样,要使人们认识到一个科学技术的利害两方面的问题。

以药物导致艾滋病的问题①为例,治疗专家曾提到尽管自己充分地预测到了危险的存在,但还是继续使用非加热血液制剂。而后,到了引起大问题,并被追究责任的时候,他只是以当时的研究水平有限为借口来逃避自己的责任,将自己的错误判断模糊化,借口"因为什么,所以如此"这样的形式逻辑来为自己辩护。如果将非加热制剂的危险性如实地告诉患者,在获得患者的许可下使用的话,或许就可以免除自己的责任了吧。但是,他的做法却是完全不告予患者,并没有履行作为一名医学专家应有的责任,而是随意地下判断,对于造成的危害也没有丝毫的责任感,这不是一个诚实的科学家所应有的态度。

32

① "药害艾滋病事件"是指 20 世纪 80 年代初日本在临床治疗血友病的过程中,作为止血剂大量使用了从美国引进的非加热血液浓缩血液制剂,结果造成许多人感染艾滋病病毒甚至死亡的事件。1982 年,美国的研究成果已经指出了使用非加热血液制剂引发艾滋病的危险性。1983 年日本厚生省成立艾滋病研究班,并任命日本帝京大学副校长、血友病治疗权威安部英为负责人。经过一年多的研究,该研究班否定了非加热血液制剂与艾滋病的关系,从而导致了危险制剂的蔓延,直到 1985 年日本决定停止使用非加热制剂。90 年代中期,"药害艾滋病"问题曾经是日本社会关注的焦点,安部英作为当年血友病治疗的权威和日本厚生省艾滋病研究班的负责人被追究有关责任,并曾于 1996 年 8 月被捕。东京地方检察院起诉安部作为这一医疗领域的专家,在得知美国使用此药引发艾滋病的情况后,仍然对患者投用,从而未能预防该血友病患者感染艾滋病,属过失犯罪,要求判处安部 3 年有期徒刑。2001 年,东京地方法院在判决书中称,对该案件应根据医生的学识水平和当时的医疗水平综合判断。安部英尽管认识到了非加热血液制剂的危险性,但其自身对艾滋病病毒的性质、危害程度了解不足,而且那一时期的世界研究水平也限制了安部等人的治疗对策,日本大多数医生也采取了同样的治疗方法。由此,地方法院判决安部的措施难以认定为过失行为,故宣判无罪。

拥有科学技术的专门知识,将它加以应用,采取技术开发行动的人,若是我们将他们界定为包括了医生、制药人员在内的科学技术专家的话,那么就会出现前文所提到的科学家们不予承担责任的问题。市民这一方需要尽量地去理解科学技术,与此同时,科学家这一方也要认识到自己也是市民社会的一员,双方不仅要考虑自己的问题,同时也要互相考虑到对方。我认为这就是与科学技术相关的、新的意义下的公共关系的核心之所在。

站在这一立场,我想向柴田先生提一个问题,通过日本的国家预算所进行的科学研究,一方面是应国家之要求而从事研究,另一方面则完全是研究者自身的自由研究,这两方面所占的比重究竟如何?而且,我还要问一下,在研究者进行自由研究之际,只要是出自研究者的好奇心,是否干什么都没有关系?或者说,这样的自由研究尽管并非适合国家的发展需要,但确实将普通市民或人类社会的发展需要考虑了进来。总之,这样的研究究竟占据了一个多大的比重?是否可以找到这样的数据?

柴田治吕:在此,我想谈几个问题。

首先,所有的组织团体都会时不时地意识到自身的存在价值。不过,对于现在的日本公务员而言,尽管一部分人会优先考虑节省与便捷,但是大多数人都会兼顾到世界与国内两方面,尽量地保持一个"公平中立"的态度。而且,我认为一部分人也会优先考虑维持与保障政府各个部门间的平衡与秩序,也就会接触到"私事"的问题。但是,就整体而言,可以说日本的国家公务员是在讨论天下大事的同时履行着自身的职责。

其次,就是日本的科学技术立国这一方针究竟经过了什么样的深思熟虑而得以确立这一问题。科学技术组织集中了日本的产业、政府、学校的代表,而且还组织了小型委员会来集中讨论科学技术立国的方针,也包含了自民党的推动。在这一背景下,才出台了《科学技术基本法》。这一法案的内容尽管遭到在野党的反对,但是作为议案本身却获得一致通过。因此,从形式上看,它是一个经过了深思熟虑之后才出台的法案,而且也可以说各个不同党派都在为之而努力。

最后,科学技术服务于国家目的,这一先例早已有之。那么,科学技术立国最终是否也会如此呢?或许人们会对此抱有一定的疑虑,但是至少法律本身的意图并非如此。《科学技术基本法》强调:"其目的是为了有利于我国的经济社会的发展与国民福祉的提高,为世界的科学技术进步与人类社会的可持续发展作出贡献。"这一目标究竟会实现到什么样的程度?在此姑且不论,至少作为法案的主旨,它明确指出推进科学技术的目的并不仅仅是为了日本自身,同时也是为了整个世界。

林胜彦:确实,《科学技术基本法》的表述确实不错,而且,我也由此对 1995 年作为国家大事而进行宣传的"科学技术创造立国"这一方针表示基本赞同。但是,问题的关键在于具体如何操作的问题,不知岸辉雄教授是如何考虑这一问题的?

岸辉雄:首先,我认为,我们究竟是为了探索真理,还是为了节省、便捷或者特定的利益而进行个人的研究,确实令人感到难以判断。

我不知道我提供的数据是否契合于金泰昌先生的问题意思,如果将研究本身区分为基础研究与应用研究,那么日本从事基础研究的人员的比例为 20%—30%,法国为 40% 左右。作为研究者的研究意识,这一数据充分体现出了彼此的差异。

日本的公共资金之中,研究经费的投入大约为 3 兆日元,人工费占据了一半,约为 1.5 兆日元,剩下来的 1/3 的资金投入到了设施费与事务费之中。因此，我认为在公共性的研究经费与大学的预算之中，以满足个人的好奇心而进行的个人研究的费用大概也就两三千亿日元吧。

关于《科学技术基本法》的问题，在这一法案出台之前，我全程参与了它的综合会议、分科会议乃至整个工作流程。全程参与的人员，大概也就只是一两个人。在讨论的过程中，正如柴田教授所说的，它确实强调指出并不仅仅局限于实用性的研究领域。

但是，如果我们注意到这一法案产生的背景，即产业界并不是主导力量，经团联（日本经济团体联合会）成为主导的核心，并推动国会制定这一法案，由此我们就可以发现问题之所在——它并不是纯粹性的研究。不过，正因为我任职于政府机构的通产省（商务部）处在一个关键部门，因此，就研究的目的而言，我认为确实存在一定的问题。不过，以优美的语言来描述这一法案本身，应该说也是无可厚非。

那么，它的实效究竟如何呢？我并不是说在政府部门参与之下，研究的纯粹性就出现了问题。不过，这样一来，研究本身就会向政府部门靠拢，预算也就会出现分化协调的局面。例如，文部省大幅度增加预算，学术振兴会对于开拓未来这一名目下的预算达到了220亿日元，这一预算并不是授予，而是一场投资。因此，文部省明确指示，研究成果不要以论文而是要以"专利"的形式来提出，研究的方向转向了这一方面。

这样一来，就出现了一个错误的认识，即日本的基础研究相对薄弱。美国的非基础性研究较之日本更为庞大，不过，美国社会极为成熟，如果是以基础研究为目的的研究，那么它也会暗自允许研究者利用预算来发表论文，日本则不会如此。日本一提到基础性研究，就会只是朝着这一方面即论文的形式去做；一提到应用研究,也就只是为了应用即专利的形式去做。

投资到为国民所了解的应用性研究,西方国家较之日本远为兴盛。同时,即便将 20%—30% 的资金投入到基础研究,西方国家对此也会采取默许的态度,谁也不会提出异议。西方国家已经形成了这样的一个学术氛围,而日本还没有做到。我认为,这样的问题是无法通过数字来体现的。

小林傅司:为了进一步拓宽讨论的领域,在此,我也提几个问题。科学技术到了 20 世纪后半期之后,可以说在本质上具有了公共性的特征。这一特征究竟意味着什么呢?应该说科学技术是一个正统性(legitimism)的提供者,为我们在各个场合下作出社会性的判断提供依据。政府如果说:"我们是基于科学性的判断而作出的决定",那么这也就意味着政府做了应该做的事。因此,基于科学依据所作出的决定若是没有出现好的结果,那么就会产生极大的问题。因此,我们可以确定地说,现在的科学技术,包括如今学术界正在进行的科学技术研究,其本质上具备了公共性的特征。我认为这是一个不可忘却的根本事实。

昨日即 2000 年 10 月 13 日的《朝日新闻》记载了一个宗教团体宣布创造克隆人的报道。这是一个极为麻烦的问题。它宣传利用因为医疗事故而死亡的婴儿细胞来克隆人,使婴儿的父母重新拥有自己的子女。我想提醒注意的是一个宗教团体在从事这一研究,而且一部分女性以公益活动的名义对这一计划提供了资助。

科学知识"管理"之难,也就体现在这一方面。美国政府禁止利用政府资金来进行克隆人的研究,不过,对于利用私人的资金来进行这一研究却没有什么限制。宗教团体的这一则报道就是一个例子。科学技术本质上带有不断扩散的倾向,而且克隆技术并不是一项大型科学技术,而应该说是一项小型科学技术,因此克隆人的计划应该可以实现。

换句话说，"知识的扩散"也会造成一定的社会问题。我认为，对于它的"管理"，应该成为一个公共性（public）的领域内的讨论问题。尽管它是一个内部的问题，不过，依据基因图谱来解读人类的遗传因子，由此来申请专利，如今这样的动向也令人关注。对此，我是抱有了一定的疑问的，而且也认为它包含了过多的冒险。由此，也就出现了政府、公共研究机构、个人的冒险行为三者之间的竞争的问题。

将基因图谱申请为专利这一行为本身，我认为它至少背离了20世纪前半期的科学家的理念。在那一时期，科学技术是人类的共有财产，应该加以公开，并不存在什么将科学知识作为专利，宣布自身具有所有权的思想。科学知识的发明者只是作为名誉的受益人流传于后世而已。

与此相反，公共部门也可以拿出一系列手段来与私人性的研发行为相对抗。水稻的基因图谱数据就是一个实际的例证。日本解读基因图谱的力量比较薄弱，但是唯一的特例，即水稻基因图谱的研究力量比较庞大。它是日本公共性的研究机构所作出来的研究成果，如今已经向世界公开。一旦公开，那么个人的冒险行为就无法以所谓的专利对它加以制约了。我认为，对于这样一个形式的竞争行为，公共部门应该进行干预。也就是说，对于知识的私有化或者将知识作为财产来加以垄断的行为，公共部门可以履行自己的职能，对它加以制止。

37

接下来，我想向柴田教授提一个简单的问题。下一个五年的科学技术基本规划的三大目标之中，健康安全与产业界的竞争力是两大内容。佐藤文隆教授站在实用性的科学这一角度阐述了"金蛋论"，但是我认为，最初所说的"受到世界尊敬的科学"应该以"纯粹科学"的面目来进行振兴。不知道我这样的理解是否正确？

"受到世界尊敬的科学"，接触到这个问题的时候，我也想到了一系列问题。我认为科学的振兴不应该以不断获得诺贝尔奖这样的科学研究作为衡量标志。对于 2000 年诺贝尔化学奖获得者白川英树先生，我没有任何私人的抱怨，而就在诺贝尔奖颁布之前，高木仁三郎教授去世，高木先生主张"为市民的科学"，并亲身实践，荣获了 Right Livelihood Prize 奖。也就是说，究竟哪一种科学更应该受到世界的尊敬，我认为对此也存在着一定的争议。而且，我还认为媒体一直都在大力宣传获得诺贝尔奖的一方，对于其他的则几乎不予关注。究竟我们应该如何来思考"受到世界尊敬的科学"呢？我认为这是一个非常重要的问题。不知道柴田治吕教授是如何考虑的？

柴田治吕：首先，我想尝试回答一下最后的问题。迄今为止的日本一直是以技术为中心，日本仿佛金乌一样啄取了源自西方的技术种子，看似只有日本才获得了实惠，实在是令人不可思议。我所说的"受到世界尊重"，基本上是站在它的对立面。我认为，就科学技术领域而言，不管怎么说都不可能只是追求经济的利益，因此要站在率直而中立的立场来努力创造出新的技术。而且，我认为为此也需要大量的经费，日本已然形成这样的文化意识。

但是，谈到白川英树先生的研究，日本也存在着这样一个时期，即并没有对他们的研究成果给予一定的评价。因此，不断推进科研成果的自我评价，酿造一个科学技术的文化土壤，使之在日本得以实现，应该说是一个广义的目的。就此而言，将开发的重点设定在纯粹的科学或者基础科学，使其成果可以自发地产生，只要日本成为了这样的一个国家就可以了。这就是我的基本思想。

美国没有禁止利用个人的资金来进行克隆人的实验，或许事实正如小林教授所说的那样。但是，日本法律的原则是规定，无论是个人性的资金还是政府的资金，都禁止研究克隆技术。因此，并不是没有进行管制。维持社会秩序，管制违反道德伦理的行为，这是国家应该利用法律效应而发挥的公共作用。若是研究人员明知是犯罪的行为，却还要继续做下去的话，那么出现克隆人也并非是不可能的。……真正的问题在于宗教团体与伦理学者之中也存在了一批人，他们认为克隆人的行为本身无可厚非。所以，我们应该如何来对此加以批评，我认为应该在整个国民的共同意见的框架内来进行讨论。

其次，则是针对基因图谱的专利的问题。曾经一段时期，人们认为只要弄清楚基因图谱的先后顺序，并完整地将其研究出来，那么授予专利权也没有什么问题。但是如今人们认识到了它的危害。据我所知，欧美与日本的专利局达成一致，判定只有这个不能授予专利权。就此而言，正如小林教授所说的，它应该称为一个广义上的为人类作出贡献的知识宝库。

基因图谱排列之后，究竟哪一个部分发挥什么样的功能？将会形成什么样的蛋白质？对于什么样的疾病具有治疗的效果？若是这一切都解决了的话，那么是否可以授予专利权呢？这也是一个问题。这样的成果得以出现，今后可以为更多的人提供平等的机会，但是现实之中却未必那么简单。

即便是政府，对于基因图谱的问题也随着技术的进步而不断改变着自己的看法，而且还必须面对专利申请的问题。所以，要对它加以公开。不仅日本政府如此，我认为美国也要如此，以避免私营企业的垄断。就此而言，政府与政府之间要协调行动，而问题也就在于大家要不断地付出努力，以便采取迅速的应对措施。

39

金泰昌：我的感受与小林教授的发言几乎一致，尤其是在这一问题上。不过，小林教授所说的"公"或者"public"，与我所考虑的"公＝国家、政府、大企业，私＝自己一个人，公共＝公私媒体、活私开公（市民的公共性）"这样的三元相关系统并非那么一致。——如果是我的误解，那么就请您谅解。——"舆论会议"（Consensus）这一组织的主旨，我认为在于谋求科学与市民社会的相互关系的健全发展，由此也就产生了一定的疑问。

您所提到的"科学技术到了 20 世纪后半期之后，可以说本质上具有了公共性的特征"、"知识的扩散"与"管理"要"应该成为一个公共性（public）的领域内的讨论问题"。您所设想的"公共性"究竟是国家政府还是市民社会，这一点并不是十分明确，而我则把它理解为兼顾了政府与市民社会这两方面。或许您认为采取一种暧昧性的表述更好吧。

论 题 二
尖端科学技术与公私问题

岸 辉 雄

我是第一次在一个附带了"哲学"之名的地方（译者注：公共哲学共动研究所）进行演讲。我来自日本国立研究所，如今正在从事独立行政法人的组织研究。我所选择的演讲题目是"尖端科学技术与公私问题"。首先我的脑海之中浮现出来的，就是正在朝独立行政法人这一"私"的方向发生若干变化的国立研究所与国立大学的"公"的问题。

我的演讲分为六个专题，我最为关注的问题是第四部分之中提到的"综合科学技术会议"。正如金泰昌先生所言，在国家制定政策之际，需要一个保持中立态度来对它加以推动的科学机构。但是，在世界的文明国家之中，日本实质上是唯一的一个欠缺了这样的组织机构的国家。

1. 尖端科学技术

我的演讲题目增加了"尖端"二字，首先我想论述一下科学技术的现状与何谓"尖端"的问题。

21世纪的科学技术可以分为两大类别，彼此之间也存在着相互关系。一个是贬义的,背负了 20 世纪的负面遗产,我们要加以解决的科学技术,也就是环境与能源的问题。另一个可以说是褒义的,它集中体现在生命医学(Bio-medical)、生活科学(life science)与信息通信领域。作为它们的支持者,物质与材料的发现作出了巨大贡献。在此之中,纳米技术乃至物质与材料的安全、安心、信赖性的问题,也成为了一个重大的研究课题。

日本的科学技术水平名列世界第二,科技论文占据了整体的 10%,但是,无论是诺贝尔奖的获得者还是科学的冒险家都相对较少。日本是一个没有能源的国家,所以投入大量的资金用于购买能源,而生活科学、环境、社会基础设施的投入却比较少。

日本尽管对信息通信与制造技术投入了一定的资金,但是无论是生活科学还是信息通信,却依旧是相对薄弱。不过,这样的数据是政府人员依据获得预算多少来做成的,或许也不会那么准确吧(笑)。日本公共事业的支出所占国家 GDP 的比重最为庞大,可谓世界之首。与世界水平相比,日本的公共事业费超出世界平均水平的两倍左右。就此而言,日本的社会基础建设可谓是存在了一定的问题。

科学技术之中,日本在材料这一领域处于优势地位。但是,若是要我这个材料科学的专家来说的话,日本不过只是较之美国略高一点而已。

信息通信、生命医学、环境能源皆是极为重要的部门,如今最为令人注目的是纳米技术。美国总统克林顿曾在 2000 年 1 月的总统咨文之中明确指出:"接下来的重大课题,就是纳米技术。"但是,如果断言日本已经进入到这一领域,我们可以安心了,那么就会出现大的问题。不可否认,日本赶上了纳米技术的潮流,而且各个地方也开始接受这一新观念,并相继举行纳米技术的讨论会。

因此,我如今也开始忙碌起来。过去的一段时间,材料科学领域一直找不到未来的发展目标,我认为纳米技术的开发也不是什么坏事,也就着手努力研究下去。

什么是纳米? Milli(毫米)之下是 Micron(微米),Micron 之下是 Nano(纳米),也就是 1 米的十亿分之一。总之,1 纳米相当于一颗原子的大小。所谓纳米技术究竟是什么呢? 最为典型的一个比喻,也就是将每一个原子加以识别,取出来进行整理,如同书写字母一样,通过电视来进行阅览。

若只是如此的话,那么它也不过是 IBM 电脑所进行的一场游戏而已。但是,以此为基础,我们可以提出各种各样的有益的构思与方案。总之,可以制造出足以成为电子工程学之基础的东西;可以改变 DNA,以有利于疾病治疗;可以通过控制物品的表面来提高物品的性能,这一系列纳米技术的应用令人期待。而后,我们也可以梦想着通过发现纳米塑料,制造出较之钢铁更为坚固的材料。

纳米技术与 IT 产业、生命科学、环境也密切相关。它是一切物质材料的基础,是一个重要的研究领域。美国突出强调这一技术,并开始了研究工作。日本在制定科学技术基本规划的第二次规划的时候,也突出强调了这一问题的重要性,这一运作程式与美国如出一辙。附带提一下,我所在的产业技术融合领域研究所正在推进原子技术(atom technology)研究的十年规划,如今已经进入到第八年。

43

IT 产业、生命科学、环境能源这一类的大领域之中,如今受到人们广泛关注的是生命科学——基因图谱的解读、ES 细胞、克隆技术的问题。克隆技术出现在 1996 年,ES 细胞出现在 1998 年。近十年来,在这一领域出现了什么样的科学性的巨变呢? 在此,我希望这一问题能够引起各位的关注。

首先，是被称之为"后基因图谱"的问题。所谓"后基因图谱"，就是遗传因子的治疗、定量生产(Order Made)的问题，也牵涉到了基因药物的开发问题。这一部分研发活动将成为生命医学的重点，与食品的确保问题一道将会成为一个新的研究领域。

其次，IT产业的问题在日本首相之下的各级政府人员中引起了轩然大波。下一个时代将是数字化时代，是一个集合网络、移动通信、因特网、播放通信于一体的时代。不言而喻，IT产业是一个推动经济迅猛发展的重要领域，不过，就它的实质内容而言，不管哪一个组成部分都不是什么新奇的事物，它只是将播放、通信、电话融合在一起，使之更为迅速快捷而已。因此，真正对科学抱有好奇心的人是否会涉及这样的领域呢？实质上却并非如此。IT革命是否会如同造纸术、蒸汽机一样引起一场真正的技术革命呢？对此，我个人表示怀疑。尽管我们现在强调要开发移动计算机，但是我认为掌握与开发这一技术也并不是什么了不起的事。

环境问题也非常重要。如今的社会正在谋求与自然的共生，努力创造出一个循环型的社会。环境问题是一个我们必须踏实地研究下去的领域，同时也是化学与材料相融合的一个领域。我希望在座的各位能够理解这一点，而且我认为整个国家也必须要为此付出全力。

能源问题是一个需要广泛讨论的问题。柴田教授与科学技术厅、通产省保持着长期的交往，能源问题也是一个非常严峻的问题。燃料电池应该如何处理，是一个最大的课题。日本的核电站计划消耗了大量资金，或许这一计划根本就没有什么前途。就能源的来源而言，我们不大抱有什么期望，但是站在公共事业的角度而言，却具有重大意义。因此，我们期待在这一研究不断得以推进的过程中创造出一批新的技术产品。

其他的大型科技项目也不少。航天飞机、超音速载客飞机等一批新的技术产物问世；应用于纯科学领域的望远镜令人充满惊奇；放射光有助于物质的研究；磁悬浮技术也开发了出来，尽管未必那么实用；人类耗资建立了宇宙空间站；科学家们尝试通过生物与材料的技术来创造出什么，这样的计划或许会完全失败吧。尽管人们完全知晓结果可能是如此，但也不得不作出会取得成功的样子。或许，我们所需要的只是畅游于宇宙之中，哪怕是没有空气的一个梦想而已。我最初就职于一个宇宙航空研究所，因此对于这样的计划也了解不少。我并不是要说他们的坏话，只是希望在座的各位了解到实情也就是如此而已。

之前的讲座提到了"舆论会议"，我认为它存在着"表"与"里"两个方面的问题，要切实地推动它极为困难。美国所贯穿的方针，其根本目的就是要让市民了解。但是，对于研究者从事什么基础研究，则是采取了默认式的态度。我认为，这就是"共同意见"。但是，日本是把人们都明了的问题记录下来，采取共同评议的方式来进行表决，与真正的"舆论会议"截然不同。这也是一个非常重要的问题。

2. 公共的研究经费与个人

日本科学技术的问题，在于理科、医科研究领域未能获得诺贝尔奖，而且，工科领域没有推动具有冒险性的新课题研究。这两大问题可以说造成了日本科学技术的"双赤字"。不过，白川英树先生获得 2000 年的诺贝尔化学奖，也实在是一个令人感到兴奋的事。

"公共的研究经费"与"个人的获奖"是一个大的研究课题，而

45

关键在于两者之间的平衡。一部分人抱着宽容的态度来看待公共研究经费的使用与产出的问题，对此我持反对意见。白川英树先生利用公共经费来进行研究，过着公共的工薪阶层的生活，但是，诺贝尔奖却只是授予给了他本人。对此，我认为必须要认真考虑这一问题。过去，我在自己任职的国立研究所、大学申请发明专利的时候，专利权皆是属于国家。若是一直这样做的话，政府担心日本的产业会出现委靡，由此迅速制定了一系列法案，允许个人可以获得专利权。而且，政府也在大力推动这一法案的施行。究其背景，是因为人们一致认为这样的举措有利于日本经济的复苏，将会使整个日本受益。

　　但是，就研究人员完全利用国家经费来进行研究而唯有一部分进展顺利的人获得了专利权这一事态而言，这样的研究经费的投入究竟是否正确呢？我认为必须进行充分的讨论。二三十年前，这样的讨论即已有之，但是泡沫经济崩溃之后，日本经历了漫长的萎缩时期，也就完全模仿美国来施行起这样的研究了。我将这样的研究经费称之为"公共的研究经费"，实际上我们要细致地区分"政府的"（government）还是"公共的"（public）也极为困难。税金返还之际，这样的经费可以称之为"公共的研究经费"，但是这样一来，它与"私人"之间究竟存在了什么关系，可以说也是一个未曾解决的难题。

　　获得诺贝尔奖，确实是令人兴奋的事。不过，与诺贝尔奖可以媲美的研究，在日本也不少。是否可以获得诺贝尔奖，可以说80%来自运气。纵观20世纪的科学技术，日本也存在为数众多的伟大的科研成果，若是以诺贝尔奖的标准来评价的话，日本可以获得的诺贝尔奖将会是如今的十倍。但是，站在获得者的国籍这一角度而言，可以说获奖者的多少也就代表了其所属国家的科学技术的平均水平。

如今,我承担着纪念诺贝尔财团与诺贝尔一百周年学术会议的工作,所以今年还要奔赴瑞典。我与外国人一起探讨获得诺贝尔奖的意义,对方明确地告诉我:"什么都不要说,等到日本获得诺贝尔奖之后,我们再来指出诺贝尔奖究竟存在着什么问题吧。"我想,至少在获得了二三十次诺贝尔奖之后,我大概才能说:"这确实是一个令人深思的奖啊。"如今这一阶段,毕竟参与进去才是最为重要的。白川英树先生获得本次诺贝尔化学奖,的确是令人振奋。不过,日本国内的评价却出现了大问题。日本的诺贝尔奖候补者为数不少,我所知道的有力的竞争者就达到了 10 位。白川英树先生获得诺贝尔奖则完全超出了日本国内的想象。那么,对于这样的科学技术的有功之臣,日本究竟做了什么呢? 学士院奖、文化功劳奖、文化勋章的后续性授予活动,即是如此。但是,也有一批完全没有关系的人荣获这样的殊荣。本年的文化日——11月 3 日,白川英树先生就被授予文化勋章,而学士院好像为此还处在一片惊慌之中。

3. 国家与尖端科学技术的政策

关于国家与尖端科学技术的问题,柴田治吕教授曾进行论述,主要体现在三大方面:一是为世界作出的知识性贡献;二是安全与安心;三是构建可持续发展的社会。我认为,第三个方面的构思来自政府的通产省,第一个方面是来自文部省(现为文部科学省),第二个方面则是来自科学技术厅。与所有方面都相关的则是"伦理"的问题。在这之中,生命与克隆的问题尤为重要,将成为未来的大课题。

就安全与安心的问题而言，"新干线"计划与"文殊"计划着重在这一方面。利用公共性的资金创造出来的产品却引起如此之多的事故，今后应该如何来认识与防止这样的问题发生，也是一大课题。

我自身从事的专业是进行非破坏性检查。今年我从大学退休，之前我一直参与"文殊"计划。"文殊"计划之所以发生断裂故障，是因为处在配线焊接部分附近的温度计出现了问题，从而引发了恶性事故。二十多年前，我就曾经做过在容易引起故障的焊接部分附加放音感应器（acoustic emission sensor）的尝试，但是这次计划中，或许是觉得灵敏度不足，或者是认为添加之后会改变振动状态，进而要对整个部分进行重新设计，所以也就没有进行这样的改动。

如果附加上了感应器，应该说就会令机械停止运转。我一直以来研究的是产品出现毁坏的时候，什么样的毁坏方式会发出什么样的声音。简单说来，对于这次故障，若是我们转换一个思维方式，或许可以说"附上了更好"吧。

我认为，"文殊"计划是日本制造技术的一大集成。不过，在日本的能源开发领域，我认为要切实地施行原子能发电并对此抱以执著的信念。正因为如此，防止事故发生的安全学才成为了一大问题。

关于工程学伦理的问题，中村收三教授将进行阐述。不过，作为火箭发射工程的参与者，我认为我们难以判断技术者的伦理或者技能者的伦理究竟应该如何。现任的文部大臣与科学技术厅的领导曾提到"伦理"的问题，我想对他们说并非是他们所想象的那样。日本基本上是一个抱有了统一民族观念的国家，但是却没有一个基本的操作手册。日本的 JOC 以及其他的机构组织之所以没有遵循基本的操作手册,是因为他们皆抱着一种"以心传心"的思维方式。伦理的问题非常重要,不过我强烈地感受到安全与安心的问题乃是一个优先于伦理的技术问题。

为了构建一个可持续发展的社会,"公"的作用在于能否考虑到资源、环境的核心问题,切实地创造出一个循环利用型的社会,我认为这也是一个大的课题。

4. 科学技术政策

我的演讲标题是"尖端科学技术与公私问题",一个最为重要的环节,即是科学技术政策的问题。众所周知,日本的科学技术政策完全是各个政府部门系统下的多元纵向结构。为了改变这一格局,自 2001 年起内阁府将设置"综合科学技术会议(组织)",进行一元化的管理。

迄今为止,究竟什么地方出现了问题呢?在审议科学技术的时候,文部省设置了学术审议会,这是一个以毫不负责而闻名的组织。科学技术厅设置科学技术会议(组织),这也是一个以没有任何实权而闻名的组织。综合科学技术会议(组织)的设置,就是针对这样的分支管理毫无效率而筹划建立的。我们对它抱有极大的期待,希望它成为一个强大而富有效率的机构。

那么,究竟出现了什么样的问题呢?首先是人员的问题,它体现在两个方面:

第一,政府人员组成的事务局究竟可以发挥多大的作用,鉴于这一问题,政府宣传要招纳大批的民间人士。但是,以我与通产省交涉 4 年的经验而言,对于政府部门的惯性的思维方式、晦涩的表达形式,一个新纳入进来的民间人士究竟可以从事什么样的工作,实在令我难以想象。即便是这样的民间人士进来了，也可以说是举步维艰。归根结底，还是政府工作人员更容易进入角色。究其本质，应该说这样的招纳行为并非是什么创造性的行为。不过，在令民间人士无法参与进来这一方面，倒是存在着不少的政府"精英"。因此，我认为这样的一个形式实质上还是难以突破的。之所以说日本的政府人员实在"了不起"，也实在是"不行"，是因为在它的背后确实存在着巨大的问题。总之，事务局本身能否真正地发挥作用，对于日本科学技术的未来将产生深远的影响。

第二，日本是否存在告诫性的审议机构。它并不是作为行政机构而存在，却可以站在一个长期、中立而且宽广的视角，采取一种俯瞰式的态度来审视全局。这样的审议机构，也就是如同大家所公认的科学组织一类的机构。

日本现在的审议机构，一是以产业界为后盾的、对政治产生一定影响的协会；二是纵向的学会团体。学会的形式存在着一个大问题，如今的时代已经是一个跨学科的时代，但是日本的学会却依旧延续着明治时代以来的框架体系。

我就是一个典型的例证。我的前半期专攻金属学，而后的20年间从事综合材料与陶瓷材料的研究。我曾在日本陶瓷材料学会担任职务，到了我步入高龄的时候，我担任了日本钢铁协会的会长，尽管这几十年来我没有做过任何研究，只是背负着40年前大学毕业之际的那一段背景。

在知识创造这一层面，学会也发挥着积极的作用。但是，就其纵向框架而言，它较之政府部门更为混乱不堪。正是因为看清了这一状况，所以我认为我们需要一个将文化、艺术也包容进去的研究院这样的综合机构。今后，站在将"公"与"私"结合在一起的立场,日本的科学技术究竟应该向外国学习什么？对此,我认为首先就要创立出一个"科学研究院"这样的机构。

众所周知,日本拥有学士院这一组织,附带了科学研究院这一内涵。但是,学士院的成员平均年龄为82.5岁,而且几乎一半因为身体状况而无法出席例行会议。境外的研究机构向日本的学士院提出邀请,也几乎没有得到什么回应。因此,也就陷入了境外研究机构几乎不与日本联系的窘迫境遇。日本也存在了艺术研究院这样的组织,其状况之惨淡也是如此。

日本真正要做的,是要加强"学术会议"(组织)的运作。以前,学术会议组织的思想与立场接近左翼,所以在我成为它的成员之际,有人惊诧地质疑我怎么最初是站在左翼的立场。而今,我认为自己的立场既不是左也不是右,正因为一开始接近了左翼,所以也就留下了这样的一个评价。

如今,吉川弘之先生担任日本学术会议的会长,他们应该为日本科学技术提供一定的指导。但是,近三年来,他们从来没有接到过日本政府委托参与的审议议程。各个政府部门自己主持审议会议——学术会议组织自身也存在了一定的问题。日本是一个追赶型的国家,但是在这样一个重要领域却没有进行追赶。如果创立出一个"科学研究院"这样的机构,可以直接向内阁谏言,那么经历一段时间之后,或许政府就会赞同这样的审议形式,认为它确实是一个站在更为广阔的视野、站在中立的立场来进行劝诫的。日本欠缺了这样的一个劝诫性的审议机构,乃是如今日本科学技术最大的问题。学术会议组织基本上是附属于政府的总务厅,是一个"公"的机关,我认为,如何使它保持自身的独立性也是一个问题。

51

5. 国立大学与私立大学

大学的尖端科学技术研究,75%—80%是由国立大学来进行的。但是,私立大学的学生数占据了总数的75%。国立大学只要拥有素质好的学生就可以了,这确实是一个乐观的想法。但是,一批具备了前十位的国立大学之水平的学生,也跑到了几所私立大学之中。而今,日本不管怎样进行科学技术的经费投入,都会面临一个基本的问题,即作为竞争者的具备了高等素质的研究者为数不多。为了增加一批这样的竞争者,我认为首先必须要对私立大学的一批具有才能的学生加强培养。

第二个则是"女性"的问题。让我们站在世界的领域来看待女性的问题。世界的女性之中,发挥自身执著的长处,从事化学一类研究开发的人员也为数不少。因此,抛开女性来思考科学技术的问题是不合理的。日本的女性研究者占据了总数的5%—6%,德国为25%左右,美国也达到了16%—17%,如何将这样的一批女性吸引到研究领域之中来,可以说是一个最大的问题。

不仅如此,日本也要将外国人纳入到研究人员之中。外国人与日本人不一样,他们作为独立的个体,拥有了与日本人不一样的精神或者心理。如何接纳外国研究者,也是一个重要的课题。

如今,日本出台了招收博士后1万人计划,这一计划存在着两大问题:一个是结束了博士后研究的人难以找到工作岗位,我要将自己的弟子培养为博士后,也遭致了他的反对,问题的症结就在于就业。另一个是缺乏优秀的人才。因此,在推进这一计划之前,我要反复强调私立大学、女性、外国研究者的存在价值,他们也是一个无尽的知识宝库。

6. 独立行政法人

最后,我要讲述一下独立行政法人这一从"公"向"私"发生转型的问题。日本拥有了近百所的国立研究所,到 2001 年 4 月,要全面推行独立行政法人化。尽管各个研究所实施的时间并不一致,但若是实施的话,我认为,采取分期投入的形式来进行研究资金的投入,采用雇用研究者的方式来有效而快速地进行人员的配备,可以不必逐次向上级组织汇报就直接设置部门或者科室,同时,也可以自由地进行各个相关部门的优化组合。若是这样施行的话,将会更为有利地体现出独立行政法人化的正面价值。

不过,国家实施的独立行政法人化,并非是我所考虑的"非国家公务员型"的独立行政法人,而是令我至今感慨的国家公务员这样莫名其妙的东西。不管是国家公务员还是非国家公务员,因为明确记载的是国家投入基本资金,所以应该也没有什么可以担心的。但是就是这一问题,招致了职员工会的猛烈反对。就公务员本身而言,他们是希望尽量将部门的管理权控制在自己手中,由此也就与工会携起手来。这只是我的个人看法而已,如今独立行政法人化正处在一个争执的阶段,依据日本国内的动向,或许 5 至10 年之后将会逐渐转变为非国家公务员的形式吧。

国立大学拥有了"三神器",即学术自由、教授会自治、大学自治。大学教授是一个非常舒适的职业,我担任大学教授的时候,也想象着如果一直这样下去就好了,但实质上确实没有什么自由。即便是重新制定一个大学学科,也需要文部省的许可,实在是愚不可及。就此而言,我认为独立行政法人确实值得我们充分地加以探讨。但是,国立研究所在转变为独立行政法人之际已然获得了

53

多多少少的好处,而国立大学所获得的,大概也不会超过国立研究所吧。因此,我认为一方面我们要实行独立行政法人化,另一方面则要密切关注到大学自身的特性。

目前,最为恶劣的动态之一,就是出现了"国立大学协会"这样一个奇怪的组织。99 所大学聚集在一起,一起来进行赞成或者非赞成的表决,大家一道转向独立行政法人。这是一个大问题,没有丝毫的好处。"政治家是卑劣的",这是日本的一个定论,但是就是这样的政治家们,他们提到一开始只是限定东京大学与京都大学这两所大学来推行独立行政法人,由此来积累经验,确认是否要实施下去。我个人认为这确实是一个不错的提案。按照现在这个样子,大概东京大学与京都大学皆会采取回避的态度,而且会在一个法律的框架下与所有的大学一道来施行独立行政法人化吧。

结　语

"科学与市民"是一个非常重要的课题。日本的社会远离了科学,调查显示:日本的学校——从小学到高中,不少学生讨厌理科。但是,就学习水平而言,他们在世界范围内还处在一个较高的水平,而一般的市民对于科学也没有什么兴趣。这就是日本的事实。科学杂志这样的刊物销售不振,也充分地反映了这一问题。

我经常阅读《日本经济新闻》、《朝日新闻》、《读卖新闻》这样的大报纸,并全部阅读了它们刊载的科学报道。应该说,这一批报纸新闻为我们提供了庞大的信息量与知识。日本的媒体被认为是造成日本社会问题的罪魁祸首,但是,即便是我,也包括 NHK 的林胜彦先生,认为媒体并非那么恶劣不堪,针对时弊它也会时而表现出一种骁勇善战的批判态度。

但是，《日本经济新闻》的报道大多没有什么深度，绝大部分是与销售相关的信息，因此尤为注重销售的宣传，只要是涉及销售的信息，它就会大量地进行刊载。对于销售感兴趣的研究者，由此也就会注意到相关的报道。《日本经济新闻》的人士也经常强调，作为日本高知识阶层的阅读对象，《日本经济新闻》的责任极为重大。附带言之，《日本经济新闻》所报道的各类销售信息井然有序，也绝不糊弄读者。

不过，日本并没有科学杂志。日本是一个科学技术追赶型的国家。第二次世界大战后，各个学会异常活跃，日本呈现出一个特异的现象，将新闻报纸的解说、报道汇集到一起作为会报出版。这样的会报，与之不同的论文集乃至英语的论文集，这样的三类科学技术刊物不断出现，因此，也就没有什么报道可以刊载到真正的科学杂志上了。对于这一问题，我的提案是将几百个学会的会报范围加以缩小，以便发行专门的科学杂志。我认为这样一来，就可以通过学会集团来掌控共通性的、更广范围的学术信息，编辑出世人皆可阅读的科学杂志。不过，依照日本各个学会的现状，这一构想显然是难以实现的。

"科学与市民"之间的联系即是如此，日本确实是一个相当落后的国家，我们或许也不得不承认这一现实。不过，我认为，目前电视、杂志的报道量也在不断增加，而且质量也在提高，将有助于加强科学与市民之间的联系。

"公"与"私"的问题是一个艰难的研究课题。如果让我来说的话，我认为科学技术与这一问题之间，尚需要阐明利用了公共资金之后的责任说明（account ability）与结果评价（evaluation）这两个环节。尤其是如何进行评价的问题，乃是将来的一大课题。科学技术基本规划的第一条就规定了评价的必要性，如今所进行的

55

评价,不管是大学还是研究所,皆是随意地召集人员来进行评价,这只不过是自我检查的一个延续而已,并不能发挥什么真正的作用。

文部省这次成立的评价机构,是在大学推进独立行政法人化,向外拓展的过程中,将大学置于评价机构的管理之下而进行的制度改革,但是,其实质也只是一个内部的评价而已。正如"科学研究院"的建立极为必要一样,我们也必须站在一个俯瞰式的视角与第三者的立场来建立起一个可以进行评价的机构。它并非是文部省、科学技术厅、通产省所建立的机构,而通产省的"评价科"也只是基于通产省的逻辑来进行评价而已。我认为,若是这样一个站在整个日本的立场而建立起来的评价机构没有与我们所说的责任说明联系在一起的话,那么,科学技术的公私问题的探讨就难以取得真正的进展。

围绕论题二的讨论

佐藤文隆:岸教授的演讲之中,将狭义的"公"与"私"加以区分,由此来思考现实问题,同时也指出了两者之间的关联性,对此我极感兴趣。科学研究院、舆论媒体是如何实现"公"的机能,可以说存在着各种各样的体现形式。岸教授的演讲,与其说是单纯地论述公私的二元问题,倒不如说是在寻求两者之间的媒介,认为应该将之思考为三元性的问题。我个人对于这一思维方式表示接受与认同。

无论是科学研究院还是皇家学会(英国的科学研究院),皆是成立于17—18世纪。那一时期,大学的权威走向僵化,已经不是一个充满好奇心的、积极进取的组织了,而是成为一个令知识窒息的集团。这就是法国、英国这样的欧洲国家的科学研究院的起源。

但是到了 19 世纪，后发的德国以理、工科为核心，采取将大学国有化的强化政策，从而使科学研究院作为官立机构与大学交集在一起。科学研究院从非权威机构一跃成为官立的权威机构就是在这一时期。我认为，日本就是受到了这样的潮流的影响。

我并没有进行细致的调查，美国的 National Academy of Science（国家科学院）并非是国家机构。这一机构曾到日本京瓷公司正式访问，我与两三位学者一道陪同前往，受到了热情招待。

National Academy of Science 的资金来源，或许并非是全部，但大部分是依靠企业的基金会（Foundation）来运作，相对于国家而保持着一定的独立。若是日本的话，一旦从企业那里拿到经费，那么也就不能完全独立出来。他们认为，国家机构需要保持中立的立场。不过，为了能够保持自身的独立，所以他们也从企业那里获得了大量的研究经费。

National Academy of Science 的赞助公司，必须经过审查来决定是否拥有赞助资格。至于日本，则完全没有这样的文化土壤。对于这一问题，美国究竟是怎么做的？如果您有所了解的话，也希望能有所赐教。

您提到三元性的问题的时候，我认为媒体舆论界处在了"公"与"私"之间的一个位置，所以我将日本的媒体舆论界称为"学术界记者俱乐部"。借鉴这一新的概念，我认为日本的学会也要按照世界的"学术界"的新框架来进行重新整合。

因此，处在中间地位的媒体舆论界不仅要从学术界获得知识，撰写趣味十足的消息或者报道，更应该具有要为社会作出更大贡献的主体性思维。就此而言，我认为日本并没有充分独立的社会团体。因此，媒体也就只是接受与刊载学会发布的消息，即便是刊

57

载了，或许世人也不大理解，也就会被忽视，这样一来，媒体就完全处在被动的地位。这一现象，或许整个世界皆是如此，因此我才认为处在中间地位的媒体需要发挥出自身的联系纽带的作用。总之，我认为在狭义的"公私"之外，我们必须要建立起第三个主体。

岸辉雄：关于您一开始提到的"三元性"的问题，我认为确实存在着这样的必要性。不过，我认为作为研究的主体，更应该在普及这一方面投入更多的力量。美国的理科系统之中，4%的研究经费投入到了选择、评价、宣传与普及之中，若是日本达到1%，那么将会如何呢？就此而言，我认为在利用第三者之前，研究者本身应该更抱有一定的责任，积极参与到普及活动之中。

站在更为客观的立场而言，媒体必须进一步提高自身报道的层次与水平。媒体大多不予进行一个连续性的报道，或者过于追求热门话题，所以我感觉在这一方面媒体需要反思。对于我们研究者来说，新闻媒体的报道比较通俗易懂；但是，对于市民而言，却是极为艰深晦涩。我认为这一问题也必须考虑进来。

三元性结构之中，评价机构的责任说明应该如何进行，我认为使之走向一定的官方化也是一个重要的途径。但是如果我们不加以注意的话，就会陷入到严重的被管理、被掌控的局面之中。因此，坚定地支持这一责任说明的"科学研究院"责无旁贷，而且在它的周围还需要一批值得信赖的睿智之人。若不这样的话，即便是设置了官方的管理机构，也只能是无济于事。我认为佐藤文隆教授所说的第三者的存在极为必要。不过，对于评价机构，我依旧抱有一种怀疑之感，也感到具体操作实施下去是极为困难的。

关于"科学研究院"的思考，正如各位所指出的，它的原型是来自英国与法国。瑞典与丹麦也模仿建立了这样的极具科学研究之性质的机构。德国则是与日本一样，虽然建立起了科学研究院，但却是由极为分散的几个部分构成,各个部分的力量也相对薄弱。站在自然科学的角度,我认为与其采取松散型的结构配备,倒不如说走向马普(Marks Plank)研究所总部这样的一个形式,或许更为具有"科学研究院"的性质。

美国的国家科学院大致采取 NGO(非政府间组织)的形式独立于政府之外。不过,其 80% 的运营经费是通过向政府提交研究计划书而申请来的,民间资金只占据 20%。确实,政府投入了80% 的经费,但是,它只是作为一个完全独立的机构向政府提出申请而已,所以也就与政府机关截然不同。日本的学术会议几乎是百分之百的从政府那里获得经费,性质可以说与它完全不一样,而且,美国的国家科学院的独立意识非常强。

柴田治吕:上周,我在美国加利福尼亚与美国的国家研究院共同举行了一场学术会议。天文学、生物学、物理学,这样的完全不同领域的、45 岁以下的青年科学家会聚在一起共同参与质疑讨论。在这次会议期间,我与美国科学研究院的副会长哈尔潘先生进行了交谈。

正如之前所说的,美国国家科学院独立于政府之外,其基本职责是向政府提出自己的总结意见。政府提供 80% 的研究经费,乃是政府的各个部门提出研究要求,就各种各样的问题征求学者的建议,由此而形成契约并投入研究经费。科学研究原本是自发性的行为,产生于 17 世纪的科学革命,它一开始完全是一种私人组织性的活动。这一问题,乃是村上阳一郎教授的研究领域。

接下来我还要补充一点,就是岸辉雄教授所说的理科教育的问题。尽管日本的理科教育成绩不错,但是就学生的爱好而言,可以说他们完全厌恶理科教育。对于数学也是如此。

岸辉雄:日本学生的成绩并不是那么坏。

59

柴田治吕：到中学阶段还非常不错，但是到了大学阶段就完全不行了。

桥本毅彦：我希望各位更为具体详细地介绍一下外国的科学研究院。在政府制定科学技术政策之际，英国的皇家学会、法国的科学院这样的机构究竟是如何参与的，对此我也希望能够有所了解。

岸辉雄：首先提一下美国。纳米技术成为最终的主导（initiative）。如今这一研究领域已经从全美的工程研究院拓展到全美的所有的研究院，而且也直达美国总统府，呈现出一个贯穿上下的发展途径。但是，正如之前柴田治吕教授所说的，工程研究院最初是根据各个政府部门的投入资金，进行了一场历时 4—5 年的大型调查。或许这一调查令人感到旷日持久，但是"纳米技术"作为"信息"技术之后大力推出的一个项目，而今也占据了整个科学研究的主导权。就此而言，历时持久的调查活动还是卓有成效的，值得我们学习。那么，日本实行半年的调查又如何呢？美国总统的咨文之中提到了这一调查，我认为它可以为日本提供一个蓝本。

反之，我们来看一下日本生命科学的推进状况，它可以说并没有取得丝毫的主导地位。5 个政府部门携起手来共同推进生命科学的研究，担任其核心部门干事的是通产省的生物科长，文部省并没有受到重视，完全陷入到一个混乱局面。不仅如此，因为它召集的是一批没有什么基础知识的人，所以也就只能各自为政地吸纳各自的专门研究者，它的实质不过是各个委员会的集合体而已。这样一个状况实在是令人难堪。纳米技术是否会取得成功乃是将来之事，但是我认为美国为我们提供了一个有趣的例证。

桥本毅彦：就研究资金的提供者这一方面而言，日本是以政府为中心，美国则是私有性的财团具有强大的影响力，日本的私有财团的意义与影响力究竟如何呢?

岸辉雄:日本的私有财团提供的资金实在是有限,简直与美国无法比较,这就是现状。(笑)而且,在日本学者获得诺贝尔奖之前,日本的财团为什么没有设立什么奖呢? 这一问题实则是财团本身的问题。或许是日本财团自身的特殊环境所造成的吧。

不管是财团还是什么,总之,日本的问题就在于选择"合适于这一场所的人"。不管是通产省还是科学技术厅皆是注重人的问题,而非体制的问题。要改变这样的一个状况,需要大家忍耐,要下定决心。"不,唯有学问,必须走客观性的研究道路"这样的话语,只要是什么了不起的人物提示一下就可以了。但日本的现状却是,这样的了不起的人物会带领大家去从事具体的工作,尽管你自己也并不充分了解这样的工作究竟如何。我认为,这一问题就是日本科学研究最大的问题。在此,我并不是否定所谓的了不起的人或者"老人"的重要作用,但是一旦附上了什么"长",也就一下子了不起了。这实在是令人备感为难。

西冈文彦:在此,我想提两个问题。首先是一个具体的问题,即"独立行政法人"的问题。我不知道"非国家公务员型"这一称呼是否与之相对,您的演讲之中曾提到,如果我们不去培养私立大学的人才,那么就不可能有未来。那么,私立大学在人才培养方面必须要切实作出一点什么来? 对于这一问题,我希望您能否更为直接地论述一下。第二,或许是一个略为抽象的话题吧。通过您的演讲,我强烈地感觉到必须要扎实地去思考"纳米技术"的问题。例如,网络的普及使个人的认识发生了剧烈变化。换句话说,它直接衍生出政治性的幻想——人类实现了民主主义;在家工作的梦想更接近现实;如同 SOHO(small office home office)一样,也可以把自己的家作为事务所或者公司,这样的生活方式并没有遭到人们的丝毫排斥而得以实现。新的技术伴随着日常生活方式的变化极大地改变了人们的认识。若是这样的话,纳米技术在改变将来人的认识这一方面的最大的可能性究竟在哪里? 对于这一问题,我也希望您是否能解释一下。

岸辉雄:独立行政法人的宗旨,就是在最初阶段将运营经费交给国立大学。在运营经费这一方面,目前也必须进行移交。不过,对于私立大学而言,限于宪法的约束,国家的经费基本上难以投入到私立大学中。例如,私立大学的建筑物并不是依靠国家资金建筑起来的,因此有必要尽可能地改变这一状况,使之更为接近国立大学的基准。如果愿意这么做的话,我想还是可行的。

但是,若是这样做的话,那么传统的管理体制就会崩溃,国立大学认识到这一问题,因此大力反对这一提案。私立大学如今的困境在于完全是以私人力量为依托,并受到文部省的严格限制,这样的限制时而也会超过国立大学。"私立大学将不再是私立大学了"这样的问题实在是令人担忧。

而且,私立大学能否成立财团这样的组织呢? 我切实地感到应该如此。众所周知,与美国的私立大学比较而言,日本私立大学的授课费极为低廉,因此,只要大幅度提高授课费,采取奖学金的形式来帮助优秀学生就可以了。我认为国家必须要推行这样的措施。

私立大学的法人资格维持现状就可以了。如果将授课费提高到如今的两倍,那么私立大学的经营状况就会发生逆转。取代这样的授课费的,则是国家向几十万私立大学的优秀学生提供奖学金。如果这样的话,法律的问题也应该会得以解决。我希望私立大学今后要切实地走这样的道路,不过,如今私立大学的关注焦点却并不在此。

我并不是说所有的私立大学都必须如此。只要研究型的大学与教育类的学院走这样的道路就可以了。获得诺贝尔奖的白川英树先生不断指出"大学就是教育"，对此我也大力赞成。因此，我认为这样的一个大学性质的区分也是极为重要的。

接下来是"纳米技术"的问题。我并不是说纳米技术较之网络更高，或者较之"信息"更为重要。网络化在电子产业领域内越来越走向小型化，而且尚需开发灵活的移动性装置来加以辅助。如果是这样的话，那么就需要进一步将它的配件缩小，这是网络如今最大的一个课题。这也就是纳米技术。因此，信息通信的硬件问题就完全归结为了纳米技术的问题。直截了当地说，也就是这样的一个问题。

生命科学也是如此。DNA 的治疗需要我们必须去琢磨 DNA 本身，要将原子、分子一个个地提取出来，这也就是纳米技术。纳米技术将会成为今后信息通信与生命科学获得重大发展的核心技术。对于纳米技术的这一重大意义，我希望各位能够予以理解。

西冈文彦：我充分地理解您所说的内容，不过，或许是我的提问并不是那么明确，所以我想重新提一下。通过新闻报道与媒体宣传，纳米技术不断渗透到日常生活之中。一个具有划时代意义的技术的出现，正如大江健三郎先生所说的"核时代的想象力"一样，将会极大地改变人类的认识方式或者感受方式。就此而言，纳米技术也会改变人类的认识。对此，我想询问一下它究竟能发挥什么样的作用？乃至它的可能性究竟有多少？

岸辉雄：小时候的教育告诉我们，世界之中最小的单元是原子。如果人类可以操纵原子，那么就可以自由地操纵世界上的任何物质。如今，人类是否可以操纵原子呢？作为一个基础认识，我认为这是非常重要的。至于它所产生的结果究竟是积极的还是消极的,则是另外一个话题。

佐藤文隆:我想就岸辉雄教授所提到的问题的历史背景来谈一下。量子力学出现之后,科学技术才获得发展。不过,量子力学大为超越了人的直观认识,因此令人感到震惊。

迄今为止,我们只是以想象性的实验这一形式来进行研究,但是通过纳米技术,我们可以进行实际操作。因此,这一技术的应用领域不仅相当广泛,而且还会令我们产生一种满足感,即20世纪的科学达到了如此的地步。

进而,我认为纳米技术或许也可以还原到人的大脑认识这一话题。大自然的物理现象未必会与人的直观认识保持一致,由此也就出现了一种新的认识,即人的认识结构乃是一种特殊的存在。站在一个物理学者的立场而言,我认为纳米技术可以最大限度地为这样的认识结构提供知识性的证明。

岸辉雄:对此我也表示赞同,而且我还认为纳米技术的重要之处在于,不管它引导出了什么结果,毕竟它都带有了一个"梦想"。佐藤教授所说的量子效应,应该也包含在其中吧。

金泰昌先生提到,科学家与社会之间的联系非常薄弱,这实在是一个极为困难的问题。一旦到了超越研究高峰的50岁的年纪,科学家皆会迸发出哲学性的思索,会开始哲学性地思考各种各样的事物。在这之前,或许是没有什么进行这样思考的时间吧。本次诺贝尔奖的获得者无论是物理还是化学,皆倾向于工科。他们所获得的成就,都是在埋头从事研究的青年时代取得的。青年时代所思考的事物,未必会全部产生出什么效益,对此我们也不得不表示认同。

那么,究竟是什么解决了这样的问题呢?我认为这与他们青年时代所接受的伦理与社会的教育密不可分。若是没有接受这样的教育,那么结果将会截然不同。由此可见,关键的问题就在于"教育"。一旦研究者开始了研究,那么,再重新接受这样的教育也就会极为困难了。

不仅如此,日本大多是模仿美国,尤其是重要的研究领域更是如此,纳米技术就是这样。美国最为关键的是研究的方法。如何推进跨学科的研究,如何构建网络,为此美国投入了庞大的经费,日本则完全省略了这样的预算。明治时代的日本人全面学习欧美,现代日本则是一个虎头蛇尾的文明国家,80%是学习欧美,20%则是走所谓日本独创的道路,即便只是这小小的20%,日本也是左右摇摆不定,这样的问题实在是不胜枚举。与此相反,美国学习丰田汽车的时候,实在是非常出色,完全是彻底地全盘吸收。

林胜彦:英国的布莱尔首相与美国的克林顿总统对于科学抱有极大的关注,而且他们自身受教育的水平也非常高,与此相反,日本的首相则完全不能相比,这也是我时而思考的问题之一。例如,克隆人、基因图谱这样的对于社会带来影响的科学大事件一旦成为新闻,英国、美国的领导者们就会间不容发地发表声明,对此提出批评,日本则几乎没有什么。这样的差距究竟反映了什么问题呢?我们经常听到的一个信息,就是在英美两国的政策决策智囊团之中,科学技术的专业人员无论是质还是量,都保持在了一定的规模。对此,日本的问题在于,究竟是"综合科学技术会议(组织)"的整体知识水平不行呢?还是政府没有给予他们相对独立的权限,也就不可能发挥与英美的智囊机构一样的作用呢?对于这一问题,不知道岸教授是如何思考的?

岸辉雄:20 世纪五六十年代,美国全力投入教育领域,才产生出了如今这样的成就。我认为与其去探讨如何建立现代科技体系,倒不如说教育投入才是更为重要之事。即便是依据科学技术

65

基本规划,日本的科学技术研究也不可能在5—10年内取得快速地突破。所有这一切,如果不以教育为中心来重新加以考虑的话,那么科学技术的创新也是不可能的。这是一个不言自明的问题。我在国立研究所任职之际,大学的教师经常对我说:"国立研究所的工作十分辛苦吧。"对此,我总是回答:"那是当然,毕竟大学不会去培养平庸之才。"就是这么一个问题,正所谓"玉不琢不成器"。

进而言之,日本最为困惑的就是科学技术的研究者。大家都是抱着认真的态度努力工作,但是他们的研究方向实在是缺乏远见(我并不想说头脑不行),更为不好的则是大家还抱着绝不放弃、绝不回头的信念。这实在是毫无任何道理可言的"三重之苦"。即便是要求他们自身要切实地管理好自己的研究,也会令他们感到困惑不已。

因此,有必要让他们站在一个更为广阔的视野来认识自己的研究究竟如何。美国实际上实施的是研究生院大学、双重基准(Double Measure)、三重基准(Triple Measure)的教育,日本已经导入了研究生院大学的教育机制,不过却只是维持自下而上的人员流动形式,而最为关键的双重基准、三重基准则没有导入,这是一个极大的问题。

如果日本模仿美国,在经历了六、三、三、四的学制教育之后创立研究生院大学的话,那么也应该模仿美国建立起学术假(Sabbatical)的制度。如今,无论是JSPS(日本学术振兴会)还是我们NEDO(新能源综合开发机构)都在致力于此。我觉得应该学习美国的这一制度,即采取9个月的薪金,3个月到民间机构去赚取工资的做法;或者在工作7年之后,可以允许休假1年到民间企业工作。日本的私立大学之中,一批大学也允许1周之中可以休息

1天到公司兼职。一提到这样的话题,我们可以想象日本大概也不会急于学习美国这样的经验吧。或许正因为如此,一提到科学技术的问题,人们也就自然而然地转到了"教育"(制度)这一方面。但是我认为,如果不认识到这一问题,只是一味地讨论"科学技术",也是于事无补的。或许我说的过分了吧。

金泰昌:听了岸辉雄教授的演讲与之后的讨论,之前又承蒙林胜彦教授的发言,我也回想起了一系列问题。

第一,1995年秋,在哈佛大学美国艺术与科学研究院,我们与陶浮茨大学莱特科学教育研究所共同举行了波士顿将来世代财团会议。诺贝尔化学奖获得者、哈佛大学教授达多利·哈苏伯赫博士,诺贝尔生物学奖获得者、瑞士纳沙泰尔大学伯格纳·阿尔巴教授等二十余位世界著名学者聚集在一起,就"科学教育与将来的一代"这一议题交换了意见。现代美国社会,反科学或伪科学所造成的弊害导致了脱离科学的倾向,造成理科系统的基础水平急剧下降。这一会议的基本的问题意识就在于如何面对这样一个深刻的危机,如何快速地制定出应对政策。通过美国的参与者的发言,我们得到一个信息,就是美国普通市民的科学的读写能力(literacy)之低,远远超出日本参与者的想象之外,这实在是令人惊诧。与我一道担任会议主持的陶浮茨大学埃里克·杰森博士(天体物理学教授、莱特科学教育研究所所长)极为担心人类将会迎来一个"科学不在的社会"(science less society)。世界著名的系统论权威阿宾·拉兹洛博士也强调指出:要面向社会与下一代人忠实地履行科学的责任,使将来一代人可以继续享受更为优质的科学技术所带来的恩惠。这一发言给我留下深刻的印象。与会者达成一个最终的共同认识,即为了使美国与世界成为一个更为具有"科学亲和力的社会"(science-friendly society),必须要增强科学数学教育与人文社会科学的最优部分间的相互合作。这一会议的详细内容收集在了 Eric J. Chaisson & Tae-Chang Kim, eds., *The 13th Labor: Improving Science Education* (Amsterdam: Gordon and Breach Publishers,1999)一书之中。

第二,我还联想到汤川秀树与梅棹忠夫两位大家所进行的对谈,而后编辑成了《对于人类而言,科学是什么?》(中公新书,1967年)一书。在这本书的"后记"之中,梅棹先生写了如下一段话:

> 科学家经常是不会自我觉悟的科学至上主义者。因此,科学家所写的科学论著大多是自始至终地歌颂科学的荣耀,阐述科学的教义。在这个时候,科学家是充满了信念的传道者与教化者。而且,正如宗教家从来不会将自己信仰的宗教视为客体的存在一样,科学家也不会将科学看待为客体。

两位科学家自认为是觉悟了的科学相对主义者,他们对一批科学绝对主义者提出了批评。但是,在波士顿会议上,科学家们认为作为信仰科学的"传道者"或者"教化者",只要科学家提高自己的理智,就是一个优秀的科学家。果真是这样的吗?

参与波士顿会议的科学家们认为,只要增加研究经费,就可以更多地普及更为优秀的科学知识;只要构建为实现这一目的而必需的科研系统,就可以避免造成科学的悲剧。他们执著地相信,科学必然是为了世界,为了人类。但是我个人认为,依据这样的"传道者"的狂热,是无法从根本上解决问题的。而且,我还认为他们的那种狂热也或多或少地与基督教传教士如出一辙。之所以这么认为,是因为这始终是科学家的一厢情愿而已,他们并没有充分地考虑到普通市民的怀疑与愿望。

这样的一个观念必须受到批判,毕竟科学家或者专家们的想法脱离了大众,执著于一种贵族主义式的本位思想。不可否认,他们的名声与业绩得到广泛的承认,依据这样的权威而发出这样的声音,也是可以理解的。但是到了现代社会,我们所直接面对的问题实在是错综复杂,只是依靠科学家的专业权威,就将所有一切都交给他们,这样所引发的后果实在是无比严重。

与过去不同,科学已经不再是科学家的个人舞台。只有科学家与市民一道努力,它才会成为对于科学家集团或者市民社会皆有益的东西。我相信,其目的同时也是为了一个健全的国家的繁荣。但是,唯有健全的市民的积极的批判意识才能使科学技术得以真正地独立,使之避免为权力或者金钱所左右,使之免受非健全的、反公共性的野心之困扰,使之避免陷入到科学家的自我陶醉而不断沉迷。只有这样,才能做到保持它自身的本来面目。

我始终坚信,学问或实践的方法——我认为它与科学技术的方法存在着共同之处——基本上是两个,一个是普罗米修斯式的学问或者科学的方式,它要求具备不断挑战未知世界的勇气和开辟新领域的狂热,以此为原动力而从事学问或者科学的研究;一个则是俄底修斯式的学问或者科学的方式,即在科学的实践与应用转化为具体的成果之际,对于这一成果所带来的"后果"也要进行深刻的思考,并始终保持一种慎重的(自我批判—自我抑制—自我反省)反思的学问或者科学的方式。这两个学问或者实践的方式,也会因为人与人之间的不同而潜藏着何为先、孰为后的不同形式。但是我认为,最为重要的在于尽可能地保持两者之间的平衡。

69

论 题 三

工程学伦理教育的提倡与公私问题

中村收三

1999 年 9 月，日本东海村核燃料工厂（JCO）发生了泄漏事件。这一事件无论是对于科学技术人员还是对于普通国民，都带来了巨大的冲击。我想借这一事件来大力宣传树立工程学伦理教育的必要性，就在事件发生之后向《朝日新闻》投稿，并于这一年年末即 12 月 30 日得以发表出来。以此为契机，我得以参加本次共同研究会。一开始我是准备拒绝的，我根本就没有打算将东海村事件归结为仅仅是技术人员的伦理问题，也没有打算将技术人员的整个伦理问题视为一个焦点。尽管如此，在此之后相继出现了雪印牛乳①与三菱汽车 ②等一系列技术性的事件，所以令我感到工程学伦理教育实在是一个现实的难题。

就在不久前，日本大学可以说几乎没有展开过"工程学伦理"

---

① 2000 年 6 月 27 日，雪印乳业公司发生牛奶中毒事件，中毒人数高达 1.4 万人，日本全国近万家食品超市拒售雪印乳业公司大阪工厂生产的低脂牛奶，迫使雪印乳业公司的市场占有率自第一位急剧下滑到第三位。

② 日本三菱汽车公司汽车零部件质量存在问题，致使许多在用三菱汽车处于不安全状态，并产生过多起重大交通事故。2000 年 8 月，三菱汽车公司承认自 1977 年起，向政府掩盖顾客投诉超过二十余年。这起丑闻使三菱汽车公司必须在全球召回汽车多达百万辆。

这样的教育,我是接受了大阪大学研究生院工程学研究科下属的一个研究方向的邀请,担任了"工程学伦理"这一课程,——不过只是在一年之内讲授数个小时而已——不过,我自身的本职工作却与此毫不相干。

一提到"工程学伦理",或许世人会习惯性地把它理解为"技术本身的伦理",我们一般所提到的"工程学伦理教育"或者说英语的"Engineering Ethics"则并非如此。它是指技术者个人的伦理态度,语言的表述是"工程学伦理",其内容或许应该称为"技术者伦理"。

不管怎么说,"工程学伦理"这一概念到目前为止几乎没有得到世人的关注。但是,大学的技术人员教育(工程学教育)如今也受到了全球化浪潮的冲击。日本大学工学部的毕业生要成为国际认可的技术人员,其接受的教育就必须满足一定的必要条件。换句话说,技术人员教育认证制度进入到了日本。由此,也就出现了技术人员教育认证机构(JABEE)。其中,工学伦理的课程被纳入到工程学教育的课程体系。我所担任的课程,就是在这样的一个背景下产生的。

我如今在大学任职,但并不是什么学者。我曾在日本、美国的3家公司工作了三十余年,主要是承担技术人员的工作,只是从4年前开始才到大阪大学任职。我的本职工作是负责"大阪大学短期留学特别项目"的规划与运营,所谓"短期"是指1年;所谓"特别项目"之"特别",就是采取英语来授课。具体而言,参加我这一课程的学生,是来自北美、欧洲、亚洲、大洋洲,几乎各占1/3,合计为27名。他们来自14个国家的22所大学,专业各自不同,基本上是大学三、四年级的学生,一部分人则是已经进入研究生院的研究生。

大阪大学的不少学部的教师皆采用英语进行教学，我也担任了这样的一门采取英语进行教学的课程——"比较技术工业论的尝试"。附加的"尝试"一语，最大限度地体现了这一课程的特点，不过这一课程是世界十几个国家的学生围绕这一课题一起进行学习。这次演讲的标题，对我来说也是我所提出的"比较技术工业论"的一环。这一问题与"公"、"私"的问题之间存在着什么样的联系，我并不是十分明了。在此，我仅通过日美之间的比较，来阐述工程学伦理教育的重要性，乃至具体应该如何讲授的问题。

1. 工程学伦理的日美比较

不只是原子能开发，所有的近代技术皆可以说是人类安全利用危险之物而获得的恩赐。不仅近代技术，人类之所以成为了人类，是因为他们使用火，使用工具。由此一来，所谓"技术"，也就成为"安全利用危险之物"的代名词。

那么，或许有人会问，半导体或者计算机这样的 IT 产品究竟存在着什么样的危险呢？以电子技术为例，故障处理技术尽管取得了飞跃性的发展，但是一旦"1"与"0"之间发生一丝的错误，或许就会引起意想不到的问题。考虑到此，也许我们可以说"危险"始终伴随着技术，乃是无处不在、极为普遍的。计算机 2000 年的问题没有发生什么大事就过去了，不过如今成为大众商品的计算机的软件程序的问题，却给普通民众带来了极大的危害。这已经是一个司空见惯的问题了。

正如我之前所说的，所有的近代技术皆可以说是人类安全利用危险之物而获得的恩赐。对于技术人员而言，不仅要求需要专门的技术知识，而且还需要高度的伦理意识。这一点极为重要。

73

我想强调的是,如果说技术人员的职业与其他的职业存在着什么不同,那么这一点可以说是唯一的一个。除此之外,可以说与其他的职业伦理没有什么差别。

我的课程之中提出了"制造产品的责任"这一问题。日本的《产品责任法》(《制造物责任法》)于1994年获得通过。与这一法律成立背景相关的问题之一,即无论是美国还是日本,都没有追究软件开发的责任如何。如果是一般的产品,那么就会追究责任。不过,对于软件,即便是它存在着缺陷必须进行"公开召回"(recall),但是也可以公然地流通。即便是存在了程序的问题,也可以在不进行公开的前提下推出新的版本,不知不觉地加以修正。生产厂商可以由此获得巨额的利润,并吹嘘自己的技术如何先进。但是,对于普通的制造公司而言,这实在是令他们感到不可思议的一个问题。不可否认,对于IT产业,我们不仅要追究民事责任,而且还要追究伦理上的责任。如今,网络引起了各种各样的问题,这是因为它的技术没有成熟,尚未达到安全的程度。或者说,人类的智慧尚未达到这一程度吧。

直到最近这一时期,日本才意识到"技术者伦理"这一概念,不过,美国则是以全美专门技术者协会(National Society of Professional Engineers,NSPE)为代表,各类技术者协会已经规定了各种各样的严格的伦理章程。

之前,"professional"一词成为大家讨论的话题,"profess"一词之中包含了"向神起誓"之意。因此,"profession"就包含了"圣职"的内涵。日本也将医生、律师看做神圣的职业,医协会、律师协会这样的组织也制定了伦理章程,并设立了伦理委员会。但是,工程学技术者却没有被世人视为神圣的职业。因此,一直以来,日本的技术者学会并没有制定伦理章程。

日本拥有优秀的技术人员，这一点得到国内外的普遍认可。不过，我认为由此也反映出日本技术人员的职业（professional）意识普遍淡薄。日本技术人员在被问到从事什么职业的时候，一般是回答"公务员"或者"公司职员"，而不是技术人员。但是，这样的问题也不仅仅是因为技术人员自身的问题，之所以如此回答，大概也是来自于社会结构或者社会习惯的差异吧。或许日本的技术人员如此回答未必就意味着他们的职业意识普遍淡薄，但是我认为两者之间也不可能没有什么关系。顺便说一句，之前我提到了"profession"与"occupation"，尽管两者所表达的意义截然不同，但是日本的辞典却把它们都注解为"职业"。

我曾尝试翻译美国的《全美专门技术者协会伦理章程》——因为是个人翻译，所以也无法收录在此。不过，原文刊载在了之后出版的美国教科书之中，这一教科书的日文译本已经出版，可以为我们提供参照。（财团法人日本技术士协会翻译编辑：《科学技术者的伦理——思维方式及其事例》，1998年，丸善出版社），其序言格调高雅，令人想起了美国宪法的前言。其《章程》之中，作为基本义务的第一条，它规定："必须优先考虑公众的安全、健康、福祉"；第四条规定："对于雇用者或者顾客，必须保持诚实的行为态度。"不仅如此，对于每一个项目，它都制定了详细规则。日本一直以来都是要求必须遵守普遍的伦理章程，在这一前提下，也就没有制定出这样的详细规则来。

美国社会不管做什么，皆必须制定出相关的详细的事务规则与工作手册。日本则没有将重点放在这一方面。例如，美国工厂的工程管理与质量管理皆是依据庞大的工作手册而逐步实施的，日本则是尽可能地简化到最小限度，之后则是采取"大家一道思考"这样的方式来进行。

75

所谓"大家一道思考",也就是一个集团活动。日本的重点并没有放在事务规则与工作手册这一方面,而是侧重在日常的集团活动与改善活动。如今,日本的"TQC"(全公司性的质量管理)与"改善"活动传播到了整个世界,甚至英语之中也出现了"Kaizen"(日语"改善"的罗马字标识)一词。即便是在安全领域,日本也通过集团性的安全活动,取得了大为领先于欧美各国的优异成绩。

东海村发生的核燃料泄漏事故,其工厂的工作手册之中,现场的工作人员自行记载自己提出的"改善"提案。但是根据报道,正是工作人员随意地进行了这样的"改善",从而导致了事故的发生。尽管如此,我却并不认为是"改善"活动本身存在着问题,完全依据规章制度来进行就是一个正确的操作。之所以如此,正如世人在常年的工作活动中所认识到的一个常识,即现场工作人员的"改善"活动必须在专业技术人员的适当参与下才可能进行一样,JCO的问题最为令人感到遗憾的恰恰是缺乏了这样的基本常识。不过,我们也不能以发生了这样的事故为借口去一味地指责"改善"活动本身存在什么问题。

美国整理出版了"工程学伦理"的教科书,日本却没有。如果这样的活动得以顺利进行下去的话,那也就无可厚非。但是,日本人对于公司或者政府部门的归属感极为强烈,所以与其说针对公众履行义务,倒不如说人们更为优先考虑的是向雇主尽义务。这是一个日本不可否认的事实。

不过,这一问题也不仅限于技术人员这一领域。以政界、官场、财界为代表的社会环境也不可能不影响到技术人员。究竟是社会的伦理水平正在走向堕落呢,还是一直以来就是如此?对此我不甚明了。

在此,我之所以提倡(すすめ)工程学伦理教育,乃是模仿近

代思想家福泽谕吉的《劝学篇》(《学問のすすめ》)。事实上,明治初期,福泽谕吉就在新闻媒体上强调了技术人员伦理的必要性。因此,这一问题并不是什么新的话题。

现代社会一方面享受着高度的技术文明,另一方面却陷入了并不信任尖端技术的危机之中。激烈地抨击技术人员的言论随处可见,实在是令人感到不幸与不堪。1999 年以来发生的一系列事故,进一步加深了人们对于技术的不信任感,技术人员的责任重大。不过,日本在技术方面的安全业绩如今位列世界首位,因此我希望对于这一系列事故要给予一个正当评价,整个社会也要冷静下来进行对应性的思考。

2. 工程学伦理教育的提倡

即便是到了 21 世纪,技术的重要性也会不断增加,而丝毫不会减弱。我之所以提倡"工程学伦理教育",提倡"工程学伦理",是因为我认为与其将技术人员的伦理视为一个问题,倒不如期望更多的年轻人带着一种自豪感而定下自己成为一名技术人员的目标。我认为,如果我们不把我们的社会建设成为一个尊重且重视技术人员的社会,那么即将到来的 21 世纪就不会成为一个我们所期望的世纪。

我丝毫没有赞美技术人员的意思。但是,为了克服技术的负面影响,我还是希望优秀的年轻人成为技术人员。值得庆幸的是,来参与我的课程的技术人员大部分是年轻人,而且都在那里非常热心地听我的讲述,还对我说:希望能够得到更多的教诲。之所以必须要以年轻人为对象,是因为技术人员对于整个社会抱着一种特殊的责任。技术水平越高,也就越难以为大众所接受,对于技

77

人员的信赖关系也就越发重要。要我们漫长地等待社会伦理的提高，也是毫无办法之事。不过，至少对于那些期待着成为高级技术人员的理工科研究生院的学生而言，哪怕只是几个小时，我也期望针对他们进行工程学伦理教育。不过，正如前文所说的，技术本身的伦理与技术人员的伦理完全是两个不同的领域，我认为对此需要进行一定的讨论。

之前我曾提到专门技术者协会的伦理章程，我并不是想要通过制定什么伦理章程来束缚日本的技术人员，不过，我希望各个协会务必要进行一系列启蒙式的宣传活动，要求协会会员都自觉地、义务性地遵守与保护"公众的安全、健康、福祉"。同时，也希望各个协会要求会员具有维护与提高世人对于科学技术的信任感。一个技术的错误会影响到整个技术的可信性，这样的问题实在令我们感到无比的厌恶。不过，制定了详细的伦理章程，也并不意味着技术人员就会完全遵守它。我认为对于日本而言，与其制定伦理章程，倒不如说采取"集团式"的行动更为有效。

顺便说一下，在日本，尤其是东海村的事故发生之后，各个技术者协会或者各个学会都开始推广制定伦理章程或者行为规范。与我所教授的课程相关的学会之中，制定了伦理章程的，包括信息处理学会（1996 年 5 月 20 日）、电气学会（1998 年 5 月 21 日）、电子信息通信学会（1998 年 7 月 21 日），日本机械学会也在 1999 年 12 月 14 日制定了伦理章程，日本化学会（我隶属于这一学会）在 2000 年 1 月 24 日制定了行为规范。不过，机械学会的伦理章程只包括序言与纲领，日本化学会的会员行为规范也只是一个序言与几个简单条目而已。

制定出一个详细的规章，并不是要束缚会员的自由。而且，我认为这一做法也极具日本特色。日本的学会或者协会不仅包括个人会员,也包括企业会员,企业会员的发言极具影响力。因此,在制定伦理章程的时候,要充分地考虑到企业的立场。日本应用物理学会与日本机器人学会如今也正在讨论制定章程,焊接学会与测量自动控制学会却没有这样的打算。这就是我调查的一个现状。

在此,我也邀请日本原子能学会的西原先生参加本次共同研究会,接下来,请西原先生谈一下原子能学会的预计目标。

西原英晃:承蒙介绍,不胜荣幸。根据我的了解,日本学会制定的伦理章程之中,土木学会的伦理章程是在昭和十三年即1938年最早制定的,最近进行了一定的修改。作为日本技术系统的学会,土木学会可以说是唯一的一个早在第二次世界大战前就制定了伦理章程的学会。

机械学会也正如报纸报道的,在很久之前就开始考虑这一问题了。与它并列的原子能学会,也在JCO事故发生之前就开始讨论。在此,我想向大家通告一下,其基本内容将在2000年11月初公开。而且,依据学会规则,2001年6月将举行总会,通过这一提案。

非常感谢。我个人认为,原子能学会与其他学会比较而言,更应该责无旁贷地采取慎重的态度。不过,我所收集到的材料皆是与应用物理领域相关的学会资料,土木学会的材料我没有加以考虑。

79

3. 如何进行教授

那么,大学工程学伦理教育的内容究竟是什么呢?这4年来,我的讲授完全处在一个尝试阶段,每年皆选择截然不同的内容。

我提示一个美国具有代表性的教科书,Charles E. Harris, Jr. , Michael S. Pritchard & Michael J. Rabins, *Engineering Ethics: Concepts and Cases*, 2nd edition, 2000, Wadsworth。它是由哲学家(伦理学家)与工程学部的教师一道撰写的。

这部教材与美国的学制相配套,每节课程讲授 50 分钟,1 周 3次,一个学期需要 15 周的时间正式进行讲授。最初的版本是在1995 年出版,仅仅过了 5 年,就全新改版,是一部极具人气的教材。而且,这部教材还配置了 CD,教师可以不必准备 OHP,只要将 CD 放入计算机,将内容投射到屏幕之上就可以进行授课。学生也可以将 CD 放入自己的计算机之中进行现场学习。CD 之中收录了前文提到的全美专门技术者学会或机械协会的伦理章程,非常便利。

接下来是教材的内容。一开始是固定内容,即所谓伦理性的解析方法。而后,是模仿美国最受欢迎的哈佛大学商学院的案例分析,收集组织大量的事例研究,由此形成了充实的课程。教材收录的事例极为广泛,从安全、环境问题到前卫性研究的伦理问题,甚至还收录了女子高尔夫这样的服务性行业的伦理问题。

日本没有这样的教材。之前我提到的英语教科书初版,于1998 年经日本技术士协会翻译出版。毕竟是日本技术士协会,我听说他们利用计算机进行翻译。丸山出版社的这一译本刚出版,它的英文再版就问世了,我听说如今日本技术士协会正在进行再版的翻译。

这部教材的两位作者 Charles E. Harris 与 Michael J. Rabins,分别是美国得克萨斯 A&M 大学的哲学与机械工程技术学的教师,我曾在 3 周前为了校际之间学生交流的问题,到得克萨斯 A&M大学访问。好久没有去了,这一次与两位教授会面,还观摩了他们的授课。而且,我还知道他们和另外一位机械工程技术学的教授一道组成 3 人小组,共同担任这部教材的课程。

这一课程实在是一个了不得的课程。每周一、三、五上课,分为上、下午,一个班级 250 人涌入到大礼堂中,3 位教授分别承担各自的部分。因为是春、夏、秋三个学期都开设这一课程,所以选择的人数就是 250 人的 6 倍,达到 1500 人左右,可以称之为世界上最大的技术工程学的盛宴。即便不是一场盛宴,我想也没有比这个拥有更多学生的技术工程学课程了吧。由此可见,美国投入了巨大力量来进行这样的伦理教育。

这一课程开始之际,并非是必修性课程。但是,据说得克萨斯 A&M 大学的总长强调指出"这一课程必须是必修课程",所以工程学部的学生在毕业之前必须接受这一课程的教育。这所大学非常大,仅一个校园就拥有 4.4 万名学生,如果对所有进入到技术工程学部的学生开设这门课程的话,那么还要继续努力下去。据说,到学生毕业之前差不多一半左右的学生无法继续下去。因此,我之前强调这一课程至少拥有 1500 名左右的学生,应该是没有问题的。

我曾询问他们,美国大学的工程学部是不是都是这样的?他们回答并非皆是如此,大学不同,教授的方法与授课的时间也各自不同。我接下来询问他们的教科书销售如何?他们回答是一年可以销售 9000 本。实际上,在询问这一问题之前,我以为这部教科书的目的是为了培养技术人员伦理或者工程学伦理的专家,但是它的实际情况却并非如此,而是如同我之前所述的,只是为了教育。

那么,日本是如何教育工程学部的学生的呢?根据我自己的判断,我认为没有必要做到这一地步,倒不如说,邀请一批具有丰

81

富经验的技术人员为教师,通过从事我今日所阐述的工作或者事例研究,才是推行日本工程学教育的一个理想形式吧。而且,我们要引用的事例,与其选择美国教科书之中罗列的大多数假想事例,倒不如直接以一批国内外的实际例证为对象,或许这样更为具有震撼性与吸引力。

而且,教师可以通过讲述自身作为技术人员的经验来进行教学。这样的话,学生就会刮目相看,而且还会挺身而出,立志成为技术人员。只要是在现实中担任二三十年左右的技术人员,不堪回首的事情、万分遗憾的事情、引以为豪的事情,无论是谁都会有一些吧。教师要将这样的经验告诉给年轻一代。不过我认为,与其讲述具体的事例,倒不如说将这样的"思索"告诉给他们更为重要。

日本最近频繁地发生了一系列事故或者事件,由此工程学伦理或者技术人员的伦理教育受到世人的广泛关注。美国 1986 年发生的"挑战者"号航天飞机事故,同一时期印度孟买的一家美国化学公司引发了"惨案"。以这两个事件为契机,美国在 10 年之前就开始努力实施工程学伦理教育。这一活动,同时也来自同一时期工程学教育认定制度(Accreditation Board)的要求。

之前提到了美国的教科书,它一开始选择的事例,就是"挑战者"号的爆炸事件。在"挑战者"号航天飞机发射的前夜,负责的技术人员担心燃料泄漏,试图制止发射,但是 NASA 却命令快一点进行。管理人员为了能够从 NASA 那里接到下一个订单,就对技术部门的主管人员说:"您也差不多要脱下技术人员的帽子,换上管理者的帽子了吧。"由此来以升迁为诱饵,强迫技术人员接受发射的命令。这一段情节在 2000 年 3 月 NHK 纪念"挑战者"号失事事件的纪录片中进行了回放,我想不少人都看到了吧。

结　语

　　我所进行的工程学伦理教育,如今还处在一个尝试的阶段。对于东海村发生的事故,我自身也感到问题极为严重,于是就抱着一种难以抑制的心情向报刊投稿。而后,就收到了来自各方的反馈,令我感到一个全国性的报纸具有了无与伦比的影响力。我所收到的反馈,大多是与我抱有同感的来函,不过也存在着批判与反驳。例如,一封来函就质疑我:"你这么说,难道就是要教育学生,技术人员必须进行内部告发,以防止事故发生吗?"

　　确实,之前提到的《全美专门技术者协会伦理章程》之中,也有限地规定技术人员要履行内部告发的义务。日本若是出现这样的不得不面对的问题,或许也会采取这样的强制措施吧。之前的三菱汽车事件,据报道也是源自内部告发。我自己认为,对学生实施伦理教育的目的,不能一概地称之为必须要采取什么内部告发,而是要让技术人员认识到更多的工程学伦理的问题,以便于进行内部讨论。如果这样做的话,那么在内部告发这样的行为发生之前,问题或许就已经得到解决。

　　一个读者的反馈还指出:"您所说的是技术人员的伦理问题,但是,那样的事件之所以产生,并不是技术人员的伦理问题,而是企业伦理的问题。"对此,我的思考也与他一致。我认为,只有大家充分意识到技术人员的伦理问题,企业内部,包括技术人员与管理者对于这样的问题都进行充分的讨论,只有这样,才能够真正地推演到"企业伦理的问题"。如今却还没有达到这样一个程度。

　　那么,究竟我们应该具体如何做呢?对于这一问题,答案只有一个。日本的企业要通过集团活动的方式来进行工程管理、质量

83

管理、安全管理。到了现在，不管是哪一个企业，在推出新的产品或者采取新的工作流程的时候，皆附加了这三大项目，"环境"问题也相应设定了检查场所。没有采取这样的措施的企业，则是处在极为落后的地位。不过，我认为也要附加一项检查内容即"伦理"的问题，这就是我的答案。在这一基础上，要设立伦理问题的责任部门，设定责任人员，美国的大多数企业已经采取这样的做法，而且经常把"环境"与"伦理"安排在一个部门之内。日本的企业也应该如此，通过设定这样的一个部门，来切实地解决集团活动之中所出现的问题。

84

围绕论题三的讨论

小林傅司：我的一个印象，是日本如今终于开始推进"工程学伦理"教育了。迄今为止，我一直主持"舆论会议"，它的运作方式是设定一个科学技术的标题，召集一批针对这一标题进行讨论的人士来共同研究。召集人员的条件，就是事先不具备什么专门性的知识。其基本形式就是20个左右的人聚集在一起，专家就这一标题下的基础知识进行演讲，大家一道进行质疑与讨论。之后，专家退场，只是由一般的市民提出技术评价的报告。我们已经就遗传因子的治疗问题、网络技术的问题进行了探讨，如今正在就GMO(转基因农产品)的问题进行讨论。

不言而喻，借助这一形式的讨论，我们与普通民众之间的对话也相应增多。由此，我强烈感到这么一批业余人士对于科学技术充满了极度的不信任感。这样的极度的不信任感，与其说是针对科学技术本身，倒不如说，它同时也是针对科学技术的专家们。即便是欧洲的"舆论会议"，也可以令我们深切地感受到这样一个印象。

英国出现了"疯牛病"，由此造成人们对于科学技术的不信任。参加日本的"舆论会议"的人士相互讨论的，则是药物导致艾滋病的问题。如果是上了一定年纪的人，则会谈到水俣病发生之际，日本的厚生省（卫生部）对熊本大学研究班的态度。这一系列事件皆留在了人们的记忆之中，而且不断地累积起来。一旦讨论转向这样的问题，也就越来越令我感到世人对于科学技术乃至科技人员本身的一种极度的不信任感。

1999年的JCO事件，也略微牵涉到了"公"与"私"的问题。我认为，在那一事件中，核燃料确实出现了泄漏。但是，一开始的报道并非如此，只是说放射性物质的大气圈出现了泄漏。或许在那个时候，与JCO相关的相当一批科学家（专家人员）赶到现场，他们只是通过观察原始数据而作出自己的判断而已。那么，在事故发生之际，这一批科学家们究竟在干什么呢？

《朝日新闻》的记者写道："我们的报道阵营也存在着失误。不过，令我们难以忘怀的问题之一，就是科学技术专家们通过这一类的消息而判断出核燃料泄漏的真相，并且对它的危险性也一清二楚，但是不知道为什么，他们却没有采取任何的行动（action）。"

接下来，《朝日新闻》的报道中提到：事故发生之后，有人与外界通了电话，而通话的对象却只是自己的家人。这一报道是否真实，我无从知道。站在普通市民的角度来看，这确实是一个使他们对专家们产生极度不信任感的绝好例证。换句话说，他们的专业知识被使用到了私人性的场合，只是为了保护自己的家人而已。这样的事件相继发生的基本事实与讨论"工程学伦理"的必要性，大概也就构成了一系列的问题吧。

西冈文彦：中村教授讲述了"工程学伦理教育"的现实状况，

85

如今我们所谈到的"公共性"的问题或者"公"、"私"之间的彼此矛盾，就两者之间的问题而言，是否存在了更好的个案调查，我希望中村先生能否就此告知一二，即便是伦理哲学性的话题也可以。

还有一个问题，所谓"科学伦理"的问题与"工程学伦理"的问题，两者之间的立场或者视角是否不同？如果可以的话，也希望您能告之。

中村收三：小林教授提到的关于 JCO 事件的报道，具体的内容我不是十分清楚。总之，事故一旦发生，要打消民众的不信任感是非常困难的。正因为如此，所以在推行教育的时候，我只能反复地、不厌其烦地强调"获得民众的信任是最为重要的"。反之，为了"不失去民众的信任"，就"教育"这一突破口来进行把握的话，仅仅依靠大学教育是远远不够的。我认为也需要各个学会、各个企业的长期地、不间断地加强技术人员的内部教育，除此之外别无他途。

撇开"教育"来谈的话，近代技术之中确实存在着不少不为大众所知晓的危险。日常生活中大家皆熟练地加以利用，在这一范围内也绝不会出现什么问题，大家都只是在那里享受着利益，也不会对此抱怨什么。但是，一旦发生了事故，就会开始指责这也不行，那也不行，对整个技术产生出一种不信任感。

因此，作为技术人员，他们能强调的，只能是避免事故的发生。如果事故发生了，就要尽量地进行说明，哪怕未必会得到世人的理解。对于新出现的技术问题，也要进行说明，以便于一般的人也能理解。我想"舆论会议"也与这样的解释活动密切相关吧。但实际上，真正的专家姑且不论，哪怕是专家，其研究领域也会略微不同，因此不管人们怎么问他，大概也会出现不明白的时候吧。这是一个极为常见的事情。技术越先进，人们所知道的也就越来越少。

我们能够做的,也只是尽量地避免事故的发生而已。

接下来,我来回答一下西冈先生的问题。您的提问是指大学的授课是否讨论了如今所说的公私或者公共性的问题。遗憾的是,我的授课还没有进行到形而上的讨论阶段。伦理学的话题,并不是一个能让工程学部的学生产生兴趣的话题。安排我授课的时间,也不过是一年之中的几个小时而已,所以不可能充分地展开话题。倒不如说,我大多是采取了个案分析的方法来同步进行的。这样一来,大家也就参与到讨论之中。不过,"你怎么思考伦理问题"这样的讨论绝对不会出现。我所列举的具体例证,一是来自美国教科书;二是基于我自身的经验。我也尝试着完全选择日本的事例,但遗憾的是,我尚未做好这样的准备。

事实上,日本机械学会下设了一个与工程学伦理相关的分会组织,我也曾在其执行委员会中担任委员一职。日本机械学会作为主导,召集了一批机械专业之外的其他各个领域的专家,他们开始积极筹划创作出一个日本的事例集成。如果成功的话,那么就可以运用到教育的领域了。

您提到的第二个问题,"科学伦理"与"工程学伦理"之间究竟存在着什么差别? 这是一个难题。所谓工程学伦理,就是技术人员的伦理。每一个技术人员在思考什么,究竟要采取什么样的态度来从事实际工作。我只是站在这样一个狭义的角度来把握技术人员的伦理。至于整个技术的伦理性、技术本身的社会性这一系列问题,则是与之完全不同领域的问题,对此我并没有加以考虑。

或许大家会说我逃避了基本的问题。不过,正如我一开始所说的,我并不是一个学者,而是作为一个具有三十多年实践经验的技术人员来参与的。那么,技术人员应该如何考虑这一问题呢?也正如我的发言所提到的,要不断地努力,使人们安全熟练地使用

87

危险性的东西。这就是技术人员的工作。"这项技术比较危险，还是不要使用了吧?"抱着这样的想法的人，并不是真正意义上的技术人员。这就是我所考虑的问题，或许并不能给您提供什么启示。

西冈文彦:我个人体会到您的答案的宗旨在于——使本来危险的事物得以安全地利用。

我本人是职业工匠(传统版画家)出身，对于技术人员的伦理问题也非常感兴趣。不过，对于职业工匠而言，不管是对于自己还是对于他人，都要求具备极为严格的伦理基准，要坚定不移地保持"技的伦理性"这样的个人修养。由此，也就会给世人留下一个固定的形象。若是按照流行用语来进行表达的话，我想它也不会成为所谓的"世界的"或者"全球化"的基准吧。

正如技术人员是一个外部的存在一样，他们与社会之间大多并不是维系着一条畅通的交流渠道。因此，即便是存在着秩序井然的伦理章程，也会出现无法兼顾的地方吧。技术人员本来具有的"技的伦理性"如果成为了全球化式的统一基准，那么也就会出现中村先生所说的"使本来危险的事物得以安全地利用"这样一个结果。如果对它保持了全知全能，并且能够以这样的方式简单明确地提示出其基本要点的话，那么，这样的"技的伦理性"就会在创建"工程学伦理"的社会过程中成为一个巨大的推动力量。中村先生开设的"工程学伦理"课程乃是为了实现"使本来危险的事物得以安全地利用"这一目的，并始终强调必须树立起一个绝对不能放弃的、应该成为核心部分的、经过了深思熟虑的思维方式。对此，我希望中村先生能给予更多的启发。

中村收三:我认为您的理解非常正确，我们的目的就在于"使本来危险的事物得以安全地利用"。之前，我提到技术人员与其他职业不同之处，就体现在这一个方面；我要教给学生的，也就只是这一点。

这并不是说安全生产就可以了，而是希望技术人员能够自豪地说："这样的工作极为重要，请保持你们的自豪感"，要把力量的投入放在这一方面。只有保持这样的态度的技术人员，才不会令社会失望，才会受到社会的"尊敬"。不过，要做到如此，最低限度就是要大力推进技术人员的伦理教育。

得克萨斯 A&M 大学的诸位教授对于技术人员伦理的国际化抱有浓厚的兴趣。所以在教科书的第二版，新增了国际的技术人员伦理（International Engineering Ethics）这一章节。如今的时代，已经是技术人员走向全球化的一个时代了。美国人也已经意识到他国技术人员的伦理问题，这实在是一件好事。

我去拜访他们的时候，他们高兴地欢迎我的到来，也谈到日本的集团所推行的"改善"活动。众所周知，美国并没有采取什么集团式的运作方式，且个人意志极为强烈；日本则是集团意识非常浓厚，而且还取得了成功。通过我们之间的交谈，美国的教授乃至伦理学的教授们也充分地了解到这一点。而且，他们还对日本的集团式的运作方式与伦理观念产生了什么样的浓厚兴趣。因此，在我将自己所写的资料复印之后交给他们的时候，他们告诉我将会马上找人翻译出来加以阅读。

我回国之后就收到他们的电子邮件，告诉我找到了翻译成英文的人。我回答他们："翻译之后务必要送给我，我要核实一下翻译的准确性。"今后，他们还会与我联系。这样的一个问题如今成为了全球性的问题，对此我也感到非常有意思。

绫部广则：我认为，技术人员的伦理问题与日本的"改善"活动实际上是一个互为表里的关系，而日本的"改善"主义，则因为

89

JCO 事故的发生，出现了一个事与愿违的结果。日本的改善活动是以集团活动的方式来逐步推进的，不过，若是我们对伦理本身进行一个彻底的修改，那么就会出现一个无法预料的严重后果。对于这样的可能性，我不知道您是怎么考虑的？

中村收三：这样做实在是令人感到恐怖，对于您这样的担心我也可以理解。不过，我对此保持着一种乐观的态度。无论是环境问题还是安全问题，都不可避免地存在着令人担忧的地方，不过，也有不少事例带来了不错的效果。或许不好的结果也是极少的吧，不过我认为没有担心的必要。

吉田公平：我的发言或许与中村先生的论题有所出入。对于"工程学伦理"一词，想必技术人员在迈入这一职业的特殊情况下，也会特别注意到这样的一系列关键问题吧。不过，我是专门研究中国思想史的，所以在一开始听到这一术语的时候，我所联想到的是，从事这一职业的人究竟意识到了自身作为"人"的什么样的问题？换句话说，我认为伦理学本身的问题应该更成为一个根本性的主题。

例如，我们提到商业伦理的时候，我们所思考的并不是商人采取什么样的手段来获得金钱，而是在成为商人之前，他首先是一个"人"。他不仅会追求自己的利益，还会以回报社会的形式来积累金钱，这就是商人的伦理。因此，人们在从事工业或者技术活动，追求个人的好奇心或者利益的同时，其结果也必然会为社会带来贡献，带来利益。由此，"大家必须抱着责任去努力"这样的职业伦理也就出现了。我首先想到的是这样的一个事态。我想，无论是美国还是日本，应该说都不会出现这样的问题吧。

中村收三：您所提到的是"伦理"之前的问题。

吉田公平：您所说的是在成为技术的专门人员之前的作为从

事技术的一个市民所具备的伦理观吗？

中村收三：我所阐述的是两个问题：一个是伦理的问题，另一个是技术对于社会究竟作出了什么样的贡献的问题。对于成为技术人员之前的伦理问题，是否有必要去意识到它呢？我认为完全没有必要。这是因为普遍性的伦理规范已然成为推行工程学伦理教育的基本前提。但是，日本却没有完成这一程序。由此我认为，日本必须推行工程学伦理教育。

吉田公平：如果是以前的话，那么依靠职业工匠的素质就足以处理伦理的问题。但是，技术取得飞跃性的进步，其影响力也极为巨大。我是否可以这么理解，正是因为感受到这样的危机感，所以才出现了提倡伦理章程与伦理教育的必要性。

中村收三：正是如此。但是，过去的职业工匠基本上是自己一个人全权负责。美国的全美专门技术者协会也并不强调归属于集团意识，而是尤为突出了个人的独立，他们所针对的大多是土木技术人员或建筑师。我认为这一批技术人员与过去的职业工匠的立场大体相同。

但是，通常我们所说的近代技术的技术人员是在一个集团的形式下展开工作的。个人要建造原子反应堆是绝对不可能的。日本的机械学会、化学学会的会员基本上是企业内部的技术人员。在这一方面，日本的思维方式与美国截然不同。日本的唯一的一个突出个人之独立的技术人员团体，就是之前提到翻译美国教材之际所指出的技术士协会。尽管他们个人取得了技术士的资格，但是他们的积极性却没有美国那么大。

岸辉雄：我想提一下绝对安全与概率安全的问题。例如，在材料这一领域，如是制作脆性陶器，则失败的概率几乎是百分之百，无论是多么小的陶器制品也会发生碎裂，体积越大，碎裂的概率也就相应增大。就概率而言,无论使用什么材料,都存在着碎裂的概率。这样的话,我认为作为一名工程学者,最为关键的就是准确地计算出它的成功率。这是否就是工程学者的工作呢?

飞机设计之中,失败的概率限定在了 $1/10^6$,如今降低为了 $1/10^7$。我曾在东京大学研究过火箭技术,火箭发射之际会离开发射架,与发射架相撞的概率为 $1/10^6$ 的时候,火箭就会正常升空。工程学伦理是为了追求安全保障的判断基准,这一点我没有任何疑问。不过,这样的判断基准的基本指标究竟是什么? 这一问题究竟是工程学伦理的问题,还是管理者的判断问题呢?

即便是 $1/10^7$,也会出现危险。若是如此,飞机就绝对不能起飞。但是,现实之中却允许飞机起飞,这样的问题实在是令人为难。依据中村先生所讲述的城市法人大厦(City Corp Building)的事例,如果遭遇到 16 年一遇的飓风袭击就会倒塌,因此进行了加固修整。那么是不是计算出若是遭遇到 1.6 万年一遇的飓风袭击就会出现危险的这样一个概率,就不需要进行加固修整了呢? 我认为这确实是一个难以判断的问题。

日本一直以来宣称自己是"绝对安全"的国家,即便是进行原子能开发,也绝对不去使用存在着缺陷的材料。到了 2000 年,这一原则也发生改变,认为即便存在着缺陷,也会通过计算使用的寿命而有效地加以利用。若是这样的话,就要准确地提出一个概率,由此来判断下一次将如何做。是否附加这样的判断,就是工程学伦理的内容了呢? 而且,即便是真的可以这样做,也还是会令人大为担忧。对于这样的问题,您是怎么考虑的呢?

中村收三:您所说的问题,已经与我所讲述的不是一个层次的问题了。参加本次共同研究会的人,大多是没有从事过实际技术人员工作的人。或许我只是极为少数的一个人吧。在此,我就谈一下自己的一点想法。

首先,材料的使用达到一个概率基准的时候,必然会导致失败的出现。如果使用存在着危险的材料,这就是技术人员的工作。技术人员一开始要做的工作之一,就是如何制作一个安全保障装置(fail safe)以保障达到概率的基点,即便出现失败,也不会造成任何问题。即便是完全成功了,也正如之前所说的,飞机失事的概率也达到$1/10^7$,所以绝对不能掉以轻心。我并不认为飞机的乘客是在意识到飞机的失事概率为一千万分之一的前提下,才决定乘坐飞机,不过我想他们应该知道飞机是会失事的。汽车的驾驶者也应该是会知道日本每年的汽车事故是万分之一这一概率吧。

提到原子能反应堆的问题,我不知道它的概率是多少,不过,不管多少都是绝对不允许的。如果是自己驾驶的汽车,即便是万分之一的死亡率,也没有什么关系,若是自己喜欢乘坐的飞机,即便是百万分之一的失事概率,也无可厚非。但是,原子能反应堆的事故是绝对不能允许的。我认为,这样一个判断是与"技术伦理"不同的。

岸辉雄:以"挑战者"号航天飞机为例,那个时候,技术人员认真地告诉人们,失败的可能性是万分之一,技术人员的伦理也就只能限定在这一地步。接下来的问题,则是飞行者的判断问题了。若是技术人员被告知:"你的工作到此为止",那么技术人员也就不需要走上前台,也就不存在着什么技术人员的伦理问题了,是不是这样的?

中村收三:从某个角度来看,确实不需要技术人员走上前台了。但是,技术人员却可以为前台人员提供一定的信息。接下来的问题,我想就是所谓的"公共性"或者"社会"的问题了吧。

西原英晃:首先,之前小林先生提到《朝日新闻》的报道,我没

93

有阅读到这一消息,对于这里面的问题我也就无从了解。正因为如此,所以我才要质疑:在事故发生之后,与此相关的一大批原子能技术人员究竟在做什么? 而不是对于报道本身的评论。应该说,他们的反应极为迅速,尤其是日本原子能研究所的相关研究人员,或许他们事先不会想到发生这样的事故,从而进行过一定的演习,但是,正因为他们整理出了可供计算的数据,所以才积极而果断地对这一事故进行了监测。

事故是在上午 10 点发生的,正午的时候,我恰好在日本原子能研究所理事长的办公室,就在这个时候,媒体进行了报道。他们立刻展开行动。一听到中性子线泄漏,也就是进入到临界的状态,立刻发出指示:"赶快制作监测录像。"技术录像的效果,毕竟他们是科学技术人员,我想未必会得到满分,但是由此我们可以看到他们的热心态度。

中村先生曾提到伦理的问题,京都大概在两年前开始就一直举行"科学技术的伦理与危险(risk)责任研究会",我认为它过于形式化,陷入到抽象的讨论之中。不过,中村先生与加藤尚武教授也出席这一研究会,聆听到两位的发言,令我也学到了不少知识。

在这个共同研究会开始之际,因为我自己是一个完全不了解何为伦理的人,所以就在一开始思考伦理究竟是一个什么样的结构这一类的问题。至于结合本次研究会的主题——"公"与"私"的关系,从这一角度来进行思考的想法却一点也没有。但是,通过今天的议论,我感到问题越来越复杂,尤其是原子能开发这一领域。正如岸教授之前所说的那样,我认为原子能开发的问题实在是一个我们必须认真对待的问题。

更为具体地说,中村先生之前提到究竟应该如何才能涉入到伦理、哲学的问题之中去。正如您提示的《伦理章程》之中所规定的那样,最重要的,是必须最为优先地考虑"公众的安全"。这是比所有一切更为重要的关键,如今美国就此达成了一致意见。在这之前,各个职业性团体尽管采取了维护自身利益的行动,但是却没有达成这样的一致。由此,也就必须在学校开设"工程学伦理"的教育课程。

工程学伦理之中提到安全问题。如何看待安全问题?岸教授提示了两个基本概念,即"安全"与"安心"。这两个指标在原子能开发方面也是一组术语。原子能学会在制定《伦理章程》之际也出现过质疑,他们并不是以美国式的公众的安全、健康、福祉为切入点,而是考虑把"安全"与"安心"作为自己的基本原则。但是,如果我们仔细思考一下的话,就会发现"安全"与"安心"完全不同。我认为,也是作为我个人的意见,"安全"是一个理性的判断;"安心"则是处在一个感性的领域。因此,必须要将两者有机地融合在一起。

略微脱离一下主题,我们所有的行为的前提,在于"技术就是使危险变成安全"。曾经一个时期,原子能被视为"绝对安全",各个国家皆是认为如此。打破这一"常识"来讨论原子能的话,也就是"原子能存在着危险,所以绝对不能开发"这样的普遍观念。但是,如果是处在国家(公)的许可下也就无可厚非。站在允许开发的国家立场而言,如果不是"绝对安全",那么也就绝对不能进行开发。我认为国家的立场始终是如此。这样一来,也就完全不可能去考虑到安全性的概率问题了。我认为,日本在判断"原子能安全"这一问题的时候,其立场与其说是基于自身自然条件的、存在了多大概率的安全指标,倒不如说是站在一种感性的立场来出发的。但是,到了现在,就"原子能安全"的问题,若是不使用概率性的判断基准的话,那么偶然发生的个别事故也就难以得到人们

95

的理解了。

在这之中，还存在着一个大问题即工程学内部的"安全的定义"究竟是什么。村上阳一郎教授是这一方面的专家，一般来说，"安全"在工程学领域内部是相对于"风险责任"而得以确立的一个概念。这在英文书写的教材即 2000 年出版的教材之中进行了明确记载："若是判断可以承受这样的风险责任，那么就可以认定这一事物具有了安全性。"这是劳伦斯 1976 年所下的定义。最近出版的教材之中，鉴于这一表述并不是十分准确，所以进行了补充，"基于这样的风险可以完全被人们所理解，为人们同意的价值原理，判断理性之人可以承受这样的风险责任，那么就可以认定这一事物具有了安全性。"

这样一来，所谓"安全"的问题就转化为什么是"为人们同意的价值原理"、什么是"理性之人"的问题。应该在一个什么样的状况下来进行这样的讨论？而且，对于之前所提到的"舆论会议"这样的讨论形式，我们应该如何加以考虑？这也是一个极为重要的问题。据我所知，原子能领域尚没有这样的一个可供思索的场所，倒是一般工程学这一领域如今正在制定着一定的标准。若是把这样的标准也推演到原子能领域的话，或许会给原子能的专家们带来巨大的冲击吧。鉴于原子能开发是安全的，所以国家（公）的立场是要开发与建造核电站。不过，在举行"舆论会议"之际，若是依据公私之分来确定其根本立场的话，那么我们就要努力使它处在一个与国家（公）有所不同的、"私"的集合体的立场之上。

现实的问题在于，各个地方政府相关人员一到核电站的预定场所，即提出要中央政府建立起自己的外驻机构来进行直接而具体的指导。这样一来，就会让人们认为："政府终于出面了，这样就可以放心了，国家会保障它的安全。"于是，赞成派就会变成积极的推动者。对此,我感到无比惊诧,这样是没有希望的。这就是我自己感到极度烦恼的地方。我的发言与其说是一个评论,倒不如说提出了一个巨大的问题。如果可以的话,我希望得到大家的启发。

桥本毅彦:如果将 NSPS(全美专门技术者协会)的《伦理章程》原封不动地应用到日本的话,或许还是会出现不少抵触之处吧。其中之一,就是中村先生在结尾的时候所说的内部告发的问题。规章规定:"技术者若是完成了不利于大众的健康福祉、不合乎通常的技术基准的设计图纸或说明书,必须要对此署名或者按手印,顾客或雇主强迫技术人员进行违反职业伦理的行为的时候,技术人员必须向政府部门进行通报,坚决放弃这一计划的后续工作。"日本企业的技术人员恐怕难以抱着这样的一个立场。如是我们假设发生了这样的事件,那么,日本企业的技术人员究竟应该采取什么样的行动呢?

中村收三:之前我提到工程学伦理教育的目的,我认为这不是个人所持有的准则,而必须建立起一个可以与周围的人一道来进行思考的职业场所。我想,这大概就是日本企业的一个最为理想的存在方式吧。

站在美国人的角度来看,他们或许会羡慕日本具有这样的"团体性"机制。实际上,不仅伦理问题,环境问题、安全问题或者质量问题,日本皆可以这么做。

桥本毅彦:以集团的形式来进行运作,的确令人感到还算不错吧。不过,要建立起这样的领域框架,我认为还需要一定的方法与智慧。

中村收三:为什么您会认为是"还算不错吧?"事实上,日本公司的集团活动几乎都是朝着一个好的方向迈进的,其结果就是日

97

本公司的安全业绩位列世界第一。

并不是什么都要受到"安全"的限制。众所周知,世界上也存在着一个"有限许可"的质量标准(accept double quality)。如果是美国公司,他们会允许出现 10 的负多少次方的不良概率。但是,如果是日本的公司,就不会满足于此。例如,采取集团活动的方式,出现了 $1/10^5$ 的不良概率,那么日本就会考虑为什么会出现这样的问题,而且还会努力地加以解决。

我以前曾在一个美国资本、日本法人的公司工作过一段时间,在那里,我采取全员式的集团活动,试图消减不良概率,但是却被反问:"我们已经达到安全保障的指标,为什么还要这么做呢?"但是,我之所以如此,并不仅仅是为了"安全"与"质量",同时也是为了降低成本。一旦出现不良产品,生产线就会停止,所以要做到使生产线不停止下来,就只有采取节约成本(coast saving)的措施。我这么一说,有的人会表示明白,也有一批人不理解。他们会说:"你所做的是一些多余的事,还是放弃吧。"由此也就出现了冲突。

在这一方面,日本与美国的思维方式完全不同。为什么日本的安全系数那么高呢? 这是因为日本存在着安全系数的竞争。一般来说,所谓安全系数,是通过在多久的劳动时间内出现一次造成停产事故的数值来表示的。以日本为例,一个人手受伤了,到医院去治疗,可以完全不需要休息地继续工作,日本会考虑减少这样的灾害(并不需要休息)次数。而且,即便是出现了轻度的擦伤这样的事故,大家也会一道商量,努力减少这样的事故发生。例如,轻度事故的发生概率为 $1/10^2$,之前提到的不需要休息的伤害概率为 $1/10^4$,那么,会造成必须停产的伤害的发生概率则是 $1/10^6$,这样的话,安全系数越高,成本也就越发降低了。

我认为,伦理问题在某种意义上与这是一致的。不管是 JCO

的核泄漏事件，还是雪印公司牛奶中毒的事件，还是三菱汽车召回事件，发生了这样的事故，都会给公司带来难以想象的负面影响。我认为，伦理性的问题如果越来越少的话，那么发生大事故的概率也就会越来越少。

柴田治吕：之前您提到原子能的问题。我的意见与西原先生的有所不同。原子能的安全问题与其他的问题比较起来，确实处在了一个激烈的论争之中。一开始还没有什么问题，从20世纪60年代中期开始，出现了不少地方性的反对运动。针对于此，一般的言论与专家的议论完全不同。就专家的议论而言，确实很早以前就出现了前面所提到的引发事故的概率性的问题。

或许人们会认为，出现了这样一个事故引发的概率，原子能开发的问题是否就会越来越艰难了呢？事实上却并非如此。早在1972—1973年，美国就出台了拉斯姆森报告，对所有的概率都进行了计算。当然，这一数据是否准确也是一个问题。但是，他们甚至计算了汽车或陨石坠落的概率，也提示出原子能事故的发生概率。基于这一数据，日本进行了安全检查，对各种各样的数据进行了严格调查。在这一基础上，日本开始讨论是否要接受原子能。它的形式应该说与国民的"舆论会议"相一致。

高木仁三郎先生曾与我的同伴进行过多次讨论，他是一位物理学家，非常熟悉各种各样的客观数据。最后的结果则是高木先生也反对原子能开发。因此，我想指出的第一点，就是较之其他的技术，我们更应该抱着一种严格而谨慎的态度去思考原子能开发的现实问题。第二点，政府人员一到原子能核电站，当地的人就会感到安心。我想这也不是什么新的话题。我是在1978年左右参与原子能开发工作的，偶尔也参与了"文殊"计划。我担任了政府部门下属的科长助理，曾与"文殊"计划的审议官员一起出席福井

99

县渔业协会的会长会议。我解释强调："我们会这样推进计划的实施，安全问题方面也会如此的。"尽管这样，但还是没有得到他们的理解。

原子能是日本能源的一大核心问题。通产省也在十多年前就进入到了一个实质性的实施阶段。我们已经作出了应尽的努力，但是，也是最后一点，究竟是要接受还是不接受，却依然是一个悬而未决的问题。

金泰昌：进入本论题的讨论之后，我听了中村先生与各位的讨论。在此，我也谈一下之前未曾讲过的自己的感想。

第一点，在与西冈教授讨论的过程中，中村先生在论述公、私或者公共性的时候，曾提到："遗憾的是，我的授课还没有进行到形而上的讨论阶段。"我想说的是，公、私或者公共性的问题，尽管也有可能陷入到形而上学式的讨论之中，但实际上它是一个非常切实的而且是现实的问题。作为一名公司的从业人员，技术人员也会理所当然地为了公司而尽善尽美、竭尽全力。不过，有的时候公司所做的，未必就是整个公司的人员都期望的。那么，一个技术人员在明确了这一事态的前提下，是否还要坚持为公司服务到底呢？我认为这并非是什么形而上的讨论。

而且，您还提到，立志成为技术人员的学生们在面对"如何去思考伦理问题"这一问题的时候，他们却怎么也无法回答。我认为伦理问题的讨论没有必要采取这样的直接质疑的方式，而且，我认为这是伦理学者关于伦理本质究竟是什么的一个质疑。站在生活的现实的角度，这不能成为一个问题意识。

第二点，是对于您与岸辉雄教授之间的关于"安全"与"安心"的讨论的感想。西原先生的阐述之中，也从另一个侧面牵涉到了这一问题。中村先生提到技术人员的伦理核心在于"安全利用危险之物"这么一点。我认为由此来树立科学技术人员的伦理观念是非常重要的,而且,我对由此而提倡"工程学伦理教育"也是极为赞同的。不过,在此所提到的科学技术与公共性,按照中村先生的立场,则是工程学伦理教育与公共性的问题。对于这一问题,我期望今后我们进一步深入地进行讨论。在此,我也要提示一下目前我联想到的两个问题。

首先,不管技术人员的志向是否在于以安全为固定目标,力求尽善尽美,事实上却是发生了事故,而且也引起了普通市民的不安。因此,我们在此所质疑的公共性的问题,也就是要将技术人员的伦理与技术人员的教育乃至普通市民的理解与信任这一系列问题都联系到一起的一个重要问题。

其次,技术人员既是一个个体性的存在,同时也是一个技术者的存在,由此也就与吉田公平教授所说的基本问题相关联。我认为,作为一个个体性的存在,有必要去培养个体本身的伦理判断能力,这不是受教育者加入进来就可以了的一个问题。正因为您全力投入到工程学伦理的教育之中,所以这一教育也可能会转变为一个令学习者不明所以然的专门领域。我们期待着您提倡的工程学伦理教育不要陷入到"自己终结式"的封闭空间之中而无法对应来自外部领域的"对话"之要求。

综合讨论一

主持人:金泰昌

专门知识与公共知识

金泰昌:继续之前讨论的思路,首先请允许我阐述一下自己的问题意识,而后进入综合讨论。

中村收三教授的论题之中,认为实际事例较之假想事例更具有说服力,所以以实际事例为中心进行个案分析,由此我想到了官僚与律师。按照逻辑,我认为他们与技术人员几乎是依靠一样的思维方式来采取行动的。

1995 年日本阪神大地震发生之际,烈火熊熊燃烧,我们却毫无作为,只是一直盯着电视。我自己就居住在大阪,对此充满了一种挫折感。而后画面转为国会的讨论,村山富市首相回答指出:"这是史无前例的事件,究竟应该采取什么样的处理方式,尚需要一段时间来加以考虑。"

我是在韩国接受的教育,也曾在美国与英国进行过研究。之后,我来到日本,先后在几所大学从事教育研究工作。日本大学的法学部几乎没有采取案例分析的教学方式,即便是偶尔为之,也是以实际事例为本。美国则是两者兼而有之,通过假想事例的个案分析,来想象问题点之所在,缜密地进行推论,并整理应对措施。

经过实际事例培训过了的人将会如何呢? 我不敢肯定百分之

百会如此，但是可以说他们容易带有"经验主义"的倾向，也会培养出自身的思维方式，即基于实际事例来进行思考。假想事例并不是实际发生的，它只能在一个有可能发生的前提下来提供思维的训练。这样的训练并不是要回避"因为没有先例"这样的借口，而是在积极地寻求紧急应对的措施。

我不曾受过科学技术的训练，不过，法学的解释与辩论的训练倒是接受过不少。韩国与日本也存在着相似之处，都是以实际事例为中心来进行训练的。这样的做法令人具有现场的感觉，也会令人一目了然。最近，我在韩国首都——首尔的一所大学的法学部向研究生进行演讲的时候，提到如今有必要改变一下这样的做法，增加假想事例的训练。这是因为假想事例与我们人的想象力密切相关，具有重大的意义。

第二个问题，是科学技术与安全性的问题。以前我曾读过一本名为《从安全社会到安心社会》的书籍，正如之前我所说的，我期望能够从另外一个角度来再次讨论一下安全与安心的问题。直言而论，对现代社会能否做到这一点，我是抱有怀疑的。我认为市民一方也必须对此抱有一种批判怀疑的精神。我们不能安心于专家们的安全宣言，而是要毫不动摇地抱有一种彻底怀疑的危机意识，这一点尤为重要。站在社会学的角度而言，风险(risk)与威胁(threat)是有所区别的。所谓威胁，是指那些不可预测的、无法应对的危险；所谓风险，从大的方面来说，就是我们尽管知道它是在近代化的逻辑下必然会出现的问题，但是因为各种各样的理由我们无法改变它的发展轨迹，由此而出现的危险。

近代社会可以分为两类，以往的近代社会大力发展科学，认为只要扩大产业就可以了。一味地依据产业与经济的逻辑来获得经济的增长与国家社会的独立，由此也获得了巨大的收益。但是，后来的近代社会,即到现在为止,还是处在一个顺利发展的阶段的近代社会,却几乎发生了一个根本性的逆转。如果继续依据之前的逻辑来行事的话,那么就会因为生产的过剩而导致副作用的产生,并由此而产生危险。我们并不是不知道这一问题的症结,而是我们知道,却恰恰没有采取好的对应政策。正因为这样的一系列问题是我们编织了各种各样的理由也无法加以解决的问题,所以我们才会将它们称为"风险"。

就此而言,风险社会乃是后来的近代社会的形态,人类必须进行认真思考,究竟应该如何来应对它。因此,我所强调的不是安全与安心的社会,而是一个危险与警惕的社会。现阶段我们必须做的,就是在明确危险之所以是危险的基础上,来研究与思考人类该如何发挥最大的知识与道德的善来与之对应。只是一味地给予人们一个安全的神话,给予人们所谓的安全感,可以说是一种不负责任的欺瞒行为。这样的问题,不能说完全没有,对此,我认为也要进行一定的考虑。

第三,即是专业知识与公共知识的问题。在一个社会分工相对单纯的时代,拥有优秀头脑的人会通过个人的思考与实践来提高自身的知识水平,从而成为一名睿智之人,他们通过利用自身的知识与应用知识的技术,发挥出巨大的社会功能。但是到了现在,社会分工高度发达,由此所出现的问题也就越来越复杂,只是依据个人的能力是无法应对这样层出不穷的问题的。

问题之一,在于依据一个领域的专业知识已经无助于解决整个社会的问题了。尤其是对于某个问题的认识与解决的对策,会存在着各种各样的不同意见,还会出现严重的对立或者纷争。在这样的情况下,专业知识的持有者之间,以及专家与非专家或者是专业领域完全不同的人之间,而且在专家与普通市民之间,皆会产生各种各样的问题。在这样的状况下，同解决这一问题的专业知识一样，还需要一种知识，尤其是经验的、实践的知识，它可以推动对立或者纷争的双方实现和解或者达成一致。这一问题，最为显著地体现在广义性的政治问题这一方面。

属于后一范畴的知识，与其说是从一个专门领域的社会学或者政治学之中产生出来的，倒不如说它是以具体的现实问题为前提，是通过具有各种各样的生活体验的人，他们彼此之间的真挚对话才产生出来的。对于这样的知识不是来自一个人的头脑，而是通过大家的讨论才创造出来的。这样的知识形态，我将之称为"公共知识"。如果说专业知识的目的是指向普通的稳妥，那么公共知识的目的可以说就在于重视现场的理解。最后，我想特别指出，即便是科学技术的领域，也存在着专业知识与公共知识的问题。

在综合讨论之中，我期望能够基于以上三个议题，同时也能超越这样的一个立场设定，来共同讨论究竟如何才能将"专业知识"转换为"公共知识"。就此，我希望各位自然科学的专家——尽管大家的研究领域皆有所不同——能够提出自己的意见与观点。

自然科学与公共性

小林正弥：我的研究方向是政治哲学，同时也对自然科学与社会科学的关系、社会科学的哲学或者方法论抱有极大的兴趣。首先，我想介绍一下目前政治学领域的讨论话题。上周末，日本政治学会召开会议，第一天上午研究会通过了共同议题"security（安全）的政治"，也正是现在我们所探讨的主题。不言而喻，政治学领域所谓的"安全"，原本就是军事化的安全保障问题。但是，如今它扩展到社会安全、社会福祉、福利国家与生命科学的多个领域。因此,这一系列问题,正如金泰昌先生之前所指出的,也正是安东尼·吉登斯或贝克这一批人所讨论的"风险社会"(risk society)的问题。在政治学会召开的第二天,整个研究会通过的讨论主题是"政治学的意义与课题——政治学是否为人类作出了贡献?"为什么会提出这样一个议题呢?这 15 年来,政治学领域深受自然科学方法论的影响,由此而形成的研究方法也极为盛行。那么,在现实的政治与社会之中,政治学究竟存在了什么样的意义?这一问题促使人们开始反省,由此也就出现这样的一个议题。不过,因为大会通过的共同议题令人感到不是那么满意,所以我也就从根本问题着手进行了发言。

通过借助自然科学的实证主义方法论,政治学也采取了科学性的数据分析方法,但是它的分析结果(的解释)与实际的政治课题之间却存在着巨大的落差。坦率地说,这是否是错误的呢?如今的政治领域,利益诱导政治或者公共事业等问题受到了世人的普遍关注,实证主义政治学者对于 20 世纪 80 年代自民党单独执政的后期政治曾经指出:"要使之走向多元化,就会转化为民主主义的政治。"对于这一主张,如今我们回过头来看,它是否正确呢?

因此,如今我们质疑的问题就是:"忘记了价值判断的问题,只是依据统计分析的政治学是否也存在着一定的局限呢?"在考虑自然科学与社会科学的关系的时候,我认为这是一个极为重要的问题。其结果,这一问题也就与之前的原子能政策的问题联系在一起。例如,概率论的问题走向极致,最终也会成为一个"价值判断"的问题。在此,我想询问一下自然科学的研究者们,你们是如何思考科学与价值的关系的问题?

对于科学伦理与工程学伦理这一议题,我基本表示赞同。不过,一提到"伦理",我所想到的是,不管是政治家还是行政人员,

107

都暴露出了他们各自的腐败问题，日本必须重新制定国家公务员伦理法案，以力求解决腐败问题。为了禁止接受社会行业的招待或者赠与，1999 年 8 月，日本政府规定指出："本省（部）科长助理以上职员，接受 5000 日元以上招待或赠与的，必须全部进行申报。"大学的管理阶层也适用于这一法案。但是，大学（与社会行业之间的联系少）的各个部门认为这一适用极为烦琐，毫无意义，而且他们对此还抱有一定的怀疑，即是否应该一开始就推行更为普遍意义上的"伦理"法制化呢？反之，讨厌所谓的"伦理"的人也会不少吧。我认为，对于一切会引发问题的地方皆要采取法律规定这样的应对措施，这一想法本身就是错误的。而且，之所以这样，是否也是因为他们完全不理解"伦理"究竟为何物呢？

我一直认为，伦理问题极为重要。但是，如果真正地要重建伦理，就必须从根本上来变革人的"精神"。若是一切皆采取法制化的措施，那么就会引起更为复杂的现实问题，产生出更大的弊害。从这一立场出发，我们也就自然而然地会提出如今所探讨的议题，即"近代自然科学的发达导致了风险社会的问题，那么，科学技术本身是否可以成为解决这一问题的根本措施呢？"自然科学究竟在发挥着什么样的作用？这一问题与政治、社会或者整个文明的发展方向存在着密切的联系。

例如，原子能政策的问题。1995 年 12 月，日本发生了"文殊"（钚的高速反应堆）事故。尽管迄今为止我们都强调"只有日本是绝对安全的"，并还在不断地推进开发，但是实际上日本并非是安全的，这是一个不可否认的事实。其结果也就只有采取所谓的概率论，通过阐述这样的事故微乎其微来宣传它的安全可信。站在学问的立场来看，这或许是一个技术的进步，但是就整个社会而言，这是一个质疑原子能开发政策大是大非的关键问题。日本是唯一推进"文殊计划"、利用钚的高速反应堆来进行核发电的国家,是否要继续维持这一方针,我认为也要站在风险社会的关系这一角度来加以探讨。因此,伦理的问题是一个研究视角极为广泛的大问题。

不管世人对于我们今日所讨论的是否赞同,但是他们或许皆会感到一个疑问,即"这一讨论是否完全包括了自然科学与公共性的关系中的我们所应该思考的问题呢?"若是要我勉强来说的话,那么如果我们不去讨论原子能政策的伦理或公共性,而只是探讨科学伦理与工程学伦理,就会产生出一种幻想,即通过导入这样的伦理,就可以避免原子能事故的发生了,不仅如此,最终的结果也就会导致维持现在的原子能政策走向正统的合法化。这本身是否就是一种极大的风险呢?因此,我认为:"应该将自然科学与公共性的问题,拓展为如何重新质疑一个更大的文明或者公共世界的整体的问题,由此来加以讨论。"

科学技术与人类

佐藤文隆:人类的漫长历史中,"科学技术"不过只是到了最近的一个时期内才得以兴盛起来。我认为,不能只是从享受科学技术之恩惠的如今的公共世界这一角度,也要从一两千年这样的漫长历史中来探讨自然界的"人类"究竟是一种什么样的存在。

与此相关联,我认为有必要进一步扩大一下金泰昌先生之前所说的"安全与安心"的话题。最近,人们开始站在自然灾害的角度来论述地球的变化。如今我们遭遇到的火山喷发与地震灾害,不能说这是因为神灵毁坏了我们的地球。自然灾害也在告诉我们,我们人类在这样的灾害之中,只能匍匐前进、委屈生存。

地震是自然灾害之一,日本存在着以地震为专业领域的学术团体。我也想过要是没有成为地球物理学家就好了，不过，地球物理学家确实担负着超越科学家本身的重要责任。那么，地震学研究进步了，是否就意味着可以进行地震预测呢？地震学所说的时间标准，与人类社会或者政治决断的时间标准是完全不同的，这样的不同甚至可以说是巨大的。

我感觉到自然灾害正在迫近我们人类，它正在重新描绘依据近代的人的形象所无法比拟的一种新的人类形象。尽管科学在不断进步，技术也可以弥补各种各样的缺陷，进而可以让人类安全地应用。但是，人的力量无法防止自然灾害。这样一个认识，在整个近现代社会不经意地蔓延开来。也就在人类觉悟到地震预测极为困难的这一阶段，大自然告诉了我们这一认识法则。

与地震预测一样，土木工程的公共事业也成为最新的话题。以京都鸭川为例，人们正在讨论："如果会遭遇两百年一遇的洪水，那么如今是应该好好地加以整治，还是最好将河流填平？"如果将堤防填高的话，就会影响到沿岸的风景。于是，一种意见认为，若是遭遇两百年一遇的洪水，那么河边的酒馆即便是略受损失也没有什么关系吧。另外一种意见，则是为了防止水灾，哪怕会影响沿岸的风景，也要加筑堤防。由此可见，自然灾害与日常生活之间的关系极为复杂，我们有必要慎重考虑一下究竟人类是如何认识自然的这一问题。

刚才曾经提到"科学伦理"的问题，我认为这一问题不仅指技术本身，即便是在从事自然现象的科学研究的人之中，也存在着不少过于恶作剧式的事例。所谓预测地震，也被一批人认为是一场过火的恶作剧。但是，也有一批人在思考如同禁止香烟一样，一切事物皆要以安全、以防万一为第一位。

例如，美国的一位天文学家因为要令克林顿认识到陨石撞击地球的危险性，促使他发表了这样的演说，从而获得巨额的研究经费。确实如此，宇宙之中存在着大量的流星群，不管是谁也不能保证陨石不会落到地球上。因此，人们就会感慨必须要对此加以监控。对于这样的研究，我指出它是一场过火的恶作剧，但是为了防止万一发生的问题，也就存在了研究的必要性吧。谁也无法预测风险，尽管各个不同领域的"科学知识"在不断增加，但是，应该说这样的知识之中也始终包含着"与人类社会密切相关的知识"吧。因此，人们对它表达担忧之情也是理所当然的。

作为结论，我是抱着一种悲观的态度的。对于科学伦理的研究问题，人类在这一领域没有提出这一要求，人的集合体——社会这一方面也没有提出同样的要求。对于这一问题的关注，只不过是专家与专家之间的自我操作而已。不言而喻，专家们的操作之中，或许也会潜藏了有益于未来社会的内涵吧。尽管如此，我认为对于科学技术的问题，我们还是要采取积极反馈的态度。我们之前曾提到将科学技术与社会联系在一起的社会机制，我认为这样的机制实在是不足以对应现代科学技术的冲击了。

金泰昌：我与你一样抱有深切的同感。如果只是来自专家集团内部的交涉而缺乏市民一方的问题意识的话，那么即便是专家们也会陷入到一种无力状态，对于整个社会的危险性的警戒意识也会淡薄下来，由此而造成的危害，也只能是由普通市民来承受了。

我并不是说我们要在完美地了解整个宇宙的奥秘之后，才应该去谋划采取什么适当的对策。在我们周边所发生的事情之中，大多数是因为我们自身不负责任所引发的，甚至引起了危及人的生命的悲剧。不负责任的究竟是谁？专家的判断错误而导致的责任意识的欠缺；市民阶层只是依靠专家而丧失了独立的思考；依据

111

组织逻辑的权威主义会否定带有了一定合理性的建议。这一切，皆是不负责任的真正体现。其结果，更多的则是体现为没有丝毫加害者的意识，也没有采取任何良知性的行动意向。因此，我认为，必须对这一问题加以认真思考，这也是我们这一代人必须要为下一代人做的事情。

正如佐藤文隆教授所说的，即便是我们策动现阶段所有的科学技术或者科技知识，我们也无法对应地解决一切的问题。地震也是如此，尽管如今的地震学发展起来了，但大多也只是收集地震之后的一批资料而已，而不是可以预测在什么时候、在什么地方、会引发多大规模的地震。整个社会阶层，一方面是对于科学家完全嗤之以鼻的人；另一方面则是对他们盲目信赖的人。完全信任科学家之言的结果也就在于，若是出现了偏差，那么所有的责任将会为科学家所承担。

但是，问题果真就只是这些吗？如前所述，威胁与风险是完全不同的，地震在某种意义而言是一场威胁，而不是风险。因此，对于这样的威胁，科学家们是努力地进行研究，现阶段并没有找到一个完美的答案而已。对此，我认为也需要加以理解。

但是，东海村发生的核泄漏事件（JCO）则另当别论。它并不是因为现阶段科学技术的不够成熟而引起的事故。我认为若是加以注意的话，是不会出现这样的问题的。但是它发生了，并且戕害了人的生命，使社会蒙受巨大的损失。那么，责任究竟在哪里呢？药物导致艾滋病的问题也是如此。在听取了帝京大学副校长、厚生省（卫生部）艾滋病研究班负责人安部英的法庭自我辩护之后，我作为一个学者也进行了反复思考："科学家究竟是什么？专家究竟是什么？"他们对于自身的责任应该是"知晓"的，但是他们一方面与制药公司勾结，从而难以作出正确的判断；另一方面则是作为医生的自我觉悟尚且不足,该做的还没有做,不该做的反而做了。他们的专业知识与其说是为了普通市民的安全,倒不如说是为了将自己的不负责任加以正当化而已。这样的一个印象令我至今也难以忘怀。

在思索这样的问题之际,我们也不必去考虑宇宙论或者经历了几千年的科技史;JCO 的事故与药物导致艾滋病的事件,可以轻而易举地找到问题之所在,可以立刻作出判断,只要普通市民具有健全的常识,就可以做到这一点。

正如佐藤文隆教授所说的,不管是科学还是技术,它的存在目的究竟是为了什么,科学与技术究竟是为了科学家或者技术者自身,还是为了人类、为了整个世界? 我认为我们应该以这样的问题为基轴来进行讨论。

科学家的说明责任

吉田公平:我的研究方向是中国哲学,中国在生活技术这一方面以前极为发达,但是它的内部却没有产生出近代科学。对于我们如今所直接面对的课题,可以说美国的教育现状为我们提供了有力的素材,而现代中国却无法做到。我自己研究的尽管是中国哲学的,但是却无法从一个正面的立场来提供有益的资料。

不过,抛开中国哲学,之前的发言也引起我的思考。之前曾提到克隆人的问题,中国自古以来就存在着“长生不老”的想法,这是一个不管到了任何时候都要幸福地生活下去的人的欲望的问题。人就是这样的欲望的集合体,那么,究竟应该采取什么样的对策来加以控制呢? 所谓不去关注人生百态,或许也是一个对策吧。

不过,若是要我们把这样的事态想象为阐述一个他人之事来加以表述的话,那么也实在是滑稽可笑。实际上,这样的事态本身

113

也就是我们自身之事。例如，我们如今就在这个荧光灯闪耀的会议室展开讨论，这场讨论本身或许也正是因为得到原子能的恩惠，正是因为它提供了电力，所以才得以进行的吧。关于原子能开发的问题，我不过只是一介市民，提不出什么实质性的意见。我认为，尽管使用后的核燃料尚没有一个明确的处理方法，但我们如今确实正在接受着它的恩惠。

我们只是单纯地接受着来自它的恩惠，我持有的就是这样一个态度，那么直接参与到日本的核政策、原子能产业的人，他们在承受着这样的恩惠的同时，又在多大的程度上认清了将来之事呢？是否可以说完全"安全"呢？也有一批人站在技术层面，来质疑"文殊计划"（核燃料循环利用）的可行性，应该说核燃料处理的问题只会越来越突出，而绝对不会减弱。不过人类到目前为止，还找不到一个完全的对策。既然我们明白了这一问题，那么为什么还要继续坚持原子能开发政策呢？这是一个极为严重的问题。欧洲的一部分国家，已经明确提出了基本取消原子能开发的政策。

对于日本的科学家而言，这已是一个日益紧迫的课题，我们绝对不能给将来的一代人留下什么负面的遗产。尽管如此，关于这样的问题，我们经常可以通过报纸的投稿或者杂志的论文看到一系列"个人"的意见，而处在公共责任的立场的人，我们却几乎找不到他们的发言。这究竟是为什么呢？作为一个普通的市民，对此我感到非常不可思议。

金泰昌：关于这一问题，各位有什么要讨论的吗？

柴田治吕：因为之前提到原子能核废料的问题，所以在此我想说几句。关于这个问题，若是断言相关人员不甚理解，对此也漠不关心，我认为这是完全错误的。应该说，技术人员充分地认识到这一问题的本质，他们非常清楚一旦产生核废料应该如何进行处理。

我也一直参与原子能开发的行政工作，从二十多年前我就一直在思考这样的问题。不过，在现阶段，最终采取什么样的措施，还是存在着各种各样的不同的方案。最为现实的方法，就是尽最大的努力将它填埋到地下。

关于核废料的处理问题，核反应堆、核燃料开发集团从一开始就提出"地层处理"的方案，开始调查日本的地层。众所周知，他们在北海道的幌延町挖掘了深洞，在此进行地质调查，而且还考虑在此进行核废料填埋试验。但是，一提到原子能开发，可以说不管是到了什么地方，皆会遭到人们的反对，即便是进行试验，也不会获得允许。理由之一，就在于人们担心若是将高放射性的核废料带来的话，那么所谓的实验场所就会成为实际上的处理场所。因此，作为政府机关的人员对于这样的问题也不能不闻不问，事实上他们也在这几十年来一直都充分地加以关注，而且也始终在进行着研究。

一直以来，人们都大力地批判"没有配置厕所的公寓"，这一批判是认为，如果不明确究竟是谁来处理屎尿问题的话，就是一种不负责任的做法。由此，也就明确了究竟谁才是制定法律、进行处理的主体。核废料的处理问题的主体究竟是谁？之前，或许是电力公司，因时而异也会是核反应堆、核燃料开发集团，或许是一个什么新的机构。但是到了最近，国家成为法律规定的、负有处理责权的主体，也就成为某种意义下的特殊法人——严格地说，我不知道是否可以称之为特殊法人，或许可以归纳为"认可法人"这一类别吧。——这一法人如今尚没有正式出台，不久将会成立以电力产业与国家为中心的法人机制。由此，形式上的处理机构的主体，也就得以明确下来。

接下来的问题，就是应该如何进行处理的问题。关于这一问

115

题,正如之前的原子能理论完全一样,需要数万年来进行处理。那么,由此而造成的风险将会如何呢?这个世界没有人可以活到一万年,但是,随着子子孙孙不断繁衍,不管谁来进行管理都会成为一大问题。就目前而言,一部分人担心核废料是否会在数万年期间始终停留在地下,如果发生转移就会造成严重的后果;另一部分人认为地下绝对安全,不会出现任何的问题。关于这一问题,科学家的见解大相径庭,而且也争论不休,这就是如今的现状。

中村收三:吉田先生曾提到,科学家没有进行说明。我认为恰恰相反,科学家进行了大量的说明与解释。如今,柴田先生的回答也是例证之一。但是,尽管作了大量的说明,普通市民却并不了解。即便是他们提出咨询,我们进行了解释,他们也不大会知晓。我认为正是因为这样的反复的解释与说明,所以才会出现我们如今的共同讨论。这样一个活动应该如何来展开,我想若是站在公共哲学的立场来加以讨论的话,或许更具有现实的意义。

金泰昌:财政界与产业界日益成为参与、推进国家(政府)经济产业政策的制定与实施的主体,市民则是始终经受着危险、满怀着不安、不得不忍受这一切而生活下去。优先考虑财政界与产业界之利益的立场,与处在"生活现场"的市民的立场,两者之间可谓存在着显著的差异。因此,尽管科学家们认为"进行了说明与解释",但是,即便是高学历的知识分子也存在着认识上的不足之处。站在科学技术的社会影响力这一角度来看这一现象,可以说也是一个极为严重的问题。即便是进行了说明与解释,但是市民还是不了解。这一问题并不是说市民从一开始就不相信,而是需要说明与解释的人对自己抱有一种自信,即只要我好好地进行说明与解释,市民还是会理解的。以这样的自信为前提,持之以恒地坚持与市民对话,以获得市民的理解,这是极有必要的。

中村收三：并不是什么都可以信赖的。站在技术人员或者科学家的角度来看，东海村 JCO 事故、雪印公司牛奶事件这样的事故是绝不允许发生的。正因为出现的是一系列绝不允许的事故，所以也就不会成为一个所谓"伦理"的问题，也就是说，责任本身不在于技术人员或者科学家。或许我们可以认为，这样的事故之所以发生，在于技术与工业本身存在着这样的风险。

金泰昌：专家与非专家之间的真挚对话之所以难以实现，就在于缺乏最为基本的信赖关系。如今，作为一个真挚的质疑，吉田公平这位研究东方思想的大学教授提出了一个基本性的问题。而且，在中村先生的回答中，提到科学家进行了各种各样的说明与解释。那么，他们究竟进行了什么样的说明？是如何说明的？他们的解释与说明达到了一个什么样的程度呢？

中村收三：我认为这一问题，柴田先生已经进行了具体的回答。

金泰昌：吉田教授提出这一问题，但是，我觉得柴田教授的回答并不能让吉田教授满意，也不足以令人充分地理解。

柴田治吕：那么，首先我就原子能开发的问题再次进行阐述。一系列专业性的、技术性的问题我们姑且不谈，如今针对核废料的处理已经展开专门的讨论，制定了相关法律，也决定了实施主体，如今我们正朝着这一方向迈进。这一问题之前有所说明，我不再赘述。

117

众所周知，对于原子能开发的问题，我们一贯采取严格的态度。或许可以说，我们被放到了一个与国民完全对立的立场。原子能开发出现了一系列的偶发事故，这也是事实。以"文殊计划"为契机，作为国民必须再次深刻思考原子能开发的问题，正如报纸所报道的一样，我们设立了原子能的圆桌会议。如果是以前的话，那就是原子能委员会来举办会议,学者即便是参与进来,大多数也会是赞成派。不过,这次的圆桌会议,也邀请了可以说完全持反对意见的人物参加。高木仁三郎先生是否会是一位永久的参与者,在此我们难以断定,不过他确实参加了本次的圆桌会议。一般被称为反对派的学者,则是作为正式人员参与进来。

圆桌会议的讨论,首先集中在一个现实的问题,即日本的原子能发电占据日本总电力需要的30%,如果突然取消的话,那么有没有什么可以替代的能源?对此,大家提到大自然的太阳能、风能、海潮能,但是,若是现实之中利用风力来发电的话,是获取不到那么多的电力的。若是利用太阳能电子板发电,现阶段却是成本高昂,不是那么经济合算。作为赞成与推进派的建议,大概也只有这样的选择对象了吧。

正如金泰昌先生所说的,不仅仅是近代化论(能源的稀缺性要求采取可持续的发展道路)的问题,若是我们可以略微降低一下如今的生活水平,是否就可以克服这样的问题呢?或者说,减少10%、20%的电力供应,是否就可以了呢?如果我们得到这样的一致意见的话,那么结果就另当别论了。若是日本的大多数国民希望选择减少30%的发电量,哪怕降低生活水平也没有任何关系的话,或许我们也就不再需要原子能。

这样的讨论,在赞成派与反对派之间一直持续着。一部分人也指出,若是能够不断地开发新的技术,那么原子能技术就会陈旧过时,也就会被取而代之。不过,即便是再向前走一两个世纪,原子能依旧会是一门新的领域。一个新的技术如何获得社会的接受与承认,如何在社会中得到推进,关于这一问题,国家也需要加入到讨论之中来。不过,如今的新的做法即圆桌会议将会较之以前具有一定的公正性。以往,这样的会议管理机构一般是政府机关,从第二次圆桌系列会议开始,事务局的工作就全面委托给智囊团。智囊团则是尽量召集各种各样的人员组成,尽量采取更为客观的态度,以求得参与者的一致意见。

中村收三:我是一名化学研究者,化学物质的安全性问题也受到人们的广泛讨论。无论是原子能还是化学物质,也包括什么其他的,它们之所以那么重要,就在于存在了危险(risk)与利益(benefit)。那么,所谓的利益究竟是什么呢?一部分人认为是为了世界更加富裕,对此,我想强调一个问题,也就是危险与利益的评估(assessment)活动一直都在积极地进行着,无论调查的对象是专家还是消费者。确实,在十几、二十年前这样的评估活动我们并没有充分地加以实施,但是如今不一样了。站在非专家的立场,认为科学家们什么都没有做,一点儿没有看到他们在做什么,这样的话确实令我感到万分难受。

归根结底,还是利益的问题。一个争论的焦点,即在于:"究竟是为了使世界更加富裕,还是以如今的富裕水准为前提而言的?"但是,我认为一个更为关键的问题,即科学技术的研究开发活动并不完全是为了我们人类的富裕。享受到科学技术所带来的富裕的人,在这个世界上不过只是少数而已。21世纪才是人类得以充分享受到科学技术所带来的恩惠的一个时代,正因为如此,技术者的责任就在于必须追求一切可能的东西,不管它是能量资源,还是物质资源。我认为,若是因为存在着一定的危险性而放弃利用原子能、放弃利用杀虫剂的话,那么我们的能源、我们的粮食也就无法得以保障,那么,一个充满希望的21世纪也就不可能来临。

西冈文彦:我对工程学伦理也极为关注。为了实现工程学的伦理,究竟应该学习什么呢?我们应该如何做呢?对于中村先生的演讲,我感到略微不太满意的地方,就是您能否再进一步讲述一

119

下工程学伦理的实际状况究竟如何？正如您所说的，工程学伦理首先选择危险之物作为研究的对象，由此开始组织讲义，进行讲解。但是，工程学伦理的实际状况并非是这样的。如果您能够进一步深入的话，由此而产生的讨论或许会使大家站在一个更为一致的立场。

中村收三：我可以理解您所提到的不太满意的地方。我所讲述的工程学伦理，只是限于技术者个人的伦理这一问题，由此来实施伦理教育。整个技术的伦理性究竟如何，对此我一开始就采取了保守的态度予以回避。我没有向学生讲述这样的问题，而且我也不敢去讲述这一问题。

正确知识的获得与传播

金泰昌：我略微调整一下我们共同讨论的方向，希望大家皆转向"公共性"的主题讨论之中。中村先生刚才提到科学家们进行了无数的说明与解释，但是尽管如此，却被认为是"科学家们什么都没有做，一点儿没有看到他们在做什么，这样的话确实令人万分难受"。不过，我认为所谓公共性，就是在于"告诉大众，使他们理解"，而不应该只是"告诉"这一环节。

问题在于两个态度，一个是"告诉了市民，市民却不了解，所以没有办法"；另外一个则是"没有告诉的必要，只要专家之间互相了解了就可以"。我认为，与市民生活相关的科学技术方面的问题，专家们有义务向市民进行说明与解释，以便他们能够理解。

如今，我们仅就"核问题"这一话题来概述一下我们的共同讨论。各位专家就这一问题都站在各自的立场进行了说明，尤其是关于原子能开发的问题，经过了反复的解释与激烈的讨论。考虑到日本的现状与将来，好像是作为现实性的选择或者市民的一致意见,政府采取了如今的开发政策。但是,我所结识的大学教授乃至活跃在各个领域的中产阶层以上的知识分子们,却并没有充分地认识到这一问题。因此,对于今后的日本来说,最大的一个问题就是回避责任,其理由就是"因为我不知道","所以没有办法",依据这样的逻辑来处理原子能开发一类的问题。

若是发生了如今的科学技术知识或者专业技术无法完全解决的问题,在国民遭受到了难以想象的巨大危害的时候,正如某个医科大学的副校长(译者注:艾滋病药物问题的被起诉者)所说的那样,"在2000年之际我们所知道的只能达到这么一个程度","这一问题专家之间皆是知道的,因为各种各样的问题,所以没有必要告诉国民"。由此而逃避自己的责任,科学家们果真可以这么做吗?

刚才,西冈先生反复强调的一个问题意识,若是采取另一个表述的话,就是要将专门知识拓展为公共知识,拓展为各种各样的人都可以拥有的共同的知识。科学技术领域的专家们必须要为此付出更大的努力,毕竟这样的事是普通人无法做到的。

中村收三:我认为需要"第三者"的存在,若是公共哲学的专家能够担任这样的第三者就好了。

金泰昌:如今,不可否认的是,我们之所以提倡公共哲学,其根本的目标之一就是发挥您所说的"第三者"的作用,由此来进行知识的开发与创新。

121

西原英晃:原子能学会制定的《伦理章程》,将会在两周之后公之于世。其行为指南之中,不仅包括金泰昌先生所说的内容,同时也包含了"必须这么做"的内容。但是,如今它还处于一个"提案"的阶段,若是这样的话是不够的,那么就可以向原子能学会的会员之外的人进行呼吁,希望他们指出:"这是错误的,请予以补充。"若是能够得到这样的建议，那实在是感激不尽。

行动指南之一，在于"正确知识的获得与传播"。我们附加了如下的条款："会员作为专家要经常努力地使自己的知识成为正确的知识，同时也要不懈地努力将这样的知识传播给周围的人。尤其是对于非专家的人士（一般是指普通民众），在做到正确的同时，也必须要通俗易懂地为他们进行解释与说明。"我不知道这是否可以做到，但是章程之中却规定了不可懈怠，必须进行努力，所以作为科学家也要在这一方面不断努力。

佐藤文隆：必须努力做到，这是不必多说的。不过我认为，原子能开发的问题在日本好像变成了一种神学的论争。或许，只是使市民了解到原子能开发的知识，是不足以解决这一问题的。即便是专家，我认为也无法做到去体验并感受它。对于物理的放射性，它并不是进入了我们的身体并为我们所知，或者说我们通过经常的接触，由此也就习以为常。这不过是一个习惯性的理解方式。目前，我们对它也没有做到一清二楚，正如我们并不明确身体的运动结构究竟是什么样的，而我们却可以使身体运动起来一样，知识与实际的行为之间存在着极为显著的差距。

我认为，日本原子能开发的巨大危害之一，乃是过于受到了所谓"绝对正确"的政策限制。我曾到瑞典参观原子能发电站，并参观了地下隧道式的设施。瑞典早在20年前就明确提出到一定时期要中止原子能开发工程，但是，实际上在终止期限临近之际，政府之中依旧出现了要将之延长的动向。最终，瑞典是将问题交给国民自己来进行投票表决。

接下来，就是国民究竟是如何应对的问题。尽管我以下所说的不像是一个科学家的发言，不过，迄今为止，我强烈地感到，国民的反应大多数乃是一场"政治秀"，或者说其根本目的在于突出

"政治要发挥一定作用"。国民并没有真正地考虑这一问题，即便是开始考虑了，大概也只是在将这一问题交给他们自己来进行表决的时候吧。在日本，若是专家们将这一问题交给我们来解决，那么绝对不会出现任何问题。我始终坚持这样的一个解决方式。瑞典的事例可以说就是一个例证，通过国民投票而得出的最终结论，则是"再适度地进行延长吧"。

金泰昌：我认为佐藤先生所说的是一个非常重要的问题。关于这样的重大问题，我们要诉诸市民的公开讨论，而不应该是专家们的自行解决。需要这样的公开讨论，也就是我构思公共哲学的基础。这一问题，也是我的"公共之学"的问题意识。

小林傅司：我认为，原子能学会制定行动指南是一个非常好的事情。不过，由此我也感到之前与西冈先生的讨论出现分歧的原因之所在。作为科学技术的专家，经常会力图使自己的知识更为正确，而且也应该要采取简易的语言向市民进行说明与解释，这是西冈先生所说的主旨。不过，坦率地说，我认为这一设定是错误的。对此，大家或许会感到极为意外吧。

我经常参与"舆论会议"，参与者之间经常产生分歧的究竟是什么地方呢？若是依据以往的宗教立场来加以思考的话，那么就会一目了然。宗教之中存在着神学的教理，其深处则是神学者，他们进行着一般的信徒无从理解的一系列抽象的讨论，而且，还需要将这样的讨论变为通俗性的书籍，以便进行传道说教。他们采取的皆是"必须信仰神"这样的命令式的说教与传道。他们还深入到普通信徒的日常生活中，与他们进行交流，通过参与到普通信徒的精神或者物质的活动，反过来形成一个具有组织性的机制，去听取信徒们的需求与欲望。由此而形成的综合结果，就是建立起了"宗教"的信任关系。与之比较而言，科学则是始终强调："相信科

123

学,拿出经费",对于委托人的要求完全不予考虑。换句话说,也就只是进行说教而已。日本高中阶段的教科书,只是尽可能简单地教授一系列专业知识,这就是"启蒙"。至于学生需要什么样的知识,研究的委托者对什么感到不安,究竟希望了解到什么,科学家们实际上是不大考虑的。他们只是一味地进行着启蒙的活动,就是在这个地方,科学家与市民之间开始出现分歧。

一位科学家曾经说过这么一段话:"我长年处在实验室这样的空间内,一直在研究数毫克的物质是如何运动的,要如何去正确地理解它。但是,同一个物质若是以吨为计量单位,将之转移到实验室之外的时候,对于它究竟是如何运动的这样的问题,我却一点儿也不关心。"这就是传统的科学家。

但是,普通市民却对于为数几吨的放射性物质所造成的影响极为在意。尽管被告知目前的科学已经可以保障每一个化学物质的安全性,但是普通市民依然担心。那么,他们担心的究竟是什么呢?1945 年,日本不曾出现过敏患者,但是如今,日本的过敏患者数量庞大,在这期间必然是发生了什么问题,由此也就直接造成了人们的不安。尽管科学家宣称一个个化学物质绝对安全,但是如果是彼此融合在一起,那么结果将会如何呢?这样的问题难道科学家们不知道吗?对此,我表示怀疑。

要全部检查确定数百种物质融合在一起的结果将会如何的问题,实在是一项极为复杂庞大的工作。而且,对于科学家而言,这也不是什么有趣之事。因此,他们不大会去从事这样的工作。这样一来,普通市民所追求的知识,与科学家们认为有趣而重要的知识,两者之间就发生了严重的分歧。既然出现这样的分歧,那么不管科学家进行什么样的说明与解释,也是无法消除普通市民心中的不安的。我深切地感到这就是问题的根本之所在。

金泰昌：我也有同感。如果自然科学家与非自然科学家一道进行讨论，自然科学家们或许不会意识到，这样的讨论不会成为一种具备了"产出性"的讨论。与其说是讨论，倒不如说更多的场合是在进行说教与启蒙（传道）。这或许是为了刺激对方而故意为之的吧，不过由此也可以令我们感受到自然科学家们的傲慢。他们尽管提倡，让我们一起来讨论科学的本质究竟是什么吧。但是，我却感觉到他们并没有共同讨论的意识，即针对科学与社会之间的相互关系的问题，科学技术的专家不会和与自身立场不一致的专家乃至普通市民一道来认真地进行讨论。

　　之前，中村收三教授提到科学家们进行了大量的解释与说明，这或许就是进行了一场"启蒙"或者"说教"吧。

超越文科与理科之判断的重要性

　　岸辉雄：进行这样的讨论的话，以人工制品为研究对象的工程学研究人员将会成为被告，也会引起不断的辩解，这是一个不变的事实。确实，作为科学家，必须进行深刻反省。我们应该努力尝试进一步提高既单纯又易为世人了解的技术，其结果却是出现了不仅极为烦琐而且连专家也不了解的技术。对此，我们必须进行反省，必须建立起新的技术体系。

　　不过，我也期望大家能够与我们一道来进行。我们是作为科学家而存在的，因此，我们需要计算经费；需要了解经济知识；因为存在着各种各样的规章制度，所以多少也要懂得法学的知识；因为经常要看图、看电视，所以文学方面也要懂得一些。

　　与此相反，文科系统的人则不会去学习自然科学，若是让我们来说的话，这实在是不可原谅的一个大问题。在此，我们姑且不予追究。总之，20世纪所出现的人类悲剧，乃是因为人类的无知与

125

蒙昧所造成的,但是我无法理解的是,文科系统的人为什么总是强调这是科学造成的后果。

我并不是不承认科学也存在着一定的问题。我们背负着科学的发达所带来的环境与能源的负面遗产,因此,我们也在为解决这样的问题而辛勤地研究着,但是,若只是这样的话,我们就不可能获得诺贝尔奖,而且也不会感到任何的兴趣。生活科学或者 IT 产业这一方面确实存在着不正当的行为,但是因为它可以带来利润,所以科学家们也就开始从事这一方面的研究开发了。

或许我的措辞不怎么好,但是我的本意是希望世人了解到我们就是这样考虑的。至少我认为,为了生存下去,文科领域的知识是不可少的。文科领域的人要生存下去,则几乎不需要什么理科领域的知识。但是,即便是我们这样的理科领域的研究者,也越来越不了解理科领域自身的问题了。因此我认为,对于技术本身变得异常复杂这一事态,我们在进行深刻反省的同时,也要不断地去推进它的研究。

绫部广则:与其说我是处在文科与理科之间,倒不如说我的研究领域稍微倾向了文科。但是到了如今,即便是已经处在了一个跨学科的领域之中,这一领域内部的专业分化同样也是在一点点地进行着。不言而喻,我所说的专业分化与以往的实践活动有所不同。如今谈到了原子能开发的问题,那么原子能方面的专家们对于中国哲学究竟可以讨论多少呢? 我不否认存在着具有这样素养的人员,但是应该说是极为少见的。

若是将"专家"与"普通市民"分别对应于"理科"与"文科",由此而形成一个所谓的"对立结构"的话,那么我认为,我们应该考虑到事实上所谓的"专家"为数不少,而且,在这样的对立结构的坐标轴之中,究竟要将哪一个专业视为坐标轴呢? 若是要确立一个的话,那么由此任何一个人皆可以成为专家,也可以是非专家的存在。就此而言,一个领域的专家,可以说是任何一个领域的非专家。但是,若是要维护自我本身的生存需要,我们还是必须要了解各种各样的事物。从食品添加剂到电磁波,若是考虑到它的危险与利益的话,就绝对不能停留在一个单纯的好恶程度了。这样一来,生活在现代社会的每一个人都会为了自己的生存,将会不断地探索自身专门领域的横向拓展,同时也会向它的深度即在纵的方向上不断地探索下去。对于这样的一个日益显著的现象,或许是我过于考虑了吧,其关键也就在于我们究竟要达到一个什么样的程度才可以?

金泰昌:对于岸先生的发言,我提出反论。假如出现了某个技术,既存在着危险,也存在着利益。那么,在我自己决定是否要利用它的时候,或许我并没有真正地了解到它。由此可见,科学技术的专业知识,并不是我们自己一个一个地去获得的。

若是普通市民也充分掌握了专门事物的知识,那么专家也就失去了存在的必要性,普通市民也就成为专家。由此,所谓专家,也就是为了非专家人士作出正确而圆满的判断、只要进行必要性的解释与说明就可以了的人。若是指出这样的人实际上并没有学到什么,怎么就成了专家呢? 那么,就必然会出现一个反论:只是学习科学技术什么的并不重要,对于社会的要求与人的思维逻辑究竟是什么样的,即对于这样的问题的学习难道不是同样重要的吗? 由此一来,所有的人都可以说是他们各自的生活现场的专家;反之,专家也可以说是通晓了各个专业领域的市民。我认为这样的一个认识是极为必要的。

岸辉雄:我有意夸大了一点自己的看法,实际上是一个极为简单的问题。最为重要的,就是原子能是"绝对安全"还是"概率安

"全"的问题。之前我曾提到拉斯姆森这一人物,他认为即便是发生了直线型(即正下方)地震这样的绝对危险,遭受毁坏的概率也不过是 $1/10^9$ 而已。若是世人问道:"这样的话,还要继续开发原子能吗?"这一时候我们若是作出判断,则既不单是文科的也不单是理科的。尽管如此,原子能开发的问题越来越成为一个仿佛带有了宗教色彩的问题,而宗教界人士与科学技术领域的人士是根本无法沟通的。若是加以判断的话,则是极为简单。飞机飞行之际,其坠落的概率为 $1/10^6$,而后所进行的判断,显而易见,既不是来自文科也不是来自理科。

不过,我认为金泰昌先生方才所说的也存在着错误之处,那就是技术工匠(technician)与工程师(engineer)的问题。您所说的工程师包揽一切,这是完全错误的。工程师的工作只是到计算之后得出答案这一步骤,而后就不再是工程师的工作了,任何人做都可以,最后则是最高负责人来作出决定。因此,就原子能开发的问题是否会卷入到一场宗教性的论争之中,对此我也正非常担心。

小林正弥:关于"将来一代"的问题,我曾经网罗几乎所有的英美文献,并借此撰写了一篇批判性的评论文章("Atomistic Self and Future Generations: A Critical Review from an Eastern Perspective,"in Tae-Chang Kim and Ross Harrison, eds., *Self and Future Generations: an intercultural conversation*, Cambridge, The White Horse Press. 1999, pp. 7 – 62)。在此,基于这篇论文的立场,我想站在"公共哲学"的角度来阐述一下。我认为,即便是在海外进行的"将来一代"相关讨论,若是仅就科学技术这一层面来谈的话,金泰昌先生与柴田治吕教授之间的讨论,坦率地说足以概括目前的一切研究。

赞成原子能开发的一派,他们尽管承认危险系数存在着不同,但是绝大多数人认为随着科学技术的发展,延续到第二、三代的时候是不会有什么问题的。确实,谁也无法保证这之后是否会出现问题。但是,在这期间,随着科学技术的进步,或许人类可以找到安全处理核废料的方法,因此应该推进原子能的开发。

反对派则认为:"这样的科学技术的发展是难以预料的。若是科学家考虑到下一代人的问题的话,那么就不要止步于第三代人,也必须要考虑到在这之后的人类生活。核废料的问题是一个极为严重的问题,无视这一关键问题而去推进原子能的开发,是不负责任的行为。"专业性的讨论尽管各不相同,但是皆归结到了这一点。我认为,工程师的责任或者事业的范围,只是到提出科学技术的见解这一地步,而后则应该是公共哲学的课题。因此,这一问题就是指出以科学的见解为前提,由此就可能实现与普通市民之间的沟通。带有情感性的反对派另当别论,即便是关于这一问题,我认为也可以进行一个充满理性的对话。

19世纪以来,以科学的信仰即科学的绝对正确为前提的讨论极为激烈。与此相对,如今则是出现了风险社会的讨论。之所以会出现,乃是对19世纪以来的科学信仰的一个质疑。如今,科学并不是绝对正确的,这已经成为一个普遍的共识。就此而言,之前我们涉及的原子能的风险的计算,或许也是错误的。而且,如同核能源、生命科学一样,高度发达的技术也必然会出现如同环境问题、健康问题一样新的危险,也会出现我们无法控制的危机。以此为前提,日本的"舆论会议"提出应该将之作为"公论"来加以讨论,我认为是极为重要的。正如佐藤先生所说的,就某种意义而言,它也成为了一个政治的课题。提到政治的话,议论就是它的根本,因此也非常重要。

今天的讨论提到了伦理的问题,在此我也想提出一点。日本

129

一直以来皆在夸耀自己的技术,由此也就固执地执行着"燃料循环再利用政策"。但是,最近这一方面出现了不少问题,雪印牛乳集体中毒事件(2000年6月27日)就是一个典型的事例。日本国产的火箭(H2、M5)相继发射失败(1999年11月15日、2000年2月10日),也象征着日本技术的衰退与松懈。我们之所以将它作为整个日本的问题来对待,是因为它意味着这样的技术与支撑着这一技术的伦理观念出现了崩溃。换句话说,之前日本人取得了技术的领先地位,也存在着维护这一优势的社会伦理。而且一直以来,我们都是在这样的一个前提下来进行讨论的。但是,如今不仅仅是技术人员,包括政治、社会整体在内的"伦理"本身极为弱化,我认为,这就是公共哲学的最大问题。伦理的低下,也对科学技术领域带来非常深刻的影响。正如"文殊事件"与"雪印事件"一样,一系列事故或者事件以一个一目了然的形式展现在我们眼前。就此而言,我认为继续推进原子能开发的政策本身也存在着极大的问题。

专业知识与伦理

金泰昌:科学技术存在着积极的与消极的两个方面。在了解到这样的两面性的前提下来进行选择,与其说是一个科学技术固有的问题,倒不如说是一个政治的问题,是一个政治判断的问题。那么,作为政治的问题,它是如何与伦理相关的呢?所谓"伦理",乃是指一个人的生存方式。这一生存方式涉及人与人之间的关系,但同时它也是多样性的,具有各种各样的不同的意义。所谓政治,就是一群人如何形成共同意见——他们抱着彼此不同的世界观或者人生观,不得不居住在一起,尽管他们彼此间的对立不可避免,——而且,他们共同形成的决议应该如何去实施,才会被所有人接受？所谓政治,就是这样的问题。但是,政治学的问题,其范围之广泛,却不是这么说就可以了的。

我们有必要从一个个技术人员或者科学家的身上来找到"伦理",但是同时,即便是每一个人都成为如同圣人一样的"善"的结合体,也无法预示出这一群人之间究竟会形成什么样的一致意见。就在这样的共同意见得以形成的过程中,也就产生了所谓的"公共性"的问题。我们在此所质疑的公共性,并不是它的全部,应该说只是其中的重要部分的一个体现而已。

中村收三:伦理是指个人的生存方式,对此我也完全赞同。我所说的技术人员的伦理也就是这样的。尽管我说了不少遍,但遗憾的是大家却凑不到一起。不过,我认为技术人员个人的生存方式的问题,技术本身与社会之间的关系问题,这两个问题完全不是一个层次的问题。

那么,技术究竟应该是什么样的呢？技术人员或者科学家能够提供一个什么样的模式呢？对此,我们也只能提供一系列客观的数据。我们提供了数据,可是并没有说:"这就是安全的,所以请不要再抱怨什么了。"技术人员或者科学家只能做到这一地步。接下来的则是"公共哲学"这一世界性的问题。而且,还会出现一个截然不同的领域,即政治的问题,也就是作为国家将如何解决这样的问题。我认为技术之后的问题也就是如此。

西冈文彦:我认为即便是"专业知识是什么"这一问题也受到人们的质疑。岸辉雄教授刚才提到,人文系统的人完全不学习自然科学,事实确实如此。我的研究方向是可以称为人文学科之极致的"艺术"。坦率而言,艺术并不构成人文科学的主体,由此我进行了深刻的反省。为了避免落入到庸俗的世界之中而日复一日地努力着,于是,"艺术"与"工程学"就出现了一个令人惊诧的结

131

合点——"设计"这一领域。我在大学教授"设计",在大学之内,而且即便是在这一会场,我们皆可以看到"非常口"(紧急通道)这样的标示牌。我所在的大学之中,一位教授曾经考虑到它的象征意义,认为它是日本制造的全球化标准之一。

不过,这位教授进行设计课程教学的情景,可以说充满了伦理性的内涵。我们一提到:"紧急通道的标示牌做得非常不错,既简单又明确,不管在哪个国家都是令人一目了然,它的设计也非常了不起。"但是他认为:"那不是设计的问题,而是生命的问题。"

这位教授讲述了这么一个事例。不少印度人不识字,即便是医生注明了用药时间,将它交给患者,也会出现因为不识字而没有遵守时间,从而导致婴儿死亡的事例。因此,若是制作出一个印度的育儿妇女可以一目了然的时间设计图,只是贡献出相当于日本人零花钱一样的制作经费,那么就可以拯救数以千计的儿童。这样一来,抱着学习"设计"的目的而入学的人,就会知道它直接关系到"人的生命",由此也就会极大地拓展自己的视野。

"设计"这一专业知识,若是直接牵涉到人的存在这一最为根本的问题的话,学生们也会由此而感到兴奋不已吧。我并不是说单纯地制造华美的物品或者简单明快的东西就可以了,我们可以通过它来保护他人的生命。这位教授进而指出:"交通标示牌并不是这一个单纯的东西,不是说容易看到、容易辨别就可以了的,它直接牵涉到人的生命。"例如,日本人看到"×"这一标示牌的时候,就会判断这一条道路是不允许进入的单行道出口。但是到了欧洲的某个国家,它却意味着"O",可以进入那一条道路。这样的话,那个国家的人到了日本之后,我不知道将会发生什么样的问题。

也就是说,交通标识的全球化基准并不是单纯地决定交通规则,简单明快即可,通俗易懂即可,在这样的判断之前,我们必须认识到它实际上关系到了我们人的生命。若是年轻人认识到这一点,那么,他们投向"专业知识"的热情就会转化为一种具有人的普遍意义的光芒。我认为,这一事例潜藏着无与伦比的启迪意义。而且,我还认为,所有的专门职业对于自身的知识或者技术,皆应该进行这样的一个探讨。

关于原子能开发的问题,若是让我这么一个专门研究设计的人来说的话,至少核废料的处理过程中,没有明确地标示出"这是有毒之物"的标示牌。为什么会这样呢?这是因为人类还没有开发出历经二三十万年皆可以通用的语言或者视觉语言。人类在东非洞穴中描绘了牛乃至其他动物的生活方式,那也不过是在三万年前而已。文字的出现也不过是在九千至一万年前,二十万年后的人类将会采取什么样的交流方式,如今的我们是完全无法预料的。若是有毒之物的话,或许我们会认为只要描绘出一个头盖骨与骨头交叉的标记就可以了,但是或许过了一二百年之后,它所表示的意义就会大不一样。若是附加这样的标示的话,或许还会有人误解为这是海盗之旗;或许会有人以为打开盖子,就会发现大量的金银财宝;或许过了一万年之后,发现这样的罐子的人或许会认为它是一个人骨的标志,认为它收容的是一万年前的人的骨头,以为这是一个科学的重大发现,从而将它打开吧。

尽管依据设计而采取的科学方法,无法解决以十万年为单位的可适用的交流手段的问题,但是,在核废料产生之际,我认为它所质疑的同时也是一个设计的职业伦理的问题。究竟我们应该是提示"我们还没有开发出十万年间皆可适用的交流手段,所以不管怎么考虑它都是危险的",还是依据一定的概率,开发出大约五万年可以适用的技术,由此将接下来的任务交给将来的一代人呢?

133

但是不管怎么说,这都是令我们对这样的危险物产生出一种安心之感的做法,如今的"广告"也是如此做的。若是采取一种挑战性的评价方式的话,那么我认为,尽管它并不足以永久地解决这一问题,但也不失为一种符合了职业伦理的可能性。

我在美术大学任职,所以在美术学习这一方面拥有独到的条件。对于专门知识这样的具有特权性的"知识",我认为通过职业性的实践场所的发挥,将之拓展为一个具有普遍意义的知识,或者使之被认知为一种具有普遍意义的知识,也就是实践性的职业伦理。若是我们放弃这样的责任,那么我们的特权也就会被取消。对于这一方面的问题,不知道您是怎么样考虑的?

科学家的公共责任

岸辉雄:我感到您所提出的要求,远远地超出了我所考虑的范围。市民选举的政治家在政治的名义下决定建造原子能核电站,对此我们提出的解答乃是保障它的安全系数。正因为如此,究竟是放弃还是继续进行,进展到这样的一个程度的时候,并不是我们的问题,而应该是你们的责任。我之所以说这是一个过分的要求,就是社会要求我们对如何去做也必须负有一定责任。

金泰昌:不是这样的,我认为中村先生刚才所说的是科学家的应有状态,他们应该只是提供经过了客观论证的数据而已。根据这一系列数据进行判断,也会出现危险远大于利益的可能性。这样的一个预测,科学家们应该是可以做出来的吧。

假如政府利用所谓的"国家名义"或者企业借口是为了产业的振兴从而作出一系列极具危险性的行为,在这样的情况下,也会出现一批科学家参与进去,尽管他们非常清楚结果会如何,或者说正因为他们知道,所以才会援手或者参与进去。但是另一方面,也有一批科学家,同样是基于这样的背景,他们却因为至少自己可以判断出结果是危险远为超过利益,反而会立刻采取不予参与的态度。

在这样情况下,科学家的决断就成为一大问题。科学家所提供的数据被某个集团或者权力机构基于一定的目的而被加以利用的时候,究竟他是否应该说"我只是提供了数据而已,以后发生的事情我不知道"这样的话就可以了呢?还是说,科学家基于自己的专业判断,认为危险太大,所以应该采取断然拒绝的态度呢?科学家的决断牵涉到了这样一个判断尺度的问题。这并不是什么过分的要求。我们知道了什么,由此也就具有了重大的责任。我认为,专家的责任比起一般人更为重大。

柴田治吕:我认为问题的核心就在这里。假如说科学家真正的工作只是限定于提供数据这一程度的话,那么,我想他们的回答也会简洁而明了。那么,而后科学家们将会如何呢?由此也不过是与普通的国民一样了吧。普通人是依靠自己的良心来思考自己在那个时候究竟采取什么行动的,若是觉得自己笨拙不堪,那么也就不必提出什么质疑了;若是自己希望接受,那么直接接受就可以了。我想在这个时候,科学家们并不会因为自己是所谓的科学家或者技术人员而认为自己与一般的国民存在着什么样的差别。

金泰昌:我不这么认为。

柴田治吕:我是这么考虑的。若是普通技术人员的义务只是做到提供数据这一程度的话,那么就应该对此加以明确。提供数据,弄清事实,只是提供科学性的结果,这就是一个技术人员的作用。至于以后,则是需要通过群体的意见,由政治来作出决定,或者整个国民一道来作出决定。也就是说,提供数据之后的技术人员要单纯地抱着自身也是国民的一员的意识,只要参与进去就可

135

以了。

金泰昌：我认为在这样的一个过程之中，科学技术人员发生了一个变化，也就是"知情者"与"不知情者"之间的变化。

柴田治吕：但是，因为科技人员向普通国民提供了"数据"，所以他们与普通国民一样，也是在这一基础上进行思考的。

金泰昌：尽管他们提供了数据，但是这样的数据隐藏着什么问题，乃至由此而可以得出的预测结果，科学家们应该是有所了解的，但是普通人却绝对做不到。因此，若是说科学家的义务只是到提供数据这一地步，而后则与普通之人完全一样，我认为是不对的。这样一来，可以说他们是一边享受着具有专业知识这样的特权所带来的好处，同时也在逃避着对于自己而言的不利之处。

柴田治吕：若是这样的话，之前所说的科学家的责任与义务只到提供数据这一地步，确实存在着一定的问题。

金泰昌：我认为问题的关键不在这里。所谓提供数据，应该是科学家根据自身的专门知识而提供的。而后，这样的数据具有什么样的意义，乃至由此可以得出什么样的可预测性的结果，普通之人要尽量地获得一个知情权。而且，我认为，要使自己成为有助于影响到决策的人，也正是科学家的责任。

柴田治吕：根据我自身的认识，我认为在这之前的一切操作都可以概述为"提供数据"这一环节。

金泰昌：若是这样一个意义下的"提供数据"，那么我们所说的应该是相同的。

柴田治吕：那么在这之后科学家所提出的，应该说与普通的国民完全没有什么区别。

金泰昌：提出这样的数据与结果的可能性，乃是科学家必须履行的职责。由此，科学家才会站在一个市民的基本立场上来。但是，如果提出的数据潜藏着会导致高度危险的东西，那么就应该进行说明，阐述在这样的前提下我们应该做什么，我认为这就是科学家的公共责任。

柴田治吕：若是判断的结果是"不应该这么做"，但是现阶段却"只能这么做"的话，这个时候我们只能基于"危险"的程度来进行衡量了吧。一旦发生危险，就如之前岸先生所说的飞机的失事概率大约为百万分之一或者千万分之一，原子能发电的事故大约为 $1/10^9$ 的时候，那么，无论是专家还是非专家，他们皆会是站在一个国民的立场上来进行考虑与选择吧。

金泰昌：我是否可以认为科学家的思考方式大致就是如此呢？

佐藤文隆：一般人认为科学家所讲述的远远超过了这一切，事实上却并非如此。

西原英晃：在此，我想进一步说明的，这一立场不仅仅是将科学家作为一个客观存在来加以把握的立场，同时也是作为一个处在这一职业领域的人，同时将自己如何判断的思维方式也融入了进去的一个立场。

如今，我们一直在探讨原子能学会的伦理问题。大学教授甚至企业人员，例如电力公司的人员也加入进来。在这样的一个范围内讨论的话，例如，就信息公开的问题而言，我们也会毫不犹豫地将自己必须要讲述的说出来。我感觉到他们所讲的，较之金泰昌先生所理解的更为尖锐。有的时候，他们甚至会大声地说："这样的问题，是一个处在企业之中的你可以说的吗？"在此，我想附带说明的就是，实际的探讨活动之中，只具备这样的意识水平的技术人员可谓不少。

柴田治吕：是否可以开发出十万年或者几十万年之后也可适用的语言，我想这是难以做到的。因此，鉴于这样的危险，还是放弃吧。这就是西冈先生的立场吧。但是,我却不这么认为。或许这会令我们感到为难,但是解决这一问题也并非是完全依靠语言。即便是一种设计,也可以不断地传承下去的。或许,随着科学的进步,我们可以完全消灭有害物质,为此我也正在从事着这一方面的研究。尽管实现这一目标好像是不可能,但是,利用原子能开发,或者说我们可以百分之百地实现火箭上天的计划,那么我们就可以到宇宙去翱翔。就此而言,我对将来还是抱着乐观态度的,而对方却是一种悲观论,我们选择的依据是不同的。即便可以理想地得到同一个数据,但是人类还是会得出完全不同的结论。这就是我们期望哲学家来思考的问题。由此,我们也衷心地期望就这一问题得到社会科学即哲学这一方面的解答,而不是我们这样的自然科学领域的人来作出什么回答。我认为,这一问题乃是我们不得不认真加以对待的问题之一。

中村收三:之前,小林先生提到科学家从事测量几毫克放射性物质的实验工作,但是,科学家也是各不相同的。若是将科学家赋予这样的一个模式固见(stereotype),我认为是极为错误的。这样的纯粹的科学家,绝对不是什么技术人员,技术人员也绝对不能抱着这样的态度。他们要考虑到若是这样的放射性物质达到了数吨之量,那么后果将是极为严重的,因此,技术人员应该是考虑到如何将危险物加以安全使用的问题的人。总之,我想说的是若是将这样的实验室的科学家的形象无限扩大,由此而拓展到社会之中的话,那么就会造成极大的危险。

而且,一般的科学家是不遗余力地观察实验数据,或者也会忽视它,或者也会用之于恶途,但是也存在着主张"这样的东西极为危险,还是放弃吧"并以此为职业的科学家。总之,科学家的类型各种各样,若是将科学家、技术人员混为一谈,那么就会出现大问题。

岸辉雄：如今日本的一个潮流，就是将科学技术尽可能地使之世俗化，建立起知识的新结构。文科系统的人要学习自然科学的知识，这也造成了一个巨大冲击，不过，我们自然科学领域的人也不能没有一定的反省。不过，就风险而言，若是不去关涉"绝对安全"或者"概率安全"，也确实令人感到万分为难。至今年3月为止，我一直开设材料学的"信任型工程学"这一课程，如今经过了半年之久，在这里进行这样的一个内容的讨论，实在是超出了我的想象，同时也令我感到无比兴奋。

中村收三：共同研究会还将持续两天，我希望接下来能否更为认真地讨论一下风险评估的问题、风险与利益的均衡问题。若是不认真地加以探讨的话，我们之间的讨论就没有什么意义。

西原英晃：接着您的话题，我认为在进行"评价"的时候，我们必须立足于现基点。之前提到了十万年之后的将来一代人如何解读设计图形的话题，但是若站在现基点，我们应该如何进行评价呢？

例如，后人是否知晓骸骨式的标志？如何才能知晓？应该采取什么样的手法使之知晓？这一系列问题皆极为困难。而且，也许还会存在着无法完全表述的问题。若只是成本的问题，那么依据现阶段的日元价格、美元价格，由此来进行核算乃是极为简单之事。实际上却存在着不少意外的因素。或许我这么说过于广泛，但是若不如此，无论是风险的问题还是利益的问题，我们都无从讨论了。

绫部广则：我也来谈一下，或许只是一个单纯的看法而已。原子能开发与化学物质的话题，可以说它们的性质完全不同，我认为合在一起讨论比较困难。以转基因食品为例，有的人想吃，有的人

139

不想吃，我们应该考虑到这样的一个实际情况，由此来对应各自消费的人群，使转基因食品与非转基因食品保持一定的份额在市场流通，建立起一个可供消费者自由选择的机制。对此，我们可以考虑到这样的一个方法。但是，原子能开发则与此不同，至少在日本，只要发生了一个严重的意外事故（severe accident），那么就会全部终止，所以我们不能采取所谓的自由选择的方式。就此而言，我认为两者的性质完全不同。若是不考虑到这一点，只是在进行两者择其一的讨论的话，那么这样的问题不管到了什么时候也是不可能得到解决的。

林胜彦：作为文科系统的代表之一，请允许我在此也谈一下。我加入 NHK，就原子能开发的问题制作了不少节目，包括高速反应堆"常阳"开始以来的放射性核废料的问题、切尔诺贝利核电站的问题等一系列问题。作为科学技术者的公共性这一课题，我唯一希望的就是科学家不要说谎。我们之前进行节目取材的时候，科学家们告诉我们旧的动力燃料系统"百分之百不会发生事故"，这一话语一直在媒体流行，但是实际上却发生了一系列事故。我想这就是造成信任危机的根源。这样的一个问题必须严格地加以改正，而且，现在的技术性课题也必须要向国民公开。日本的《原子能基本法》之中明确规定了三大原则，即"公开、自主、民主"。众所周知，轻水炉反应堆造成了切尔诺贝利核电站事故，就现在的日本的技术水平来看，我认为这样的事故几乎不会发生。不过同时，我们也必须认识到一个现实性的问题，就是东京大学或者京都大学内部的一批真正优秀的科学家之中，如今从事原子能开发研究的人却是越来越少了。

我认为原子能开发领域存在着两个纯技术性的课题。第一个课题，是高放射性核废料的处理问题。通过向原子能开发的反对者与赞成者的双向取材，我们了解到还没有一个国家进行过真正的处理。也就是说，这还不是一个成熟的技术。这就是根本的事实。我们要将这样的"事实"告诉给国民，与其投入更多的 PA（令社会理解、接受这一事实）的经费，倒不如将它转化为推进基础研究、突出技术开发的研究之中。第二个课题，则是"材质"的问题。欧美发达国家完全放弃了实用反应堆的开发，它们所建设的高速反应堆利用水与钠作为原料，由此也就潜藏着极大的危险。由此，我期望岸先生这样的优秀专家能够进行世界最高水平的技术开发研究。而且，最为重要的问题，如今的德国与北欧正在彻底地推进家庭内的节能化，强调以自然能源为核心的"能源转化"（Energie Shift），我们要促进 21 世纪化的能源优化组合，在充分考虑到日本作为一个岛国的实际前提下，推进如同德国与北欧一样的计划。我认为这是极为重要的一个课题。

例如，德国政府规划了 30 年后的能源计划报告。这一报告，首先，令人感到惊诧的是它没有设定未来能源的增长——这乃是一个常识性的问题，而是反过来进行了这样的预测。1995 年的所有能源以石油来进行换算，价值 2.4 亿吨；到了 2030 年，估计为 1.7 亿吨，若是能源消费整体实际削减 33%，则原子能开发的发电量就可以估算为零。削减消费能源的具体对策就是彻底利用可再生（generations）能源。为此，政府已经开始实施计划，预计到 2010 年之前加倍增设这样的开发设施。而且，他们还计划到 2030 年，能源的 25% 完全控制在自然资源的利用领域。其措施之一，就是建立海上风力发电设施。预计 3 年之后，他们就会开始在巴伦特海与北海之间建立 300 万千瓦的风车建造计划。或许这一计划令人感到过于激进，但是实际上这 10 年期间，德国的风力发电增长了 100 倍，如今已成为世界第一的风力发电大国。正因为如此，所以在 2000 年这一年期间,德国的二氧化碳的排放量削减了 700 万吨。不仅如此,风力发电的技术开发与量产的效果,使能源设施建设的成本较之 10 年前下降了 1/3。与此同时,成本降低也使风车受到广泛的欢迎,风力发电产业的销售额突破了 2000 亿日元,成为与 IT 产业并肩而行的核心产业。即便是整个欧洲,也制定了到 2010 年为止将总能源消耗的 12% 转嫁到自然能源的计划,德国皇家壳牌石油公司(Shell)的管理人员弗里茨·法伦霍尔特先生预测,到 2020 年,可再生能源将占据世界能源的 5%—10%,到 2050 年,可以增长到 50%。

正因为如此,所以我认为能源开发问题,不要过于局限在核燃料循环再利用的路线,要在充分认识到 22 世纪应有的科学技术文明的基础上,进行安全低廉的划时代的绿色能源(Green Energie)的开发,大胆地导入小规模分散型的设备,由此来进行灵活性的综合利用,实现能源的转化(Energie Shift)。

论题 四

国际比较视野下的产学
共同体的公私问题

轻部征夫

我现在所在的东京大学国际产学共同中心是一个促进（promotion）产学合作的组织。关于产学合作，日本经历了一个曲折的发展过程。在我的学生时代，从事产学合作的人遭到极为严厉的指责，被诋毁为不务正业的"机会主义者"，可以说，"产学合作"给人留下一个非常恶劣的印象。但是，最近经政府牵头，大学开始提出"要积极研究产学合作"。我所从事的研究工作正好与"实用化"比较接近，所以很早之前我就开始研究产学合作。令我感慨的是，时代确实变化了，我从大学运动时期（注：日本20世纪60年代的反对《日美安保条约》的学生运动）的"机会主义者"一下子成为了现在的"中心主任"。

今天，我所讲的论题是产学合作的公私问题。实际上，在这3年期间，日本的大学正朝着产学合作的方向飞速发展。在此，我不过是撷取其中的一个方面而已。而且，我认为这一问题的核心，就在于必须要把美国作为比较的对象，推进一个国际比较的研究。

143

1. 美国的现状

鉴于日本的产学合作研究进展缓慢，所以为了推广它，日本成立了不少相关组织。如今，我担任主席的"产学共动促进研究会"，就是在通产省与文部省共同支持下而成立的。它的宗旨是联合起来推动产学合作，所以命名为了"共动"。众所周知，美国自 1980 年颁布《拜杜(Bayh-Dole)法案》以来，经过了 20 年努力之后，成功地实现了产学合作。这是大家公认的一个成就。日本的"产学共动促进研究会"必须在 5 年之内实现这一目标，可谓是任务艰巨。

《拜杜法案》是以美国总统候选人多尔及议员贝耶两人的名字命名的一个法案。简而言之，在这之前，美国并没有授予大学或者国家研究机构对自身研究具备一定的持有权力。毕竟他们是利用国家的经费进行研究，而后向大众公开也是一个不变的法则。但是，《拜杜法案》出台之后，大学及国家研究机构渐渐开始建立起与企业协作的联络办公室，或者是成立了一个名为 TLO(Technology Licensing Organization)的技术转化机构。

这项法令实施之后，在美国究竟引起什么样的变化呢？一个名为 AUTM(Association of American University Technology Manager)的、以个人科技经理人(Technology manager)为中心而建立的世界组织于 1998 年展开调查，其结果显示：1980 年以来的 18 年期间，大学取得的专利许可收入为 950 亿日元。不仅如此，利用大学的研发技术而成立的公司达到 2578 所，仅美国国内就达到 1981 所，而且几乎全部为风险投资行业(Venture)。这一批风险投资行业的雇员人数，也达到 28 万人。

144

以 1998 年为例,美国国内利用大学研发技术而成立的风险投资企业为 364 家,产生了 4.4 兆日元的经济效益。由此可见,《拜杜法案》为美国大学风险投资企业的建立发挥了至关重要的作用。而且,为数不少的风险投资企业也逐渐发展成为大型企业。

长谷川克也先生任职于松下公司下属的投资公司,他参与了一位东京大学教授的研究工作。作为教授的朋友,我向他提出想邀请长谷川先生作一场演讲。在此,我想谈一下长谷川先生的演讲的一部分内容。

美国的大学对于风险投资企业发挥着无比重要的作用,其中之一,就是人才的供应。经营者、创业者、技师、研究人员、顾问、风险投资家等一批职业,主要是来自大学毕业生。大学是一个人才供给源,它为基于大学研发技术而建立的风险投资企业输出(spin out)人才起到了重要作用。

另一方面,大学作为新技术的供给源也发挥着重要的作用。以大学研究开发的独创性技术为核心,取得"平台型的专利许可"。所谓"平台",是指具有极为宽广之范围的基本专利权。通过大学的研究,这样的专利是可以轻而易举地创造出来的。以这样的专利权为基础,转而进行风险投资企业的创业。正如各位所了解的那样,美国的大学存在着 Incubator 这样的培养基础技术,使之走向成熟的孵化机构。Incubator 对于一个机构的成长具有非常重要的意义。

145

另外,美国的风险投资企业特征之一,是具有强有力的人际关系网络。例如,洛杉矶附近的生物谷,它的周边汇聚了不少名牌大学。大学在人才、技术方面作出重要贡献,并以产学合作的形式创办了风险企业,这已经成为美国的一个成功典范,而大学则成为风险创业的人际网络中心。

　　由此也就出现这样一个问题,即将大学的研发成果应用到社会的大学教授,其身份究竟是大学教授,还是一名民间雇员? 就日本而言,任职于具有强大竞争力的国立大学的、从事研究工作的教员,其身份就是国家公务员。而且,依据最近日本出台的《国家公务员伦理法》,大学教授被严格禁止将自己的研发成果转嫁到社会领域。可以说这一法案的出台,极大地限制了这样的技术成果转化活动。美国的州立大学与日本国立大学的职能一致,州立大学的教授本身就是州的雇佣人员,所以依照州的公务员法案,其身份也就是公务员。那么,他们是如何对风险投资企业作出贡献的呢(参照表1)?

表1　美国大学教授的外部活动

大学名称	威斯康星大学麦迪逊分校	北卡罗来纳大学	弗吉尼亚大学	马里兰大学	宾夕法尼亚州立大学
教授外部活动的方针	奖励参加与专业领域相关并可为它作出贡献的活动	外部活动涉及大学教师能力的提高与社会贡献,因此极为重要。但是应该注意它与大学之间的利害对立的问题	基本采取鼓励的政策,但是为了保护大学的利益,应该有所限制地进行	在完成自身对于大学的职责,并没有对立性的利害关系的前提下予以承认	在保障履行教师职责与合同规定的前提下,采取奖励性的措施
外部活动的时间限制	原则为每周1日以内(或者20%的活动日数)				
活动内容的报告义务	根据大学及学部的不同手续也会不同,但是,教授有义务汇报包括收入在内的外部活动信息				

大学名称	威斯康星大学麦迪逊分校	北卡罗来纳大学	弗吉尼亚大学	马里兰大学	宾夕法尼亚州立大学
公务员与非公务员的差异	公务员兼职与非公务员兼职,二者的限制规定一致				
与州公务员法的关系	教师是州公务员				

资料来源:以各大学资料等为基础做成,经济产业省资料。

例如,以威斯康星大学麦迪逊分校、北卡罗来纳大学、弗吉尼亚大学、马里兰大学、宾夕法尼亚州立大学等为例,如果每周1日(或者20%的活动日数)之内进行这样的外部活动也是被允许的。无论是职员还是非职员,都没有什么限制。在此,我不妨直言相告,我的朋友之中,一部分有名望的人皆在风险企业任职或担任顾问。一部分名人甚至在数家公司内部兼职。与之对应,大学则不会发放外部活动的工资。这样的外部活动的工资,只能通过外部公司这条途径来获取。这一规定,并没有严格地规定工作时间的多少,他们就在这一日之中往返于公司与大学之间。即便美国存在着相关的法律,但似乎他们也不会认真地去遵守,只是通过正规性的报告,来保持大学与企业的一个基本平衡关系。

我曾对一位大学的教授说:"你可真行,如此低的工资,还一直在这种大学里工作。"他的回答是:"不,我可是明天的比尔·盖茨。"大学利用奖学金来鼓励学生,若是作出什么发明,就可以另立门户成立自己的公司。具有这样胆魄的人,实在是不少。事实上,我的朋友们所创立的风险企业都取得了成功。

这样一个外部活动的基础,就是专利许可制度。所谓专利权,就是"作为发明人,让专利公开,作为其回报,将在一定期间内垄断这一发明"。因此,打个比方,如果某家企业取得了之前提到的"平台型的专利许可",根据这一专利权的规定,技术将在未来的20年内被充分保护起来,这一措施对于企业极为有利,它将成为"既刺激企业的开发欲望,又可收回开发成本的强有力的武器"。杰克·基尔比(Jack St. Clair Kilby)获得本年度(2000年)的诺贝尔物理学奖,据说德州仪器公司(Texas Instruments)收入的一半左右是来自他的专利费。我的朋友如今正担任德州仪器公司的社长,这是一家研究开发公司,拥有数项专利权,公司一半左右的收入皆由它们来支撑。

美国政府迅速地注意到专利权的强大作用,所以采取将之强化、推进产业发展的政策。1985年,美国施行了旨在保护知识产权的"专利权重视政策"(Pro-patent)。这一政策宣称即便是在国外,美国专利权也可发挥极其重要的作用,美国也要在国外谋求知识产权的保护。美国的与大学相关的风险投资企业之所以成功,可以说极大程度在于这一法案与1980年制定的《拜杜法案》。

那么,日本的现状究竟如何呢?1997年,日本开始提倡专利保护政策。那个时期的专利厅厅长荒井寿光出台了这一政策,但是比起美国来晚了12年,若追溯到《拜杜法案》,则是晚了18年。虽然说为时过晚,但毕竟日本也开始考虑借鉴美国经验来有效地利用大学进行发明创造,有效利用由此而出现的"平台型专利许可"的专利权来为产业振兴作出贡献了。

不可否认,美国在这一方面取得了极为突出的巨大成果。早期的风险企业如今不少成为大型企业。惠普公司就是大学生创业的成果,在医疗及生物等领域极为闻名的威瑞(Varian)公司就是教授与学生一道创办的。不仅如此,美国的教授与学生们也创立了各种各样的风险投资公司。

生物领域最为著名的基因技术公司(Genentech),是加利福尼亚大学圣弗朗西斯科分校(州立)的波意尔教授等人于1976年创立的。波意尔与科恩在斯坦福大学(私立)工作期间,取得了交换遗传基因组合的专利。迄今为止,斯坦福大学专利费收入的将近半数皆是通过这项专利而获得的,交换遗传基因组合的基本专利权收入,占据1996年大学专利权总收入52亿日元之中的70%左右。

取得了如此巨大成功的生物工程公司,据说也是大学教授另立门户才得以创立的。除此之外,戴尔计算机公司是得克萨斯大学奥斯汀分校的学生戴尔于1984年创立的;制作计算机软件的硅谷图像技术公司(Silicon Graphics Inc.)是由斯坦福大学克拉克教授等人于1981年创建的;爱普荣(Apron)生物制药公司是阿拉巴马大学(州立)惠特利教授等人于1996年设立;软件公司网景通信是斯坦福大学克拉克教授等人于1994年创立的;升阳软件公司(Sun Microsystems, Inc.)也是同为斯坦福大学研究生比尔·乔伊等4人于1982年创立的(参见表2)。由此可见,大学为美国产业的发展作出了突出贡献。

149

表2 美国大学孵化出来的风险企业

〈事例1〉基因技术公司(生物制药)

　　由加利福尼亚大学圣弗朗西斯科分校(州立)的波意尔教授等人于1976年成立。

　　为开发以遗传基因操纵技术为核心的医药、动物药品、精细化学制药而设立的,80年代后半期集中开发医药品行业。

　　现在,营业额11亿美元,职员3389人

〈事例2〉戴尔计算机公司(计算机)

　　由得克萨斯大学奥斯汀分校(州立)的学生戴尔于1984年成立。

　　由位于美国得克萨斯州的总部向全世界范围内开展业务的计算机系统直销商。

　　现在,营业额31亿美元,职员16000人

〈事例3〉硅谷图像技术公司(计算机软件)

　　由斯坦福大学(私立)克拉克教授等人于1981年成立。

　　进行立体设计、模拟演示专用画像处理高性能工作平台及相关软件的制造。

　　现在,营业额31亿美元,职员10286人

〈事例4〉爱普荣公司(生物制药)

　　由阿拉巴马大学(州立)的惠特利教授等人于1996年成立。

　　作为疫苗研发企业,推进经鼻弱毒流感生疫苗等的开发。

　　现在,营业额150万美元,职员95人

〈事例5〉网景通信公司(软件)

　　由斯坦福大学(私立)的克拉克教授等人于1994年成立。

　　销售和开发用于网络储存的商用多媒体交流软件及应用程序。

　　现在,营业额4亿美元,职员2510人

〈事例6〉升阳·微软公司(SUN Microsystems)(计算机公司)

　　由斯坦福大学(私立)研究生比尔·乔伊等4人于1982年成立。

　　由美国加州的总社进行高性能电脑系统的制造、销售。在工作平台市场(work station)占有最大份额。

　　现在,营业额100亿美元,职员26300人

资料来源:经济产业省。

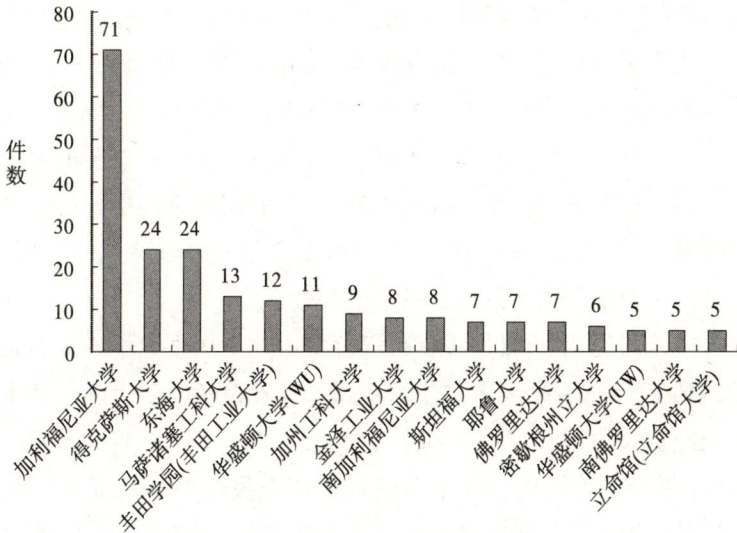

图 6　日美大学专利权申请件数(1996)

资料:

· 日本的数据是用"专利权电子图书馆"(IPDL)申请人以"大学"及"学校法人"搜索的。

· 美国的数据参照 AUTM(Association of University. Technology Managers, Inc.), *Licensing Surver FY* 1996。

注:

· 日本专利权申请件数(1996 年)。

· 美国专利权申请件数(1996 年度〈1995.10—1996.9〉)。

· 根据教授姓名的申请等,不包括没有大学名称的。

资料来源:科学技术厅科学技术政策研究所。

151

2. 日本的现状

这一批公司具有最基本的"专利权"保证,并以此为自身之保障。接下来,我们来对日本大学和美国大学进行一个比较(参见图6)。与美国大学申请件数 3870 件相比,日本大学只有 102 件。

以 1996 年日本的统计数据为例,美国专利申请势头强劲,加利福尼亚大学名列榜首,为 70 多件专利。东海大学不断努力,争取到第三的位置,达到 20 多件。丰田学园(丰田工业大学)、金泽工业大学、立命馆大学等也都十分努力。事实上,在图 6 中所出现的全部是私立大学。即使是世人质疑"过度利用国家经费的公立大学究竟在做什么?"依据图 6,我们也无从判断。虽然这样说,但还是让我们来调查一下理工科系统的教育资源吧。

基于历史渊源,日本理工科资源集中在了国立大学。日本总数达到 70 万人的研究者之中,1/3 即 25 万人任职于大学。日本研究经费大约为 15.7 兆日元,其中大约 20% 即 3.1 兆日元为大学的研究经费(《平成 10 年学校基本调查报告书》,文部省),自然科学领域的大学研究经费总额为 1.9 兆日元,超过 50% 即约 1 兆日元为国立大学所拥有(《平成 10 年科学技术研究调查报告》,总务厅统计局)。

那么,为什么国立大学出不了多少专利呢?简单明了地说,首先,国立大学几乎 80% 以上的教师对于专利权没有什么兴趣。而且,他们还在学会上发表过"比起专利发明来,学问最为重要"这样的言论。由此,也就出现了长期无法取得发明成果这一现象。剩下来的 20% 的人员之中,实质上是鉴于操作手续烦琐,所以就委托给公司来进行处理。公司这一边却说:"因为要好好保存您的发明成果,所以我们将它放在了金库的最里层",就这样被遗忘了 20 余年。这样的专利,被我们称之为"休眠型专利"。我自己差不多取得了 350 项左右的专利,其中的 90% 左右成了休眠专利,躺在企业的金库之内。之后,我说,"成为休眠专利实在是过于浪费,我现在想要开发它,希望你们把它返还给我。"可是公司却不答应,实在是令人不可思议。这期间,我曾对一家公司说:

"如果不用的话,就请把专利转让给大学的 TLO(技术转化机构)吧。"对方说什么:"署有您的大名的专利竟然达到 20 多项","依据我们公司的政策是不会返还个人的。不过,我们可以转卖给其他公司。"我所听到的,就是这样的令人莫名其妙的话。事实上,大学拥有相当多的知识产权,但是,教师要取得专利权,就必须自己拿出经费去申请专利,而且必须自己撰写申请报告。如果有这样的写的时间和经费的话,那么或许撰写论文,发表在学会杂志上,就会更快地提升自己的业绩了。无论怎样努力地从事研究发明,无论取得多么大的成果,也比不上学术业绩。恐怕至今为止,还没有一个人因为自己的发明专利而获得教授职位的吧。在这样的背景下,所谓的专利权,实质上发挥不了任何作用。

但是,正是因为国立大学享受着与之地位相等的国家拨款,所以若是不能成为一个研究开发的中心,那就实在是令人感到奇怪。于是,如今政府出台了不少政策。我也向总理府及规制缓和委员会等政府机构呼吁,但是,政府的人事院却一直对大学与民间企业进行合作抱着一种抵制态度。我与人事院的课长、次长不停地争吵,到了 1996 年,针对国家公务员到民间企业兼职的规定终于变得宽松起来。

1998 年,日本政府出台了一部大学等研究机构的技术转移促进法,这一法案类似于之前提到的美国的《拜杜法案》。作为这部法案的第一个实践者,东京大学成立了技术转让公司。2000 年 4 月,日本政府出台《产业技术力量强化法》,成为大学强化自身成果转化的一大支柱。作为以促进大学研究开发为目的的环境或条件,它规定:①采取灵活性的措施,以便于民间企业向国立大学注入研究资金;②建立研究援助制度,以促进大学教师的产学合作计划;③针对大学及大学教师的专利申请,施行申请经费减

153

免制度。

而且，为了使研究成果更为灵活地走向产业化，它还提出：①对于向民间企业转让技术的国公立大学教师及国公立考试研究所研究员，采取宽泛缓和的规定，可以允许他们到民间企业兼职；②TLO 可以无偿使用国有财产（国立大学校园）。这样的措施相继出台，其背后的意图，即在于国立大学拥有资源，国立大学的教师能够为产业技术力量的强化作出贡献。早在 1980 年，美国的大学就设立了 TLO 这样的技术转化机构。根据 1998 年的法律，日本终于也在国立大学之中创办了这样的机构。不仅如此，正因为这样的机构也可以称为公司，所以它的形式也就逐渐地转变为股份有限公司或者财团法人。但是，作为一个财团法人，TLO 活动也自然地会受到这一身份的限制。因为不能充分自主地进行经营活动，所以站在企业的角度而言，也就会提出"究竟是谁在经营"这样的问题。到目前为止，日本的 21 所大学都设立了TLO 这一机构。

3. 东京大学的现状

东京大学设立了一个名为"尖端科学技术研究中心"的机构，它聚集了一批致力钻研新事物的教授。一旦提出什么计划，他们立刻就会参与进来。我也曾参与过知识产权这一领域的管理，所以从一开始就提出计划，要建立一个股份有限公司，从而创办了尖端技术股份有限公司（孵化中心、CASTI）。因为它的形式是股份有限公司，所以既需要职员，也需要资金，必须按月向职员支付工资。公司的主要职责就是发掘大学的研究成果，由我们来申请并获得专利权，而后将之转让（转卖）给企业。但是，不管是哪一所大学,如今这一方面皆是步履维艰,所以我们实际上还没有进行过什么交易。但是,一旦被通产省与文部省认定为 TLO 的话,那么我们就可以得到年度 2000 万日元、持续 5 年的专项扶助基金。

虽说 CASTI 是我们尖端技术研究中心创办的,但它本身也是东京大学的公司。CASTI 技术转化专家们,从研究者以及大学那里接受研究成果信息,或者自己挖掘收集信息,而后将发掘出来的技术雏形交由代理人审核。如果能成为具有交易价值的发明,CASTI 就会要求对方转让发明权,自己来申请专利权,从而具备专利的持有权。不过,在我们所接受的发明之中,大约半数左右无法形成商业化。对此,我们也遗憾地要求他们放弃实施计划。

但是,对于优秀的专利,我们会向 PCT(国际专利)提出申请。为了能让优先权在外国获得许可,首先我们会向会员公司公开。所谓会员公司,就是一直以来支持公司发展的尖端科技研发后援机构。我们每年都从各个会员公司那里收取 500 万日元。尽管如今不过只是 10 家会员,但还是被他们抱怨年费过高什么的。对于专利的转让,我们采取这样的形式,即从提出申请开始,14 天内向会员公司公开,如果对方感兴趣的话,那么就将第一优先权转让给它。

不仅如此,我们还从事普通的经营活动。虽说是经营活动,但是对于一个只有社长及其他几个副社长的公司而言,也不太可能有什么大的活动。于是我们就与利库路特公司合并。利库路特公司不论与哪个公司都保持着联系,所以经营活动也由利库路特公司专门完成,并缔结代理合同。如果收到了定期专利权使用费(Running Royalty),那么它就可以还原为研究费用,也会在国家公务员制度的允许范围内返还给个人。

155

东京大学实在是一个极为幸运的大学。要创建这样的公司，丸之内的三菱地产就以极其低廉的价格将新丸之内的大楼写字间租赁给我们。三菱地产方面的意图，是想通过东京大学下属公司的迁入，来营造出一种知识型的氛围。正是因为获得了这样的求之不得的有利条件，CASTI 也就带着几张桌子和几部电话搬到那里。

我们公司拥有 1000 万日元的资本金，股东乃是东京大学的教授。既是律师亦是客座教授的安念润司先生作为资本家垫付了全额资金。山本先生是社长，高田仁先生是副社长。社长在就任之前，我几次询问山本："您真的要到我们这种不知什么时候就会倒闭的公司来吗？"他说，"因为这家公司看上去比较有意思"，所以也就没有过多的考虑就加入了进来。之后，技术市场也派来了代理人。东京大学方面则是派出了担任监事律师的平井昭光，合同等问题全部由他无偿代办。就此而言，我们的特征之一，就是具备强大的法律后盾。

就这样，在我们尝试着创办了第一个公司之后，在全国范围内掀起了 TLO 的热潮。文部省专管部门的科长说："要是能把他们全部集合起来，成立一个协商会那样的组织就好了。"以此为契机，经历 10 个月的准备之后，我们着手筹建了 TLO 协商会。到了现在，21 个机构加入到协商会之中。日本由此也出现了同美国 AUTM 一样的组织。我们的会员除了这 21 个机构之外，还包括经团联、日本商工会、代理人会等一系列组织与机构。

我也被拉来担任了协商会的副会长。因为事务局从东京大学迁移到东京工业大学，所以会长一职就由东京工业大学内藤学长担任。TLO 的规模，如今北至北海道大学，南至九州工业大学，已经扩展到整个日本。若是大学之中没有建立 TLO 这样的组织，那么就会给人留下一种落后于时代发展步伐的印象。到了现在，应该说日本成立 TLO，有效利用大学知识产权的时机一下子成熟起来。

即使日本目前没有设立 TLO 的大学，但实际上还是设立了地域共同研究中心一类的机构，大学以此为中心来进行 TLO 的活动，或者是开展联络（与企业的联合）活动。现在，我所属的东京大学国际产学合作研究中心就是尖端科技研究中心与生产技术研究所共同创办的。"国际"一词是来自于尖端科技研究所，原本是出于一个 academic embassy（学院大使馆）的构想，让各国的大学一起建立共同研究中心，所以那个时候就冠以"国际"的名字。"产学"一词则是来自生产技术研究所。

现在，我们的组织开发计划已经规划到了第三期，大学作为孵化器和联络办公室的机能也正在快速地提高。东京大学下属的这一组织可以说是全国最大的组织，拥有 8 位专任教授与11 位客座教授。这样的组织已经拓展到全国，如今，日本的 56 所大学之中建立起了这样的组织。

日本的国立大学之中，大约 5 所大学成立了技术开发中心或研究调查中心这样的类似性组织。也就是说，总计 99 所国立大学之中，61 所国立大学已经建立了这样的产学合作的专门机构，而且文科类大学如今也开始运作起来。如今的现状就是，大学在联络这一方面投入了巨大的力量。

为了进一步提高联络的功能，我们将老师们的知识产权转化为数据单位，而后统一地向民间企业或者地方公共团体公开。若是出现了共同合作、签署契约的意向，CASTI 将会按照签署的合同严格地执行下去。因为我自己与 NTT 数据公司的青木社长私交甚笃，所以我偶尔也会考虑是否利用他们的特殊线路，将这样

157

的数据公开到全国。

东京大学拥有四个校区,即驹场的 I、II 校区以及本乡校区与开发不久的柏校区。根据我的预测,包括讲师在内的近 1700 位教师,大部分教师都拥有自己的知识产权。但是,一直以来,却始终没有人来有效地对此加以利用。如今,我们正以采访的形式搜集这一方面的数据。事实上,我们一开始是希望作出一个书面数据统计,但是因为我从来没有回答过什么调查问卷,所以也就想象其他的教师也会拒绝,强制进行了直接的调查,也就是不顾对方愿意与否地直接向对方提出了调查的问题。

迄今为止,我们共采访了 171 位教师。以自己没有知识产权而拒绝采访的教师只有 30 人左右。通过采访,我们获得了 195 项的产学合作研究提案。这一系列提案内容广泛,涉及生物制药、医学、食品、资源、能源、信息等几乎所有领域。

我们期望以这些数据单位为中心,积极宣传,大力推广产学合作研究。首先,我们在互联网上公开这一系列数据,第一次公布了 200 件。由此,我们提取了一定的反馈数据,即企业对东京大学教授的什么样的研究抱有了什么样的兴趣。我也考虑将这一系列数据反馈给教授们。这样的数据之中,既有一次都没有收到反馈的,也有收到了大量反馈的。以此为基础,我们将这样的结果也告诉给教授们,期望在刺激他们的同时,来帮助我们完成数据整理。以 2001 年为例,我们收集整理并向社会公开了 2000 项左右的数据统计。

我们期望以此为中心,产学合作研究得以正式开展下去。通过公开这一系列资料,迄今为止,一部分自视高傲的中小企业也开始浏览我们的数据统计了。我们中心如今只接受电子邮件和传真这两种联系方式,由此也就接受了大量的电子邮件和传真。

我想到不久的将来,我们还会就其中的一批具有高度可行性的项目与教师们进行具体的联系,由此来真正地实现产学之间的合作。

4. 产学合作与公私问题

我认为,日本的产学合作将会维持着这样的一个形式逐渐盛行起来。如果这样的话,那么就会直接涉及今天的主题——"公私问题"。从今年4月起,日本将实施《公务员伦理法》这一法案。我曾多次大声呼吁:如果制定了这样严格管制的法案的话,那么产学合作也就无从谈起了。根据其规定,严格禁止利害关系的双方即公务员接受企业人士的宴请招待。这样一来,我们又怎么可以推进产学合作呢? 若是将"利害关系"这一概念进一步扩大的话,那么可以说几乎是无处不在了。

例如,我与NEC的人会晤,一道讨论电子学的机器的问题。鉴于大学使用了NEC的电脑,所以不能说我们与NEC公司之间不存在什么利害关系,那么依据法案,我们就不能在一起吃饭。对此,我曾咨询过法学部的教授,他们也极度生气地指出:这是议院立法出台的法案,根本不能称之为法律。或许在经历了5年之后,这一状况会出现改观吧。不过,也有不少人担心法案越改越发变得严格起来。显而易见,这一法案的目的乃是限制产学合作活动。

尤其是在日本,知识产权大多掌握在国立大学手中。于是,国立大学教师的"国家公务员"身份就成为了一种桎梏。那么,如今我们所说的《公务员伦理法》之中,究竟是如何规定国家公务员要怎样与民间企业打交道的呢? 对此,政府也出台了《产学合作的 Q&A》这一文件。接下来,我就介绍一下它的基本内容。

Q(问题):"请说明在委托国立大学教师进行研究之际,究竟应该注意哪些问题?"

A(回答):"因为研究者是以教师这一身份(公务员)来实施合作研究的,所以为了不招致社会的质疑,请履行如下手续,以保持高度的透明性。"作为这一项目的要求,它规定:①必须接受大学内部审查机关或教授会的审查;②研究经费不能经由个人或研究室账户,而要通过国家名义下金融机构的账户来进行周转;③研究成果公开发表是一个基本原则,发表成果的时间及方式必须与教授进行商量。

不仅如此,这一文件还罗列了"需要多少研究经费"、"是否会将教师作为雇佣人员来对待"、"若是希望签署一个长年的合同,手续烦琐的话将会如何"等一系列问题。

在专利权管理这一方面,也存在着不少问题。根据研究的类型,若是利用国家经费所完成的专利,其专利权的归属乃是国家所有。就我自己而言,我曾帮助通产省完成了几个研究项目,由此而获得的专利权要么是由国家提出申请,要么是通过国家机构的下属外部团体提出申请。国家的专利,自然不能列入 TLO 的管辖之下。这样一来,也就出现了矛盾。如今,我正在向专利厅的官员及文部省提出建议,希望属于国家的专利权也可以纳入到大学 TLO 的经营管理范围之内。

除此之外的专利权,大约 90% 以上是属于私人。事实上,文部省的专利权基本上是归属于个人的。到了将来,这或许会成为一个大问题。尽管这是以专利局长的名义或者别的什么名义来规定"专利权属于个人",但是,其中的不少研究项目是通过国家公费来进行与完成的。关于这一问题,如果专利人向发明委员会提出"这一发明属于我个人",而发明委员会认证通过,那么它就将属于个人。迄今为止,我已将自己的包括休眠专利在内的所有专利提供给了公司。这次因为成立 TLO 这一机构,所以就由它来代为申请专利。这样做的话,专利权所带来的收入除了一部分作为研究费之外,将全部返还给个人。如今,世界上这样做的国家,只有德国和日本。

几乎所有的国家包括美国在内,专利权的所属全部归于学校。因此,我认为到了将来这或许也会成为一大问题吧。不言而喻,向个人、发明者授予一定的奖励,站在激励的角度而言是极为必要的,但是我总觉得日本在专利权归属于个人这一方面,毕竟还只是一个国际潮流的追随者而已。经费究竟是谁提供的,这是专利权归属的判断基准之一,但是,TLO 建立之后,在不断推进专利权的社会转化的过程中,专利权的归属问题也将会越来越显著。

Q(问题):"作为'公务'的研究与教师个人'私人'研究究竟存在着什么样的区别?"

A(回答):"国立大学的教师是以教育、研究为己任的公务员,因此大学内部的研究活动原则上也可以认定为'公务'。不仅如此,即使是在大学之外,只要是为了完成任务而进行的必要研究,例如'出差性的研究'等也可被认为是'公务'。另一方面,利用节假日、利用自家的设施、自费或利用政府之外的研究经费来进行的研究,以及获得兼职许可在企业内部进行研究,这样的研究活动可以认定为'私人'的研究而非'公务'。"

但是,拥有家庭研究室的人可以说基本上并不存在,即使是作为一个构思,大多数情况下也是委托自己的学生去进行。因此,这一方面就成了一个灰色地带。

名古屋大学就曾出现这么一个案例。一位教授收取制药公司数亿日元的研究经费，将之打入以自己妻子的名义而设立的研究所的账户。这是一家没有实体的研究所，所以这位教授涉嫌受贿而遭到逮捕。我认为，这样的事例今后将会不断发生。

Q（问题）："我想要感谢一下曾经帮助过我的教授，应该怎么办？"对于这样的问题，严格地说，也不可避免地会带有一定的灰色成分。

日本模仿美国，希望通过促进产学合作来谋求实现经济的振兴。在此之际，也存在着一个"身份"的问题，即拥有数量可观的研究资源的国立大学的工作人员全部属于国家公务员；公立大学的教师全部是地方公务员。由此，也就不断出现公私之间的矛盾，也就要求政府切实地做好法律上的应对措施。

不管怎么样，公务员在从事产学合作的时候一定要严格地区分"公"与"私"。尽管说是这么说，可是施行起来却极为困难。这一问题的出现，将会严重地限制大学内部产学合作的发展。我们在采访之际，也经常被问到："推进产学合作，真的没有问题吗？"其中的一大批人，依旧保持着一种保守的思维方式，一点也没有从几十年前的大学运动那个时代（译者注：20 世纪 60 年代的反对《日美安保条约》的学生运动）改变过来。或许那样一批水平低下的教师们，就是在大学运动时期极为活跃地将我们这样的人诬蔑成"机会主义者"的那一批人吧。

围绕论题四的讨论

绫部广则：美国之所以开始重视专利，我认为和日本 20 世纪 80 年代所说的"搭基础研究的顺风车"论之间存在着深刻的关系。那么,日本是否可以依照原样去顺应这一潮流呢? 对于这一问题,不知道大家是怎么考虑的呢?

轻部征夫:我与已故的猪濑博教授和向坊隆教授等一同出席了 20 世纪 80 年代举行的日美摩擦(Friction)会议,与美国学者进行深入的讨论。美国"搭技术的顺风车"论这一舆论盛行的时候,曾经出台《扬氏报告》(*Global Competition The New Reality*)等一批文件。美国的政策是以切实保护知识产权为理由而逐步强化起来的。我们现在比较日本与美国,坦率地说,直到出台科学技术基础计划,提出要促进日本的科学技术研究为止,基本上没有人回顾过这一段历史。到了现在,日本的企业研究所也逐渐地转向以应用研究为中心。

美国所说的"搭技术的顺风车"论,实际上就是"搭科学的顺风车"论。若是离开了科学,技术就无法发展。美国除了专利制度之外,还存在着不少有益的东西,我们不管怎么索取,美国也是绝对不会转让的。这样的一个思维,就是基于实力雄厚的基础研究而出现的"先期发明主义"。这一主义的通用对象,整个世界也就只有美国这一个国家。

什么是"先期发明主义"? 美国如果要进行实验,上级部门皆会在实验的日子审阅报告并签字署名。因为施行这样的确认政策,即便是日本试图申请一个非常不错的技术平台型的专利,但是实际上,只要美国的某个研究所的某人拿出自己的报告,作为证据表明自己曾经或者正在研究的话,日本的专利申请就不会取得成功。正是因为前期投入了巨大经费来进行基础研究,所以必须保持这一基础研究所带来的成果。这一政策的目的即在于此,美国的专利制度也就是这样的一个制度。

最近一段时间出现的 EST(基因片断)的问题,也正是这样的

163

一个问题。美国的英赛特(Insight)公司于 1998 年取得了基因切片,即只是 44 个 AGCT 序列的专利权。一旦它获得许可,哪怕不了解这一基因序列存在着什么样的机能,只要获得专利许可,那么就可以获得一定的利益了。总之,我们可以这么认为,美国的专利制度本身就是为了保护美国的知识产权或者基础研究及其成果的一个政策性规划。令人遗憾的是,日本在这样的基础研究领域处在极为落后的地位。

IT 一旦流行起来,接下来美国应该就会提出所谓的商务专利权的模式。我认为,如果日本不学习美国式的战略的话,就只能永远地追随在美国之后。专利权的问题可以说就是一个典型。总之,只要美国不取消所谓的"先期发明主义",日本在这样的专利权争夺中就难以取胜。对于基础科学这一知识产权的根本,美国依旧投入了巨大的资金,即便是专利权,美国也在战略上牢牢地控制起来。对于这样的美国,我感到我们实在是无法超越它。

绫部广则:我非常清楚您刚才所讲的一个事实。不过,我认为若是撇开了冷战的关系,我们无法讨论美国的基础研究和基础科学为什么会如此强大。也就是说,美国的基础研究采取的是DOD(国防部)以军事研究费的名义提供经费的一个制度。冷战结束之后,这一制度本身也随之瓦解。这一问题在此我们姑且不论,据我所知,在《扬氏报告》提出之际,美国人也曾提到要向日本学习研究开发的方法。

轻部征夫:是有过这么一段言论,大概是在 80 年代吧。

绫部广则:若是那样的话,冷战时期所形成的一个制度,美国今后是否还会一直延续下去,对此我抱有一定的怀疑。美国的研究体制本身正在不断的变化,但是日本却一直将基础研究放在最为重要的地位。若是我们相信科学技术的发展是一个线性模型的话,那么重视基础研究也就极为重要。不过,美国本身也存在着对这一模式的质疑。若是没有考虑到这一点的话,那么也许会出现不良的后果。

轻部征夫:确实如此。尤其是 80 年代,美国提出要学习日本。就某种意义上而言,就是提出了重视应用研究的政策。这具体地体现为以 SBIR 制度(中小企业革新制度)为代表的一系列制度。事实确实如此。欧美的学问体系的基础之一乃是博物学的思维方式。一切从基础出发,由此来创建资料库,从而推进应用型的研究,这一模式应该说是欧美一直不变的一个思维方式。

欧美的惯性思维就是,首先要牢固地树立起学问体系的框架,而后才开始展开研究。尽管世人普遍地认为他们基本上还是以应用研究为中心,但是猪濑教授等一批人针对美国的线性模式,提出了螺旋式的模式。简而言之,就是通过多样性的反馈,以螺旋式的递进方式来进行研究与开发。确实如此,不过,美国的基础学问的前进方式却保持着始终如一的模式,即绝对不会舍弃所有的基础研究,只是注重进行应用研究。

因此,美国如今要做的,就是通过共同开发与利用最新的大型科学技术之名义,要求日本和欧洲来承担一定的研究经费。如何来看待这样一个知识的推演方式,我一方面感到要向美国建议"必须学习如何应用",但另一方面感到只是依据应用研究是无法实现知识体系的转型的。由此,我也感受到美国的战略始终是放在了基础研究领域,牢固地保护自身的知识产权。我认为,这一问题存在着不少争论。

佐藤文隆:我接下来继续谈一下美国的话题。如今,IT 产业、生物科技非常热门。20 世纪的美国,其研究的重点放在军事、原子能、宇宙开发等国家经营的巨型研究之上。之后,一系列剧本

165

式的话语就传到我们的耳中,诸如美国开始学习日本通产省模式,要在专利权、大学、风险企业等领域孕育各种各样的种子什么的。

若是将这样的一个动向判断为负面的影响,或许不太恰当。20世纪,美国投入庞大的经费来进行国营式的研究,如今这一部分如何了呢?美国政府的政策对这一领域带来了什么样的影响呢?是否令人感到这样的研究正在退化呢?在此,我想就这一系列问题向您请教。

轻部征夫:进入冷战时期之后,美国的基础研究领域就占有了明显的优势。尽管经费的预算出现了逐渐减少的趋势,但是随着美国经济的复苏,想必这样的科技预算会有所增加吧。日本则是为了赶紧追上美国的水平,如今正处于不断努力的一个阶段。例如,依据《科学技术基本法》的规定,日本的前期目标就是要追赶美国的 NIH(国立卫生研究所)、NSF(国立科学财团)等团体,大幅提高科研经费。

以人类基因组计划为例,人类基因组破译计划恐怕是20世纪最后的一个大工程。我认为,从80年代末开始,尤其是到了90年代,美国最大的投资就是人类基因组破译计划。人类基因组破译计划的资金,50%来自美国;英国出人意料地占据30%;日本严格地说,只是占据10%左右。

实际上,早在15年前(译者注:1985年),国际人类前沿科学计划(Human Frontier Science Program,HFSP)创立之际,就提出了要破译人类基因组的计划。当时担任人事官员的石坂先生辞掉工程技术院院长一职之后,为了在科学技术方面作出国际性的贡献,从而发起了人类前沿科学计划。那一时期,中曾根康弘担任日本首相,对这一计划也极为关心。实际上,当时出现了两种意见,即进行"基因组计划"还是"脑开发计划"? 我是基因派的主张者,但是到了最后,却输给了主张"脑开发计划"的一方。

"基因组计划"需要大量的科研经费,可是脑的设计图实质上也就是基因计划。因此,我们反复强调的一个问题,就是进行基因组研究的话,我们也就可以了解人类的大脑。如果那个时候日本开始进行基因组破译的话,那么资源就会大量地流入日本。在那个时候,我们预测要全部破译 30 亿的数据,大约需要 30 年的时间。不过,那个时候我们却被"要尽早了解大脑的构造"这一课题所困扰。如果那个时候我们开始研究人类基因组的话,那么日本就可以掌握世界资源了。

进行基因组计划研究需要大量的资金,而那个时期却无法得到保障,这也是日本那时没有推进这一计划的原因之一。美国也是强制推行基因组计划研究的,其根本动机在于他们看到了产业化的前景。美国需要大量的可以提升其战略地位的伙伴,基因组计划是一个根本。只要弄清楚一个遗传因子,就可以制造基因药物,由此就会出现一个庞大的基因药物市场,遗传基因研究的捷足先登者就会取得成功。不仅如此,还需要投入资金。如今,美国投入大约50%的资金,Celera Genomics 公司承担了90%左右的基因破译任务。据说人类已经成功地破译了老鼠的95%左右的基因。总之,美国在这一领域出人意料地投入了庞大的研究经费。

167

大概没有比这个更具有基础性的基础研究了吧。毕竟开始是从 30 亿的数据之中来破译 AGCT 这一密码。若是一位普通的研究者,大概不会考虑这一问题的基础性吧。人类基因组计划之所以得以开始,源于 1986 年一位科学家发表于《科学》杂志上的一篇学术论文。这篇论文指出,如果想要彻底地攻克癌症,必须破译基因组密码。美国人对于科学技术抱着一种永远不会消失的浪漫情怀，而且还极为执著，因此他们采取的战略，就是从基础到运用，一直牢固地把持着自身的控制权力。我感到这就是美国最为厉害的地方。今后，美国也会抱着战略性的眼光，向一系列可能带来收益的基础研究提供庞大的经费，不断地推进这样的研究吧。

小林傅司：轻部先生刚才就"产学合作"这一问题发表了看法。我在尖端技术研究所看到名为"国际产学共同中心"的牌匾，产生了一种恍如隔世的感觉。虽然在我进入大学的时候，激进的学生运动基本上已经结束，但是这 30 年以来，大学确实发生了巨大的变化。

我也是理科出身，所以我的感觉是像罗伯特·金·默顿（Robert King Merton）所说的那样："所谓知识，就是人类的共同财产。""公开性"这一构思在一个时期，至少也成为一个社会的基本原则。以前，理学部就给人留下这么一个强烈的印象。不过到了最近，即便是理学部的研究人员，也在一开始就指出自己是"为了取得专利权而从事研究"。

站在历史的角度而言，究竟什么样的知识才是正规的知识呢？我想，每个时代都有各自不同的规范吧。古希腊时期，几何学代表了一个规范，它被视为真理。之后，则是转向了以神学为规范的、类似于科学的东西。到了 19 世纪的德国，开始转变为以史学为规范的知识（wissenschaft）理念。我认为，在这之后，直到 20 世纪前半期，知识的存在方式开始逐渐转变为以物理学为规范。由此，知识向全人类敞开怀抱，成为世人共同拥有的东西。

听了轻部征夫教授的报告，觉得这一切发生了巨大的变化。"专利权"的有趣之处在于"专利权是为了让其公开成果的一种激励措施"，是针对以前发表成果，之后仅仅得到名垂青史这一结果的科学家的一种补偿。但是，如果都给予这样的奖励的话，那么就会出现诺贝尔奖获得者申请专利这一类的事情了。

这样一来的话，世人对于"正规的知识"的印象就会发生改变。而且，正如轻部征夫教授刚才说的那样，我们还会把之视为创造出了一种知识的典范。这是否妥当呢？或者是反过来，不少人认为它完全背离了科学的理念。就这一方面的问题，不知道您是如何想的？

轻部征夫：我认为，科学的本质并未发生改变。本来，技术平台型的专利权就是为了更好地促进理工科研究而衍生出来的。迄今为止，以研究大自然这样的单纯心理来推动科学进步的方式，即便是到了将来也是不会改变的。不过，我认为我们已经进入到这么一个时代，即依据我们的探究心理而研究出来的结果应该如何去加以应用，对此我们必须加以综合性地思考。

为什么这么说呢？众所周知，科技与经济关系紧密，所以，掌握了独创性科技的国家就会如同美国那样兴盛繁荣。这一方面与过去大为不同，我认为这是产业革命之后，近几年来突然出现的一个变化。我们也可以说，这是经历了战略性思维之后所出现的一个现象。自苏联解体之后，美国大量地吸收其基础研究的优秀成果与优秀人才。就这样，从国家的、战略的、经济的角度来推动科学前进的方式，也就最为显著地体现出来。

169

科学本身也逐渐庞大起来。因此，也就需要大量的财政支持。因此，不知道会得出什么研究成果的一类研究，基本上是不会获得经费支持的。如今，日本理科系统的研究由大藏省来主持，如果说不出来"以什么样的方式做这件事，将来的结果如何"，就不会得到一分钱的资助。不管是日本还是美国，皆是如此。

如今，我们迎来这样一个时代，即使科学的追求本身没有任何改变，但是我们的研究成果如果"没有任何价值"或者看不到什么经济前景的话，那么我们就得不到财政的支持，也就不可能推动科技的进步。就此而言，或许我们可以说科学技术的研究已然发生质变。时代的潮流要求科学研究必须要还原到社会之中，对社会有所回报，由此才能推动科学走向前进。

小林傅司：风险企业成功地破译了老鼠95%的基因序列，而且通过有偿方式可以向世人提供这样的资料。对于这样的一个做法，若是按照过去的理念，我想应该是无偿提供的，但是如今却成了一种有偿性的服务。显而易见，这乃是一种国家战略。但是，如果一所公立研究机构采取与之对抗的形式来进行破译，并比它早一步取得成功，而且无偿地将它一下子发表出来，那么，我们应该如何来评价这样的行为呢？我想，这实在是一个极为微妙的问题。

若是在美国与日本这一范围内来进行讨论的话，就会出现一种以有偿报酬为前提的科技竞争。但是，反过来说，若是一个世界的发展中国家与发达国家之间讨论的话，那么就会出现知识的落差这一问题，对此，我们应该如何解决呢？

或许，我们需要作出努力，以保障遗传基因的资源不会作为信息流传出去，被人加以利用。药物的专利权事实上是为制药公司掌控的，发展中国家无法投入大量的资金去获得它的专利或者生产许可，所以也就导致大量人员因为得不到治疗而走向死亡。依据发达国家的货币汇率，即便是极为低廉的药物，贫穷的发展中国家的人民也购买不起。基因药物的开发是否会出现这样的一个前景呢？联合国秘书长安南就曾提及这一问题。

柴田先生之前曾经提到，科学技术基本规划的三大目标之一，就是使日本"成为受到世界信任、尊敬的国家"。若是这样考虑的话，那么就应该和风险企业对抗，促进信息的免费流通，或者有意识地开始那样的研究，这既可以成为让世界尊重日本的一个手段，又符合传统科学的理念。我感到政府在这一方面难以发挥出它的作用，这或许是我们所期待的一个状态，不过我认为，在这一问题中，依旧存在着不少值得我们深刻思考的关键之处。

轻部征夫：确实如此。之前，因为克林顿总统与布莱尔首相公开了遗传基因组的破译结果，使美国的风险企业的股票价格一落千丈。显而易见，我们没有任何理由让他们来垄断这样的信息。我个人认为，这是一个遗传基因组破译成果是否具有专利权的制度问题。这一问题在世界范围内尚未得到充分的讨论，而遗传基因组密码的专利权却得到了许可。

若是追溯这一问题的话，我们可以联想到 1980 年的查克热巴判决。美国第一个遗传基因专利权的获得者，就是印度裔科学家查克热巴提出的申请专利。美国最高法院裁决，鉴于这一研究改变了遗传因子，所以认可它是一项发明专利。这一专利的内容是通过导入名为"托尔"的遗传因子，从而有效地对原油进行分解。即便是自然界中存在着同样的生物，但是因为导入这样的遗传因子，所以实质上是创造出一个新的生物，由此，美国最高法院裁决认定它是美国转基因生物的首项专利。

遗传因子的问题，大概就是从这一事件开始的。只要进行一定的改变，就可以获得专利。但是对于人类的基因，我们却没有什么改变，只不过是探讨将它重新排序而已。更早的一个话题，我们也不过只是发现了它的序列图谱而已，若是这样，我们就可以获得专利许可的话，那么岂不是可笑至极吗？因此，公开分析的结果，乃是一个基本态度的问题，因为它涉及医疗、保健的问

171

题,所以我们要做到使之能够更大地为普通大众服务。这或许就是之所以公开它的最大理由吧。尽管如此,我依旧认为这样的问题将来会出现在社会的各个领域,而且会越来越突出。

在此,我也列举一个典型事例。一家风险投资公司取得国际标准化一类的基本专利权。例如,生物界出现了一种使 PCR 的遗传基因得以增殖的方法。我的一位朋友朗·开普创立了一家名为西坦丝的公司,他们开发出 PCR 这一技术,并将之巨额转卖给罗素公司。这家购买的公司为了赚回成本,所以将定期专利费设定为 13% ,也就是说,如果试图使用 PCR 技术进行买卖活动的话,就必须将其收入的 13% 付给本公司,这样一来,利用这一技术进行研发的公司则基本上无法获得利润。但是除此之外,就没有任何有效地可以促使基因增殖的方法。这一方法是生物科技企业最为广泛使用的一个共同方法,可是大多数企业却为此付出了高昂的专利费用。就这一问题,我与朗·开普曾经进行过充分的讨论。

众所周知,美国如今就采取这样的企业战略,即如果取得专利许可,就会最快地公开它,并且迫使一切与之相关的专利申请无效。而且,美国也大幅降低专利权的使用费率,例如,一项基因工程的专利只收取 1% 的固定使用费。这样一来的话,其他人就完全不必去申请专利。尽管基本上我们不得不使用这一专利,但是专利费却极为低廉。一部分经营者认为这是对公众的贡献。或许这一方式,有可能成为今后解决科学的知识产权纠纷的办法之一吧。

美国的企业尤为强调公益性的一面,而且,这也成为了美国一流企业的使命。就此而言,我认为降低专利使用费的企业今后也会越来越多。因此,我认为企业的发展或许会朝着这一方向倾斜。不过，不管怎么说，对于目前利用"专利权"来掌控一切的现状，可以说整个世界都抱有着强烈的危机感。

那么，这一现状描绘出一个什么样的本质问题呢？事实上，它同时也牵涉到遗传因子的"歧视"问题。如今的美国，就发生了歧视基因出现缺陷的人的事例，克林顿总统也为此而签署了"基因歧视禁止令"。对于这一问题，我认为它同时也涉及携带遗传基因的个人隐私的问题。

桥本毅彦：美国的科技杂志刊登了美国 TLO 的排名。哥伦比亚大学、佛罗里达州立大学这样规模相对较小的大学反而排名前列。究其内容，医药制品可谓是独领风骚。究竟什么人担任 TLO 的主任，乃是决定其排名的关键。美国药品开发的利润极为丰厚。依据领域的不同，医学部门与其他部门的利润也存在着差异。尽管我认为日本与美国的医疗制度不同，不过，我还是想询问一下在药品开发这一方面，日本 TLO 的收入前景将会如何？

轻部征夫：东京大学的 TLO 是以生物工程为中心，这是因为作为 TLO，它无论如何也必须作出实际的成果来。就此而言，斯坦福大学的科恩、博耶遗传基因重组专利可谓获得了巨大收益。如今，由此而开发出来的转基因药品进入到了日本市场，已经达到数千亿日元的市场占有率。若是斯坦福大学要征收 10% 的固定专利费，那么他们每年就可以从日本拿到数十亿日元的收益。

医药品的市场极为庞大。这样的医药品也是利用基因工程来进行研发制造的。若是我们了解到新的遗传基因产品对于我们的身体将产生非常重要的影响的话，那么只需利用这样一项发明，东京大学的 CASTI 就可以凭借它持续地发展下去。因此，药品开发是 CASTI 致力发展的领域之一。其次，我希望开发 IT 的商务模式，以此作为振兴 CASTI 的契机。如今，不管是哪一个大

173

学的 TLO，皆是以生物制药和 IT 开发作为研究中心。庆应大学聘请政府专利厅的技术总监清水启助担任大学教授，有力地强化了 IT 方向的研究。不过，鉴于医药制品存在着数百亿日元的市场，而且收入也极为丰厚，所以我们东京大学的 CASTI 不管如何，也要将自己的研发方向转向于此。

越是小型的美国大学，反而越是会取得成功，而且，小型大学对于这样的研发活动也极为热心。他们大量引进企业人才，选拔他们担当副校长之职务。我的一位朋友曾经是 MIT（麻省理工学院）的教授，就被一所小型大学聘请去担任副校长。我对他说："你不搞研究了吗？"他回答说："这里的薪水与麻省完全不同，拿着这么高的薪水，我才不会如同傻瓜一样再去搞什么无用的研究了。"

美国的风险企业之所以成功，是因为美国存在着一种正确认识金钱价值的文化。优秀人才由此也就会从私立大学或者州立大学转到小型企业之中。因为规模小，所以大家就会齐心协力，一下子就取得成功。巨型大学之中，最为成功的则是加利福尼亚大学，被称为"加利福尼亚大学体制"。加州大学是将把各个校园的各个领域所取得的成果汇集在一起，由此也就独树一帜地创出了品牌效应。1996 年，加州大学的专利权收入约为 72 亿日元。第二名是斯坦福大学。我认为，麻省理工学院实际上也不错。但是，出人意料的是，它只取得 17 亿日元的专利权收入，不过，东京大学的专利权收入还是赶不上它。

小林正弥：我想站在"公共哲学"的角度来提出一个问题。我并不打算立足于过去的新左翼的立场，但是从"公共性"这一观点来考虑的话，例如，在产学合作、大学行政法人化、民营化等一系列话题的背后，实质上就是在一个没有任何批判的前提下来推进市场经济。整个社会的发展潮流,就体现为"新自由主义"独领风骚,并认可世人去追求私人利益而不是公共性。

在此,我想要请教的是,对于这样一个状况,我们如何才能加以制止呢?之前,不管是生物科技的话题,还是风险企业的话题,正是因为这样的话题不会令我们感受到危机的存在,所以我们不问结果,而只是认为努力本身才是最为重要的。但是,美国历史上曾经出现过军产复合体的问题,怎样才能使它不是朝着这样的危险方向而是朝着一个健康、安全的方向发展呢?

到目前为止,我们的讨论之中出现了这样一系列问题,即国家是公共性的,不过民间却未必完全是私人性的;即使是国家机关,也存在着"私"的一面。反过来说,民间活动之中也存在着公共性的一面。我们应该将"公"与"私"从实体观念之中解放出来,有机地看待两者之间的关系。若是这样的话,那么国家机构和国立大学的行为,也会根据状况的不同,会出现可以归入"私人性"范畴的内容。因此,基于产学合作而取得的专利,也应该站在公共性的一个立场来进行重新考虑。

我认为,公共性的理念存在着两种"相":一个是公开性、公然性;另一个则是在日本的或者世界的范围内,能否形成公共性的善。以专利问题为例,首先,站在公开性的立场来看,存在着一个判断即是否应该将它诉之于专利。其次,站在公共性的善的角度,也存在着一个实质性的判断基准问题,即我们是否可以认可军事科技的技术性。

特别值得一提的是,我所工作的东京大学一旦发生了什么,将会给整个日本带来影响。这一点极为重要。判断与确认专利的基准,承前所述,我感到您所说的是"实际上是否会带来利润"这一基准。但是,就这一思维方式而言,我所想到的是,若是我们

175

向协商会(即 TLO 协商会)提出咨询,那么究竟是设立一个判断的标准,由此来判断"是站在公共性的角度不承认这一专利还是允许提出申请专利",或者说,我们还是要设立一个实质性的审查机构,由此来判断"大学的国立机构是否会做得更好"? 对于这样的问题,我不知道您是怎么考虑的?

轻部征夫:大学内部的发明委员会,就是一个审查机构,大学内部的所有发明,都必须提交到发明委员会。这样一来,就出现了大学的发明委员会究竟具有多大的权限这一问题。过去的东京大学,向发明委员会提交发明报告,结果全部属于国家专利。若是专利权委托给个人,则不会交与发明委员会进行裁决。据我所知,东京大学的这一做法是一个特例。文部省担心会出现所谓的公私问题,所以要求一切的发明创造皆要提交给发明委员会。如今,东京大学设立 TLO 协商会,因此,专利申请的基本方向就是首先向发明委员会提交,若是被判定为私人权利的发明创造,则是要通过 TLO 来申请专利权。

我个人也抱着这样一个观点。我认为,大学应该在发明委员会之外设立一个专门区分公私性质的机构。就如刚才所说的,我们要改变专利属于个人这样的思维方式,所属机构、国立大学的研究发明,不管是利用国家的经费,还是利用自己积累的资金,应该说所有的研发成果都是属于国家的。我们必须严肃地提出这一问题,而且我还深深地意识到,若是我们不这样做的话,将来会不断地出现公与私的问题。

对于一项属于研究机构的发明创造,我们应该依据它的契约金额与专利的固定比率费,相应地给予个人以一定的报酬。最近一段时期,不管什么场合,我都一直强调这一立场。总之,我认为专利权属于个人是一个极为荒唐之事。德国如今也正朝着这一方向发展。之所以如此,大概也是鉴于由此而引发了越来越多的公私问题吧。日本的文部省与通产省也正在关注这一问题。若是我所作出的发明创造,我认为其专利权应该属于东京大学或属于部局所有,因为是下属机构,所以实质上也是东京大学。因此,若是利用发明委员会与所属机构这样的两个审查机构来进行审查,那么应该就可以明确地区分公私之间的界限吧。

绫部广则:现在,IT技术与生物制药受到了社会的广泛关注。那么,大家是否考虑过"后IT技术、生物制药时代"的问题呢? 即使目前的IT技术及生物制药可以维持下去,但是到了50、100年之后将会如何呢? 换句话说,IT技术生物制药究竟是一时性的存在,还是可持续发展的存在,今后会不会不断推陈出新呢?

为什么我会提出这样的疑问? 应该说与之前小林正弥先生的发言存在着一定的联系。大学如今已经消除了自身与私人利益之间的隔阂,通过TLO等一批组织与私人利益之间形成了密切的联系,从而破坏了大学的传统特性。我并不是一个学院派至上主义者,但是,作为日本的可以确保公共性的场所,大学本身存在的意义极为重大。

一部分西方国家盛行慈爱精神,而且这样的精神也深入到了民间。由此也就出现了一个资金转移机制,即在一部分难以利用国民税金的投资领域,国家再行投入资金进行重点投入,这样做的目的也并非是为了一味地追求私人性的利益。这不过是一个极为简化了的例证。如果存在这样的机制的话,那么现代社会结构也可能发生变化。日本的现实留给我的一个印象,就是正一味地朝着破坏这样一个传统的方向前进。对于这样的问题,我不知道大家是如何看待的?

177

轻部征夫:我认为,现在各个大学的TLO确实是希望在生物制药及 IT 技术领域作出成功的范例。美国接下来的大型工程计划就是纳米技术，日本也将着手开始纳米技术的研究。迄今为止，日本的重点集中在了大型机床这一领域，其发展的前景也就是纳米技术。

我与研究机械的教授比较熟悉，东京大学的田村洋太郎教授处在这一研究领域的领先地位。田村教授曾经对我说："如今已经不可能出现具有划时代意义的创造性发明了。"各个领域的研究如今正走向成熟，基础性的研究专利也完全被开发出来。如今，田村教授正在从事纳米技术的研究，而这一研究的深入将会引起机械研究领域的革命性突破。在材料与精密机械这一方面，日本与美国基本上不存在什么差距，甚至一部分还处在了优势地位。但是，也正是因为这样的技术极为完善，所以也就难以出现一个具有革命式的技术转化平台。

如果不经常地去追求新的研究领域，那么也就不会出现真正意义上的具有了经济效益的发明创造。那么，纳米技术之后会是如何呢？如今也正是一个需要我们认真考虑的问题。由此我认为，政府应该在这一方面投入大量的资金。

多年之前，我曾率领日本通产省的人员到美国的伍兹霍尔（Woods Hole）海洋研究所去访问。出发之前，我们一直没有联系到那里的所长，结果到了之后，才发现所长已经在那里等着我们。我询问道："怎么回事啊？一直联系不到你。"他回答说："我这两年一直在白宫。"我问他在那里干什么，他回答说："联合国将在日本京都举行地球环境的 COP3 会议，为了这次会议，我被关在了白宫两年，为美国政府考虑环境问题的政策。"我接下来问："多少人参加？"他回答："6 位大学教授，还包括与此差不多人数的政府官员。"这实在是令我大为惊诧，美国总统为了准备一个会议，竟然会历时两年之久,召集专家不断完善美国战略。

我问他:"对你来说,白宫意味着什么?"他回答:"在我的经历之中,白宫具有非比寻常的重大意义。比起在这里担任所长,白宫的两年时间对于我的未来更具有价值。这是因为,我考虑的乃是国家第一线的政策问题。"他所做的,就是这样出乎我意料的事情。

我也曾为日本首相进行过几次演讲,包括历任的海部、中曾根、竹下首相,这次则是东京大学岩田一政教授应邀去了首相官邸。不过,日本政府倒是绝少这么做。在我担任首相顾问的两年之内,也从来没有制定或者完善战略计划这样的举措。如果日本也如美国一样做了的话,那么建立一个战略性的目标即纳米技术之后将是什么,日本应该将资源集中在哪一个方向,那么日本这个国家也绝对会变得强大起来。如果那个时候我们选择的不是脑开发,而是选择基因组计划的话,那么日本就不会是现在这个样子了。

林胜彦:提到未来的研究领域,不知道机器人是否是一个选择项?众所周知,日本的科学研究,从基础研究到技术、产业,在世界上处在最为领先地位的就是机器人了。

轻部征夫:一般来说是这样的。制造汽车的机器人,本田公司的两足行走机器人就是典型的例证。不过,我曾就此询问了从事精密仪器研究的吉川弘之先生。他却指出,在月球上行走的机器人,日本即使要做也做不出来。这样的实验是绝对不允许失败的。到了月球之上,如果机器人不能工作了,那么月球的照片就一张也拍不成。应用于宇宙的超尖端领域的极限机器人,我们赶不上美国的水平。在这一方面,美国具有压倒性的优势。美国的公司之所以购买日本的 Fanuc 通用机器人,不过是将它装入到美

179

国开发的庞大软件之中，而后再以高于日本的 10 倍价格转卖给美国自己的公司。所谓日本通用机器人畅销美国，它的真相即是如此。因此，在机器人工程学这一领域，美国保持着世界上最为先进的技术。

佐藤文隆：若是说到这样的一个极限性的话题的话，我认为美国乃是通过长年累月的积累才得以实现的，在这一方面日本不能与之相比。如今，我们一提到"基础研究"，就技术层面而言，应该存在着所谓的"超基础"研究。这样的一个研究，即便如今达不到商业化的要求，但是我们还是要不断地追求尖端科学技术。核技术、宇宙开发技术就包含着这样的尖端性的内涵。为了维持这一方面的技术，就绝对不能让这样的企业灭绝。对此，美国政府向这样的企业究竟采取了什么样的补贴措施？

如今，日本也面临着同样的一个问题，宇宙开发的相关研究也越来越严峻起来。与急剧的转化型产业不同，宇宙开发、原子力开发这一类的相关产业，即使不能一下子推广开来，政府也必须要看到它的发展前景，积极进行资金投入，以维持起最起码的公司经营活动。但事实上，日本政府在这一方面却完全走向了反面，由此也令我感到了严重的危机。

轻部征夫：美国的国家巨型计划一旦完成，就会出现大量的失业者，这也成为美国社会的一大问题。一旦出现要放弃开发下一代爱国者导弹的信息，武器开发公司就会一片哗然，向政府进行索赔。这样一来，总统的政治资金就会随之枯竭。美国的军需产业、宇宙产业可以说正在不断地萎缩，但是美国政府却抱着战略性的眼光，为此投入了足以维持企业技术力量的资金。

美国的长期战略，是保障退役的飞机、战舰、潜水艇全部要保持一个可以随时加入到实战之中的状态。最典型的例证，就是美国的密苏里战舰。到了不得不使用火炮、不得不进行打击的大型战争爆发之际,它也就会被紧急地征用过来。美国俄亥俄州建设了一座极为有名的飞机墓穴,大量的飞机始终保持着可以随时起飞的状态。如果依靠飞机的数量可以决定战争胜负的话,那么即便是过去的飞机,也会不断地被征召过来。如果考虑到这样一个问题的话,那么为了维持军事技术或者宇宙技术的一定水平,政府还是需要投入一定的政策性的资金。

原田宪一:我从事的是地球环境的研究,在此,请允许我站在这一角度来请教一下。确实,尖端科学技术在基因组计划、纳米技术这样的领域带来了极大的创新。但是,如果这样的技术开发的结果是排放出放射性的灰尘或者环境荷尔蒙,那么就会给人类增加无数的负面遗产。创业者的目的是为了垄断利益,但是对于这样的负面遗产,他们却不愿承担任何责任。创业者究竟在多大程度上会对这样的负面遗产负责呢? 对于这一论题,我从之前的讨论之中没有看出什么解答。

前一段时间,得克萨斯州的一位大学教授来日本访问。虽然他是一位哲学家,但是却指出:"现在是纳米技术的时代,因此说起将来一代,我们也只能想到自己的子女或孙子这一代人。"核污染灰尘的问题,将会一直延续十几、二十几年;DDT(二氯二苯三氯乙杀虫剂)的问题,也是经过 40 年之后才最终被禁止使用。对于这样的负面遗产,我们究竟应该采取一个什么样的控制机制呢?

就日本而言,不管是水俣病(译者注:日本著名的公害病之一)还是原子弹爆炸,应该说日本人已经体验了不少,我们是否可以将这样的过去的记忆完全抹杀掉呢?

轻部征夫:令人遗憾的是,如今我们还无法找到解决这一问

181

题的途径。我们提到,要采取以可回收利用为前提的技术设计,若是不能实现污染的零排放就不允许加工制造,但是结果,尽管环境问题成为现代资本主义国家的一个思想上的普遍认识,但是在资本主义的框架之内来处理这一问题却极为艰难。对于这样的负面遗产,谁也不愿意着手解决。

不仅半导体、电器产品、家具乃至一切,皆成为了一个人类的负面遗产。问题层出不穷,堆积如山。即便是在生命科学这一领域,"可降解塑料"(译者注:在保存期内性能不变,而使用后在自然环境条件下能降解成对环境无害的物质的塑料)的问题也引起轩然大波。总之,塑料制品的数量如此之多,我们究竟要将它转化为什么?一部分人主张,利用微生物产生的聚酯作为塑料的原料,但是它的成本却极为高昂。一部分人也主张,把能够生成"可降解塑料"的遗传因子放入到植物的遗传因子之中,通过两者的基因融合来利用植物生产出可降解塑料,但是世界上却没有可以制造出塑料的植物。总之,这一问题难以解决,即便想解决也找不到任何头绪。

现代的资本主义企业,依然是以追求利润为中心。依据目前的现状而言,环境问题始终与经济问题保持在了一个平行的关系之上。因此,我感到这样的问题,最好还是依靠国家政策的方式来加以解决。

但是,欧美企业在环境问题这一方面,较之日本企业更为敏感。数据显示,欧美国家的CEO(企业内的最高决策人),其60%的工作就是消耗在统一公司内部的一致意见,即探讨企业究竟要从事什么样的具有社会意义的活动,是否会考虑到环境这样的一系列问题。日本企业的经营者在这一方面的投入,恐怕还不到10%。

同样作为世界发达国家,我认为日本在环境这一方面也拥有着世界先进技术。但是,这样的技术还没有确立为社会的公共理念或企业哲学。对于环境问题,我认为日本还处在一个相对落后的水平。

　　原田宪一:对于您的发言,我也深有同感。1998 年,《朝日新闻》"论座"栏目面对 150 位企业家,就"21 世纪的经营战略"进行了一次问卷调查。只有大成建设的社长一个人回答:"21 世纪最为重要的是环境。"令人感到惊讶的是,没有第二个人提到"环境"。从大型制造企业到流通领域的首席企业,回答包括了"裁员"、"改革"、"尖端技术",却没有第二个人提到"环境"。对此,我深感惊诧。

　　轻部征夫:我不曾从事过"哲学"这一领域的研究,所以对它并不是十分了解。但是日本自身,还有美国在内,都在逐渐地变化着。我想,以回报社会为中心的科技研究在今后必将会成为社会的主流吧。

　　换而言之,若是不能在一定程度上了解到自己究竟为什么研究的话,那么科学家就难以作出一定的研究成果。正如之前所提到的,如今的时代氛围,令以追求纯理性的真理为宗旨的科学技术越来越难以进行下去了。而且,基于福利健全问题、社会体制问题、经济发展将对一切造成影响这一系列缘由,对于发达国家而言,振兴经济成为一个不可忽视的重大课题。这样一来,推动作为基础的科学技术不断进步也是不可忽视的。由此我认为,我们必须要着实地考虑应如何去回报社会。

183

论题 五

生命工程学的公私隔阂

加藤尚武

1. 生命工程学的前沿问题

2000 年 8 月 23 日，美国总统克林顿颁布了《伦理基准》，指出在 ES 细胞（胚胎干细胞）研究这一领域，NIH（美国国立卫生研究所）可以利用公费预算展开研究。《伦理基准》的要点其实并非那么复杂，ES 细胞研究必须满足的基本条件乃是：属于不孕症治疗机构所有，必须加以冷冻，必须是人为放弃的 ES 细胞；禁止利用专属 ES 细胞来提取受精卵(spare embryo)的细胞核。

也就是说，如果不能满足这样一个基本条件，就不可以进行 ES 细胞研究。细胞冷冻是检测艾滋病的必要措施，如今的原则也是要求冷冻之后才可加以利用。2000 年 8 月 23 日克林顿之所以发表指导方针，我认为正是基于冻结未受精卵在技术上还不可能这一判断前提而作出的。

而且，我认为这一基准的出台，也与那一时期美国正在举行总统大选的时代背景密切相关。这一问题与妊娠中止的伦理问题交织在一起，美国政府对此极为敏感，从而采取了制定这样一个指导方针的措施。若是美国的总统选举不结束，那么要制定一个相对宽容、范围广泛的指导方针几乎是不可能的。

但是数日之后，与此相关的英国技术人员访问了日本，提到英国是在基于未受精卵可以冷冻这一前提下来展开研究的。日本的专家对此提出质疑，认为："若是为了治疗不孕症这一目的而进行研究，是否过于牵强了呢？"或许，英国之所以认为未受精卵的冷冻是可行的，是因为他们已经找到了技术上的可行措施吧。但是，这一问题却与伦理问题交织在一起。英国技术人员还提到，今后受精卵的需求量将会急剧增加；ES细胞的研究也是不可少的，也会需要为治疗不孕症的人提供卵子。但是，提取卵子这一行为本身就存在着风险。因此，尽管我们可以利用治疗不孕症过程中采集到的受精卵，但是严格禁止实验用的卵子采集。由此，我们可以直接想象到的是，受精卵的需求要么是为了孕育婴儿，要么是在无法实现这一行为的前提下来加以利用。正是因为出现了两个来自截然不同的方向的需求，所以我认为受精卵实际上是极为不足的。

在2000年8月23日美国制定的《伦理基准》之中，禁止向胚胎提供者提供有偿报酬。这一文件采用了"inducement"（诱因）这一措辞，作为禁止的内容乃是极为严格的。即便是研究经费不足，研究人员也绝不可以通过金钱的诱导来进行胚胎的商业化行为。

不言而喻，对于受精卵的提供者，它规定在提供者同意使用于医学研究之际，必须进行事先说明（informed consent）。这一要求如今也开始盛行起来。不管是哪一个伦理基准的文件，必然会在最后附加这一条款，从而给我留下一个"若不如此，就不会成为一个伦理基准"这样的习惯性的（mannerism）印象。

ES 细胞的医学开发取得了巨大的发展,但是,如何将它的研究成果适用到制药这一领域,这一伦理基准就会成为一大问题。而且,也会出现通过动物实验来提取、制造的可能性。日本的《伦理基准》是以京都大学前总长井村裕富教授为中心制定的,其内容与美国相似或者接近。日本大约 1 万对夫妇正在接受不孕治疗,如果一对夫妇可以提供 3 个预备(spare)胚胎的话,那么就可以达到 3 万个这样的数量。但是,妇产科的医生却告诉我,日本实际的拥有数量不过只是这一数据的 1/50 而已。

美国国立卫生研究所(NIH)指出:"必须使用受精卵进行实验,绝对不可以进行金钱交易。"是因为 NIK 在利用经费预算进行研究之际,被要求必须严格遵守伦理基准。民间的研究机构则与此完全不同。他们认为这不过是一个理所当然的事,若是采取金钱交易来进行细胞研究的话,那么民间部门的研究就会变成孤家寡人式的独走主义。若是政府也不利用公共经费来进行研究开发的话,那么政府所谓的政治交涉能力也就会荡然无存。不过,政府主导下的研究也会出现"信息垄断"的问题,这样一来,它就会与民间部门陷入到一个争论不休的局面中。

克林顿与布莱尔之所以强调要公开基因图谱的信息,其背景之一即在于国际间的信息交换极为重要。但是,对于美国民间机构的研究,美国政府提出了一个明确的警告,威胁它们"若是随意行动的话,那么政府就会进行压制",由此来牵制它们的行为。政府与民间双方皆在进行着同样的事情,彼此之间剑拔弩张,互不相让。

不过,1980 年,美国成立了一个旨在为稀少疾病的研究,为这样的研究者提供必要的体细胞或者人体器官的国立组织银行(National Human Research Interchange, NHRI)。这一组织的建立牵涉到资金的问题,但是它的目的却并非是出于恶意的商业化。到了1997年,这一组织银行向日本的2200位研究者提供了12.5万日元以上的器官组织。由此可见,美国如今建起了为这一研究提供必要的人体组织的供给系统,日本则是以组织培养学会等机构为中心来进行运作。

而且,世界的一批民间企业也正在销售这样的研究资料。以美国为例,IIAM(International Institute for the Advancement of Medicine,国际药物进步学院)通过分解人体干细胞,剔除具有代谢机能的那一部分组织的研究,由此而制造出了可代替器官。他们以数万日元的价格从事商业化的买卖活动。日本的制药公司实际上也正在培养干细胞与药物,进而加以转让,由此获得十几万日元的收益。这样的一个活动,主要是针对世界上的稀少疾病患者——这样的患者在世界上也不过只是几十人而已。不过我认为,哪怕是为了救助这样一批为数不多的人,我们也必须要建立起一个共同利用人体组织的运作机构。

但是,人体组织的商业化行为未必全是理想主义式的行为。如今,医学部的伦理委员会也提出了利用各种各样的人体组织的要求。简而言之,一切人体组织的实验行为皆必须提出契约议定书(protocol),由此来保障它的合法性。以耳鼻科为例,切除小耳之后会把它完整地保存下来,以便于下一个患者使用。现实之中却披露了某个私立大学医学部将多达3万名患者的血液样本储存起来的事例。他们的计划是利用这一批血液样本,通过技术性的培养,来检测人体的DNA,进行医药产品的开发。如今他们正与美国的制药公司携手合作。

2. 生命工程学与伦理

那么,在这一过程中,究竟会引发什么样的问题呢? 实在是令人担心,即便是日本,也发生了一系列问题。1999 年 11 月 8 日,《读卖新闻》披露这么一个事件:东京农业大学的研究人员进行了"人牛杂交"的实验,在剔除未受精的牛卵的细胞核之后,将人的活细胞移植到余下的牛卵之内。① 我与这位研究者保持着私人的交往。在我的印象之中,他是一位极为不错的人,绝对不会为了什么野心或者金钱去做这样的实验。这位研究人员曾经到英国罗斯林研究所系统学习了"多莉羊"的细胞核移植技术,乃是日本细胞核移植技术的第一人。这一事件的真相是,东京大学的一位教授取来了标有 K562 号码的实验用细胞,要求这位教授将之分解,移植到牛卵之中。于是,这位研究人员就到附近的畜肉处理厂,从牛的子宫之中提取了 28 个卵子,将 K562 的细胞核移植到"去了核的牛卵"之中。

迄今为止,我们的技术还不可能使体细胞复活生殖机能。体细胞与生殖细胞原本就是一组对立的概念,不管我们怎么样去尝试改变它,也不可能使之成为生殖细胞。但是,依据这位研究人员的结论,他认为将体细胞转换为生殖细胞极为简单,只要将细胞核移植到去核卵子之中,通过电的刺激作用,就可以使它的生

189

---

① 1999 年 11 月 8 日,《读卖新闻》披露:日本研究人员已成功将人类的细胞移植到牛的未受精卵里,这在日本尚属首次。进行这一研究的东京农业大学教授岩崎节夫辩护说这与克隆无关,并且纯粹是旨在研究白血病细胞。他警告说,在细胞的基础研究领域里,日本将落后于美国和其他西方国家。日本政府而后迅速表态,批评东京农业大学研究员的道德。

殖机能复活(万能的,almighty)。这一成果或许是在罗斯林研究所开发出来的,对此我实在是感到无比的震惊。对于细胞的生殖性问题,分子遗传基因的基本原理(central dogma)明确否定了它。我进一步向他询问了实验的细节,这位研究人员所提取的28个卵子之中,大多在进行细胞核分离的实验过程中死亡,只有8个细胞一直在持续地分裂。经过了三次这样的分裂之后,他们将其中的细胞数量控制在了8个的范围之内,而后就中止了实验。这就是实验的全过程。不过,由此也引发了一场争论,即他们的实验与文部省提出的指导方针是否一致?

文部省的指导方针明文规定:"禁止将来自人体胚胎,或者来自人体的细胞核移植到其他卵子之中。"所谓"其他卵子",究竟是指其他的人体卵子,还是其他的所有动物的卵子,由此也就出现了一个法律解释的问题。关于这一问题,确实存在令人容易产生误解的地方,而且,我还怀疑这样的一个实验是否得到了大学伦理委员会的许可。

站在进行细胞分解的研究人员这一角度而言,所谓"其他的",则未必局限于人类。总之,将人的细胞核移植到牛、羊、猪的细胞之中,我们必须考虑到产生人的可能性与危险性。因此,这一实验行为本身确实违反了文部省制定的指导方针。

日本文部省制定的指导方针与美国NIH的规定基本相同,若是没有利用文部省的科研经费的话,那么也就不具备什么样的约束力。因此,就这位教授是否利用了政府科研经费来进行这一研究,文部省首先就此进行了质问,而后东京农业大学的校长也提出申辩报告,指出这一实验实际上并没有得到大学伦理委员会的许可。不过,事实上,东京农业大学在这之前并没有设立什么伦理委员会,而是在事件发生数日之后才仓促设置的。

对于是否利用文部省科研经费的问题,这位教授也进行了申辩说明,提及自己"并没有使用文部省的科研经费预算"。那么,这一实验究竟消耗了多少科研经费呢? 这位教授的回答是1万日元。这一结果令我们感到无比震撼。他们进行了3次细胞分裂实验,这的确是一个科学的成果,若是实验费用如此之低的话,那么我们只要寻找到各种各样的条件去进一步实验下去的话,那么即便无法培育出人体胎儿,也会得到无数有益的资源吧。关于ES细胞,美国进行了这样的解释说明:通过所有的人体组织,我们可以制造出造血细胞、心脏的细胞,乃至所有的细胞。若是利用这一技术的话,那么通过遗传基因的转载体(vector),就可以输送DNA之中特定的遗传基因了,也就不需要费劲地去开发什么药物了。总之,通过这样的实验,我们确实可以获得一定的益处,应该说没有比这个更为低廉的基础性技术了。那么,手工操作这样的细胞核移植的实验是否相对困难呢? 对于这一问题,这位研究人员的回答是:"不管是谁,只要经过练习就可以掌握。"

　　刚才,我曾提到私立大学医学部收集了3万人的血液样本的一个事例。若是要将它们用于实验,则需要研究人员签署承诺书,以备责任查询。文部省、厚生省、科学技术厅,不管是哪一个政府部门,都向大学保管承诺书的机构下达了指令,必须要在研究人员签署承诺书之后才允许他们进行实验。应该说,这是日本东北大学发生了一起没有承诺就加以利用的丑闻之后,政府部门才紧急下达了这一指令(被揭发出来的有组织性的、无承诺使用的事件不过是数起而已,但是真正这样做的事例应该不计其数吧)。

　　或许会出现这样的问题,在管理机构向计划进行实验的研究人员提出:"因为承诺书需要提供者的事先说明同意书(informed

consent），所以请尽快地去完成承诺手续吧。"这一要求提出的时候，研究人员会反问："怎么可以这么说呢？大多数的提供者已经死亡，没法进行回答。"即便是向以前的癌症患者邮寄咨询信函，也会出现地址变更这样的问题，所以无法收到所有回执。对此，文部省下达指令：若是无法收到回执，则只需大学伦理委员会许可，就可以利用研究机构来进行实验。这样一来，也就会出现不去邮寄信函而是直接要求伦理委员会认可的可能。对此，伦理委员会进行劝说与解释："这绝对不可以。若是采取了这样的不正当的手段的话，那么你们的研究论文将会被禁止在杂志发表。"由此，也就只能按照程序去申请承诺书。但是，实验承诺手续如此烦琐，实在是令人棘手，我想这就是来自研究人员的心声吧。

日本这一方面进行的研究，经常会与美国公司保持一个相互合作的方式。美国公司会与研究人员签署有关实验目的与实验用途的合同，会提供完成了金钱交易之后的人体组织来供研究人员利用。日本则是利用无偿提供的人体组织。这样一来，反美主义者就会说："可以轻而易举地从日本盗取人体组织，将之转到美国，到了美国就可以转化为金钱。因此，这就是一场不等价的交换。"但是我认为这一论断不符合事实，毕竟在现阶段人体组织大多是从美国转到了日本。

若是将来继续维持日本无偿原则、美国有偿原则这样的双重基准的话，那么从无偿之国获得的人体组织就将会不断地流向有偿之国吧。

我曾向日本厚生省委员会提出一个议案，并得到了他们的认可，这一议案的内容是：日本研究机关在利用一定的伦理准则认可下的人体组织，与美国的民间企业进行共同研究的时候，必须附加一个条件，即美国的民间公司也可以在遵守日本的伦理基准的前提下进行实物的转让。

若是进行共同研究的话，就会出现一个双重标准，而且，也会发生在公共领域加以管理、在私人领域不予管理的两难之境。

东京农业大学所发生的事件，就充分地说明了这一问题。大学的农学部随意地进行克隆实验，以医学部为对象所作出的规定，到了农学部则基本不起作用，就是这样的一个双重的基准。日本在探讨克隆技术的时候，政府的科学技术厅、农水产省、厚生省与文部省四个机构各自为政，制定了各自的伦理基准，不过，以科学技术厅的《伦理基准》为例，其主旨明确规定农学部可以自由地进行克隆研究。

东京农业大学的教授认为："即便是将人的细胞核填入牛的卵子，并将它植入到牛的子宫之中，使之着床，但是，我也绝对不会将这样的受精卵送回到人的子宫之中。由此，也就不会出现孕育出一个新的生物种类的危险。正是因为我可以确保这样的安全性，所以我认为绝对不会出现问题。"

但是，依据文部省的基准，这样一个实体实验的安全性，实质上不可能得到充分的保障。利用试管来进行人的生殖活动、细胞分裂活动的研究，如今正在不断地推进与拓展，若是在这样的一个条件下，我们又将如何呢？严格地说，在这一阶段，若是我们不让受精卵着床，这一行为本身与人工中止妊娠一样，就会引起伦理的问题。这样一来，也就出现了不同的认识标准。

农学部与医学部、美国的民间公司与日本的研究机构、公共资金的研究与民间的研究，就在这样的各自不同的双重基准下，我们人类的细胞实际上正处在一个不断地来回往复、游离不定的过程之中。

193

3. 个人隐私与问知的权利

美国 NIH 规定"绝对不可以进行金钱交易",贯彻的是最为严格的"无报酬主义"。即便是交通费,也不可收取。但是,这样一来的话,就会令研究人员感到为难。若是使用了 200 日元的公交费,那么就应该补偿 200 日元,也就是"完全实费主义"的思维方式。但是,实际上完全依据实际费用来进行核销,会被他人感到缺乏基本的信任与礼节,所以也就会附带一下实物,以表达自己的感谢之意,对此,我将它称之为"布施型"。伦理学之中存在着"非完全性权利"这一术语,它表示交涉的一方无论如何皆希望给予对方一定的补偿,而另一方则不会基于双方的契约来行使自身的要求权。因此,这样的表达心意的感谢即便是不足以抵消所需费用,但是对方也不会由此而产生抱怨。

"香典返还型"也是感谢方式之一。所谓"香典返还型",就是收取 10000 日元的香典,而后必须返还给香客 5000 日元,也就是说依据一个固定的比率进行返还。尽管如此,实际上也可以不必返还。若是我们接受他人心意的时候,因为对方返还给自己的过少而心怀怨恨、试图报复的话,那么就是出现了判断的错误。

与此相反,"完全报酬型"的感谢方式则是依据市场原理支付一定的薪金。若是将金钱酬谢的方式大体分为完全无报酬型、完全实费型、布施型、香典返还型、市场原理主义这五个环节来加以思考的话,最初的完全无报酬型或者完全实费型,则是过于脱离了社会现实,所以世人就会按照市场原理主义来进行。也就是说,人们会采取否定第一、第二的方案,直接选择跳跃到第五个阶段的酬谢方式。

若是一切皆按照"市场原理主义"来运行的话,那么结果将会出现巨大的危险。为了争夺人体器官,世界上曾发生过杀人事件;若是可以自由买卖的话,我们或许会看到整个世界将会不断地发生恐怖事件吧。事实上,现代日本为了检查药品的治疗效果,患者每次到医院的时候,都会收到一枚 5000 日元的预付卡(prepaid card),它并不是完全免费的,乃是采取了第三类的"布施型"的酬谢方式。

　　若是为了治疗不孕症而提供精子,那么一次提供约 4 毫升就可以获得 1 万日元。不过,提供者必须在医院登记注册,提供血液进行艾滋病一类的安全性检查。只有履行了登记义务之后,他们才可以收取这样的回报。而后,不管提供了多少次,皆是酬谢以 1 万日元这一固定的报酬。但是,若是一个人的精子采集过多的话,那么就存在着与近亲发生关系的隐性危险,所以日本如今限制精子提供者一个人最多只能提供 10 次。

　　对于卵子的提供者,美国的指导方针规定一次性的报酬不得超过 54 万日元。日本在认可卵子提供合法的时候,规定的金额大概为 30 万日元。提供卵子的程序为:首先到医院接受药物注射,以刺激卵子排出;在人体之中采集卵子的时候,要将用来采集的特殊器具深入到子宫之内进行采集。

　　未受精卵不可实施冷冻程序,必须是受精卵才可实施冷冻。日本规定,一次性注入受精卵的数量不可超过 3 个,若是注入了 6 个的话,那么就会生产出 6 个婴儿。这样的注入手术,我们称之为"减数手术"。日本曾出现过 4 个胚胎的事例,在实际的生育过程中,我们实施了妊娠中止手术,予以摘除了几个胚胎。日本妇产科学会对于注入受精卵手术采取认可的态度,不过,为了避免造成危害,他们将受精卵的数量限定在了 3 个之内。若是收到了

195

10个受精卵的话,那么他们会利用其中的3个来实施妊娠计划,剩余下来的7个受精卵就会被利用到治疗不孕症和制成 ES 细胞的计划之中。正如之前所述的那样,不管是美国还是日本,皆提出了这一构想。

这一构想也牵涉到个人隐私的问题。采取 AID(非配偶间人工授精)的方式,利用他人精子所产下的婴儿,日本超过了1万人。英国、法国提出,子女一方拥有了问知自己究竟是如何来的知情权。在孩子质问自己真正的父亲究竟是谁的时候,是否我们就可以回答说:"你的父亲就是×大学三年级学生山田。"这也是一个问题。

假如我们告知的话,大概就不会有人来提供精子或者卵子了吧。但是如果不告知的话,也就会引起人权侵害的问题。英国主张不予告知的原则,我认为若是存在着一个合理的理由,那么就应该在这一范围内来进行告知。换句话说,若是存在了这样的局面,即"我们准备结婚,我们会不会是我们所预想的近亲关系,希望你们给予确认。"由此也就可以调查原始记录。若是判定两者是兄弟姐妹关系的话,那么就只对接受检测的本人告知"不可结婚"这一结果。我所说的基本方针,即是如此。

假定我们通过 DNA 的解析,发现了人类未知的新的遗传病,那么我们就具有了一个知情权,可以了解到自己是否与这样的遗传病处在同一个血缘环境下。假定我们无从知道精子的提供者究竟是谁,若是一个普通人,我们不知道也无所谓。但是,对方是自己的父亲,若是被限制不可告知,那么也就是侵害了我们的知情权。若是遭遇到这样的情况,我认为必须在一个最小限度的允许范围内来告诉他们。

4. 新的公共管理系统

如今的公共管理系统之中,存在着"连带可能匿名制"这一术语。过去,医生把采集不久的士兵们的尿样混淆在一起,到了无法区分究竟是谁的之后,才将之制作成荷尔蒙制剂。日本制作血液制剂的过程也与此相似,艾滋病检查一结束,医师就会将众人的血液进行综合,制作成血液制剂。输血者的血液一般是直接利用,而不会被加以混淆,但是日本却没有保留输血者自身的记录。利用人体器官切片进行实验的时候,日本也是尽可能地将之完全利用。但是,对于人为提供的精子,我们却不能将它们混淆起来,一旦发生什么,我们还要向接受者告知精子的来源。事实上,庆应大学进行最初的人工授精的时候,就是将多个人的精子混在一起,有意地使之混淆不清。若是不加以混同,即便是匿名制度,但是却保留下来了记录,所以还是可以找到精子的来源。这就是所谓的"连带可能匿名制"。

个人的病历之中也潜藏了数据,可以成为一个追溯源。例如,我们将引起雅各布病的脑硬膜切片保留在一个塑料牌之中,附加上人名、病名、出身地、死亡医院等一系列个人数据,不仅如此,这一患者的病历也记载在其他的档案之中。这样一来,就可以提供一个具有完整个人信息的样本。

DNA 的破解研究,今后将会更加突飞猛进。最为重要的医学价值,就是在明确了一个试样乃是世界最早的遗传病的情况下,我们可以完全了解这一试样的提供者的病历这样的信息,可以通过人名这样的固有名词来彻底地了解他的家族史,这一患者由此也就成为具有科学研究价值的人体样本。在现实之中,被人为地

197

混同起来、完全匿名地加以利用的人体组织,尽管是无偿提供,但若是这样一个具有医学数据、具有高度研究价值的主体的话,那么也就会被施以有偿化。日美共同研究可以通过这样的有偿化的手段,将可读取个人数据的人体样本从美国搬到日本,而无偿提供的血液样本则可以从日本搬到美国。我认为这样的合作研究的可能性是存在的。

英国为保障不孕症治疗的"连带可能匿名制"而设置了一个国家机构。这一机构将所有的精子提供者的名字记载为数据符号,对个体信息进行管理,若是出现了质疑的问题,则是依据"与您的结婚对象没有遗传关系"或者"具有遗传关系"这一基准来回答。我认为这一方式保障我们可以获得必要的信息——合理追求自身的生存权所必需的——的权利。

日本的《民法》应该还没有明确规定精子的提供者不具备自身作为父亲的权利或者义务。《民法》第 722 条规定:"婚姻期间,妻子怀孕所产子女,推定为丈夫之子。"这一规定事实上也被沿用到了提供精子这一制度之中。

明治时代制定的《民法》规定:出生之后一年之内,父亲可以就非自己之子提出申诉,若是得以证明的话,那么父子关系就不会成立;否则,将依旧视为"父亲"之子。我认为这一法律的制定者实在是一个天才。在那个时代,是否是自己的孩子,技术上是无法进行任何证明的。因此,婚姻关系下所生的子女,也就不得不成为家庭户籍上的父亲的子女。

但是,采取 AID(非配偶间人工授精)的方式则与此不同,它可以明确地证明家庭户籍上的父亲并不是孩子的亲身父亲。若是父亲借助《民法》的规定,在一年之内提出异议申诉的话,那么孩子就可能丧失父亲的保护权。对于孩子而言,也就造成了人权侵害。

关于这样的一个问题,我认为决不能随意地完全照搬明治时代制定起来的《民法》,必须好好地制定出一个基于《民法》之基础上的实施细则(follow)。如果明确规定:"精子的提供者不是父亲",那么一方面会出现不需要匿名的提供者,另一方面也会出现需要匿名的提供者吧。这样一来,就会造成这么一个事态,即要求匿名之人可以获得 1 万日元,没有要求匿名的人则可以获得30 万日元。

若是采用"连带可能匿名制"的话,那么就必然要设置一个公共机构来管理所有的数据。迄今为止,这一数据完全是一个属于个人性的领域,如今却要导入新的公共管理系统。我认为,这是一个不可避免的结果。

考虑到细胞工程学的将来,人体组织的数据受到严格的保护,在它完全走向商业化的过程中,也会建立起一套金钱交易的系统。我认为这样的一个系统极为危险。例如,人体组织保存了个人的所有医学历史(medical history),如今被完全置于国家、公共机关的管理之下。而且,提供人体组织的人若是需要报酬,也会被给予国家管理型的报酬,而不会走市场化的道路。也就是说,国家或者公共机关会为人体组织的提供者授予奖励资金,以表彰他们为科学作出的贡献。而且,这样的一个奖励,也不会是出现所谓提供者人数少就要提高奖励的一个上下波动式的倾向。具有了高度研究价值的,则是通过市场的调节来决定;不具备高度研究价值的,则是采取无偿提供的形式。这就是如今的细胞工程学的机制。对此,我认为要扭转这一基本方向。对于研究价值高的,如果不去采取无偿化或者非商品化的方针,那么细胞工程学的研究开发就必然会陷入困境。我认为,我们需要建立一个新

199

的人体组织的管理机制,这样才能消除公与私的双重基准问题。

围绕论题五的讨论

柴田治吕:我想提出两个问题:第一个问题是刚才提到的东京农业大学的事件。将人的细胞核植入动物卵子之中这样的研究是否合乎政府的指导方针?我认为判断的基准不在于是否利用了政府的科研经费。今年3月,ES细胞的指导方针出台的时候,我参加了科学技术厅举办的最终讨论会。我主张,大学或者特殊法人若是因为与政府之间存在着关系所以才要制定指导方针的话,那么我们必须立刻将之推广下去,构建起一个支持它的基础。但是,这一方针是否会贯彻到民间企业或者风险投资企业?对此我表示怀疑。我们制定了指导方针,尽管它不是以法律的形式出台的,但还是需要整个日本的相关研究者来共同遵守它。因此,如果是大学从事的研究,是否会利用到科研经费,这一问题与指导方针是牵扯不到一起的。

加藤尚武:指导方针之中没有规定制裁条款。不过,若是利用了科研经费的话,那么就可以通过停止赞助科研经费的形式来加以制裁。

柴田治吕:第二个问题,也是本质性的问题。加藤教授是从事伦理研究的,伦理的问题究竟是什么,应该说每一个人都非常清楚,但是站在伦理的角度应该如何去评价是因人而异的。例如,我们究竟可以允许多大的原子能风险的存在,每一个人的看法也是不一样的。

就生命伦理的问题而言,危险性与安全性的问题也是一个重要的问题,在认可一项试验或者研究之前,我认为首先必须对它进行评价,预计一下这样未知的东西究竟会产生什么样的风险。如果出现了变异体,那么站在人类的角度而言,就会令人感到无比尴尬。这就是本质性的问题。一个全新的生命物种得以出现,这本身就是一个问题。也就是说,这与所谓的"风险"的性质还是不同的,是与"安全性"截然不同的一个概念。我们在探讨科学技术公共性的时候,我认为必须认识到生命伦理的问题之中存在着这样的多方面的问题。

站在常识性的角度来思考,动物与人的遗传基因不可混淆在一起,而且一般人也不会这么做。但是,这样一个判断究竟是基于什么样的理论原点呢?加藤教授的研究领域是伦理学,对此,伦理学是一个什么样的结论呢?

加藤尚武:人是作为个体而成立的。过去,世人尤为注重的是对于这样的个人会造成什么样的"风险"。与此相反,到了现在,世人开始考虑对于后代会造成什么样的风险了。例如,二噁英(dioxine)对于遗传基因或者人类以外的生物所带来的风险。

不过,这一问题最终可以归结到对于人种的同一性所带来的风险,也就转化为是否要制造混血儿(hybrid)或者复合体(chimera)的一个问题。对于这一问题,世界上存在着两个观念。

第一,是德国与法国基于生命伦理学(bioethics)的基本原则,认为"所有的生命伦理学的基本原则在于尊重人类的尊严"。因此,他们对于人体试验,原则上采取全面禁止的方针。不过,对于以2周之内的受精卵为对象的研究活动,他们判定不会对人类的尊严带来重大危害,所以允许进行有限的研究。也就是说,如果不制定"对于人类的尊严造成危害"这样的条款,那么就不能防止制造克隆人、混血儿这样的对人类的同一性将带来重大危害的行为。

我们这样的跟随者,尽管认为"人类的尊严"确实是一个适用性的理由,但是也存在着难以把握之处,所以也就希望对此加以具体的定义。这样一来,生命伦理的讨论也就转到了这一方面。

第二,则是所谓的"他者危害原则"(harm to others)。这一观念认为:"所有的公共机构要对个人的行为加以限制,必须基于个人的行为将会对他人造成危害性的前提之下。"针对美国的风险投资企业,政府尽管进行了无数的尝试,却始终无法出台具体的管理规定,就是因为这一原则在美国根深蒂固。坦率地说,这一原则也就是"自由主义的现实体现"。这一原则实际上附带了不少条款,不过,若是大略地说的话,也就是如此。

由此也就出现了一个问题,即仅仅依据这一原则,是否就不应该也不可能制定出一个对克隆人这样的研究活动加以限制的规定呢?对于克隆人的问题,克林顿政府制定了一个新的判断框架,"即便是医学的转用(medical shift),也绝对不能允许克隆行为。而且,禁止克隆这一规定也可以约束民间企业。"这一新的判断框架,究竟是在推翻美国自由主义基石——"他者危害原则"的前提下而制定的,还是出自一个对它加以调整的目的来制定的?对此,我们如今还没有进行过这样的哲学性讨论。不过,我认为这也预示了美国开始逐渐走出其根深蒂固的"他者危害原则"。

柴田治吕:所谓"人类的尊严"或者"他者危害",应该是众所周知的原则。不过,尽管我们提到的是"人类的尊严",但若是加以反驳的话,无法生育的人在极为需要自己的孩子的时候,利用夫妇一方的体细胞进行克隆手术,为什么就不可以呢?留下自己的后代,这也应该是"人类的尊严"吧。对此,您怎么认为呢?

加藤尚武:使用什么样的医疗技术,必然是出自什么样的医疗目的。既然出现了这样的病患者,那么自然也就需要这样的医疗技术,这是一个根本性的前提。但是这样一来,进行克隆的第一个人如果不是不孕症患者的话,那么就会出现一个理论上的悖论。如果将不孕症患者视为克隆技术的第一人的话,那么基于这样的需要与目的,就会出现一条可以实施克隆的捷径。

克隆人是否存在着真正的危险? 对于这一问题,如今出现了一个所谓"端粒钟"的假说。也就是随着克隆次数的增加,细胞端粒的长度会越来越短,人的寿命也会由此而减少。但是,如今媒体也报道未必会是如此。

在这一假说盛行的时候,克隆技术因为会对即将出生的婴儿带来潜在的危险,所以遭到了禁止。但是,若是将这样的传统意义下的"他者危害原则"加以拓展,由此来衡量克隆研究的话,那么严格禁止克隆这一做法的理论依据也就会完全崩溃。也就是说,若是到了可以证明克隆技术不具备任何危害的时候,这样一个依据也就丧失了存在的基础。由此,就出现了一个问题,我们应该如何去解决它? 目前我们还无法作出回答。

小林傅司:加藤教授曾说到克林顿政府迈出了关键的一步,是否就是指美国的"尊重人类的尊严"这一概念框架发生了转变了呢?

加藤尚武:的确如此。不过,这样的一个法哲学的基础,在指导方针之中并没有明确记载。即便他们规定了禁止医学转用,禁止民间企业参与,但我认为实际上也没有超出美国传统的"他者危害原则"这一框架。

小林傅司:您刚才提到了克隆第一人的问题。我曾经看到一个宗教团体决定为一对因为医疗事故而失去孩子的夫妇提供克隆服务的报道。对于这样的事情,若是在美国之外的地区来施行是否可能呢?

203

例如,对于器官移植,日本规定 15 岁以下的孩子不可以进行这样的手术,所以他们就到美国去接受移植手术。那么,克隆人的问题在美国国内受到禁止,是否到了其他国家就可以了呢? 如今的遗传基因研究被称为微型科学(small science),其技术并不需要大量的经费支持。之前您曾提到一次实验只需要 1 万日元。总之,它成为了极具便携性(portable)的一门技术。

之前,您也提到对于"具有高度研究价值的,则是通过市场的调节来决定"这一机制,我们"必须加以扭转",对此,我基本表示赞成。为了防止双重基准的问题,我们认为要突出全球性的、研究的公共管理这一方面,要将与传统的"研究的自由"这一价值观完全不同的一个价值体系纳入到科学研究之中,并使之合法化。我认为这样的一个讨论对于将来而言极有必要。

加藤尚武:确实如此。美国的科学政策实际上并没有那么简单。根据我的调查,美国控制了大约 60% 的与基因图谱相关的专利。而且,美国专利法的框架本身也与欧洲、日本截然不同。

欧洲与日本协调一致,希望美国走全球化的道路,他们威胁说:"若是基因图谱相关领域不这么做的话,那么就不让美国拥有这一专利。"但是,欧洲与日本联合起来,是否会具有这样的对外交涉能力(bargaining power)呢? 美国掌握了 60% 的专利权,这样的一个能力是谁都绝不可能与之对抗的;而且,美国还拥有了绝大多数的实用性强的专利。所以,欧洲与日本即便是联合起来,也没有丝毫胜利的希望。

之前,轻部教授提到的恰克拉巴迪诉讼案开始于 1970 年,到了 1980 年最高法院才下达判决。但是我认为恰克拉巴迪制造出来的霉菌并没有被实际利用。不过,这篇最高法院作出的判决富有文学色彩,读之令人愉快之至,应该是一个了不起的人物所写的,而且还引用了美国的建国之父——托马斯·杰斐逊的文章。

判决书中提到:"美国的专利法的根本,就是美国的建国精神。"那么,如何来推动美国的建国精神呢?是采取政治的手段吗?如果按照这一路线来制定生物专利的国际基准的话,那么我们就必须制定一个可以限制美国的战略。但是,我认为这是不可能的。至少,日本的管理机构或者日本的政府是不可能做到的。

小林傅司:之前,针对东京农业大学的事件,您提到若是没有利用国家的科研经费的话,就不能进行制裁。研究人员以论文形式发表研究成果的时候,日本的与之相关的学会或国际性的学会是否会在接受或者不接受这一方面予以制裁呢?还是根本没有进行制裁?

加藤尚武:我认为,日本与之相关的畜产学会没有进行制裁。以本次事件为契机,学术界达成了一个共识,即断定这一事件违反文部省的指导方针。这是迄今为止所不曾有过的,即便东京农业大学的教授也没有想着要将之作为自己的业绩。坦率地说,他不过是一个热衷于在显微镜下展现自己的技术,一下子就分解了28个细胞核这样的类型的人而已。因此,一经他人蛊惑,也就开始行动了。就他自己而言,或许是认为这不过是一个有趣之事,也没有想到要去发表什么论文吧。

小林傅司:这样说的话,就是根本没有什么制裁的举措。

加藤尚武:就是这样。如果这一成果出现在了美国的话,"我做到这一步了,要不要买?"我想应该会出现有意购买的公司。

佐藤文隆:所谓科学,就是探讨为人类的福祉、健康作出贡献的道路。若是这样的话,那么柴田先生所说的"人类的尊严"、"人种的同一性",如今所说的"他者危害",即便是我们树立起了这样的原则,人类本身也会存在着"变种"(variety)。因此,遗传

205

基因工程结束之后，接下来的一个阶段，或许就是将"人"的质量加以整合，进行人的品种改良吧。事实上，医学与生物学的目的就是根除疾病，使人类不再遭受疾病之痛苦。或许过了500年之后，人类才会实现这一目标吧。

地球的资源是有限的，因此，提出降低人类的身高或者平均寿命的政策也是可能的。若是所有的人类身高全部降低的话，那么谁也不会感到不幸吧。若是站在一个更为长远的眼光来看的话，这才是科学家们应该做的。我认为出现这样的主张也并非是不可能的。不知到了这一时候，伦理学者将会作出什么样的反应？

加藤尚武：就此，我也提示一下几个看法。例如，即便是提倡优生主义，也未必就全是纳粹主义。一批研究人员认为应该对健全的优生主义予以承认，并正在展开这一研究。

这样一来，就引发了一个问题。也就是说，若是这一研究开发成为可能的话，那么为了实现这一目的而进行的研究开发行为，究竟如何才能获得人类的共同支持呢？对于基因图谱的开发计划，不少人认为这完全是违背伦理的。不过，也有一部分人指出，若是不经历整个人类一致同意并形成共同意见这一程序，而是任由某个公司一个劲儿地开发下去的话，那么最终的结果则必将给人类的同一性造成危害。

地球的环境问题也是如此。对于遗传基因工程学、细胞工程学将对整个人类的同一性造成危害的可能性，我们能否解释，究竟达成一个什么样的共同意见才是恰当的呢？即便是一个比较低的基准，那么究竟获得百分之多少的国民的理解才可能形成一个有效的共同意见呢？若是考虑到这样的难以解释的问题的话，那么就会令我们研究伦理的人产生一个绝望的感觉。

就整个人类如今形成共同意见的能力而言,若是极度艰难的问题,世人就会采取回避的方式,而且也只能在无法形成共同意见的困境下来继续维持现状。

小林正弥:尽管社会契约论式的共同意见无法得以实现,但是我认为如同康德主义者一样,从人类的尊严这一角度来展开争论,由此获得人类的一致认可,在逻辑上是可能的。但是,这一问题是一个极具象征性的重要问题。就我自己而言,我认为应该采取更为大胆的方式来解决它。不可否认,"他者危害原则"实质就是自由主义的基本原则。不过,在生命伦理的问题这一方面,只要不发生原则性的冲突或者矛盾,我认为还是可以确立起一个逻辑框架,即必须改变"他者危害原则"。

例如,所谓下一代的问题,我们也必须考虑到"环境"的影响。英国哲学家帕非特得出结论,认为现代的功利主义逻辑解决不了后世的问题。对此,我写了一篇论文("Holistic Self and Future Generations: A Revolutionary Solution to the Non-Identity Problem, " in tea-Chang Kim and Ross Harrison, eds. , *Self and Future Generations: intercultural conversation*, Cambridge: The White Horse Press, 1999, pp. 131 - 198),提出"若是无法解决的话,那么就应该改变一直以来的逻辑框架。"对于"他者危害原则",我认为也要加以重新思考。

换句话说,针对一直以来的自由主义的基本原则,曾经出现依据社会主义尝试去改变它的一个潮流。如今这一潮流走向低潮,但是同时,环境、生命、家族这样的问题也使自由主义的基本原则开始出现逻辑的破绽,令它无法应对。由此,我们站在public(公共的)立场,采取一定的方法来对公共行为加以管理。我认为,这样的一个逻辑框架,必须走"可以改变既有的他者危害原则以及作为这一原则之根基的原子论式的逻辑构成"这么一条道路。原子能的管理问题,也应该站在这样的角度来进行讨论。加藤教授提到,依据一直以来的理论框架,克隆问题是无法超越这样的逻辑性课题的。若是这样的话,为什么我们不能放弃原来的立场(他者危害原则),重新构建起一个新的逻辑框架呢?

加藤尚武:我认为您提出的意见大概是这样的,一方面明确地指出"他者危害原则"的界限,另一方面指出我们难道不是还在"他者危害原则"的周边来回徘徊吗?为什么不大胆地迈出一步呢?我认为我的处境也确是如此。

不过,作为一个文科系统的教授,我认为在此有必要思考一下"他者危害原则"的思想演变的历史。毫不隐讳地说,在克隆技术出现的时候,科学技术厅承担了制定克隆管理法案的任务。在科学技术厅的要求下,我向他们推荐了一位刑法学者并提到:"这位学者对于可处罚性的问题发表了高质量的论文。克隆的问题不仅仅是是否违法的问题,进而也涉及可处罚性的问题。"但是,我认为这位学者完全忽视了"他者危害原则"。

这一原则在西方社会至少有效存在了数百年。在一开始面对克隆这样的问题之际,我们或许会轻易地将它否定。对于这样潜藏着危险的认识,我想作为文科系统的学者需要努力去解释一下。

西冈文彦:通过您的演讲,我了解到克隆技术操作极为简单,价格尤为低廉,而且它的重要性也越来越突出。而且,您的演讲也令我对克隆的知识产生了兴趣,同时也让我既感到了有趣,也感到了恐怖。

我认为克隆的出现这一事件,站在普通常识或者直观的角度,不管我们是感到厌恶,还是觉得恐怖,或者是认为它违背了生命的尊严,总之是一个我们不可漠视的问题。而且,我也感到如今真正到了一个必须决定我们的思想或者态度的时候了。

就政策而言,美国的决定大致是正确的。美国政府之所以这么决定,最为根本的是基于基督教宗教心理的考虑。对于基督教徒而言,神的本质是造物主,人类的一切活动皆是神的模仿,若是违背神的旨意,就会出现"恶魔性的行为"。欧美的美术史之中,会周期性地出现生物抽象拼贴画(collage)大肆流行的一个现象。东方美术史之中间或也会出现这样的倾向,但是没有欧美的那么强烈。不言而喻,这是基督教观念的一个消极体现。

若是违背了神创造"生命"的原则,人类自己自由加以组合的话,那么就必然出现怪物。尽管它会被称为"恶魔主义",招致世人厌恶,但实际上也会给人带来一定的享受。好莱坞如今所拍摄的电影,就如同日本历史上所说的"地狱图"。他们采用特殊摄影的方法,制作了无数奇妙至极的怪物,令人备感有趣。因此,对于这一虚拟的世界,美国采取了控制基督教心理,允许言论自由的政策。

不过,与欧美不同,我们亚洲人并不是基督教徒这样的人,为什么对于干涉生命——"克隆"这样的行为也会从根本上感到恐惧呢?我感到必须要进行一个自我分析,从语言、思想上来深刻地审视自己。

加藤教授的演讲之中,令我不甚了解的是,克林顿的方针究竟是基于什么思想而制定的。不过,我认为还是要遵守"他者危害原则"的。如果克隆人的实验取得了成功,那么生命的不可逆性、不可侵犯或者生命只有一次这样的观念就会受到最为直接的冲击。

如果将孩子杀害金丝雀(canary)的概率与孩子杀害电子游

209

戏中的电子宠物的概率进行比较的话,电子宠物的概率显而易见会大为超出。那么,他们究竟是爱好金丝雀还是电子宠物,抑或是游戏人物(character)呢?如果我们接近他们,认真观察幼儿园或者小学的孩子们的话,应该不会出现什么差别,尽管"杀害"本身是一个令人恐怖的行为。

那么,他们为什么会杀害电子宠物呢?或许是因为它可以再生吧,所以就将之杀死,令它重生。孩子们杀死电子宠物的时候会出现墓穴,我与妻子最讨厌墓穴的设计图案,于是我们就对孩子们说:"你们或许还不明白,不过,我们却是有孩子的人,尤其是母亲,只要一看到这个图案,就会感到毛骨悚然,悲伤不已。哪怕只是游戏,但是也要好好考虑一下他人的感受吧。"由此,他们就接受了我们的想法。

不仅我自己的孩子如此,对于具有了可逆性(可以改变结果)的事物,孩子也会容易犯下致命的错误。对于活着的乌龟或者金丝雀,他们会努力地做到不去杀死它们。不过,若是前文提到的失去孩子的父母可以通过克隆来加以复制的话,那么,"不管发生了什么,绝对不可戕害生命"这一精神上的禁锢也就不会再那么严格。如果克隆式的复制(reset)成为可能,那么即便是对于不可侵害、不可逆转只有一次的"生命",世人也不会过于注重,而且,整个社会的杀人或者伤害事件也会急剧增加。

因此,我认为美国的指导方针与其说是逃避"他者危害原则",倒不如说是站在间接的、感受性的框架下,对它加以强化。但是,就如今我们所讨论的话题,我没有想到美国是违反了这一原则而提出这样的指导方针的。我不知道各位怎么看待这一问题?

加藤尚武:就这一问题讨论下去的话,我认为需要大量的时间。因此,我推荐您阅读我的 PHP 新书《脑死、克隆、遗传基因治疗》(1999)。

最近,我调查了"有机体"(organism)一词的出现历史。英国一提到"organ",就是"pipe-organ",代表了"机械"之意。这一词汇中途转化为"有机体"。根据我的学生的调查,最早是在 1778 年 OED(《牛津大辞典》)曾加以收录。德语圈的调查,则显示是 18 世纪才开始出现的。

将"生命"与"机械"明确区分开来,而且认为"生命"是一个更高的统一体,这一思想究竟是什么时候开始的?若是将有机体(organism)视为基准之一,那么就是在 18 世纪,即便不是这一时期,至少在 19 世纪就已出现。这一时期,还无法想象会对有机体进行技术性的操作(operation)。

1970 年,美国科学家科恩指出人类具有操作遗传基因的可能性。在此之前,人类一直梦想着生命将会永恒,并想象存在着一个万物有灵论(animism)统治的世界。但是,如今这一梦想出现了实现的可能,一个新的时代即将开始。由此可见,即便是人类持续了数千年来的梦想,如今通过人类的这一新的尝试也将实现。

西冈文彦:人类将野猪改良为了家猪,我最喜欢的犬,以前也是类似于狼一样的动物。人类对它们加以驯化——而不是使用生命技术,如今使之成为了我们的"朋友"。我所说的或许与加藤教授的主旨不同,不过,以遗传基因的操作为契机,反而更为强烈地刺激了人类对于以自己为中心的世界观、地球观的反省。我认为作为一个思考的实验,这一尝试实在是了不起。

欧洲从自然的生命观转向机械的生命观,我认为其转向的契机出现在 18 世纪。在这一时期文学家的日记之中,将瑞士的阿

211

尔卑斯山脉描述为"自然的废墟",指出自己"从来没有看到如此污秽的风景"。他们的生命观,应该是抱有了强烈的机械主义的色彩。至于"organism"这一有机体,作为更高层次的统一体的生命观,如同人类开始认识自然一样,其历史也是极为短暂的。因此,在这之前西方没有出现风景画,我认为是因为无法描绘出风景。所谓风景,不过是自然的废墟而已。

但是中国在 10 世纪左右,出现了描绘风景的山水画。依据西方的观念史,他们对于生命或者自然的认识是机械性的、半途而废式的;至于对于统一性的有机体抱有尊重或者崇拜的思想,则不过是近代之后而已。我认为,东方的生命观之中,存在着西方的观念史所无法描述的东西,因此,我们有必要将东西方作为两极来进行讨论。

桥本毅彦:我想提出两个问题。英国制定了伦理基准,也进行了世界领先的"多莉羊"的研究。不过,制定这一基准的委员会的成员构成究竟如何呢?研究人员必然是加入的,同时神学家、伦理学家也加入了进来。他们究竟发挥了什么样的作用呢?这是第一个问题。

第二个问题,韩国如今正在倾力研究生命伦理,韩国以及其他亚洲国家的文化土壤,乃是完全与基督教不同的儒教或佛教。这样的话,他们在思考生命伦理、医疗伦理的时候,是否有可能制定出个性化的伦理基准呢?若是出现了这样的伦理基准,那么它与欧美的伦理基准的关系将会如何呢?

加藤尚武:以德国、法国为例,他们的生命伦理学家大多是神学者。数日之前,我与约翰内斯·莱特会晤,之前,我在没有得到他的允许下就翻译发表了他的文章,所以借助此次会晤向他表示道歉。我所翻译的文章就是他写的《遗传基因工程学十戒》。针对遗传基因工程学,他提出了极具创新性的伦理基准。这次会晤,我受到了他的刁难:"你偏向了英美系统,可以推测出你是一个他者危害原则(harm to others)主义者,不过,若是不知道人类的尊严,那么就绝对不可以进行生命伦理学的研究。"

我所进行的回应是:"基督教的神学者不是说过人类的尊严乃是蔑视神的一个观念吗?"他接下来就说:"如今,人类的尊严乃是神与人类的妥协所形成的产物,在这一方面,基督教与(人类)文明采取了和解的方式。"这就是标准的神学者的观念。

自然状态下,男女之间的比例是100∶104,但是韩国如今男子出生率高,达到了118或者113,众说纷纭。总之,韩国的男女比例的差异如今正以一个异常的数字在不断递增。

儒教文化圈也存在着从事极度危险的生育技术的可能性。据说中国台湾地区流行占卜,若是判定什么时候孩子出生会适逢好运,那么就会在那个时候进行剖腹产手术。儒教道德文化与近代科学技术结合起来,正在进行着现代发达国家伦理基准明文禁止的医疗行为,这是一个不容否定的事实。

我并不是说西方性的伦理就是绝对正确的,而是认为有必要确立起一个更具普遍性的生命伦理。而且,作为一个民族的特性,它究竟可以容忍到什么样的地步,若是我们不事先定立一个基准的话,那么也有可能变成这样一个怪谈:"那是美帝国主义的生命伦理学,依据日本固有的国粹型的生物伦理学,希望生育男孩乃是理所当然的。"

213

论 题 六
科学·技术与公私

村上阳一郎

1. 前科学期＝公私意识的前阶段

作为一个默默无名的历史研究者,在此,我谨从历史这一角度来探讨一下"公"与"私"的问题。我将"科学"的历史分为三个阶段,第一个时期,就是公认的发源于欧洲17世纪的近代科学。伽利略(1564—1642)、开普勒(1571—1630)、牛顿(1642—1727)、波尔(1627—1691)等一批近代科学家被视为近代科学的先驱,他们创造出了科学的原型,我将这一时期称为"前科学期"(pre-scientific),而且也一贯坚持这一称谓。或许这样的坚持过于武断,但是我始终认为到19世纪之前,欧洲并没有出现我们如今所谓的"科学"的知识活动。我之所以称这一批先驱者为"科学家",是因为我们站在现代科学的角度来把握他们的活动并由此来加以理解的。换句话说,这样的称谓是基于某种意义下的"时代的挫折"而产生的,这就是我的基本观念。

这一批先驱者们所从事的活动与我们如今所说的"科学"大为不同。他们基本上是站在神学的立场。众所周知,伽利略与教会之间尽管发生了纠葛,但他同时也是一个虔诚的天主教信仰

215

者,而且还提出了"新科学"(译者注:今译 nova-science)这一概念。一般人们将之翻译为"新科学",但是我反对这一译法,认为应该翻译为"新学问"。

众所周知,哥白尼是天主教徒,开普勒与牛顿是新教教徒。即便是牛顿在解释万有引力定律之际,也极为自然地指出是"神的力量在发挥着作用"。如今的物理学界若是提出"万有引力乃是神的力量"这样的论文,审核者大概也会怀疑作者头脑是否出了问题吧。总之,他们所从事的活动并不是我们如今所说的"科学",所以我称之为"前科学期"。在这一时期,"公与私"这样的问题意识还没有明确地得以提示出来。

"前科学期"的知识分子努力地研究自然,理解自然知识,其根本动机也非常明确。也就是基于神学的理由,即自然是神之手创造出来的,通过逐一地揭示自然,就可以更好地理解神的意图与计划。就是在这样的目的、动机与刺激下,他们展开了知识性的活动。我认为欧洲 17 世纪之前的"科学"就是如此。

尽管这一论断尚需要深入地进行探讨,但在此我还是进行这样一个大概的把握吧。到了 18 世纪,科学迎来一个大的变革,这一世纪出现了启蒙主义。所谓"蒙"(蒙昧),乃是指基督教这样宗教性的事物;所谓"启蒙"就是开启它们,使之接受理性的光芒。若是采取概念性的语言来表述的话,所谓"启蒙主义"的时代,就是标榜要阐明过去那些被黑暗之信仰所欺瞒的人类的"理性"的一个时期。

17 世纪之前的欧洲,不管是斯葛拉学派,还是伽利略的"新学问",或者是开普勒的"天文学",抑或是牛顿的"万有引力",所有的"科学"知识都是以基督教式的知识为基础的。伽利略反对亚里士多德流的斯葛拉学派,但是在以基督教为基础这一方面两者没有什么差别。在全部清除这样的基督教式的神学基础的时候，究竟什么样的知识会为我们所掌握呢？由此而进行的实验，也就是启蒙主义，其结果就是19世纪诞生的"科学"。我认为，若是这样理解的话，那么欧洲的历史也就可以一目了然了。

2. 原科学期 = 集团(community)内部的自我完结性

我将19世纪称为科学的第二期，即原科学期(prototype，原型的科学)。它的特征在于18世纪的启蒙主义对它的形成产生了一定的影响，尽管在这一时期也出现了针对启蒙主义而提出反论的浪漫主义。启蒙主义占据了18世纪的主流，但并不表示欧洲社会完全走向了世俗化。但是至少，学问这一领域不可能再回到过去。其结果，就是到了19世纪，世俗性的学问得以树立起来。至于神学或者哲学，则是作为这样的世俗性的学问之一而被重新加以定位。

近代伦理学基本上肇始于德国哲学家康德，康德曾一度尝试取代宗教的框架结构，努力站在学问的角度来订立人的伦理规范。由此，从18世纪后半期到19世纪，世俗性的学问也就得以出现。

但是，这样的世俗性的学问并不是如同过去的"哲学"那样统括一切，而是作为名副其实的"科学"而出现，并突出强调其拥有了自身规律的独特性。在这之中，就包括了后世称为"自然科学"的一门学问。若是依据我这样的一个理解，那么"科学"就已经完全排斥了基督教的背景。正因为如此，所以现在的自然科学在从事"科学"的知识活动这一方面没有任何的阻碍，无论是基督教徒还是印度教徒，或者是无神论者，皆不足以影响到科学的发展步伐。一提到"科学"，则是与宗教处在一个中立的立场，进而"科学"拥有了不予干涉宗教事务或者说对它完全漠不关心的基本特征。

17世纪之前的欧洲人，其知识活动的目标若是在于"理解神的计划"的话，那么到18世纪之后，尤其是到了19世纪40年代，探讨自然知识的自然科学家（欧洲语言之中的"科学家"）这一术语在各个国家开始相继出现。德语之中，如今所说的"Natur wis-senschaftler"（自然科学）一词尚未被使用，19世纪之后开始使用"naturforscher"一词，"scientist"一词大约在1840年左右才开始被创造出来。"科学家"一词在这之后终于登上历史舞台。大学理科的第一次出现，也是到了19世纪之后。

在这一过程中，"科学家"们究竟是受到什么的刺激才会去研究探讨知识呢？若是使用美丽的辞藻，或许可以说是为了"探求真理"；若是采用卑俗性的用语，或许可以说是为了"满足好奇心"。满足好奇心这样的刺激，就是一个极具私人性的活动，也就是说，要研究自己感兴趣的东西。这一类的科学家们的研究动机，可以通过"curiosity driven"（好奇心的驱使）一词来加以概括。

这一术语，经常也被用来指称19世纪之后的科学活动。但是，关于这样一个"私人性的活动"，若是我们翻开19世纪的历史或许就会明白，他们这样的第一代的科学家们完全处在了一个没有朋友、孤立无援、极为寂寞的状态之下。

顺便说一下，英语之中的"physicist"（物理学家）一词，也几乎与"scientist"（科学家）一样，是在1840年左右才出现的。因此，我们可以说"物理学"这一学问是在19世纪诞生的。

在这一时期之前，世界上就出现了"botanist"（植物学家）一词,"chemist"(化学家)则是来自于"alchemist"(炼金术士),这样的词汇之中的"ist",在欧洲19世纪上半期只不过是为数不多的几个而已。它们之间毫不相关,并不具备任何的力量。由此,彼此不相关也不尽相同的它们开始逐渐凝聚在一起。不过,它们之间的结合最初并非是局限在了专门领域之内,应该说乃是"只要是科学家,就要团结在一起"这样的一个结合。

这一时期,最为典型的团体则是模仿德语圈的尝试活动(被称之为GDNA)而出现的英国进步科学协会(British Association for the Advancement of Science,BAAS)。这一协会没有受到专门领域的限制,只要是科学家,无论是谁皆可以加入进来,他们所推进的活动就是为了让世人承认与接受新的科学知识。不久之后,美国出现了美国科学振兴协会(American Association for the Advancement of Science,AAAS)这一组织,他们采取与英国协会截然不同的组织形式(counter part),并发行了《科学》(science)杂志。

不言而喻,各个不同的专业领域不断发展,由此就汇聚了一批专家,各个专门性的科学组织也得以相继建立起来,这也就是我们如今通常所说的学会团体。例如,随着数学、物理学、植物学、动物学、矿物学这样的领域的学会团体不断建立起来,各个领域的知识越来越走向专业化。德语圈中出现的GDNA这一组织就是如此,它较之前文提到的BAAS或者AAAS出现得更早。但是,那一时期的德国还没有实现统一,也没有成为近代化国家。尽管如此,国家或者地区成为这一组织的主体,而这一组织之所以出现,就是要这样的一批专家们汇聚到这一主体之下。

19世纪后半期以来,"专业学会"开始不断地出现。不过,与其说它们局限在了一个国家或者地区的框架之内,倒不如说它们只是一个专门领域的内部结合。由此,我们也可以说至少在这一

219

时期,欧洲出现了一种国际性的组织。在这样的专门学会中,"个人"成为真正的主体,这样的个人与从事同一专业研究的人结合在一起,也就出现了所谓的"科学家集团"(scientific community)这样的组织。

我认为,科学的"原典型"(prototype)的特征就是这样最终得以形成。不过,应该说是共同具有了好奇心的"个人"汇聚到一起,在一个集团内部来进行力求完整的知识创造活动,由此,这一典型性的科学发展模式逐步发展起来。这样的一个科学的发展模式,我将它称为"自我完结性"。

所谓"自我完结性",就是指在科学家集团之内部,新的知识不断得以创新,而且以论文的形式发表出来,被发表的知识也被积累到了这样的集团之下。不仅如此,这样积累下来的知识的利用者或者使用者也几乎是这一集团内部的同僚。曾经一段时间,这样的集团下的科学家们围绕引用率与被引用率而展开了激烈的争论。所谓曾经一段时间,大概也已经过去了几十年左右,对于他们彼此创新出来的知识,他们认定一个基准——对这位科学家如今所创新出来的知识,无论是持赞成还是反对的态度,总之会对我所从事的研究具有一定意义,也与我从事的研究存在着关联——就是抱着这样的一个判断基准或者判断形式,他们彼此之间互相利用对方的研究成果。所谓引用与被引用的争论,也就是他们彼此之间的一个内部关联形式而已。

不言而喻,通过同僚之间的相互评价这样一个方式,他们所创造出来的新知识就成为了研究的合作者之间或者集团内部的知识财产,而且,也就只能在这一框架内来判断这样的新知识是否卓越或出色。正是因为采取"同僚评价"这样的方式,因此,从知识到创造、到知识的交换,乃至到对它进行消费、加以利用、进而评价这一环节的所有活动,也就只是在科学家集团的内部来进行了。

这样一来,科学研究可以说就处在了一个不与外部社会发生关系,也不与非专家(lay person)之间存在任何关联的状态之下。"科学"的这一"自我完结性"的形象由此也就浮现出来。

在此,我想强调一下科学家的责任问题。曼哈顿计划取得巨大成功,美国向广岛、长崎投下了原子弹。但是,数位物理学家却强烈地意识到自身的责任问题。众所周知,科学和世界事务会议(Pugwash Conferences on Science and World Affairs)获得1995年诺贝尔和平奖,这一会议的主旨是从事和平运动与反核运动,这一批人之中就包括数位曼哈顿计划的参与者。

爱德华·德拉就是"原典型"科学家的代表之一,他主张科学自身的自我完结性,指出:"我们是因为有兴趣才研究原子核的,我们努力去探索真理,由此来完成我们的事业。尽管军队利用了核武器,但是若是要我们来背负被军队所利用这样的责任,我们是经受不起的。"不少的物理学者坚持这样一个立场。就此而言,科学家集团所从事的研究活动完全封闭在了其自身的内部,而没有去考虑外部的后果。我将这样的研究活动称之为"原典型的研究"。站在这一意义而言,我认为曼哈顿计划的结果意味着科学研究的一个重大转换,或者说它成为我们如今对科学研究活动进行变革的契机。

221

3. 新科学期 = 面对集团(community)外部的责任

我将科学的第三个发展时期称为"新科学期"(neo-scientific period)。在这一时期,首先,针对科学家集团,来自其外部的产业、政治、医疗、军事等领域试图基于自身目的来开发(exploit)既有的各个领域的知识。"exploitation"也包括了"剥削"之意，是一个极为苛刻的辞令，但是，我认为曼哈顿计划的实质就是如此。

或许在以爱因斯坦为代表的从事曼哈顿计划的一批科学家的集团内部曾出现过若是引爆原子弹将会造成什么样的影响这一质疑。不过在此，我们完全放弃这样的预先揣度，以一种模式化的方式来对这一计划加以理解的话，那么应该说它的实质就是作为"外部"的军事领域利用、榨取或者说掠夺了核物理学的科学家集团即"内部"的"知识"。

毋庸置疑，所谓"原典型的科学研究"，就是科学家集团内部的个人选择自身抱有兴趣的课题进行研究。但是到最近这一段时间，这一状况发生了根本性的转变。科学家集团接受来自外部领域的任务(mission)，为了解决这一任务而在其内部开始建立"事业团体"(project group)，他们通过"commissioned"(委托)这一词汇来统称它，我则将之翻译为"請け負う"(承包, ukeō)。"commission"一词原本是委托他人之义，但是在此却转变为"被予以委托"之义。而到了现在，与其说是科学家集团被动地接受委托，倒不如说他们正积极地采取承包的形式来与外部领域彼此回应(response)。这一类型(type)的研究活动如今正急剧地发展起来。

一部分学者采取 Model 1（模式 1）、Model 2（模式 2）这一概念来界定科学活动的模式转变，但与之不同，我没有采取"Modle"一词，而是将它理解为"type"。进一步而言，我所区分的两个领域，乃是"proto-type"（原典型）与"neo-type"（新典型）两个概念。

4. 科学·技术与公私

接下来,我们转向"公"与"私"的问题。在这样一个状况下,科学家认为自己的个人研究活动只能是限定在科学家集团内部的、自我完结性的研究这一主张已经变得不合时宜了。之所以如此,是因为科学家们极为清楚自己的研究将用于何处。接受军事研究领域之委托的科学家们已然明确自己的研究将会直接地用于军事领域。这样一来,在他们完成这样的研究课题的时候,科学家对于同僚们的责任自不必说,即便是对于外部社会,他们也必须抱有一定的责任。

美国的国家科学研究院(National Academy of Sciences, NAS)这一团体于1989年发表了一封名为"On Being a Scientist"(科学家的责任)的小册子,为了让理科的学生阅读它,所以采取了廉价销售的方式,不管是什么人都可以得到它。1995年第二版问世,日本的池内了先生将它翻译为日语,化学同人出版社将之出版,并附加了"致立志成为科学家的人——什么是科学家要负责的行为?"这一标题。第二版的核心内容与最初的版本没有什么差异,在此我想向各位介绍一下初版的核心内容。

第一部分"The Nature of Scientific Research"(自然科学研究)介绍了什么是科学的方法、如何来收集整理科研数据、如何来思考假说与观察之间的关系、如果不想欺骗自己的时候应该如何、如何来进行假说的判定等一系列内容。

我认为其中的"Social Mechanisms in Science"(科学的社会机制)这一章节会涉及"社会"的问题,但是其内容完全不是这样的。它不过只是选择了科学家集团内部的社会组织(Social

223

mechanism)作为探讨的对象,并没有涉及普遍性的"the public"
(公共性)问题意识。

而且,在小册子的"The Communal of Scientific Results"(科学
研究之结果的公共性)与"Replication and the Openness of Commu-
nication"(信息的复制与公开)这两个章节,它也讲述了如何提出
自己的研究成果,还论述若是出现了科学的人为错误(human
error)或者科学的欺诈行为(fraud),应该采取什么样的措施。

美国国家科学研究院之所以出版这个小册子,最直接的动机
来自以巴尔的摩事件①为代表的科学家欺诈事件。这一诉讼案
指控科学家捏造数据,其结果最终也波及了美国的政治家们,美
国下院议员为此还组成了特别委员会进行调查。但是,被起诉者
为此向全美的科学家们发出了"这是第二次、第三次的伽利略事
件"的公开檄文,并发函呼吁科学家们联合起来,抵制"委员会"
的横加干涉。不少的美国科学家在此署名,并将之邮寄到政治家
的手中。这一行为,导致指控完全陷入僵局。这一事件,可谓是
一个典型的科学欺诈行为(Fraud in Science)。

这一小册子之中,"The Allocation of Credit"(荣誉的分配)与
"Credit and Responsibility in Collaborative Research"(合作研究之
中的荣誉与责任)等章节讲述了合作研究的研究者之间必须承担

---

① 巴尔的摩事件:1986年4月,诺贝尔生物医学奖获得者巴尔的摩与合作
者特里萨·嘉丽联名在著名学术刊物《细胞》上发表了一篇论文。然而,特里萨所
带的一名博士后发现自己所在的实验室得出的实验数据涉嫌造假,这引起了外界
的广泛关注。可悲的是,在长达5年的调查过程中,巴尔的摩始终利用自己的声
望公开威胁调查者,反对外界的干预。1991年3月,美国国家卫生研究院经过两
轮调查,正式指责论文中有两个关键实验数据是伪造的,属严重的科学不端行为。
而后,虽证实巴尔的摩对数据出错确不知情,为他恢复了名誉,但他当时还是撤回
了这篇论文,公开向揭发者欧图勒道歉,并辞去洛克菲勒大学校长的职务。

的责任问题。但是，这一责任并不是对外的责任，而是强调年轻者（junior）与年长者（senior）之间应该如何协调的问题，强调要严格避免"剽窃"（Plagiarism）、"维持科学的纯洁性"（Upholding the Integrity of Science）的问题。这一系列内容与之后的"社会中的科学家"（The Scientist in Society）这一部分所占据的篇幅，不过只是短小的一页而已。

最后一章，小册子提到："即便您要从事纯研究性的活动（即我所说的原典型研究），时而也会给社会带来巨大的冲击。核武器与 DNA 转换技术就是典型的事例。不过，在此我们不予论述，希望诸位阅读一下本书。"仅此而已。即便是到了 1995 年的第二版，也几乎没有什么深入。也就是说，这本小册子所论述的 95% 的内容，皆是局限在了科学家集团框架下的一个内部规范，我所说的"自我完结性"也就是这样的一个内涵。

不过，事实也发生了与之截然不同的事例。1938 年，即我出生之后的第二年，日本成立了土木学会。他们制定了土木技术者的规范，向外进行公示，即《土木技术者的信条（三大信条）》与《土木技术者的实践纲要（十一条）》。《信条》的第一条指出："土木技术者应该为国家的发展，为增进人类的幸福作出贡献"。《纲要》的第一条也指出："土木技术者凭借自己的专业知识以及经验，针对国家的以及公共的各个问题，积极地为社会服务。"这一规定首先提到了社会服务的问题。由此，我们可以发现"技术者的立场"与"科学家的立场"之间的差异。我是为了进行对比（contrast）而选择了这一材料，但是通过这样的条款规定，我们可以发现，不管是好还是坏，技术者皆认识到自己从事的活动与"公"的领域之间存在着直接的关系，并将对它产生直接的影响。

2000 年 1 月，日本化学学会的理事会通过了一个名为《日本

225

化学学会行动规范》的条例。这一规范的制定者之一,是我高中阶段的一位前辈,也是我所尊敬的一位化学家。日本化学学会的新的《行动规范》之中没有出现"国家"或者"国运"一类的字眼,但是却出现了与土木学会一样的"为人类的幸福作出贡献"这样的文字。化学研究自 19 世纪创立以来,就一直与药品开发,而后是胶卷、塑料等石油产品相关,总之,它与一系列具体的技术或者产业紧密地结合在一起。因此,即便世人认为它是从属于自然科学的研究领域,但还是出现了这样的行动规范。

日本的信息通信学会也在 1996 年制定了行动规范,并依据这一规范而展开了活动。这一领域应该说与技术极为接近,不过,其规范的一开始也强调了自身对于"公"的领域的责任与义务的问题。换句话说,站在技术与工程学的立场,个体研究者或者参与研究开发的人,他们与社会、民众之间的关系不管是好与坏,则被认定为彼此之间确实存在着一定形式的关联性。

但是,"科学"与此不同。"迄今为止的科学"的基本特征,恰恰就体现在没有这样一个设定前提。不过,到了我所说的科学的第三个发展时期即"新典型"的时期,这一特征将会越来越显著,但是,究竟是否需要这样的前提设定,我认为还是一个未知数。站在另一角度而言,到了这一时期,科学与技术之间的壁垒已经越来越模糊。由此可见,认为科学研究者不过是一个单独的个体,只要对于自身所属的科学家集团抱有一定的责任就可以了,这样的一个"自我完结性"的科学时代正在走向终结。

总之,到了这一时期,个体性的研究者与"the public"(公共)之间的各种各样的关系,将会完全暴露在一个多重性的网络与标准之下。我认为,我们今后必须在这样的一个认识前提下来展开自己的研究活动。

围绕论题六的讨论

绫部广则:村上教授指出,科学可以分为三个时期,第二期即"原科学期"存在了为好奇心所驱动的研究模式。而且,站在另一个视角,也指出与这样的好奇心的驱动模式不同,存在了任务完成型(mission)的研究模式。科学研究的重心朝着这一模式发生转移,也正是如今的一个整体趋势。通过村上教授的讲述,我认识到这一模式也出现在了"原科学期"之前的阶段。若是这样考虑的话,那么将好奇心的驱动研究模式置于重点的一个时期,也就是历史上的一个非常特殊的时期。这样一个时期,会不会只是我们一时的幻想而已呢?对此,我不知道村上教授怎么看待这一问题?

村上阳一郎:我赞成您将好奇心的驱动研究模式视为一个特殊的类型,不过,我们一开始所谓的自然科学,究竟存在着多少实际利益呢?我认为实质上并没有多少。因此,18世纪的科学,我认为未必可以称为自然科学。18世纪出现了科学知识,诸如百科事典(encyclopedia)所收录的知识,不过是因为编撰者狄德罗收集了一批自认为"可实用"的知识而已。狄德罗原本是一个"工匠"即职业性技术人员,他不过是将工场制作手工业或者职业性技术人员的知识进行了图表化(chart),辅以图绘、附以语言,也就是加以"知识化"。

换句话说,就是将这样的知识限定为实用的知识,进而言之,即是将技术的领域视为了知识。不过,在19世纪科学得以产生的一个时期,我认为科学出现了"吹嘘性的谎言"。其中之一,就是"科学是一种纯粹的好奇心的探索,是真理的探索",所以科学

227

要求大学成为自己的桥头堡。正是到了 19 世纪,才出现了近代大学即"洪堡式"的大学。这一类大学就某种意义而言,可以说成为了"知识的殿堂"。换而言之,尊重实用性的知识这一思考方式再次遭到大学的排斥。

或许人们会指出:"大学之中不是存在着实用性的法律与医学吗?"但是,这样的学问作为传统早在 12 世纪就已然存在,法律与医学确实强调了知识的实用性,但是它们并不是出于世俗的目的,其根本在于它既是基督教的专门职业,同时也是人类的天职。人类响应神的呼唤,力图实现神的计划,正因为法律与医学承担了这样的任务,所以它们在欧洲、美国受到特殊的礼遇。因此,我认为法律与医学不能一概地认为是实用性的、世俗性的知识,其传统本身就解释了这一问题。

那么,科学究竟如何呢?一方面,人们将"非实用性"视为科学,在近代大学之中构建起科学的桥头堡。但是,在面对社会强调自身存在的时候,一批学者大力宣传"知识就是力量"。不少科学家在 19 世纪推出的科学普及的宣传画、小册子或者书籍之中,皆写道:"研究科学,就可以创造出如此了不起的成就。"正因为如此,我认为科学存在了"吹嘘性"。

绫部广则:按照您所说的,第二次世界大战之后,"原科学期"研究存在了一个陷阱。一个具有代表性的事件,就是 SSC(超电导大型粒子加速器)的中止。换句话说,由此我感受到只是依据好奇心驱使型的逻辑,是无法继续承担科学研究的任务的。

村上阳一郎:为了得到社会的支持,一方面,科学必须强调自身的"力量"。可以说自 19 世纪以来,科学家们就意识到了这一问题。科学研究需要资金,由此为了获得社会的援助,就必然存在着会带来实际利益的一面。但是,就结果而言,我们在理解如今的科学的时候，可以说它也存在着"自我完结性"的一面，即为了满足自己的好奇心而从事研究。因此，我认为"原科学期"的科学即便是到了现代，也依旧会存续下来。而且，我不是要否定这样的存续有什么问题，而是认为科学就是如此。

夏威夷岛的山顶，设置了日本制造的天体望远镜。它并不存在任何的社会或者产业的价值，但是却投入了 400 亿日元的巨额资金。若是认为这样的设施毫无社会回报可言，因此完全没有必要，对此我也不敢苟同。但是，一部分人却反复强调天体望远镜具有一定的社会价值。那么，它们究竟是出于什么样的立场而言的呢？站在国际化的角度，如今我们所使用的大型望远镜皆是产自国外，而日本制造的望远镜如今也为美国所利用，有助于提高日本的威信（prestige）。如果科学家们不能说服政治家，使之感受到这样的社会回报的话，那么也就不会出现这样的成果了。

就科学与 public 之间的关系而言，科学采取了各种各样的"吹嘘性"来标榜自己。所谓"吹嘘性"，尽管是一个负面的词汇，但是我并不是为了强调科学存在着"欺骗性"。正如绫部先生所说的那样，我们应该认识到科学本身存在着这样一个"结构"。

绫部广则：我也是这么认为的。另一个问题，则是涉及您所说的科学的第三个发展时期。科学家集团依据一定的契约关系而得以成立，这样的"结构"我认为今后将会一直持续下去。但是，我认为若是加以概述性地分析的话，那么您所说的乃是 20 世纪 90 年代之前的模式。90 年代之后的一个最大的特征，乃是出现了之前小林傅司先生所说的宗教团体创造克隆人这样一个现象。也就是说，尽管他们不是职业科学家，但是他们在大学等机构接受科学技术的训练，并具有与之相符的能力，而且拥有了领导所有"用户"的、"非专家人士"的影响力。以 IT 产业为例，日本的这一行业若是没有秋叶原（日本著名的电子一条街）这样的下层基础（infra），那么就会出现巨大的问题。他们已经超越了伦理——通过契约来加以限制——所涉及的范畴。尽管这样的研究活动只是限于一批"业余者"足以操作的技术而已，但是，我们是否可以说问题的中心已经不再是过去的契约关系，而是朝着这样的一个方向发生了转移呢？

村上阳一郎："the Public"将展开掠夺行为。在此我所说的典型性的"the Public"，乃是指国家或者国家形式下的部门，包括产业。但是，正如您所指出的那样，这样一个设定过于偏向"非专家"的范畴，对此我也充分认识到了这一问题。在此，我所说的"the Public"并不是"公与私"这样的对立意义下的"public"，而是"非专业人士"（reperson）这一大致立场下的"public"。例如，只要拥有知识与资金，我们也可能制造出核武器，因此，电影就选择了这样的题材。科学技术，尤其是生命科学的领域，正如之前人们所谓的"厨房技术"那样，若是"非专业人士"执著于此不断努力的话，随着这一领域的不断开拓，或许会创造出什么。正如您所说的，科学的"现场"或者说实践的场所，如今越来越脱离科学家集团的控制了。

那么，对于这样的一个转变，我们应该如何面对呢？美国最近出现了一个频繁使用的术语即"re-exparts"。这一术语的语义本身存在着矛盾，但是就一部分领域而言，它具有较之"exparts"更为巨大的力量，并足以推动社会发展。这样的事例如今也出现了不少，鉴于这一事实，所以您指出"科学家集团"与"非专业人士"之间的区别本身早已有之，对此我也表示赞同。但是，这并不表示我没有考虑到这一问题。

西冈文彦：将科学分为三个时期的时代划分，在此我们姑且不谈，对于村上教授所说的"时代的挫折"，我认为也是我们在认识历史的时候最容易出现的错误。即便是美术史，也不可避免。巴赫为了表明自身的信仰而积极从事艺术活动，现代艺术家则是通过将他置于近代以来的浪漫主义艺术活动的框架内来加以重新阐述，提出了一个对于叙事者而言极为恰当的评价巴赫的话语。这一解释活动与现代艺术家走向权力化、非完整性的事实截然相反。我经常为此而感到苦恼，到了现在也无法找到一个对此加以严厉批判的论据，如今您所说的也给我提供了不少启发。

对于您所作的科学历史的划分，若是按照近代之后的表述方式，尽管它还是一个没有分化的阶段，而是抱着一种综合性的经营活动，但是经历启蒙期之后，这样的"优质性"的科学研究开始出现分化，并在经历了一系列的"丧失"之后开始走向"自我完结性"。这样的"丧失"，最为显著地体现在信仰这一方面。作为信仰的替代物，近代浪漫主义或者说人的"灵魂"这样的话语开始出现。科学研究经历了这样一个显著的发展阶段，因此，我认为我们首先应该确保的，就是要让科学沿着这一方向发展下去，逐步走向完善。

20 世纪 90 年代之后，科学研究呈现出一个不同的发展趋势。这一问题也体现在美术领域。反过来说，这是一个小的信号（minor code），关键在于我们要再次审视启蒙期之前与之后的人的活动的自我完结性的进程，使作为启蒙运动之补充或者代价而出现的近代浪漫主义的人类赞歌式的东西即便是到了 21 世纪，也可以在我们的灵魂深处搭建起一个平台来。我认为，绫部先生所说的"审视"，要在这一方面，我们必须进行大量的分析，由此而逐步推行下去。

村上阳一郎：对于音乐，我完全是一个门外汉。在此，也让我

231

作为一个毫无音乐素养的人来讨论一下。渡边裕先生在《听众的诞生》(春秋社 2000 年)一书中提到自己之所以从事如今的工作，是因为自己到东京大学教养学部求学之际，通过聆听我的讲义而获得了启发。借助他的论断，我也强烈地感到："莫扎特绝不是艺术家，而是一个职业工匠。"从莫扎特到贝多芬，正是"艺术"诞生的时期。美学的历史实质上是从黑格尔"美学"开始的。我们经常将达·芬奇称为"艺术家"，但这完全是一个错误。这就是我的基本认识。

达·芬奇曾向各地的贵族散发自己的求职信，其一开始就表明自己可以从事建筑城池、挖掘壕沟、设计道路，最后写道自己可以从事绘画与雕刻的职业。这就是 15—16 世纪的现实，对此我们总是将它遗忘，而只是牢记他们创作出了什么样的作品。这样的错误性的认识，实际上在各个领域皆有所呈现，我们必须对此加以修正。至少在自然科学领域，我认为必须如此，这也是我长年以来所致力探讨的一个问题。

绫部广则：西冈先生所说的，我认为确实如此。我认为这一问题的出现，与其将之视为一个巨大的、基础性的或者长期的课题，倒不如说是一个短期的现象。不过，尽管它是一个短期的现象，但并不表示探讨这一问题没有任何意义。若是我们将 90 年代之后的科学与社会的发展状况皆归结于近代的讨论这一议题之下的话，那么对于这一问题也就没有必要将之界定为一个迫在眉睫的课题来加以讨论了。之所以如此，或许是因为个人的关心视角不同吧。

佐藤文隆：科学已经走到了一个"自我完结性"的时期，并一直在社会的默许下持续地发展着。但是，如今科学与外部即社会之间的关系问题变得尤为重要，仅仅依靠它自身的内部操作是无法继续下去的,这已经成为一个最为现实的问题。在此,我希望村上教授能否反过来站在科学进入"自我完结性"之前的社会环境与文化环境这一视角,就社会环境与文化环境是如何维持科学的发展这一问题来阐述一下。

村上阳一郎:社会环境与文化环境究竟如何,我无法直接回答。尽管我是一位门外汉,但是我想回到艺术这一领域来谈论一下这一问题。在艺术领域之中,就曾存在着"为艺术而艺术"(L'art pour l'art)这样的话语。

美国的洛克菲勒财团诞生于20世纪之初,对于科学研究它也投入了资金支持。但是,洛克菲勒财团投入资金的理由几乎完全在于"艺术活动"这一方面。如同赞助支持歌剧、芭蕾或者戏剧一样,他们也基于这一原理对科学进行了投入。也就是说,与艺术活动一样,科学是扩大人类的活动领域或频谱(spectrum),或者是扩大人类活动之深度的活动之一,所以要进行援助。正是基于这样的原理,洛克菲勒财团资助了科学研究。

这一形式下的科学研究成为了可能,我们的社会也允许这样的科学研究的形式。可以说这也是一个事实。如果说这代表了社会之中的什么样的东西或者什么环境,对此我难以明确地加以回答。但是,至少我认为在这样的活动之中存在着"作为文化的人类活动"这样的可以为人所接受的情怀,而且这样的情怀即便到了现在也依旧存在。

佐藤文隆:我也认为如此。换句话说,也就是在各个不同的时期,科学或者艺术究竟哪一个占据了主流地位的问题。若是我们站在一个更为广阔的历史视角来看的话,简单地说,这样的活动就是在资本主义不断强化的过程中,社会所萌发出来的一种"counter part"(逆性的局部行为),或者说不管是卡耐基还是洛克

233

菲勒,皆会走向支持科学或者艺术的行动之中吧。换句话说,是否可以说大家皆是为了探索"什么才是作为文化的科学"这一课题而展开科学研究的吧。

第一次世界大战之后至纳粹主义上台之前的世界文化体系之中,被附以"纯粹"(pure)之名的事物为数不少,这是一个历史事实。在科学这一领域,不管是什么人皆试图附上"纯粹"一语,以标榜自己。即便是到了现在,不少国际团体也附以"纯粹 and 应用"一类的名义。这大概也就是以前所留下的影响吧。

村上阳一郎:这不过是一个单纯的现象而已。19世纪后半期,皇家伦敦协会(Royal Society of London)的会长选举就出现过这样一个例子。一位学者从事白金研究,并由此聚敛了大量财富,在自己的信息被公开之后,即刻就被上层确定为了会长候选人。通过这一个例证,我们可以确认的是,至少在这一时期的英国的知识氛围之中,"知识"作为批判社会(资本主义不断强化的潮流)的一个反命题,尽管它无法带给社会以实际的利益,但还是受到了极大的重视。

桥本毅彦:我认为,科学家集团的出现也牵涉到了科学知识是否正当的大问题。科学家集团的自我完结性这一事态出现在19世纪中叶。我们想象那一时期的情景,德国的大学开始质疑学问的意识形态,法国建立了科学院,皆与国家存在着密切的联系。但是,英国的科学研究则是与后援者(patron)的关系更为密切。我所列举的例子或许并不那么突出,法拉第之所以面对上流社会阶层人士进行实验或演讲,应该说他们与法拉第一样对知识抱有了一种好奇心。

私有财团到了19世纪与20世纪之交的时期开始强大起来。他们在向科学研究投入大量资金的时候,应该说也存在着满足自己好奇心的一面吧。由此可见，科学研究之所以得以继续下去，并不完全是科学家们为了满足自身的好奇心，或者说他们自身的一个"自我完结性"而已。

应该说提供资金的援助者、社会人士与科学家一样，对于"知识"也抱有了一定的好奇心。或者说，要将科学研究的成果销售出去，正是因为两者之间存在着这样的一种相互作用（interaction），所以科学家的科学研究才得以维持下去，尽管这样的行为看起来似乎是科学家的"自我完结性"的行为。我认为事实是如此，不知道您怎么看待这一问题？

村上阳一郎：对于您的观点，我也认为是如此。以天文学为例，它也存在着极具实用性的一面。也就是说，天文学将基础性的天文历法与制作实用性的航海技术、制作航海图这样的路线引导系统（navigation system）结合在一起。天文学的研究原本与这样的实用性活动完全没有关系。就此而言，我们并不能说惟有天文学者是脱离于社会而独立存在的。

最初的天文学尽管与实用性活动无缘，但是却可以满足人们的好奇心。那么，这样的一种好奇心的满足究竟是如何维持下来的呢？以英国为例，皇家天文学会的成员们发挥了积极作用，贵族之中也存在着一批对天文学抱有莫大关心的人。

这一时期的科学研究者，他们的背后并不存在什么样的社会关系，只是出于自己的兴趣而进行研究。他们并没有走向组织化，而只是停留在"业余者"的地步。

或许我们会在某个时候听到过这样的话语。一位大学副教授提到："我不久就会被推荐为教授，在这样的情况下，我在大学之中绝对不能表明我隶属于鳞翅学会。"所谓鳞翅学会，就是研究飞蛾、蝴蝶一类的学会，大量的业余收藏者也加入了这一学会，也

235

就是说,它与专业的科学、社会研究之间存在着不同。因此,作为一名专业科学家,也就不能表明自己参与了这样的带有"业余性"的学会活动。

金凤珍:我研究的方向是人文社会科学的国际关系、政治思想,对于自然科学可以说是完全无知。我想向村上教授提出两点质疑。首先,您提到大概在 1840 年左右,标志着"科学"的"science"一词得以产生。

村上阳一郎:为了防止混淆,我想指出一点。"science"一词早在 14 世纪就出现在法语之中,大概在 14 世纪末到 15 世纪初进入到英语。不过,在那个时候,英语的"knowledge"一词也完全处在一个转换(interchange)的时期。

金凤珍:"science"来自拉丁语,其语源带有"知识"之意,也间或带有了希腊语的"philosophy"(爱智、哲学)的内涵。因此,"scientia"一词,原本并不是与"哲学"没有任何关系。不过,自 19 世纪"science"一词大肆流行以来,一方面"philosophy"被翻译为了"哲学",所以"science"之中的原本带有了哲学性的内涵被逐次地消解;另一方面,"sceience"也开始远离"伦理"或者"宗教",由此,学问(科学)走向专业化,出现了独立学科与专业领域不断拓展的一个现象。"科学"原本意味着"各个领域(fach)的'wissenschaft'(学问)",实际上应该翻译为"诸科之学",而且,所谓"science"应该不过只是"诸科之学"的一个领域即"一科之学"。

这是一个语义的背景。实际上,在"science"被翻译为"科学"之前,出现了"理学"或者"究理学"一类的译语,并为人们所使用。明治初期,日本文部省也使用了这样的译语,不知道什么时候转为了"科学"。但是,如今日本依旧保留着"理学部"这一名称,心理学、物理学的概念本身也包含了"理"的概念。"理"这一概念本身来自新儒学,正确地说是来自朱子学"格物穷理"的"穷理"一说。因此,在东方思想或者儒学思想之中来探讨"理学"的时候,自然而然地"科学",同时"哲学"、"伦理学"、"道德学"皆会与之交织在一起。

在提示了这样的背景之后,我想提出一两个问题。首先第一个,与昨日西冈教授向岸辉雄教授所提出的问题一样,以纳米技术、基因图谱、克隆人、DNA 操作等为标志的现代科学技术取得了飞速发展,它们究竟对人类的思维方式与价值观念带来了什么样的影响? 第二个问题,进一步而言,"科学"是否有必要转变为"科学哲学"? 我可以想象得到,今后不仅人类的价值观,包括人的认识、世界观、文明观的各个观念,都将会出现一场转型式(paradigm)的革命。这样一场革命大概会在什么时候出现呢?

村上阳一郎:您提出了一个非常庞大的问题。日本人开始真正接触到欧洲的学问,是在 19 世纪的后半期,应该说在江户时代(1603—1867)末期就已经开始了。这个时候的欧洲学问,正是各个学问作为"科"也就是"fach"开始成立的时期。我认为,就是在这一基础上才出现了"科学"这一固定概念。

您提到了"穷理学"这一概念,根据我所找到的资料,日本文部省是在明治七年(1874)的文件之中出现了"穷理学,一科学也"这样的文字。对于这一段文字,应该是解读为"穷理学是一科之学"还是"穷理学是一个科学",我不是十分清楚。不过,我认为这应该是日本第一次出现"科学"一词。若是我们将它解读为"一科之学",那么那个时候的政府就不是将"穷理学"界定为"科学"了。

但是,井上哲次郎于明治十年(1877)出版的和洋对译本之中,"science"被翻译为"科学"。确实,在这一概念中,并不包括穷理学之"理学"的范畴。应该说"科学"一词,只是代表了那一时期欧洲学问的存在形态。对此,我认为是一个极为有趣的问题。

不过,正如您所说的,"science"并不是过去的"哲学",而是出现了众多的分歧。伦理学、美学、哲学、物理,各自作为本身之学被缩小,成为了各自独立的专门性的学问。由此,我们可以说科学走向了专业化,并逐步深化。不过,各个领域的专家由此也就欠缺了一个综合性的构想。正因为如此,所以如今我们为了恢复传统性的学问的思考方式,从而提出了"interdisciplinary"(学科间)、"trans-disciplinary"(跨学科)这样的观念,或者如同 STS(Science Technology and Society,科学技术社会学)的研究一样,对科学技术与社会的关系进行统一的把握,由此来尝试性地构建起一种综合性的思维模式。

对于科学家,人们要求他们具备人类的综合性的良知与思维能力。由此,我认为对于非科学家这一类人应该要求他们具备充分的读写能力。就此而言,我们经常谈到:"专门设立私立大学文科系统的入学方式,乃是一种犯罪性的行为。"对于这一方式,不管我们怎么考虑,皆会感到不可思议。日本学生自高中阶段开始,可以完全不接触自然科学;如今的初中教育之中,理科系统与非理科系统被区分开来,非理科系统的学生可以完全不予考虑理科的学问,理科系统的学生也可以几乎不去考虑人类或者社会的问题。对于这样的一个状况,我认为我们必须有所行动,尝试着去改变它。

在此,我也提示一个现象。各个国立大学医学部或者国立医科大学最近开始实施学士入学制度,只有大阪大学是从一开始就这样做的。大阪大学设定了一条既定的发展途径,即出身于心理学科的人将来要担任精神科医生。但是,如今这一模式是以群马大学为首,开始在全国推广开来。也就是说,经历了4年大学本科课程的人出来之后就可以担任医生。我认为,这一现象为我们提供了一个再度思考素质教育的案例。18岁的人被放置到医学的学习课程之中,他们只是从事医学知识的专业学习,这样的人是难以承担起一个医生的基本职责的。法律专业也是如此,真正的法学教育(law school)必须要经历4年制大学这一阶段之后才可以进入。若是这样要求的话,那么日本在这一方面就将会逐步发生转变。我希望日本的教育在这一方面能有所延伸。

您的提问之中谈到了纳米技术。为什么纳米技术会成为一个受到广泛重视的问题呢?对此我不是十分清楚。美国总统克林顿在2000年的咨文中提到:"我们必须实施国际的纳米技术的主导权(National Nanotechnology Initiative, NNI)",并为此投入了庞大的政府预算。为什么会如此,或许是因为克林顿认为在纳米技术这一领域美国输给了日本,所以才会投入如此庞大的力量去推进它吧。不过,我认为目前还不能是可以说"日本取得了成功"这样的话的时候。

加藤尚武:在基因图谱的研究这一方面,美国也是说"日本使用了大量的预算,所以我们也要大量地投入。"日本成为了一个被他人利用的诱饵。

村上阳一郎:总是如此,美国也必然会这么做。第五代计算机也是如此。也就是说,与自己竞争的国家正在做这样的事,所以我们也要如此。美国总是采取这样的辩解方式。

金凤珍:我认为,问题的关键就在这里。

村上阳一郎:因此,科学研究采取这样的一种竞争方式,在国际上只是一味地向前看,朝前走,对此我认为也不得不令人抱有

239

一种恐惧之感。那么,我们应该如何来制止这样的竞争呢? 而且,若是要加以制止的话,会出现一种什么样的机制(mechanism)呢? 我认为这不是一个单纯的"期待科学家的良知"就可以解决的问题。作为一种社会机制,我们必须逐步地去建立与完善它。对此,应该说在座的各位正努力地朝着这一方向前进。小林傅司教授等一批人正站在转基因产品的前沿而不断地努力着。如今究竟是一个什么样的状况? 若是能够得到一定的提示与启发,我将备感荣幸。

IT 产业也是如此。随着它的发展,它对于人将会带来什么样的影响? 也出现了为数不少的讨论。我曾看到牛津大学 1998 年出版的文献,"*The Digital Phoenix:How computers are changing philosophy*?"它是白纳姆与穆尔两位教授编撰的,我认为非常有意思。不过,不管我们怎么考虑,现实总是走在了前面,哲学领域与伦理学则是处在一个紧跟、追赶的地位。加藤尚武教授是这一领域的专家,伦理学在这一方面究竟可以发挥多大的作用? 我认为这不是一个可以等闲视之的问题。

金凤珍:总之,您想说的是科学进入到了第三个发展时期,所以它会一直延续到一个新的转型时期吧。

村上阳一郎:对于科学技术具有多大影响的问题,它究竟是一个可以通过学问的方式来应对的问题,还是需要一个社会性的机制来解决的问题,我想问题的关键不能偏执一方,两者皆是必不可少的,缺一不可。

站在极端的立场而言,我们如今的思维角度乃是"哲学",不过,若是站在"社会学"或者"经济学"的视角来加以把握的话,我认为也会如此。事实上,如今我们所说的"社会学"的原型应该是马克思或者韦伯的思想。但是,在他们生活的那个年代,科学技术并没有完全渗透到社会的各个角落，更不用说柏拉图或者亚里士多德的时代了。

如果"哲学"追求的是普遍的知识的话，那么它也必须适应我们如今这样一个社会。但是，在被誉为哲学家的一批人之中，大多数学者依旧不愿意直接面对现实的问题。加藤尚武教授则非如此，若是以加藤教授为典型来探讨哲学家的研究态度的话，也是另当别论的。不过，对于现实之中的人的问题或者社会的问题，站在哲学的角度究竟应该如何？可以说如今的日本完全缺乏这样的探讨。即便是社会学或者经济学，或许也是如此吧。总之，我认为，非理科系统的学问还是要针对现实的社会、现实的人的问题来重新加以考虑。

就此而言，我强烈地意识到，如今我们所探讨的问题乃是"人文社会科学所遗留下来"的问题。我们是属于人文学科的研究者，或许对于理工科系统会存在一定的误解，但事实却是我们并非理工科领域的研究者。正因为如此，所以才会越发令我们感受到探讨这一问题的必要性与紧迫性。

241

综合讨论二

主持人:小林正弥　金凤珍

作为科学之原动力的好奇心

小林正弥:突然被要求担任综合讨论的主持人,没有任何心理准备,所以非常担心自己能否胜任,希望在座的各位予以谅解。

本次讲座已经持续了两天,一部分教授是今天才参与进来,所以首先我想回顾一下昨天讨论的内容。昨天,柴田教授、岸教授、中村教授分别站在公私问题的角度,就科学技术、尖端科学技术、工程学伦理进行了阐述,金泰昌先生主持了综合讨论。

我认为讨论的内容非常有意思。在讨论中,金泰昌先生指出以往的自然科学领域的人与文科领域的人之间的讨论并不是那么契合,因此主张要推进两者之间的相互探讨,指出了超越学科壁垒,站在"公共知"的立场来进行探讨的必要性。之前,村上教授的报告中也提到了这一问题,不过,在昨天的讨论之中,理科系统的各位发言人承认自身的局限性,提出了一个共识,即"危险性的问题确实可以通过概率来加以确认,不过,却无法突破这一局限。之后要如何解决这一问题,则是要依据政治或者价值观来作出判断"。我认为在此可以推导出一个结论,也就是说,理科系统与文科系统之间的讨论进入到了一个新的视界,可以站在"公共哲学"的立场来进行整体性的阐释。

243

不言而喻，这之后也理所当然地出现了各种各样的问题。"因为出现了一个更大的问题，所以对于这样的问题的讨论，应该是今日与明日的课题。"这也就是我的昨日之感。

今天我们不进行公开讲座，从事专门研究的各位皆参加了本次综合讨论，所以我希望各位首先简单介绍一下自己的研究，参与本次讨论的感想或者希望今后的讨论要选择什么样的议题。接下来，我们就开始自由讨论，首先请桥本教授发言。

桥本毅彦：我的研究背景是科学史与技术史，原本专门研究科学史，留学美国之后我对技术史产生了浓厚兴趣，所以也开始研究它。

我的研究看起来是纯粹的科学研究，但实际上与技术之间也存在着密切的关系。而且，就在科学研究几乎意识不到的地方，我也时而发现它与社会的利害关系之间存在着不可割裂的联系。

我认为，科学的发展并不是一个独立的发展系统，我们要站在与同时代的技术或者社会之间的关联性这一角度来看待它，这一问题也是我在研究生阶段进行科学史研究之际就经常讨论的话题。因此，我的目标是要将科学的内部历史与外部历史加以综合，由此来进行综合性的思考。

不过，我最近所力图探讨的，则是重新思考作为科学之原动力的好奇心，或者说作为研究之原动力的好奇心的问题。科学家们受到好奇心的驱使，埋头进行科学研究，这样的一个形象经常成为批评的对象。不过，我也会时不时地认为，激发人的好奇心确实是一个必须研究的课题，而且是一个极为重要的课题。

轻部教授从事的是"基因图谱"与"大脑"的研究，他曾经提到："若是将投入大脑研究的经费投入到基因图谱的研究的话，那么如今日本的医学研究就大不一样了。"确实，在投入大量预算的时候,我们并没有做好大脑研究所必需的准备工作,究竟这样的研究是否正有效地进行着? 在这一方面,或许确实出现了一个极大的问号。但是,我认为即便如此,大脑的研究也是一个可以极度刺激人的好奇心的研究课题,对于人类而言,它既是一个近在咫尺的问题,也是一个最后要攻克的堡垒。或许由此可以开拓出与将来有关,且令人备感兴趣的新的研究。因此,我对大脑的研究持有赞成的态度。同时,我想若是将基因图谱的研究经费与大脑的研究经费进行平均分配,或许就不会出现什么问题了。

我在此强调了好奇心的价值,或许在座的各位会指出好奇心也存在着反作用。狂妄无忌的好奇心创造出了原子弹,而且今天的一部分人还在试图进行人类的克隆。确实,对于人类的好奇心,我们不能放任自由。尽管如此,若是由此而否定好奇心本身,那么也就会令我感到好像完全剥落了人的基本精神一般。我们要抱着冷静的、理性的态度去守望,要尊重好奇心或者说"令人有趣的感性",不断地磨炼它。我认为,持续地拥有、不断地深化这样的为某种形式所制约的好奇心,不仅是必要的,同时也是重要的。

舆论会议 = 科学的公共的理解

小林正弥:接下来,请小林傅司教授发言,您可以讲得更长一些(笑)。

小林傅司:我最近正在忙于"舆论会议"(consensus),借助这次发言的机会,我想向各位介绍一下,并希望得到各位的理解与支持。

我是理科出身,如今从事的是科学哲学与科学技术论的研究。日本的传统大概是将文科的研究方向界定为现实的问题吧,所以理科出身的人对于实践一般是漠不关心的。或许是我自身的一个误解吧,我实际上从事的却是与实践极为接近的工作。或许是时间的错误吧,出现了我这么一个对于实践抱有莫大关心的人,而且还不能自拔。我最初是希望从事一部分辅助性的工作,但是如今的"舆论会议"却渐渐地却脱离了我们的初衷,对此我自己也有一点担心。如今从事"舆论会议"或者"public understanding of science"(科学的公共了解)这样的议题研究的团体,实际上在很久之前就已经存在了。

这样的研究如今被统称为 STS(Science Technology and Society,科学技术社会学)研究。总之,它是一个探讨科学技术与社会之间的分界面(interface)的学问领域,是一个典型的跨学科领域。欧美各国已经培养了为数众多的研究者,如今他们正以各种各样的形式建立起与行政、科技政策相关的人才网。日本如今的人才培养这一方面极为薄弱,而且几乎没有形成制度化,因此不管我们走到了哪里,被人问道"你们是干什么的?"的时候,我们只能如同蝙蝠一样漠然处之。对于文科系统的人而言,我们被认为是理科系统;反之,则是被理科系统的人认为是文科系统,我们找不到自己的立身场所。

昨天,我有幸与金泰昌先生坐在一起,我们交谈了许久。令我感到无比惊诧的是,竟然在这里出现了一位与我抱着如此相似的问题意识的人。我们的"舆论会议"如今举行了两届。通过交谈我了解到,在我们第一次成功举办之后,韩国也举行了同样的会议,金泰昌先生间接参与到其中。因此,我们抱着极为相同的问题意识,我认为也是可以理解的。

什么是"舆论会议"?"consensus"一般翻译为"一致意见",尽管如此,这一会议也并不是要求强制性地达成一致。这一会议的名称起源于美国。如今我们可以接触到最为先进的核磁气共振器这样的诊断医疗设备,这样的最新的医疗设备应该对什么样的患者才可以使用,对此美国的理疗机构采取了不同的标准,因而令人感到难以判断与选择,因此为了形成一致意见,美国的医疗专家们就聚集到一起举行"consensus"会议。这也就是"舆论会议"的来源。

这一组织形式传播到了欧洲,则完全脱胎换骨,转变为了一个与之截然不同的形式。它首先出现在丹麦。丹麦的国会下设丹麦技术委员会这一组织,相当于日本的国会图书馆。欧洲的"舆论会议"就是从这个技术委员会开始的。一直以来,技术评价的工作一直是专家来完成的,这是一个关键问题。关于技术或者科学技术的评价,不言而喻,只有这一方面的专家才具有发言权。若是旁观者参与进来的话,人们会质疑他们是否具有评价的资格。对于这样的一个结构,丹麦技术委员会尝试着通过"舆论会议"这一形式推翻了它的既有程序。

具体而言,"舆论会议"招纳普通平民参与进来,针对某个特定的科学技术的课题,他们只要表明自己试图质疑的态度即可,而不需要事先掌握什么专业知识。与其说不需要,倒不如说技术委员会有意地选择了这样的二十几位平民代表作为"市民讨论参与者",使之参与到评价中来。

以转基因农产品这一课题为例,科学家首先向各位参与讨论的平民介绍专业的基础知识,而后逐步深入下去。尽管如此,他们也不是要进行长时间的解释与介绍,大概也就是一至两天左右吧。而后,参与者会就这一议题提出自己希望探讨的问题,作为行政管理部门的事务局会召集可以回答这一系列问题的科学家——无论是赞成者还是反对者——来进行讨论。

247

248

接下来，就是举行"舆论会议"的正式会议。针对普通平民提出的问题，专家们会各自进行 20 分钟左右的陈述，而后，参与者与专家们会就此而进行答疑。专家们的职责也就到此为止，而参与者会针对专家们的回答，进行一天半左右的彻夜不眠的持续讨论，而后撰写工作报告，将之作为大众的意见向媒体公开。所谓"舆论会议"，就是这样的一个组织形式。

在 20 世纪 80 年代，这样的"舆论会议"在丹麦极为盛行，如今也拥有了足以对国会评议也产生影响的庞大力量。这一会议组织的特色究竟在哪里呢？应该说它所针对的尽管是技术评价这样的专业知识的问题，但是一批非专业人士却参与了进来，这就是最大的特色。

这一问题，我想就是之前村上教授所说的那样，现代科学进入到"新科学期"之后所出现的一个现象，但是科学家的意识，正如 *On Being a Scientist*（《致立志成为科学家的人们》，化学同人出版社）所指出的，依旧是停留在了"原科学期"的规范之中。这就是一个根本的问题。科学技术已经进入到了"新科学期"，不仅需要专家这一"自我完结性"的封闭系统对它加以评价，而且也需要在评价之中体现出非专业人士的声音，——他们深受科学技术的恩惠，时而也会承受科学技术带来的风险。"舆论会议"这一组织的根本意义，也就在于此。

"舆论会议"在丹麦出现之后，欧洲的其他国家也相继出现了"专家不可信"的呼声。以英国为例，"疯牛病事件"之后，专家们是否值得信任，对此人们开始出现了明显的怀疑。因此，各个国家的政府管理部门或者研究者才关注到了"舆论会议"。这一会议不仅在英国，也在瑞士、法国得以举行。尽管法国人宣称："所谓舆论会议，我们法国绝对做不来的，这就是法国的传统。"不过，他们只是在举行之际将这一会议的名称改为了"法国市民会议"而已。

1998 年,日本大阪举行了第一次舆论会议,以遗传因子治疗为主题。第二次是在 1999 年,以网络技术为主题,在东京举行。

实际上,如今日本正围绕转基因农产品,在全国范围内举行各种各样的会议。鉴于日本农水省(政府部门)便于组织这样的活动,所以它的外围机构即研究团体组成事务局来进行统一筹划。关于会议所取得的专门技术与它的经营问题,我们因为已具备长期的经验,所以走在了这一领域的前列。过去的两次"舆论会议",我们这样的大学研究人员从丰田财团那里获得了一批启动资金,不过,召集 20 位左右的市民参与者倒是轻而易举。

本次舆论会议的规模涉及整个日本,我们通过报纸打出小广告,并在我们的网络主页进行了宣传。而且,《朝日新闻》也选择这一主题作为了 8 月的社论。日本全国大约 500 名左右的人员参加了本次会议,其参加资格的首要条件即是"不具备专门知识",无论是遗传因子治疗还是转基因农产品。而且,我们举行会议的日子是周末,而且还需要连续数次,就此而言,参加人员所从事的也可以说是公益活动。我们对参加会议的人员提供交通费补贴,不予馈赠所谓的谢礼。本次舆论会议的专家,我们邀请了 18 位专家,北至北海道的札幌,南至九州的宫崎,而且还提出一部分关键性问题,并选定专家来进行回答。如今我们的会议准备到了这一程度。本月末,我们将举行第一次专家咨询会议,11 月初将再举行一次,采取咨询回答、总括报告的形式来逐步推进下去。

我们这样做究竟有什么样的意义?确实令我们难以回答。我们尝试着这样做,让我意识到两个问题。首先,参与人员是一批不同寻常的人。他们皆是牺牲了宝贵的周末休假的时间来参加的,而且他们也想就科学技术的问题进行发言。一直以来,人们普遍认为"日本人不善于讨论",但是我认为这不过是模式固见而已。这批不同寻常的人本身就是抱着讨论的态度而来的,所以从一开始他们就充满斗志。尽管如此,他们却是抱着极为冷静的态度进行讨论,绝对没有出现什么争吵。而且,也没有出现一直保持沉默或者抱着谦虚的态度什么也不说的人。这样一批干劲十足的人聚集在一起,这是我第二个深有感触的地方。

我们可以想象一下,来自全国各地的不论男女18岁至70岁左右的人士一开始汇聚在一起,就共同的主题进行讨论。迄今为止,大概还没有一个可以提供我们如此体验的场所吧。对于这样的体验,我们也是满怀期待。一位参加舆论会议的女性与我联系,"本日要参加葬礼,所以无法按时出席白天的分会。我会在夜间12点达到会场,请允许我听一下白天讨论的录音吧。"而且,她还提到自己要参与次日的讨论。果不其然,这位女士在夜间12时之前到了会场,几乎是彻夜不眠地听了6个小时的录音,次日一早参加了讨论会。正是因为有着这样的充满热情的参与者,所以我才说他们是一群不寻常的人。

这样一个感受,反过来说始终是我自己的感受而已。对于"舆论会议",我们绝不能将它考虑为"这是针对科学技术的问题的直接民主主义的一场实验"。换句话说,它并不具备什么代表性的意义或者特征。根据日本国民的抽样调查,对科学技术抱有关心的人不足30%,而这次会议也就是这样的不足30%的一群人聚集在了一起。但是,通过这一现象,我们可以反观出我们的社会之中并没有一个倾听这样一批人的意见的组织或者机构,不少人即便是要表达自己的意见或者看法,也不具备将之表达出来的手段或者途径。

以投票选举为例,因为是一种间接民主主义的形式,所以我们只能投票给政党或者候选者个人。也就是说,我们只能通过选择某种政策的形式来表明自己的意愿。不过,关于一部分特定的争论焦点,我们还是要保持自己的立场。或者说,也需要一批希望参与讨论的人。我认为参与到"舆论会议"的人,就是这样一批对公共事务抱有关心,并期望参与到讨论之中的人。我们的社会没有为我们准备这样一个机制,我认为问题也就在这里。

就此而言,这并不是直接民主主义。我们不能期望以这样的平民参与者所提出的报告去决定国家或者政府的政策,或者说去决定科学技术的存在形态。

但是,鉴于科学技术对于社会具有极大的影响,因此我认为可以将这样的一个机制适用到科学技术之中。那么,对于所谓的"纯粹科学"是否也可以适用这样的机制呢?这确实是一个难以回答的问题。我认为,科学技术是一个无论如何也不能推行民主化的领域,也就是说,科学技术的本质就在于它的专业性(expertise)。专家与一般人之间的差别基本上是不可消除的。尽管如此,我认为问题的关键在于,我们应该听取非专业人士的呼声,乃至如何借助它制定出一个足以对科学技术产生一定的好的影响的机制。

我们向专家们提出,希望他们在舆论会议之中尽量地采取简单明了的语言进行回答,他们也表示一定会协助我们。不过,我认为他们本身也是抱有了"我们拥有的是专业的知识,要将这样的知识简单明了地教授给他人"这样的思维。就科学研究的专家而言,他们自身具有的一种自傲感也是无可厚非的。因此,在专家们与普通参与者的对话之中,经常出现这样的情景,即专家们感慨普通参与者竟然掌握了如此之多的专业知识,为此也对他们感到"佩服不已"。

实际上,普通参与者也在努力地学习科学技术知识。正如"久病成良医"一语所示,他们的学习模式也会如同患者一样努力地学习调查。换句话说,依据这样的潜在的学习模式,到日本成为如今的高学历社会之后,具有这样的学习能力的人也就不少了。对于这样的一批人,我认为必须将他们召集在一起。

不仅如此,到了编辑会议纪要的时候,普通参与者成为了主人公。但是,"舆论会议"在其背后还存在着一个意图,即对专家们进行教育。参与"舆论会议"的专家们深受刺激,这一现象已经为各个国家所报道。即便是在欧美各国,作为专家主持人出场的人物也经常无比汗颜地提到:自己可以说是第一次意识到自身所从事的研究竟然存在着这样或者那样的理解方式。

对此我也深有感触。我认为参与"舆论会议"的专家大致可以分为两个类型,一个是纯粹研究的人,另一个则是我称之为"临床专家"的一类人。本次会议的讨论之中,村上教授提示了科学家指南与土木学会的行动指南,正对应了科学技术者的这两个类型。

也就是说,被称为工程师或者临床医师的人,他们的职责之一就是要具备一定的能力,足以接受普通人的质疑,参与他们的讨论,并予以回答。这样一个类型的专家,他们的事业之中自然而然地就包含有这样带有了一定的本质内涵的工作。所以我将他们称为"临床专家"。与此相反,从事"纯粹科学"研究的人正如村上先生所说的那样,他们主要从事的是在内部即同一类型的专家之间的探讨。因此,他们不具备将自己所从事的工作向普通人加以讲述与解释的经验。

这样一来,尽管他们抱着一种善意来参加"舆论会议",但是一到进行解释的时候,他们就会时不时地冒出一连串的西洋文字,仿佛正在进行学会发表一样。作为专家,他们或许更为注重的是"正确性"吧,因此不管到了什么样的场合,他们皆会努力地进行"正确"的阐述。但是,对于普通人而言,这样的话题令人难以理解,也难以接受。因此,我深刻地感到,对于这样的两个类型的专家的存在样态即"专家论"的问题,我们今后必须要好好地深入研究一下。

"舆论会议"的构成大致也可以分为两类,即平民参与者这样的普通人团体与科学家这样的专家团体。我们将他们加以区分,究竟是为什么呢? 正如金泰昌先生与中村收三教授所说的那样,我们需要一个"以公共性为媒介的第三团体(third party)"。其结果,是我们正在进行着与之类似的工作。与普通人相对的是专家,我们正在试图建立起(produce)两者之间的对话关系。

这样一来,我想或许我们还需要第三种类型的专家吧。我认为,这样的专家就是建立起对话之桥梁(bridge work)的人,他们对于我们如今的社会而言乃是极为必要的。换句话说,专家们的研究领域涉及了各个方面,因此专家之间的对话也就越来越不容易了。而且,如今我们的社会结构之中还存在着一个"普通人团体",我们必须自觉地、有意识地培养出一批可以成为这两个团体之间的媒介的"专家"来,我认为这样一个时代正在来临。

社会科学与科学技术论

绫部广则:我原本是理科出身,从事的是物理、化学的研究,曾以"易腐蚀性物质的错平衡解析"为题撰写了本科毕业论文。这篇论文的主旨是通过测量多少量的金属离子被加以分解的实验,来建立起一个易腐蚀物质的解析模型。这不过是我的一个兴趣而已,不过,渐渐地我开始怀疑这一研究对于环境问题本身究竟具有多大的效用。不可否认,自然科学的定量性研究极为重要,不过,我认识到必须要将这样的科学研究融入到社会系统之中。随着这样的思索越来越深刻,也驱使我产生了研究社会科学的想法,而后也就幸运地进入东京大学研究生院深造。

在那里,我的研究领域是科学技术社会学,正如它被称为跨学科或者多学科一样,它跨越了多个学科领域。其结果,也正如小林傅司教授所说的那样,社会科学的人称我为理科系统,反之理科系统的人称我为文科系统。尽管如此,我却对每一个学科皆抱有了亲近感,也可以说不管是哪个皆令我讨厌。那个时候的我,就是处在这样的一种模棱两可、相互矛盾的情绪之中。

我之所以涉足科学技术社会学,是因为我感到在近年来的科学史、科学哲学研究之中,科学技术与社会的动态关系已经消失了。反之,我们需要站在一个社会科学之整体的角度,针对现代的课题进行历时的、共时的研究。一提到科学技术社会学,或许会留下它是属于"社会学"的一个分支的强烈印象,而且也牵涉到了经济学、经营学或政治学、法学领域的内容。不可否认,迄今为止,科学技术社会学与这样的相关领域之间的合作可以说相对薄弱,所以我认为今后需要积极地将它们的研究成果纳入进来,加强彼此间的互动。

我们可以通过一个简单的图式来解释他们之间的关系。纵轴是"社会科学",横轴是"科学技术",或许这个图式并不那么确切,仿佛留下了一个"鸡串烧"的形象。但是,若只是进行二分法的对应,那么也就无可厚非。但是,到了三个或者更多的领域参与进来的话,或许这样的一个图式就不是那么科学了。由此,我们就要考虑到处在它的中间或者间断部分的究竟是什么了。

我略微偏离了我的话题。那么，进入研究生院之后我究竟考虑的是什么呢？那个时候，也就是1993年10月，美国中止了SSC即超导加速器的研究计划。为什么会中止呢？这原本是我所关心的问题之一。这几年来，我孜孜不倦地进行着调查，即便是我自己也对此感到可笑。在这一过程中，我逐渐认识到，我们必须弄清楚作为我们现在的立足点即基础性的操作究竟应该是什么？20世纪的人类社会是如何使（基础）科学成为了"big science"（大科学）的？在这一社会机制下，"科学"究竟是如何被人们把握的？它本身又是如何发生转变的？对于这一系列问题，我认为我们必须要阐述清楚。

数年前，我曾参与一个研究计划，尝试着提出了科学技术与社会的各个问题，也可以说是"问题群"的图式模型（mapping）。

以《现代用语的基础知识》、《智慧藏》、《朝日关键词》为对象，它们所收录的各种各样的现代用语之中，究竟什么成为了人们探讨的课题。对此我曾进行整理，并加以分类，将2000个条目归纳为800个条目，进一步归纳为150个条目，而后将它们界定到各个学科领域之中。尽管这样的分类也存在着个人的判断的问题，但是由此我也明确了一点，即政治、经济一类的个别领域的课题实际上与科学技术之间存在着一定的横向联系，而且这样的横向联系也极为惊人。

255

站在这样的横向联系的角度来思考科学技术与社会之间的问题的时候，我认为我们每年要发行一种年鉴式的资料，将科学技术与社会之间的各个问题，不管是事故还是事件或者什么其他的内容收录进来，并总结出这一方面的新动向。以上我所说的，不过是我自己的一点杂乱无章的浅见而已，权且作为我的自我介绍吧。

作为实践公共哲学的舆论会议

小林正弥：接下来，我们就三位专家的发言进行提问或者讨论。

薮野祐三：我想询问一下小林傅司教授。科学技术与社会之间的分界面（interface）这一问题，去年即 1999 年日本众议院福冈选区进行选举之际，我作为 NPO（非营利组织）成员举行了一场"列席演讲会"。在这之前，我们没有举行过公开讨论会，这次演讲会也是一次无偿劳动。会场费为 4 万日元，宣传 2 万日元，我提出预算报告，要求各位候选人务必协助出席。在福冈 11 个选举区之中，9 个选举区的候选人参与了这次演讲会，没有一位政治家有意地指出讨厌这样的活动。通过这次活动，我认识到政治家为什么没有去接触市民阶层了。

不过，作为一个组织者，如果不具备一定的专业性，那么是无法真正地发挥出他的功能的。NPO 承担了这一职责，不过，到了选举期间，这一职责要还给市民，而且它也不是一个永久的组织，所以到选举结果出来的那一天，NPO 就解散了。那么，我想请教的是，"舆论会议"在进行组织与调整的时候，作为社会团体的维持费、通信费这样的管理（maintenance）是如何进行的？

小林傅司：最初在大阪召开"舆论会议"的时候，我参加了义务活动。我们缺乏广告经费，即便是在大阪一地推出广告，也需要数百万日元的经费。因此，我们制作了廉价的印刷广告，将之张贴到京阪电车或者私营地铁的车站。那个时候，人们就开始问我们："这是一个什么样的团体啊？大概不会是什么稀奇古怪的社会组织吧。"也就是说，我们必须打消人们的疑虑，使人们不用怪异的眼光来看待我们这个会议组织。这项工作实在是非常艰难辛苦。

对于召集的平民而言，他们自然也存在着犹豫与不安。最终，我们利用学术性的氛围（academism）来召集大家。这样一种氛围可以说发挥了极大的作用，也成为支撑这一组织发展下去的重大依托。我们告诉大家："我们是大学的研究人员，而且，我们并不是要做什么不可思议的事，而是为了研究才举行这样的会议的。"在这一过程中，应该感谢丰田财团与日产科学振兴财团为我们提供了总价值为150万日元的资金，成为我们推动自身信用度的一个有力保障。

如今我们所进行的是日本政府农林水产省（部）委托的研究项目。作为一个一直探讨"如何为社会所接受"（Public Acceptance, PA）这一主题的活动组织，我们的事务局可以说具有了惊人的组织与行政能力。到目前为止，我们从事的具体工作乃是文字输入、制版印刷、装入信封、投入信箱，应该说这样的工作我们也可以不做。但是做与不做之间，我认为存在着天壤之别。一直以来，人们说NPO进行活动之际，最大的关键就在于事务局是否发挥出它的职能，对此我深有感触。

顺便介绍一下，通过两次以"网络"为主题的舆论会议，我也结识了不少普通参与者。大家彼此惺惺相惜，于是就以他们为中心成立了NPO，并制作了"市民参加科学技术活动思考会"这样一个名义的网络主页。各个成员也是极为热情地在推广这样的宣传与普及活动。

地方自治机构也对此抱有莫大的关心。本次舆论会议，我们在针对转基因农产品的问题召集普通参与者的时候，一部分地方议员也加入进来。这不应该是他们这样的与政府相关的人员的活动场所，但是因为他们希望加入进来，所以也就接受了他们作

257

为召集对象。而且,通过机选,他们之中的一批人也成为了正式的参与者。

小林正弥:薮野教授提出了一个非常有意思的问题。站在政治学的角度,令我想起了平民积极参与政治活动与行政规划的事例。专业人士(expert)如何参与到讨论之中,站在政治的角度我也曾尝试对这一制度化的问题展开研究。"自然科学"领域可以说是个普通市民日常难以接触到的领域,站在"私人性"的立场而言,参与到公共性的讨论之中乃是可能的。对此,我也极为关注。在此,我想询问一下自然科学领域的各位专家们是如何考虑的?

中村收三:我认为"舆论会议"是一个极为有趣的课题。正如小林先生自己所说的,它是联系普通人与专家的一种真正的实践公共哲学。这样的尝试与努力实在是了不起。

我曾经在公司内部做过市场调查的工作,尤其是针对消费者(consumer)与产品(products)即面向消费者的商品调查尤为重要。我们向调查的对象问道:"您怎么看待这个商品?您会在多少价格的时候购买它?"实际上,最为困难的不是调查本身,而是如何选择调查对象。进行市场调查的公司支付了高额的调查费来选择调查对象,但是,若是他们的选择方法出现错误的话,那么按照调查的结果进行商品设计,而后投放市场,就会出现令人意想不到的恶性结果。

小林傅司教授是这一方面的专家,所以他指出这样的组织活动绝不能转化为所谓的直接民主主义。只有让调查的对象充分地认识到了这一点,调查本身才不会出现令人担心的局面。不过,我认为若是这样的组织成为一个结社团体,或者是一批兴趣爱好者的组织的话,那么反而会令人感到麻烦无比。

佐藤文隆:如今我们已经进入到了这么一个时期,即较之科学技术的理念或者什么的,我们更应该把关注的目光投向将科学技术与社会"联系"起来的社会体制。我也强烈地感觉到了这一问题。这样的社会体制的形式如今可以说是层出不穷,从学术性组织,到媒体介入,到舆论会议——专家们为了平民可以自主性地进行思考而提供各种各样的途径。不过,我认为最重要的不是形式多少的问题,而是它本身呈现出了一个多样性的特征。

如今的日本不管是什么,大家都在努力寻找"唯一"的一个。但是我认为重要的是,哪怕是同一个对象,也存在着多样性的解释方式,只要考虑到这一点,那么可供我们思考的机会也就会不断增加。我们总是担心,同一个事件,若只是《朝日新闻》进行了报道,那么为什么其他的媒体没有进行刊载?我们在选择参与对象的时候,是否出现了什么样的问题?我认为,我们不仅要选择"唯一"的一个,而且也要进行多样化的尝试。就此而言,"舆论会议"可以说提供了一个有趣的范例。

不管怎么说,如今相当一部分人皆在从事加深社会各个领域之间的联系,并使之成为自身职业的工作。我们的社会也正朝着这一方向前进,这是一个极为重大的转型。不仅个人,也包括公司或者国家,他们应该思考一下这样的"联系"活动究竟需要多少成本才可能实现。所谓成本的问题,不仅是借助实验器材进行研究究竟需要多少经费的问题,而且也要考虑到与这样的研究所带来的"影响"彼此相关,并由此而构建起一个新的"职业形象"的问题。

我长期处在学术研究的氛围之中,面对这样的作为"联系"社会各个领域的职业者,我们立刻会感到"这样一来,就会造成学际间的混乱"。我之前是从事物理研究的,若是参与到这样的新的职业形象的建构活动中的话,那么将来我会干什么,能干什么,这

259

也会令我感到无比惶恐。应该说我们的思维还没有完全脱离传统，还没有完全清醒地认识到：自身作为一个独立的个体，将发挥重要的社会作用，这本身也是一个职业。由此，对于一批从事社会间的"联系"的新职业者，我们也就会付之以讽刺的口吻，讥笑他们"完全是一片混乱"、"那个家伙如今在专门研究领域无法干下去了，所以才会这么做"。对于这一方面的问题，我认为需要一场彻底的观念革命。

科学技术·行政·公私

柴田治吕：日本政府科学技术厅下属的技术政策研究所的年轻人参加了"舆论会议"，所以作为同事的我经常听到他们提起不少的问题。不过，若是大胆地说的话，或许是行政部门过于认真吧，总之它抱有了一定的责任。对于"舆论会议"，我们究竟应该是提倡还是阻止，对于这一问题我们必须回答。以克隆的问题为例，在它出现之际，究竟是要进行规范还是不进行规范？若是规范的话，是采取行为指南的形式还是采取法律规章的形式？对此，我们皆要给出一个结论。不言而喻，放任自由也是对应的态度之一。但是，这究竟意味着什么呢？因为它代表着所谓的"进步"，所以世人之中也就出现了希望从事这样的事务的人。尤其是美国，经常发生破天荒的前所未有之事。这样的事件对于社会而言究竟是好是坏，我想必须由承担责任的一方来决定。

如今的状况，应该说只有国家才能作出最后的决定。国家对从事科学技术研究的人的行为加以规范，并使之成为法律。那么，在进行决定的时候，究竟是什么发挥了真正作用呢？最为重要的，也就是承担责任的一方。不过在现阶段，我们也存在着一个疑问，即"舆论会议"的作用究竟多大？

但是,学术性研究作为探讨研究的方法之一而得以推进下去,我认为这也是一大好事。这样的学术性研究应该如何推进下去,如何推进才可以达到一个理想的状态? 我认为这一问题需要我们大力地进行探讨。

作为行政部门,应该诚心诚意地站在国民的"舆论会议"的基础上来作出合理的决定。日本正努力地寻求"舆论会议"的一致。在这一过程中,原子能开发领域的圆桌会议或许较之"舆论会议"这样的对话,更会形成具有基础性的决定性的一致意见吧。反对一方的巨擘出现了,与赞成一方的大人物发生对决,就在这样的状况下,大家不断地深入探讨原子能开发的问题。我列举这一事例不是为了讨论原子能开发本身的是与非,而是将之作为"舆论会议"的典型来加以描述。因此,现实之中,即便是我们进行彻底的对话与探讨,或许也难以获得一致性的见解吧。

那么,我们究竟应该如何做呢? 这个时候,就需要"人道主义科学家"(human scientist)出马了。科学家们也必须作为普通民众参与到舆论会议之中,而且还需要他们积极地活跃在这一场所内。而且,若是存在了人道主义科学家这样的一个科学视角的话,那么这样的科学家们无疑将会深入探讨原子能开发的问题。

今日的讨论会提出了伦理的问题。伦理的根源是什么? 它就是"人的尊严"。那么"人的尊严究竟是什么",应该说我们并不是十分清楚。不过,若是我们不去深刻探讨这一问题并将之阐明的话,那么不管到什么时候我们都是不可能获得一致见解的。不过,即便我们阐明了"人的尊严是什么"的问题,我认为要获得一致的见解也是非常难的。但是同时,我也认为如果存在着非"自然科学"的"人道主义科学"(human science),那么就有必要就此而展开更为严格的研究。

261

社会不断地发展进步,对于自然科学的研究,迄今为止我们并没有进行过什么"评价"。大约在5年前,我们认为这样的状态不可取,就开始了评估活动。而且,如今研究经费的1%—3%左右也用于评估。我想,这也正是自然科学与社会科学的研究者们应该彼此合作、共同推进的一大课题。

自昨日以来,我们的探讨之中出现了"公共"这一概念。与传统的"公"或者"私"不同,"公共"被描述为两者的桥梁或者中介的立场。以往,这样的活动是新闻媒体或者科学评论家所做的。到了最近,NPO(非营利组织)与NGO(非政府民间组织)也进入到这一行列来。这一方面的拓展是非常重要的。

经过这两天的讨论,我想提出一个建设性的提案。若是站在"公共性"的角度来探讨的话,那么"私企"的活动应该如何加以看待?因为是"私营"企业,所以一般来说就是属于"私人性"的问题。但是,一部分人认为:"并非如此,私营企业既包括私的部分,也包括公的部分。即便是政府,也带有'私'的内涵。"尤其是发展中国家,或许因为其本身存在着权力滥用的问题,所以才会留下这么一个印象。

"公"的部分如何转化为了"私",在此我们姑且不论,不过,我认为"私"的部分转化为"公"的问题也是一个众所周知的问题。私营企业对于社会的影响非常大,通过市场,大量的商品被转到国民或者消费者的手中。对于这样的事实,我们应该如何加以把握?这样的活动,我们一般不会冠以"公共的"、"公"的活动这样的界定,但是,它确实是一个带有了"公共性"的活动。

因此,作为一个新概念,同时也是我自己的说法,我们应该重新思考一下"私营企业的公共活动、公共的一面"。我认为,若是科学技术的公私问题的话,——私营企业研究者的道德素质究竟如何,在此我们姑且不谈,——正如金泰昌先生所说的,我们只需评估一下私营企业内部将"公"与"私"串联在一起的"公共"的一面,或者站在这一角度对私营企业的经营活动进行重新审视就可以了。

尽管我们的对象是"私营企业",但实质上也是千差万别的。城镇的蔬菜店也是属于私营企业,若是将它也划归到"公共活动"的话题之中,那就不可取了。以铁路为例,一般而言,它是属于公共事业。但是,旧的日本"国铁"(国家铁道公司)如今并不是纯粹的公共事业,私营企业也正在参与它的经营。日本的航空业也全部是私营企业。尽管是私营企业,但是我认为它们的活动可以说完全是公共性的活动。

由此可见,这一概念实在是一个比较模糊的核心概念。大企业的活动如今不仅在日本国内,甚至也作为"综合企业"(conglomerate)走向世界。因此,大型私营企业的问题实质上也是一个世界的问题。具有一定规模的大型企业的活动,一开始就不应该限定在"私"的框架下来加以把握,而是要站在"公共"的一面来重新思考它的活动。我认为重新思考与审视也正是本次共同研究会的一个新的研究课题。

小林正弥:您所说的与我们迄今为止所讨论的话题存在着深刻的关联性。对于这一发言,小林教授有何回应(response)呢?

小林傅司:柴田先生就"舆论会议"进行了发言,其基本宗旨我也非常明了。站在从事具体工作的行政部门的角度而言,这也就是一个"办事程序"的问题。"舆论会议"的办事程序尽管十分有趣,但是其内容本身如何?究竟存在了什么纰漏?对此,应该说我们行政部门的人员意识到了这一问题。这是一个理所当然的问题。尽管采取这样的一个办事程序,但是无法保证结论的正

263

确性,这也就是"舆论会议"经常受到批判的地方。对此,我们也只能说其结果确实与柴田先生所说的完全一致。但是,在此我也要顺便提到的是,即便是科学家来做,其结果也是如此。

我们一直抱着一个观念,即认为"科学家们只要好好地进行讨论,那么就可以归结出理想的答案",但实质上并非如此。可能会出现这样的一个结果,但是我认为大多数情况却并非如此。

作为一个证据,轻部教授曾指出:"对于基因图谱或者大脑开发研究,我们进行了如此多的研究,可是结果却并不理想。"如今,看起来基因图谱的研究价值超过了大脑开发的研究,所以才会出现这样的悔恨之语,但是,如果大脑开发研究也取得了巨大进展的话,则又是一番景象。换句话说,在一个特定的时间与地点,科学的判断并不一致,这也是常有之事。历史上,不一致或者说错误的事例可谓是不胜枚举。就此而言,科学家们进行讨论,或许也会出现不少没有结论的东西,我们必须要认识到这样的可能性。这不过是我这样的"老鸦"式的科学哲学家们所提出的一点浅见而已。

我所强调的第二点,即"舆论会议并不是万能的"。如今整个世界皆在进行"舆论会议",而且还采取了多样化的形式。世界上还存在着其他的各种各样的社会组织,国家不同,舆论会议的形式也会发生变化(variation)。我认为,日本今后也会出现与自身国情相适应的变化发展,而且,还会出现适应或者不适应日本之机制的各个研究课题。原子能核发电的问题,就我自己的个人意见而言,我认为并不适合作为"舆论会议"的主题。对于它的主题,我们是极为专注地选之又选,不过到了现在,不管是谁来做,也会感到力所难及,举步维艰吧(笑)。

"舆论会议"究竟要由谁来举办?本次舆论会议牵涉到政府

的农产省（部），我认为这个做法未必好。我担任本次会议的普通参与者的募集人，召集了18位市民参加，并将他们的讨论进行分类整理。应该说一开始，他们的目光毫不热切。换句话说，他们认为主持的人是政府相关人员，而会议似乎也在诱导他们指出政府的纰漏究竟什么地方，所以对此就抱有强烈的怀疑态度。我认为我们必须在这一方面加倍努力，去消解他们的怀疑态度。不过，这样的解释活动哪怕只是一天，也会令我们感到身心疲惫。

我们还是站在更为普遍的角度来看待这个问题吧。我认为"舆论会议"的关键即在于我们原本究竟应该做什么。在此，我一下子浮现起来的，乃是岸辉雄教授昨日所说的研究所、大学、学会这样的机构或者组织。我认为这样的机构或组织举办舆论会议才是再恰当不过的了。而且，由此而得出的成果，只需要学会进行一定的知识性修饰，提交给社会或者行政部门就可以了。不过，日本的学会对此却几乎是无动于衷。就在这样的两难境地下，政府或者行政管理部门率先表明了自己的关注态度。

因此，大学、学会或者研究所并不是将这样的操作行为——我并不是说"舆论会议"本身——视为自己的垄断行业（occupation），而是将之定位为专职性（profession）的工作。若是他们不放弃这样一个观念的话，那么这样的活动实际上也不可能有效地进行下去。我认为，若是政府直接来做的话，反而会更加不好办。

小林正弥：因为您的发言中提到了与行政部门之间的关联性，因此也令我想到不少与政治相关的事例。之前，您曾提到"舆论会议的尝试并非是直接的民主主义"，站在政治学的立场，我们应该如何来加以思考并使之适用于民主主义，实则也是一大难题。换句话说，所谓民主主义，简而言之，应该就是公民通过选举来决定政治。但是，实际上大多数公民并不具备更为详细的专业知识,所以也就潜藏着政治本身会出现错误这样的可能性。通过政治所制定的原子能开发政策乃至其他的一部分政策的问题,可以说皆是如此。

以原子能发电站的地区居民投票为例,我们应该如何看待投票的结果乃至如何去做,就是一个大问题。民主主义理论之中,民主协商(deliberative democracy)这一方式如今受到极大的关注。日本将之翻译为"思考型的民主主义"或者"熟虑型的民主主义"。这一理论本身认为:"完全不晓实情的公民进行投票来决定是否可行的程序本身存在着问题。为了提高民主主义之质,我们必须提高讨论的质的问题。因此,在彼此了解到相关信息的前提下进行充分的讨论,我们的目标就是这样的民主主义。"

一批社会学者曾尝试进行"熟虑型的选举"。他们以全国为范围提取了选民样本,将他们集中到一处,就某一个问题进行集中的知识培训,并给予他们向专家或者政治家提问的机会。就这样,经过了历时数日的面对面的彻底的讨论之后,开始进行细致的投票选举或者意见调查。这一尝试的目的,就是为了衡量与判断"就一个政治的争论议题,在公民得以充分了解的前提下,通过相互间的彻底讨论之后,由此而进行的选举结果将会如何?"不言而喻,它的结果与什么也没有做就进行选举投票存在着一定的差异,而讨论的质量之高,也可以通过这样的数据明显地体现出来。

这样的一个尝试若是转化为实际的选举活动,究竟能否实现呢?对于它的可能性,人们将之视为民主主义理论的建设而展开了讨论。不仅如此,即便是在司法领域,也出现了与之类似的倾向,即推进"国民参与"的司法改革。日本现行的法律制度之中,只有职业性的法官才具有判决权。与此相反,英美采取陪审团制度,随机抽样选出的普通公民独立于法官之外,进行有罪或者无罪的事实判定(审判官进行量刑判决)。如今,日本正在讨论参审制,市民选举出来的参审员与职业法官一道参与事实认定与量刑判决。而且,据说上次研讨会的参与者、千叶大学金原恭子副教授参加的NPO(非营利组织)最近向政府提议,希望日本如同英美一样设立"法院之友"这样的组织机制。这一机制指出,不仅审议的当事人,即便是"第三者"也可以提出对案件处理有用的意见或者资料,以作为证据。由此可见,不仅科学技术,即便是政治或者司法也出现了同样的倾向。我认为,这是我们在思索"公"与"私"的问题上的一大要点。

原田宪一:我的研究方向是地质学,在此我也介绍一下我的体验。众所周知,日本列岛的地质状况与欧洲完全不同,东京大学地质学领域的第一代日本教授留学欧洲,他们主要研究的是矿物学,至于土木地质学则完全不行,矿山地质学也是极为薄弱。换句话说,日本理科系统的地质学完全剔除了与日常生活密切相关的内容,将矿山地质学与土木地质学驱赶到工程学系统之中。而且,地质学也始终处在游离于社会边缘的地位。日本存在着如此多的地震与火山,因此,地质学会究竟要如何做才能重新获得日本国民的信任? 我在担任地质学会下属的普及活动委员会的委员之后,一直为此而深感苦恼。

普通民众对于自然灾害究竟抱有什么样的恐惧感? 可以说,日本与欧美国家的人截然不同。我这样的地球科学家所探索的,就是也包括了这一问题在内的科学技术的问题。我认为,之前中村教授所提到的STS(科学技术社会学)就提供给了我一个解答。

267

当事人与公共的讨论

西冈文彦：我切实地感受到小林教授与柴田教授之间的彼此互动。小林教授作为舆论会议的核心人物如此明快地介绍了舆论会议的发展进程，或许也是得益于此吧，由此也可以想象得到舆论会议确实取得了丰硕成果。因此，我可以说是抱着一种发现奇迹的心情来聆听小林教授的发言(笑)。我想在舆论会议的发展过程中也一定存在着不少的故事吧。

就设计领域而言，克里斯多夫·亚历山大与哈卢布林等一批人曾经通过答疑会或研究集会来唤起长眠在人们内心深处的设计形式(form)与一致意见(consensus)。要谋求公民或者国民的一致意见，需要人们拿出良知来进行判断。只有拥有这样的一个梦想，才能真正地实现它。每逢我们听到现实社会中的这样的呼声的时候，我们要在技术上或者组织上作出什么才能使之成为可能呢？实际上，这几年来，我一直从事与日本爱知世界博览会(2005年举行)这一活动相关的事务。但是，通过我自身的这一体验，对于我们能够做什么这一问题，如今我也变得极为悲观。就此，我想向两位教授请教一下应该如何去做。

小林傅司：我不知道您为什么会认为我是那么明快地阐述了舆论会议的发展历程，是不是因为我的"智慧的广场"过于大了，所以才会令您感到犹如奇迹吧(笑)。

如今，我们并不打算采取所谓的"游击战术"来推进舆论会议，但是其结果，也不得不保留一点"打游击"的味道。舆论会议并没有得到一定的评价，所以也就没有受到世人的关注。一旦它具有了一定的能量(power)的话，也就可能会陷入到您所指出的"结构"之中。换句话说，一旦进行了组织动员，变成一个敌对性的政治运动的话,那么这场运动也就会走向终结。我自身意识到了舆论会议的潜在危险,而且我认为,并不是只有科学知识,(knowledge)才能使它避免陷入这样的危险之中,并不只是科学技术的专家们才能垄断或者占有所谓的良心与智慧。应该说,恰恰就是这样一批人,反而无法真正地实现它的价值。只有把从事着各种各样的经营活动的人们有效地组织起来,唤起他们的共同之声,我们才能够找到超越知识的"智慧"这样的东西。因此,我的问题意识也就是,我们的社会应该如何去做,才能真正构建起这样的一个公开讨论会(forum)式的平台呢?

这个时候,"当事人"的属性成为一个非常烦琐的问题。若是当事人的自我意识强烈,那么就产生出责任感;若不能产生出责任感的话,就会出现利害冲突,演变为一场政治运动。反之,若是当事人的自我意识越来越薄弱,那么就会变得不负责任。究竟要如何来取得平衡? 我们之所以选择"遗传因子治疗"作为舆论会议的主题,其理由就在于我们潜在的想象力发挥了巨大作用,它使我们认识到所有的人大概皆会接受遗传因子治疗,由此而要求大家都来参与讨论。

我们召集了一批正在接受治疗而且自身也明了治疗的风险,并由此而原则同意接受治疗(informed consent)的人举行了会议。这样一来,探讨的效果也就截然不同。在这之前,一部分人也提出批评,指责说若是不将这样的对象纳入进来的话,由此而进行的讨论岂不是滑稽可笑吗? 他们还以环境问题为例,指出若是不去听取当地居民的声音,只是让一部分外来之人大放厥词,这样的会议也就是一场毫无责任感的会议。但是,在此我认为,并不是只要当事者本人阐述一下就可以了。非当事人也可以将之视为"自己的问题",充分地发挥自己的想象力,由此不是也可以进

269

行讨论吗？我认为只有这样，才可以说是一场成熟的讨论会。

公共的、成熟的讨论会，我认为必须是如此。只是由当事人来进行讨论的话，无论如何其最终皆会走向政治的角力之场。因此，政治立场下的讨论，与公共的或者批判理性的立场，乃至如今所说的各种各样的立场下的讨论，无论是层次还是基调，可以说皆是完全不同的。我想我们应该确保这样的一个形式，而且还要创造出这样的会议机制来。

我任职于名古屋的南山大学，也与爱知世界博览会有着一定的联系。正如您所说的，在这一活动中，可以说日本人的当事者的自我意识过于强烈了。因此，这一问题也就立刻转变为了一场政治性的事件。这一事态也与我的预想完全一致，我之前曾提到并不是所有的议题皆适合于舆论会议，世界博览会之所以会如此，可以说与这一问题也存在着一定的关联。

一致意见的形成与信息的公开

柴田治吕：首先，就一致意见而言，政府部门会依据一个标准的程序，由此来推导出一致意见。日本政府的各个部门可以说皆是如此。与如今的科学技术最为接近的，大概也就是克隆技术，政府已经明确提出了禁止克隆人实验的法案，遗传基因转换的备忘录也早在十多年前就制定了。

在这样的状况下，政府部门主要人物的任务，也就是尽量地收集来自民间的意见。日本的各个政府部门皆采取审议会的制度，如果是科学技术的问题，就组织起一个"科学技术会议"这样的组织，下设伦理委员会。过去，他们也组织了基因转换分科会。总之，就是"产官学"即产业、政府、学术机构三者聚在一起，通过各种各样的讨论来总结意见，得出结论。最近，在"产官学"的基础上,人们期望也附加上来自普通的公民或者国民的代表的声音,究竟如何选出这样的代表也是一个问题。一般来说,我们是从工会团体或者消费者团体之中选举出来这样的民意代表的。

最近,这一方面也取得了一定的进展。科学技术基本计划就是一个例证,而且接下来,就 ES 细胞、胚胎胞的培养细胞的问题,政府部门也提出了最初议案,政府部门会通过网络将之完全公开。核发电站的问题也是如此,通过网络完全公开,就可以不断地听取来自各方面的意见。也就是说,政府部门是通过这样的方式来争取更多的国民的支持的。

原子能问题的争论长达 20 年之久。政府在建设核电站的时候,为了直接听取设施周边人士的意见,采取公开招募公民代表举行听证会的形式来进行。作为反对派,他们担心听证会成员的选举是政府有意操作之下的指定,所以曾要求在记者监督下来进行公募人员的选举。站在行政的角度而言,采取听证会这一形式,尽可能公平而明确地听取来自国民的意见,应该说是一个最为普遍的做法。

舆论会议积累了不少有益的经验,我就职于政策研究所的时候,一个人问我作为研究人员是如何看待舆论会议的。我得出的一个结论是"问题的可视化"。舆论会议所得出的结论,或许是非政府级别的组织为了对应问题本身而形成的一致意见,但是各个不同阶层的人士参与进来,由此也就出现了一个新的不容忽视的"事实"。而且由此,我们也了解到一部分潜在的问题,这也就是我所说的"可视化"。我认为,在一个学术团体的圈子内部,舆论会议的作用之一就在于使"问题可视化"。这样一个结论,仅供大家参考。

西原英晃:村上阳一郎教授在其著作中提到:"技术与普通社

271

会之间的节点，即使技术得以广为人知的，也是一个技术。"与此相关，曾经一个时期，研究生院重点化这一风潮也侵袭了京都大学，与此同时，大学内部机构的重组也成为大学的改革突破口，在这一背景下，京都大学设置了"能源科学研究科"这一新的专业。

我尽管是属于原子炉实验所的在编人员，但是也加入到这一研究方向。而且，在这一专业之下，还设立了我负责的"能源社会教育"这一方向。因为大学聘任期限的问题，我在这一机构工作了两年时间，只是培养了两位硕士研究生。这一方向的教育内容在此我们不予论述，我认为这一新设方向的最为直接的问题之一，在于它无法充分保障年轻研究人员的研究岗位。这样的保障我不知道是否可以纳入到学问体系之中，但是我认为必须将之纳入到学术评价的体制之中。

第二个问题，一位较我年长，而且是从事媒体活动的 OB 人士，他进入了以社会人士为招收对象的"能源社会教育"博士课程之中。他的背景是人文科学，并缺乏一个可以发表学术论文、将来可以就职的场所，所以为此感到极为烦恼。在此，他也期望我通过公共哲学共同研究会这一组织来呼吁一下这样的问题。

之前，小林傅司教授提到原子能开发的问题确实难以达成一致，不管是谁皆会感到无能为力，我认为，对此我们需要一个基于某个规则进行合理判断的场所。

柴田教授特别强调了"圆桌会议"的问题。如今，制定原子能开发长期规划的乃是原子能委员会。也就是说，日本的原子能开发存在着两极的组织结构，一个是推进计划的一方，即原子能委员会；另一个是制定规则的一方，即原子能安全委员会。站在推进计划的一方，应该是召开圆桌会议来听取广泛的意见，由此，也可以了解到不少关于它的安全性问题的讨论。但是，作为制定规则的一方,却没有听取来自民间的意见。正如之前所说明的那样,各个具体事案,不过只是在预备建设的地区举行公民听证会,这样的工作是否再前进一步呢? 如果不这么做的话,那么到了人们认为"原子能发电完全不可施行"的时候,就会陷入到一个无法收拾的悲惨境遇了。

接下来,站在行政的角度而言,我认为原子能开发的问题,尤其是在安全性这一方面,皆要在以国家最终对一切负责这一框架内来进行。迄今为止,不管是原子能开发还是转基因食品的问题,都是在一个国家体制的框架内来决定的。国民之中对此也存在着批判。不言而喻,如今的日本还不具备走向直接民主主义的土壤,但是我认为就此而进行讨论也是极有必要的。

柴田治吕:圆桌会议所进行的是全球化的政策讨论,关于各个原子炉的设置问题,召集地方居民举行公开听证会,据我所知乃是原子能安全委员会来操作的。

薮野祐三:我要说的,与其说是针对"舆论会议"提出问题,倒不如说是一个提案。学生时代,我阅读了社会学者索罗金(Pitirim Alexandrovitch Sorokin)所写的书籍,其中提到:"交往越深,友谊越深,这完全是一大谎言。"越南战争期间,手枪、子弹乃是交往的最为直接的工具,但是,战争旷日持久,两个国家之间的关系越来越恶化。因此,若是将这样的"交往"(communication)绝对化的话,那么也就是将它奉为一个"神圣"的信条,而不会产生丝毫的怀疑。

"舆论会议"也是如此。以会议的形式来推选出一批组织舆论会议的人,这样的活动极为重要。若是"舆论会议"本身成为一个常设机构,那么就会成为一个利益与政治的场所。只有出现了争论的焦点,公民才会参与进来。应对这一状态,若是"舆论会

273

议"不能成为一个制定各个时期的财政收支规划与统一活动方式并确定自身解散时间的组织的话,那么它本身就会成为一个政治性的团体。由此,我认为还不如取消掉算了。问题的关键,就在于如何去防止使"舆论会议"成为一个政治性团体。如今,我们有必要将这个问题提出来,以供大家思考与讨论。

小林傅司:对此,我也深有同感。

核战略与宇宙开发

金凤珍:公共哲学研究会所探讨的公共性,并不仅仅是作为"国家"(公)与"个人"(私)之间的桥梁或者纽带的公共性,而必须是与两者并列在一起的超越了"国家"范畴的全球性的公共性。这是一个共同的认识。对于这样一个"跨国境的公共哲学",我想过一会儿请这一方面的研究专家山胁直司教授来进行发言。

在此,我想以一名专门研究国际关系、国际政治的学者身份来探讨一下。我们的问题意识就是要拓展科学技术政策的"公共性",但是如今的公共性却依旧保持了强势的国家特征。由此我认为必须要站在全球化的视野来审视科学技术政策的问题。但是如今我们还没有达到这一步,这大概也就是21世纪的课题吧。

昨日的晚间报道提到,日本在联合国会议上提出了全面禁止核试验的宣言。这是一个令人感到万分高兴的报道。日本也将会投入巨大的力量使这一提案获得通过。不过,站在国际政治的角度,令人遗憾的是,日本处在美国的核保护伞之下,日本向美国说"不"实在是艰难无比。这也是日本同时必须克服的一大难题,我认为还需要相当长的时间。尽管如此,日本政府在联合国会议上提出这一议案,意义可谓极为巨大。

在此,鉴于原子能开发这一领域的专家也莅临会议,所以我提出几个问题,希望就此指导赐教。首先,如今将原子能利用到军事领域,是否就可以轻而易举地制造出原子弹? 总之,日本大概需要多少时间可以开发出原子弹? 或者说日本之外的国家是否只要稍加努力就可以制造出原子弹? 同时,对于这样的问题,各位专家究竟是如何考虑的?

其次,是关于美国正在推动的 TMD 即战略导弹防御计划的问题。环境问题、宇宙开发问题如今已成为超越了国家、民族的全球化的问题,但是,如今日本正在协助美国推行战略导弹防御计划,并进行着研究与开发,对此我们应该如何进行评价? 日本之所以参与,是因为它会为日本自身的宇宙开发技术带来一定的好处,由此而不得不参与进行,还是说完全禁止的好? 对此,我不是十分清楚。

西原英晃:如果说我能回答的话,那么大概也就只是您所提到的"如何思考原子弹的问题"吧。对于这一类的问题,若是要从事原子能开发的人来进行回答的话,总是不能让提问者获得一个满意的答案。之所以这么说,是因为他们大多会这样表述,即"日本是一个彻底地和平利用原子能的国家,所以这样的问题不会发生"。

那么,凭什么他们可以说"这样的问题不会发生呢"? 我的回答也就从这里开始。

首先,高纯度的核燃料在国际上受到严格的管制,IAEA(国际原子能机构)会经常进行监督检查。和平利用的核燃料究竟在什么时候,在什么地点,存放了多少,必须保留一个完整的记录,并时不时地要进行报告,这是绝对不可回避的前提与原则。就此而言,之所以不会发生,其最大的依据就在于管制严格。

其次,几乎所有的与原子能相关的研究人员,谁在从事什么

275

研究,进行什么样的计算,这个圈子内部的人可以说都是知根知底的。大家尽管没有提到原子能的军事用途,但是皆会自觉地接受这样的管制,使之不会走向军事化。因此,在日本进行原子弹的研究开发是不可能的。

最后,我们是抱着和平利用的目的来从事研究的。这一方面的研究,不能说是"绝对",应该说"未必"与制造原子弹的动机是一致的。日本的研究学者尽管计算能力极为突出,但是这不过是基于某个条件下的数据计算而已,日本并不拥有制造原子弹的基本数据。

佐藤文隆:一直以来,我都极为关注军事核战略与宇宙开发的问题。印度、巴基斯坦已经拥有核武器,但是我认为这两个国家之间的紧张气氛,与冷战时期的苏联与美国之间的对立存在着质的显著差异。制造核武器的重要一环,不在于精通原子核各个部分的物理结构,更多的是在于精通核弹的物理性本身。超新星爆炸的研究之中,最为重要的是研究 X 射线的吸收率的问题,研究这一领域的人可以与研究氢弹的学者一道共享实验数据。在核燃料的管理这一方面,原子弹的研究与原子能发电的研究存在着一致的地方,但是就研究本身而言,两者之间可以说是截然不同。

尖端核武器具有巨大的威慑作用。但是,如同过去通过飞机投下核武器的投弹方式一样,如今已经完全过时了。倒不如说,是否拥有导弹发射系统才是最为重要的。印度与巴基斯坦所用的核技术,大概也就是敌人来攻击了,我就会自爆核武器,让敌人尝试一下侵略者的下场这样的程度而已。与其说他们制造的核武器具有了攻击的威慑能力,倒不如说他们只是为了给对方带来威慑,告诉对方一旦发生战争就会造成同归于尽的严重后果而已。因此,我认为他们的核试验不过是这样的一种象征而已。或许会出现错误造成核爆炸,但是这样的对抗应该说与美苏之间的冷战存在着一个质的差异。

我认为,要全面实现禁止核武器,日本必须采取一定的主导性的态度。不过,一旦成功地制造出了核武器,那么即便这个国家的政治局势发生变化,而要重新制造出来也是轻而易举的吧。

宇宙开发火箭技术是一个导弹类的武器技术与通信类的技术彼此融合的一门技术。因此,这一领域难以形成国际间的共同开发。迄今为止,国际宇宙空间站的开发据说已经投入了数兆日元的资金。这原本是西方国家内部协商进行的一个结果。这一开发出现在苏联解体之后,原苏联的技术人员也参与进来,从而带有了国际间政治合作的内涵。

而且,在 MD(反导系统)这一领域,我认为也存在着向大型技术投入研究资金的倾向。在只是依靠通信卫星来从事商业操作的时候,人们是不会进一步加大宇宙开发技术的投入的。若是完全忽略商业利益的问题,那么世界上就不会出现对宇宙开发进行资金投入的计划或者任务(mission)了。以往的投资开发乃是出自军事目的,所以即便不能获利也是理所当然的。

就此而言,美国的宇宙开发与军事技术这一方面,大多数企业都参与进来。对于它们而言,若是国家大幅削减预算,那么就会出现巨大的危机。所谓 MD 技术,就是考验与宇宙开发相关的企业能否生存下去的一场赌博。因此,我认为对它们而言,接下来的公共事业就不必要是百分之百的军事科学技术研究了。

我认为日本之所以参与美国的宇宙开发计划,完全是因为日本不得不在政治领域与美国进行"交往"的结果。不过,日本的宇宙开发技术因为长期没有进行,所以也极为落后。就此而言,日

277

本大概也存在着要紧跟美国尖端技术水平的意图吧。我认为,若是我们提出一个所有人员都可以参与进来的国际性任务,一道进行共同探讨,那么宇宙开发的军事化倾向就有可能逐渐消减。

金凤珍:听取了两位专家的讲话之后,我感到一种极为和平的气氛,由此也感到放心了。我希望我们的话题可以依照这样的一个形式进行下去。这样的讨论,也有可能会决定今后东亚国际政治的走向。

绫部广则:或许我的发言会偏离如今的主题,就国际宇宙空间站的建设这一问题而言,我认为不仅存在着军用与民用这样的差别,应该说与之相关的研究人员的研究领域也极为广泛。无论是宇宙空间站还是卫星发射的问题,皆不是宇宙工程学者的专属之物,而是存在着多样性的不同的任务。就卫星发射而言,正是移动通信、地球观测与监控这一类的任务或者利益集中在一起,它才得以实现的。

桥本毅彦:我所讲的与日本没有多大的关联。美国与中国之间曾发生这么一个事件,美国指责中国人盗取美国核武器的信息,并认为这是一个"耸人听闻"的事件,美国国会也为此编写了议会报告书。日本对于这一事件没有进行什么报道,但是美国议会的网站却公布了长达600页的报告书,详细地列举了中国在核武器、导弹、火箭、机器制造等领域采取各种手段盗取美国技术信息的问题。

对于这一事件,中国人的反应则是"美国人实在过分"。中国的《人民日报》的网站也出现了不少的反论。根据反论,这一系列技术信息乃是解密了的信息,之前得到美国总统批准的《信息公开法》的确认。由此,这样的长达数百万页的信息、报告书被解除了禁令,完全可以自由阅读。

因此,中国是采取正当的途径获得了美国的信息。中国进行氢弹试验,开发高性能的武器,其背景即在于此。这一点令我感到极为惊叹。

西原英晃:本次原子能学会要制定《伦理章程》,其中我们将明确地宣布:"我们要彻底地进行和平开发,而且,我们绝对不会涉足核武器的开发与研究。"也就是说,我们将会把自己以往所做的,采取一种成文的形式公布出来。

绫部广则:与之相关,我也有一两个问题希望在座的专家赐教。之前,佐藤文隆教授提到超新星爆炸与氢弹研究乃是一致的。我们知道,美国的一批研究者与其军事技术的研究开发存在着密切的关联。日本的一部分科学家们也参与了日本的原子能开发,美国的这样的研究者的形象是否也会体现到日本的科学家身上。换句话说,日本的科学家是否将他们视为与自己一样的研究者或者说还是完全当做一个不同的人来看待。

我认为,如今科学家团体的跨国性极强,但是另一方面,这样的跨国性研究是否与军事部门的资助者(sponsor)存在了关联,也是阻碍它得以形成的一大根源。科学家自身的和平开发的意志与来自国家的要求,究竟孰先孰后? 我们在探讨日本的《伦理章程》的时候,是否还是处于国家这一框架之下呢?

西原英晃:我们绝对不会与可疑的人物进行交往,这样的表述我认为没有必要记入到《伦理章程》之中。实际上,一批科学家们也结识了这样的朋友。由此我也认为他们有可能完全丧失自己的立场。但是,我们为了不采取这样的一种与之相关的行为或者行动,同时也是为了将来一代人不必再去考虑是否要这么做,也就在这一时期进行明确的宣布,并使它可以充分地注入到年轻人的思维之中。

日本人动辄就提到:"日本是唯一的一个遭到了核武器攻击的国家",日本的广岛与长崎成为了一片废墟。若是连我们这样的原子能专家也采取这样的口吻,由此宣扬"日本是唯一的遭到了核武器攻击的国家,所以我们要彻底地对它加以和平利用"是不可取的。将原子能开发用于军事领域,不管如何,我们从一开始就不应该去做。站在历史发展的角度而言,这一立场乃是极为正确的。

金凤珍:承蒙赐教,不胜感激。我期望日本今后和平利用宇宙开发乃至各个科学技术,NPT 即核不扩散条约是一个缺乏了平等性的条约,这将会成为 21 世纪的研究课题。而且,我认为今后还会出现不少重大问题,这次日本勇敢地向联合国提出了废止核试验的议案,由此我也期望日本今后发挥更大的作用。对于美国提出的 TMD 即战略导弹防御系统,我想还需要各位进一步深入地探讨。

科学技术政策的制度变革

足立幸男:关于原子能开发的问题,不仅军事用途的利用存在着问题,我自己早就认为尽管名义上是和平利用,但是建设核电站本身也存在着一定的问题。不过在此,我就不再深入探讨下去了。总之,聆听了各位专家之间的质疑与回答,令我深受启发。我所质疑的一个地方,就是在尝试改变"科学技术"或者"科学技术政策"之际,究竟应该要在一个什么样的制度框架内来进行,对此我希望大家能够进一步探讨一下。我认为小林傅司教授所说的"舆论会议"非常重要,如今,在这个共同研究会上,科学技术的专家与我们这样的社会科学研究者或者普通的公民一道进行讨论,确实具有重大意义。不过,舆论会议所探讨的主题与本次研究会的讨论,对于科学技术的主流(main stream)发展究竟能够带来多大的影响? 应该说还是令人略微带有了一点悲观情绪。

我自己隶属于京都大学人间环境学系(共通基础课程的统一学系),而且在西原教授创办的能源科学研究专业也开设了"能源政治学"这一课程。我的 2/3 的同事是来自理科系统,他们的日常工作极为忙碌,根本就没有如同现在这样的讨论的空暇。坦率地说,他们几乎是将每一分钟的时间都投入到实验之中。这就是一个极具影响力的主流。

如果没有经费,那么就会一事无成。原子能开发这样的大型科学(big science)自不必说,即便是转基因技术、克隆技术这样的小型科学(small science)也需要资金支持。如果不能获得资金进行实验,不在国际杂志上发表论文,不去培养研究生,那么就会落后于时代。也就是说,我们的教育与研究就是在这样的"框架"下进行的。就我们自身而言,这样的一个境遇,实在是令人感到惨不忍睹。

因此,来参加这样的研究会,并真挚地提出意见来的人,不得不在科学史或者科学哲学这样的领域来寻找自己的逃避场所。

科学技术带来了新的问题。对此,我们在京都大学内部极力宣传这一点,并进行讨论,其结果就是:"首先制定出与科学技术社会相关的新的讲义吧。"我们计划以如今的科学技术政策体系为前提,在它的框架内来探讨设立能源科学或者人类环境学这样的新学科。而且,我们也计划从国家、地方自治体或者财团那里获得资金,培养弟子,在各个大学开设同样的讲座课程,输出我们的新的知识。为了改变科学技术的现今格局,我们开始了新的尝试,这样做,其结果或许就只是我们培养几个弟子,使他们得以到大学就职而已。但是,我认为这确实是一个大问题。

281

要从事什么样的研究,究竟在什么地方需要投入,如果投入,究竟需要多少资金,对于这样一个研究框架,我们实质上并不清楚。我认为这或许与学术团体的政治性相关吧。学术振兴的政治性决定了重点研究要放在什么领域,作为特定研究究竟哪一个会被采纳,由此,权力关系与宣传力度就决定了谁将会取得成功。在我们对日本科学技术的未来、日本社会的未来加以认真思考的时候,日本作出了一个合理性的选择吗?面对这样的制度框架,我却怎么也无法相信。因此,我希望学术团体的诸位,也要适度地关注一下这样的制度框架的背后究竟存在了什么样的问题。

就此而言,我们必须重新审视并改变这样的一个决定资源分配的制度框架本身。如果保持现在这样的状态的话,那么日本的90%左右的研究学者大概也就不会改变自身的形象吧。他们毕竟是受到这一制度框架的限制,因此我最为渴盼的就是我们要改变现今的制度框架本身。

科学技术的研究需要资金的支持。获得资金的途径之一,即在于积极谋求国家或者"公"的政府的财政支持;其次,则是让作为"私"的财团或者民间企业自由地进行研究,对此加以一定的"规制"。

以生命科学领域为例,科学家基于自己的好奇心从事不孕症的治疗研究,同时也是回应患者的强烈要求。若是由此科学技术获得了进步的话,那么到了将来或许会出现各种各样的大问题。因此,这样的研究或许也需要政府或者"公"的机构制定规则加以管制。而且,在这个时候,我认为也有必要对研究方向乃至研究原理也要进行一番讨论。

核发电站大事故的发生概率是 $1/10^7$,尽管处在一个极低的程度,但是一旦发生就会导致难以收拾的严重后果。对于这样的风险,科学技术本身是否具有解决与处理的能力? 对于科学技术的未来我们究竟是要进行一个谨慎的预测,还是要考虑到科学技术术足以对应它自身衍生出来的问题,由此也就一边促进科学技术的发展,一边解决与之产生的问题呢?

这样的一系列问题,或许我们的立场无法取得一致吧。因为无法达成一致,所以也就没有任何的处理手段,完全是一种现状默认的态度。如果这样的态度没有造成任何问题,那倒也无可厚非,但是如今却出现了令人无法容忍的事故。因此,我认为我们必须对这样的问题进行深刻的探讨,提出我们自身的战略思维。

西原英晃:之前我进行了发言,为了记录的必要,我进一步重申一下原子能学会的《伦理章程》。其第一条规定:"会员要朝着解决人类面临的各个课题的方向前进,贯彻和平利用原子能的方针。"为此,原子能学会还制定了与之对应的《行动指南》,对于和平利用这一规定,《行动指南》规定:"原子能的利用目的,必须限定在和平利用,会员基于自己的尊严与名誉,不可参加核武器的研究、开发、制造、获取、利用的一切活动。"

跨国境(trans national)的公共哲学

山胁直司:1999 年,我曾在 EU 总部进行过学术研究,在此,我结合各位专家的质疑,简要地提出自己的问题意识。

村上教授之前提到,日本土木学会成立于 1938 年。在这一时期的"公共性"之中,我认为隐藏着一个矛盾关系,也就是作为"国民"的公共性与作为"全人类的普遍性"的意义下的公共性。日本土木学会所揭示出来的公共性,乃是这两者彼此对立、处在一种紧张关系之下的时代产物。最终其所阐述的公共性,我们不得不说乃是倾向于那一时代所独有的为国家尽忠的理念之下。

283

近代的历史上,原本应该为整个人类的发展而作出贡献的科学技术,转变成为以军备开发与国民国家体系的发展为目标,若是我们考虑到这一点,那么"培养国民主义的公共心"这样的行为,应该说也就带有了极为危险的一面。

审视过去的历史,到了 21 世纪我们应该站在一个什么样的基准下来思考公共性的问题,也就成为一大课题。我认为,国民国家即便到了将来,依旧会继续承担重要的作用,而且,我一点也不赞成无根之草的所谓的世界主义者(cosmopolitans)。因此,考虑到国民国家今后的发展,我也想强调指出我们更加需要一种反向的即全球化的视角来看待公共性的问题。我认为,这也就是西原教授所说的"人类的课题"这一视角吧。

因此,我想向小林傅司教授提出问题,日本召开的舆论会议是否也接受日本以外的别国人士参与进来?

小林傅司:目前这一阶段,依旧只是日本国民参加,实际上我们也不排斥他国人士。

山胁直司:那么,"国家利益"这样的价值观是否发挥了重要作用?

小林傅司:参与舆论会议的公民之中,不可否认也出现了站在这一立场而展开的讨论。

山胁直司:我认为国家利益也确实是非常重要的,我并不是要否定它的价值,但是如今我们已经进入到了一个不能只是追求自身国家利益的时代了。与这一问题相关,村上教授就自己的报告主题提出了"scientific community"(科学共同体)的四大要素,即产业、医学、政治、军事。我认为,现代社会中,多国籍企业在产业领域已经占据了优势,医学领域也出现了跨国界的医师团体。而且,政治领域全球化政治也成为人们广泛讨论的问题,不过,国家本身的作用也非常重要。最后，则是军事领域，这一领域以往为了保持国家机密，所以一直是在一个封闭的空间内来运作的，到了如今，如何去实现文官控制？而且，与国内的军事问题一道，世界上出现了联合国军与多国部队，而且，欧洲也出现了创建欧洲军队的动向，今后的军事领域的全球化将如何进行下去？我并不是这一方面的专家，无法得出一个明确的结论，但是对于日本自身的 PKO 或者 PKF 的问题，①我认为必须要慎重对待，站在公民的立场来进行深刻的讨论。

佐藤教授刚才提到"树立起国际性的任务"这一话题，迄今为止，所谓国际性的军事任务为数不少，但是，中世纪的这一任务带有宗教性的色彩，近代则几乎完全是"国家"形式下的任务。17世纪初，弗兰西斯科·培根列举了指南针、活字印刷与火药三大发明，指出它们是今后的学问研究的榜样。以火药为基础，诺贝尔奖之父阿尔弗雷德·贝恩哈德·诺贝尔发明了戴纳密特炸药（dynamite），将自然置于人类的控制之下，由此科学技术完全走向了培根所梦想的为人类谋福祉的反面，军事化研究则是进一步加速。由此可见，这样的任务所带来的后果并不为人类所左右。我们究竟应该如何为它订立一个方向，也就成为未来的一大问题。我认为，所谓"天下国家"这一概念尚不足以成为这样的国际性任务的"大义名分"，这一概念本身也包含着矛盾。之所以如此，是因为"天下"这一概念原本就是一个超越"国家"的理念。因此，我认为不如将之改变为"天下人类"，或许这样才更为契合国际性

285

---

① PKO 法案：1992 年日本通过《协助联合国维持和平活动法案》，即 PKO 法案。在这一法案下，日本打着参加联合国"维和行动"的旗号，实现了第二次世界大战结束后首次向国外派兵的行动。所谓 PKF，即指联合国维和部队。

任务之大义名分。不言而喻,在这一时候,我们也必须要十分谨慎单一性的"文化帝国主义"的全球化走向。

柴田治吕教授之前提到:"如今已经是一个人类科学(human science)登上历史舞台的时代",并提到私有企业的公共性的问题。科学技术的评价本身就是一个大的问题,在此,社会科学、人类科学开始登场,他们在激烈辩论"人类的尊严究竟是什么"的同时,也谈到科学家或者技术人员要不断地支持这样的探讨研究,为了"天下国家"作出贡献。我认为也的确应该如此。但是同时,我们只是在此强调"公共哲学的登场",这又令我感到不安。我认为,"跨国境"这样的内涵必须进入到公共哲学之中。即便是我们站在国民国家的框架内探讨公共性的时候,若是我们不抱着这样的一个观念的话,就可能会导致根本的错误。就日本目前的科学技术的精神状态而言,我们必须认识到这样的危险性的存在。"公共哲学"这一学问如今正处在开拓之中,这样的危机意识也正是我这么一个积极参与的人所要提出的根本的问题意识。

科学技术的方向性

林胜彦:足立教授之前提出要探讨一下改变科学技术政策的问题,对此我也深有感触。这也是我在 NHK 电视台制作科学技术节目的时候所经常感受到的一个问题。之前我也曾说过,对于"科学技术创造立国"的理念我是大力赞成,不过如今最为重要的是,科学技术究竟朝着什么方向发展并不是那么明确。我所思考的方向性的问题,乃是指在不破坏地球这一生态系统的范围内,率先向世界树立起安心、安全的科学。但是,正如日本的生命技术这一领域所体现的一样,我们对于安心、安全的投入可谓是微乎其微。

1975 年,美国加利福尼亚举行国际会议,与会各方缔结了关于基因转换的安全性协议,为此,我们也制作了教养系列专辑,即"生命科学的伦理"(1975 年)。日本的诺贝尔奖获得者汤川秀树博士曾接受我们的专访,专访的时间选择在这一会议协议出台之前。汤川秀树博士强调指出:如果使用的途径出现错误,那么基因转换将会给人类带来较之核武器更为巨大的潜在危险。1999年,NHK 电视台播放了专辑《惊异的小宇宙・人体—遗传因子・DNA》,为了这一专辑的取材,我造访了美国著名的冷泉港实验室(Cold Spring Harbor),在采访其名誉所长 J. 瓦特生博士之际,我直接向他询问了汤川秀树博士所担忧的潜在危险是否真正存在的问题,年届七旬的瓦特生博士指出:"1975 年的国际会议决定,有效地禁止了物理与生物领域的同类实验,到现在为止,还没有出现生命科技的灾害。""为了安全,基因图谱计划的整个研究之中,关涉伦理问题、社会问题、法律问题的研究投入了大约 5% 的预算,采取了社会性的监督方式。"也就是说,美国对于它的安全性问题投入了大量的研究经费,令人遗憾的是日本的投入则不到1% 而已。

基因图谱的解析,是国际研究组织 HUGO(Human Genome Organization)历时大约 10 年,美国、英国、日本等 6 个国家、20 个研究机构共同合作推进的国际研究小组与美国的塞雷勒公司为代表的民间企业也参与进来的大型项目,是继曼哈顿计划、阿波罗计划之后以美国为主导的第三个大型科学(big science)研究。这一研究涉及基础研究、临床应用与产业开发诸多领域,因此人们一开始就认识到伦理性的探讨是不可欠缺的。HUGO 在 1992年设置国际伦理委员会,京都大学名誉教授、现近畿大学教授武部启先生从一开始就担任了国际委员会的委员,如今担任这一机

287

构的副委员长。足立教授曾向日本的科学家、新闻记者、医师们提出呼吁，希望他们关注伦理问题。但是，以 1996 年国际高等研究所举行的伦理问题学术会议为例，参与基因图谱计划的科学家们却几乎没有参加这一会议，所以令人感到日本人对此漠不关心。而且，尽管武部启先生这位足以代表日本之水平的研究专家莅临出席了会议，但是他不过是在会议的一开始进行演讲之后就离开了。日本的基因图谱研究的伦理问题探讨，就是这样的一个现状。由此我认为，您所提出的改变科学技术的制度框架乃是一个具有重大意义的提议。

288

原子能开发这一领域也是如此。日本模仿美国，设置了催化机构式的"原子能委员会"与制动机构式的"原子能安全委员会"。1999 年东海村核事故发生之际，政府设置调查委员会，出台了调查报告，日本学术会议组织的吉川弘之会长担任该组织的委员长。但是，正如报告之中间接指出的，作为制动机构的原子能安全委员会的作用、权限、专属人员编制，可以说日本与美国简直无法相比。或许日美之间的组织不同，无法进行单纯的比较，不过，美国"原子能管理委员会"即 NRC（Nuclear Regulatory Commission）的专属职员人数接近 3000 人，日本在这一事件发生之后进行增员，但即便如此也不过 450 人，由此我也不得不认为两国之间对于安心、安全的基本思维方式确实存在着巨大的差异。

到了现在，日本兴起了 IT 热潮，这一领域的研究日本如今处在一个不错的地位。不过，科学技术总是存在着光明与黑暗的两面性，IT 革命所带来的负面影响，从电脑病毒到网页恐吓，不胜枚举，因此我也希望能够加大网络安全的投资。但是，即便是在这一领域，日美之间也大为不同。日本与欧美国家比较而言，可以说投入的经费极少，以 2000 年的国家预算为例，美国的经费投入

（包括军事）达到大约 2000 亿日元,而日本则不过是大约 200 亿日元(最初预算为 124 亿日元,补充预算为 74 亿日元)而已。

日本要贯彻"科学技术创造立国"的方针,我认为这一点非常重要。而且,我也认为只要纯粹地发展科学就可以了。这是因为科学本身已经与技术结合在一起,并发展成为了产业(包括重视自然的农业)。为此,我们要重视以科学为核心的技术与产业,加强科学的基础研究,使之与产品开发结合在一起。这样的开发是一个必然潮流,将会为日本国力的提高作出积极贡献。因此,对于科学技术的安全性的资金投入务必要加以保障,在技术安全这一方面,日本必须要领先欧美,进行世界领先的技术开发。这就是我的见解。

中村收三:您的发言之中提到日本对于安心、安全的资金投入只是 1%,您能否再具体讲述一下这一资金投入的问题。

林胜彦:我所说的 1%,是指"基因图谱计划"的整个预算之中,伦理、法律、社会问题的投资比率只是这一比例而已。

中村收三:日本也存在着将奖金投向最为基础的科学技术例证。医药、农药、原子能开发也是如此。若是对于安全性的研究开发投入巨大资金的话,那么我们的讨论就会陷入到一个不平衡的争论之中。日本在农药的安全性这一领域进行了开拓性的研究,得到世界的高度评价。若是批评日本是一个没有安全性投入的国家,我想这一论断或许是错误的吧。

289

以变革学问观念为目标

小林正弥:足立幸男教授与林胜彦教授之间的讨论非常重要,我认为关于日本的"科学技术创造立国"的方针还存在着一定的讨论空间。今后,我们在思考"公共哲学"的时候,科学技术的

重要性自不必说,对于尊重科学、发展科学这一任务本身,我也是
极为赞成的。

就某种意义而言,科学技术存在着中立主义的一面。但是,
正如之前足立教授所讲述的一样,我们有必要站在公共的立场来
探讨一下"究竟是什么样的科学技术"。站在全球化的视角,日本
的问题在于要将有限的资金重点投入到哪一个领域?科研经费
的问题也是如此。

为了进一步发展"公共哲学"这一规划项目,如今我们正在做
准备,试图将总体性的研究经费作为科研经费来进行申请。如果
可行的话,那么将会极大地促进公共哲学的研究。但是,我们在
填写申请的同时,也备感矛盾与困惑,我们迄今为止所探讨的"公
共哲学"这一概念与科研经费的划分并不能达到完美的契合。

在此,我提出一个典型性的问题。这一概念的核心在于超越
"专门知识"的"公共知识"究竟是什么,如何进行这一概念下的
新的知识体系的划分,实质上我们应该进行这样一个"广泛领域"
的划分,由此来确定这一体系下各个领域的研究经费是多少。但
是,这样一来,也令我们感到不安,毕竟这样的新的知识体系的划
分本身并不能达到完美的程度。我曾接受过这样的建议,即"作
为一名政治学者,站在政治学的立场来进行领域划分,来规划各
个类别的科研经费,应该说这样的可能性比较大"。但是这样一
来,就与公共知识这一概念本身发生矛盾,对此也令我万分烦恼
(所幸在这之后,我提出的2001—2004年度的研究计划——"构
建日本公共哲学的总体性研究——面向全球性的公共哲学网的
形成"获得成功,如今正在计划进行中)。

为什么要提出"科研经费"的划分问题呢?"科学"这一表述
本身会令人理所当然地联想到自然科学。如果是"学术经费"或

者"学问经费",则是一个中立主义的概念。科研经费的形式（format）本身却会令人强烈地联想到自然科学，而科研经费的申请机制之中，好像也大多是研究自然科学的人来进行评价，因此如果我不采取这样的表述的话，那么申请就会变得极为困难。这一问题也牵涉到如今的"学术团体的结构"或者框架的问题。由此我认为，"公共哲学"就是一个重新审视这样的"形式"（format）的概念。

中村收三："科学"（science）的问题，在此我姑且不论，不过，"技术"基本上是在一个市场主义经济中依据市场规律而运作的概念，它具有了极强的动力学（dynamics）特性。在此，也就产生了"安全性"一类的公共性问题。行政部门、公民团体、学者们竞相发言，对此加以相应的牵制，也就不会造成严重的后果，而是呈现出良性的运作状态。

桥本毅彦：各位专家的发言，令我深受启发。我最为关心的，就是林胜彦教授提出的，今后我们究竟要如何来改变科学技术政策的问题。如今，美国大力倡导IT革命，处在一个遥遥领先的地位。追根溯源，20年前，美国经历了越南战争，社会疲软，陷入到经济危机之中，在这一时期，美国的政府、学术团体、产业界集思广益，一道讨论。以此为基础，美国1980年出台《拜杜（Bayh-Dole）法案》，并进行了知识产权的改革。如今日本的经济低迷也陷入到长期化，为此我们也要集思广益，来改变我们的科学技术政策。结合美国的历史背景，我强烈地感到日本如今也必须这么做。

西原英晃：之前各位一直进行讨论，对于有限的资源，在此姑且可以说就是研究资金吧，究竟应该投入到哪一个领域，应该如何进行划分，还存在着不甚明了之处。或许我们讨论的结果也只

291

能如此。之前我们在讨论是选择"大脑开发"还是"基因图谱"的时候,承蒙指出,日本的研究经费投向"大脑开发"这一领域。在此,我谨借足立幸男教授之言,在作出这一决定的时候,日本的"制度框架"究竟是什么样的?对此,我认为还存在着不甚明确的地方。

之后,小林教授提到在申请公共哲学的科研经费的时候,尽管它是一个广泛领域的研究,但是也不得不苦心思考经费的分配问题。不过,由此是否可以得出一个真正公平的评价呢?在此,我不知道使用民主主义这一概念是否贴切,但是尤为重要的,则是我们需要这么一个"场所",研究者的意见或者说超越了研究者的意见皆可以通过它体现出来。学术会议或者学术审议会,应该是作为基本前提来发挥作用的。不过,这样的机构也未必能发挥出充分的作用,或许也不过是多此一举而已。我认为,还是我们这样的讨论最为重要,今后我也期望可以一直继续下去。

桥本毅彦:之前中村教授回答林教授的质疑之中,曾提到农药的安全性监督检查极为严格。我的研究小组之中,一位研究人员的研究方向就是农药的安全评价,其研究内容是针对某一类农药进行日本与美国的比较研究。农药的安全性究竟是如何进行评估的呢?通过网络,我向美国相关人士提出了资料申请,立刻就收到了 2 箱资料。反之,日本则是极为艰难,几乎没有什么资料。

最近,"信息公开"的必要性成为了人们讨论的话题。对于科学的安全性问题,一直受到世人高度的重视。但是,我认为不管怎么样,它总是给我们留下了不少难以确定的地方。我认为最好是将它适度公开,去听取一下其他人的意见。不过,收集资料还是需要大量的人手,美国的环境保护局(EPA)完全没有问题,日

本的厚生省却只是一个人承担了助手的所有工作。就这一状况
而言，正如小林教授所说的，这一方面的整顿改革是极有必要的。

绫部广则：足立幸男教授提到学问研究会立刻转化为一种自
我的目的化，"科学技术社会学"（STS）这一领域就存在着这样的
可能性。因此，一部分人指出，STS的活动绝不能走向"学会化"。

与此同时，也出现了"若是畅所欲言，反而会造成困境"这样
的意见。也就是说，过于牵强附会，则会令人陷入矛盾之中。要
站在学问的立场，适度地进行一个限制。如今的学问研究存在着
这样的两种对抗，不过就现基点而言，我认为这两方面皆是不可
少的。

小林正弥：您所说的非常有意思。之前我提到"公共哲学"的
研究项目，目前我考虑从大学之间的网络这一角度开始深入下
去。2001年9月，以"9·11"这一世界性的恐怖事件为契机，我
们建立起了公共哲学网络，并设计了自己的主页。但是，对于它
的将来，我赞成山胁教授的立场，我们应该将它变为一个"学会"。
不过，到了那个时候，究竟要成为一个什么样的学会，我认为也是
一个大问题。

原田宪一：刚才，小林傅司教授提到了STS的研究，对此我也
抱有兴趣。我认为自然科学与技术、社会之间的结合点在于"资
源"，所以才开始研究资源的问题。但是最近，"环境"的问题成
为一个引起世人广泛讨论的话题，却没有人再提到"资源"的问
题了。

我认为，"资源"与"环境"实质上是一个问题的两面。过去，
日本的金属回收率非常高，但是到了如今，集成电路（IC）的外包
装（package）无法进行回收，只能是一次性使用。这样的一个结
果，完全偏离了我们过去的"回收利用"的基本原则。

293

超导体也是如此,如今我们大量使用回收率极低的材料来进行超导体的生产。站在资源的储备这一角度,日本应该还达不到5千吨至6千吨左右的使用量。但是另一方面,一部分人指出若是我们可以达到这样一个储备的话,那么我们就可以这么做或者那么做了,从而令世人对于超导体的研发充满了幻想。但是,若是我们能够站在更为长远的角度来思考的话,那么由此而出现的不可回收的问题将会越来越严重,也就会成为一个日益显著的社会问题。

但是,就地质学这一领域而言,它的应用技术则完全紧跟在工程学的步伐之后,若是研究者要保持纯粹的学术研究的话,就会不断地丧失其自身的发言权。考虑到这一问题,我认为我们有必要将自己关注的焦点转向社会、技术、科学史这一方面。

山胁直司:我认为"公共哲学"这一学问不仅仅是要探讨公共"政策"的问题,也要从正面来探讨公共的"普遍知识"的问题。因此,对于小林教授所说的"伺机进退",我以前就极为留意。旧态依然的专门学科出现了再生产的趋势;各个学会的大人物隐居背后,依旧保持着一定的影响力。对于日本的这一现状,我们必须加以打破。尽管如此,鉴于日本是一个民主主义国家,我们也不可以采取强权性的措施来对学科进行统合或者废止。但是,若是维持这一现状的话,处在不断分化之中的各个学科也有可能会不断地增加,由此也就会陷入到一个进退两难的困境(dilemma)。

回顾整个学问的发展历史,"哲学"并不是文学系下的一个分支。费希特、黑格尔的活动场所——柏林大学,就是一个以哲学为中心的大学,"哲学"系之中不仅包括了政治学、经济学,即便是自然科学也被纳入到了哲学之中。但是,这样的具有统括性的哲学,到了各个学问的学科化不断得到发展的19世纪中叶之后,开始逐渐走向衰退。就在这样的一个背景下,明治时期日本大学的学部划分开始实施,由此而造成的负面遗产一直延续到了现在。我认为,如今就是我们要对此加以重新审视的一个时候了。以自然科学与工程学为例,两者皆需要伦理学的支持,这样一来,就有必要将应用伦理学置于一个更为广泛的领域之内来进行重新分类。对于这样的学问观念的彻底变革,我认为是绝对有必要的。

不言而喻,公共哲学也必须打破学问的自我封闭的现象,采取一个跨学科的方式不断地推进它的发展。

西冈文彦:我所做的浅显尝试也就是如此。首先,出现了一个产品,这个产品的存在是否安全,抱着这样的怀疑,我们尝试着进行讨论。即便是参加小学的 PTA(Parent-Teacher Association,家长教师协会)的活动,也会令我产生一系列思考。我所面对的是这么一个问题,即所谓的"清除车站自行车运动"。之所以必须要清除,小学生们会列举出地震发生之际会造成危险、违反了交通规则等一系列理由,但是我总是告诉他们要再进一步思考一下:"大家认为自行车的占地面积是多少?"实际上不过是宽 50 厘米左右、长不过 2 米左右而已。总之,一部汽车的占地面积可以停放数量自行车,若是将这样的占地面积视为问题的话,那么到了发生大地震或者火灾的时候,阻塞的汽车将会占据多大的面积呢?而且,若是处理汽车废品的话,日本的处理场所已经饱和。尽管如此,我们却没有探讨每年生产大量的汽车这一行为本身的安全性与道德性(moral),却只是一味地指责将自行车停在车站违反了基本道德的行为。

我若只是这么说,小孩子们就会把我视为一个乱说一通的叔叔。但是接下来,我向他们提到:"请考虑一下环境负荷的问题。

自行车要使用橡胶乃至不少零部件,不能说它造成的环境负荷为零。但是至少,我们骑自行车所排放的气体,却只是我们自己口中排放出来的二氧化碳而已。"我这么一说,孩子们也就会对它产生兴趣了。

总之,对于地球环境的问题,我们也不得不倍加关注。在这样一个时代,若只是注意到自行车违反交通规则的问题,而忽视了汽车的大量生产所带来的重大问题,乃是一种缺乏了伦理性的思考。忘记了这样的根本性的问题,只是向国际社会夸耀日本如何考虑到了汽车的安全性能,这难道不就是日本的问题吗?

林胜彦:单个技术的优越性、农药的安全性,这样的问题确实存在。20 世纪 70 年代,废气排放的交通法规"大气污染防止法"(Muskie ACT)一直处在难产之中,率先制定这一规则,并开发出世界最为优秀的排烟脱硫装置的人,就是日本的一批有骨气的技术人员。但是,单个的技术、单个的产业不管它如何优秀,站在整体的角度而言,皆是一种资源或者能源的大量浪费,由此也就产生出地球环境的问题。以水俣病①为代表,日本曾经是世界首屈一指的公害大国,因此,我们要站在反省的立场率先开发出解决地球环境问题的、令人感到安心与安全的科学技术,为国际社会作出贡献。这样的意识与"公共性"结合在一起,我认为不仅是一个极为重要的问题,同时也是必须优先考虑的问题。

小林傅司:足立幸男教授的发言非常精辟,我认为问题就在于此。首先,我要确认一点,即足立幸男教授所说的"科学论",如今正处在一个发展过程中。

---

① 水俣病为日本四大公害病之一。1956 年左右于熊本县水俣市附近发生,经确认后依地得名。

接下来,我要提到一段名言,即"科学家有国界,但是科学没有国界"。我认为这样的思维观念如今依然存在。印度与巴基斯坦的科学家们应该说是为了国家的利益才参与到原子弹研究中,他们将自己的知识用在了这一途径。但是日本,我们确实难以断言这样的可能性一点儿不存在,一部分科学家会基于自己的良心采取拒绝的态度,但是如今日本的科学家们与技术人员是否会对此进行讨论呢?我想大概不会吧。究竟是日本没有讨论的余地呢,还是他们认为这样的讨论毫无意义,我认为这也是一个问题。

佐藤文隆:如今,学者自身的意识与观念也存在着极大的问题。大体而言,处在上层的科学家们一直致力于探讨本学科领域的新的框架的问题。不久之前,我还担任日本物理学会的会长,学会召开之际,我尝试打破分科会下各个方向的固有框架,结果却发生了不少问题。但是,到了我步入下层之后,我是绝对不会让人改变这样的传统框架的。

正因为如此,学术会议委员会的吉川会长就宣称,为了从根本上改变传统的学科框架,今后学术会议委员会绝不涉足某个特定学术领域的问题。对于我们在这里讨论的"安全性"的问题,大家皆提出要集思广益,但是若是将这一问题归结到各个研究彼此相关的立场下的话,或许大家就会抱怨学术会议委员会的"放任"态度,认为"它完全没有给我们什么样的建议与指示"。

但是,我认为,公共哲学共同研究会所提示出来的问题与观念具有深远的影响。作为参与者,我认为一部分人通过这样的讨论改变了自己的认识,但是同时也存在着拘泥于长期的惰性、对此抱有抵触情绪的人,这就是日本的现状吧。

金凤珍:小林傅司教授提出了发达国家与发展中国家之间的科学技术落差所导致的一系列问题。而且,他也提到日本要成为

297

受到世界尊重的国家。听到大家热情洋溢而富有启迪的发言,我也抱有了一种期待,认为日本到 21 世纪,将会作为一个科学技术创造立国的国家而得到世界各国的尊重。

论题七

基因图谱与公私问题

武　部　启

　　原子能的"放射线会影响人体健康"。核反应堆的爆炸所造成的核辐射与令人感到莫名恐惧的"遗传基因"之间存在着彼此相通之处。关于遗传基因的问题，我曾进行过多次发言，去年（1999 年）9 月 30 日 JCO 事件发生之后，我担任了近畿大学原子能研究所副所长。这一职位使我开始了遗传基因的研究。也正是因为这次重大的事故，让我真切地感受到了自己存在的价值。

　　JCO 事件造成了严重后果，3 人遭受了核辐射，2 人死亡，实在是让人痛心疾首。但是，两三天前的报纸刊登了一则消息，传闻那一地区的数百人被诊断为核辐射受害者。这样的报道毫无科学根据，如果事实果真如此的话，那么我就会诚挚地相信，没有比为了避免吸入汽车废气而屏住呼吸的行路者更为聪明的人了。

　　2000 年 6 月的报纸刊登了基因图谱的秘密已然揭开的消息，这么一则消息将会给普通人的生活带来什么样的影响呢？我原本是一位植物学家，也对遗传抱有浓厚的兴趣。而后几经辗转进入到了医学领域，自 1985 年起被任命为京都大学伦理委员会委员。那个时候之所以获得推荐，其缘由就在于他们认为，医学伦理的问题只是依靠医生来作出裁决是不行的。"只有你这样一位

299

不是医生的教授,实在是我们的荣幸,请务必加入进来吧。"

一提到"遗传",人们大概会想起孟德尔遗传定律,也就是那个著名的通过豌豆实验而逐渐起步的学问。我步入大学的那个时候,鉴于整个日本东部只有植物学科才能接触到遗传学,所以我也就进入了植物学科学习。但是,一旦开始研究"遗传"的问题,无论如何也回避不了医学的问题。日本尽管是一个发达的国家,但是世界上只怕再也没有比日本更为忽视人类遗传教育的国家了。如今,日本的大学医学部、医科大学乃至防卫医科大学,一共存在着 80 多个的医学研究机构或者部门,但是,采取正规讲座的形式,向学生教授"遗传"知识的大学,却只有大阪大学、兵库医科大学和筑波大学这 3 所大学,这实在是让人感到不可思议。除此之外,一部分大学开设了研究所或研究生课程的专题讲座;一部分大学没有设立遗传学的专任教授之职位,而是通过招聘我这样的兼职教师来实施教学。总之,日本的遗传学教育大为不足。

遗传基因的研究如今在世界上取得了飞速的发展,遗传基因的治疗、遗传基因的诊断也越来越变得普遍化。但是对此,我们却不知道如何才能正确地加以对待,由此也就引发了解析遗传基因的伦理问题。即便是一批极具影响力的著名医生,也鉴于医师本身就要求具有伦理意识,这是担任医师这一职业的基本前提,由此而堂而皇之地宣扬遗传基因的研究没有必要讨论什么伦理问题。这也令我感到前景不妙,若是发生了什么意想不到的恐慌,或许对于遗传基因的问题他们就不会这么等闲视之了。

1. 遗传认识的变化

一年前的《时代》杂志刊载了"亚洲 20 世纪百人名人录"。

在这一特辑出版之前,该杂志的主编曾采访日方代表即小渊惠三首相(2000年5月14日去世),要求其推荐候选人,小渊首相毫不犹豫地推荐了昭和天皇。《时代》杂志接受了这一推荐,但是小渊首相却在阅读特辑之时火冒三丈:"我推荐的是和平的天皇。他们怎么刊登了一个身穿军服的大元帅陛下的照片,这究竟算什么?他们实在是太不了解日本了!"但是,之所以会如此,实际上是小渊首相自己的问题。众所周知,站在世界史的立场来看,日本的昭和天皇曾在第二次世界大战中向美英宣战,之后又被迫发布停战宣言,他是以这样的一个形象存在于世界人民心中的。战后,尽管他先后考察了整个日本,但这样的和平活动在世界史上是毫无意义的。对于这样一个"误解",日本的首相却感到无法理解,也切实地表明日本极度欠缺国际性的感觉。

昭和天皇拥有坚定的自我决断力。作为证明,《时代》杂志列举了昭和天皇力排众议、自主结婚的事例。昭和天皇的皇后携带了视觉异常的遗传基因,这曾经是轰动一时的大事件。我们皆有所耳闻,一家杂志就曾发表过以"昭和天皇——婚姻背后的暗斗"为标题的报道。作为"宫廷的重大事件",想必年长的人也会知道"遗传论争"这一事件。

昭和天皇的姻兄伏见宫,曾在学习院(日本贵族私立学校之一)的身体检查之中被偶然发现了视觉异常,于是,皇后也被怀疑存在着1/2的概率,甚至被直接认定为携带了这样的遗传基因。这一事件,也将东京大学的教授牵涉进来,被要求提供遗传基因鉴定书,从而成为轰动一时的大事件。尽管这样的大事件没有刊登在报纸之上,但是,私底下却流传着"宫廷为此而一片混乱"的流言。在此,我想强调指出的是,这一事件带来了一个极坏的影响,就是令日本国民对"遗传"留下了一个坏印象。

　　川岛弘子教授曾留学美国、荷兰，并就"遗传"的认识问题将日本和美国的家庭进行了一个对比研究。简单地说，在日本，母亲承担了"遗传"的责任。母亲会被责怪"怎么生了一个怪物"，外婆就会来帮忙照顾，或者会把小孩交给某个机构藏起来。人们会为此而感到羞耻，会认为这样的"遗传"玷污了家族的血统。日本历史上由此而导致夫妇离婚的事例可谓不少，即便是到了现在也是如此。我这么说的话，或许东京大学的大教授们会说："你说的那个什么事，已经久远了，现在的大城市中，已经没有这个了。"但是，东京只不过是日本的一部分而已，并不是代表整个日本。我如今尽管人在京都，但是即便到了现在，对于日本人的遗传禁忌，我还是感到莫名惊诧。我的一位朋友担任了滋贺县大津市一家医院妇产科的主任医师，一位询问者曾经到他这里来咨询遗传的问题。根据这位咨询者的表述，她是绝对不会去一个小时之内就可抵达的妇产科诊所进行咨询的，也就是说，这位咨询者是特意从遥远的大阪或者奈良而来的。若是在附近的诊所或者医院进行咨询的话，那么就会被周围的人发现，就会出现难以预料的谣传，"那一家人得了什么不好的病，跑到医院去咨询了"。由此，也就会无法在那里立足了。为什么会出现这样的一个结果呢？对此我抱有强烈的好奇心。

　　但是，另一方面，世人对于"遗传"的认识也在逐渐地发生改变。我最近留意到，"遗传"和"DNA"频繁地被人们加以使用。首先引起我注意的，是1992年在我上班的路上所看到的一则车站广告，年仅16岁的观月亚里沙露出了自己的微笑，它的标题是"遗传基因告诉我要动起来"。这个遗传基因是什么样的遗传基因，我不是十分清楚，但是在那个时候，应该说"遗传"或"遗传基因"并不带有什么好的意义，但是，尽管出现了一位如此大做广告的先驱人物，并注意到了"遗传基因"的广告价值，这实在是令我大吃一惊。

在这之后，我开始收集与遗传基因相关的媒体记录。川本真琴是一位可爱的女孩子，在 NHK 的节目中，她演唱了一首《DNA》的歌曲；松隆子的 DNA 新闻也引起了轩然大波，媒体曾经报道松隆子的 DNA 与其父松本幸四郎的基因不符合，而后才予以纠正，提到"松隆子正是松本幸四郎和藤间纪子的结晶，所以遗传基因非常优秀。今后将会大有所成"。这实在是一则极度无聊的新闻报道。

千叶市原曾是日本联盟垫底的足球队，2000 年秋，他们在东京 JR 电车内开始张贴"唤醒足球的遗传基因"这一广告。就在这之后的不久，他们取得关键性的胜利，并最终避免了降级的危险。"本田 DNA"的广告出现了"奔跑的遗传基因开始觉醒"这样的广告词，为此，NHK 电视台的解说员 S 就曾自豪地说："我的丈夫就职于电通公司，我是为了我的丈夫而制作这样的广告词的。"由此可见，"遗传基因"一下子变成了"好东西"。漫画《D. N. A. 2》之中，"DNA"作为一个双关语，是"不知消失在何处的他的那个他"这一日语名称的第一个字母缩略而来。整个 5 卷本的漫画讲述的是一位手持 DNA 枪、来自未来的宇宙人（即"他"）到了现代社会，不知向谁（即"那个他"）打了一枪 DNA，于是那人就成了一个花花公子，声色犬马，浪荡不羁，并导致 100 位女性怀孕。"这样一来，地球的道德规则岂不就乱了吗?"最后，"他"终于在 1996 年 6 月的一天被送回了宇宙，地球恢复了安全。这个故事极受日本学生的欢迎。不仅如此，我的同事也告诉我，鹿儿岛建起了一座名为"DNA"的游戏中心。我猜想到这一游戏中心的人大概不可能中奖，毕竟 DNA 碱基对的数量多达 30 亿，而中奖的概率大概

303

也就只是唯一的一个吧。

"我之所以杀了她,是因为我的 DNA 充满暴力",这是电影的主题曲。我的女儿为我找到了这首歌曲。我以为这实在是怪异至极,但是社会中还存在着比这更为无稽的事情。"你能否确定你就是孩子的父亲吗? 谁也不能确定的话,让我们来做唾液的 DNA 鉴定吧。"不管是女儿还是儿子,若是怀疑母亲出轨的话,那么只要提出申请,就会收到三根牙刷一样的东西。首先提取自己的唾液,接下来哄骗小孩,或者趁小孩睡觉之际下手。如果可以的话,也尽量取到妻子的唾液,例如在妻子张大嘴巴睡觉的时候下手,如果老婆醒着的话就不行了。所以说明书上也不强求非要进行采集不可。《女性 SEVEN》杂志对于它的销售情况进行了追踪,没想到一年之中竟然拥有了 3000 个左右的申请者,而且还高达 25 万日元。也就是说,这样的行为成为了一场商业行为。

英国出版了《维多利亚女王的遗传基因》一书。为了找到这本书我费了好大劲。我曾在日本的某个报纸上偶然看到它的书评,却忘记把它剪下来了。我以为到了英国之后,应该就可以找到它,没想到却怎么也找不到。我与英国的朋友提起这本书,谈到这本书的故事情节是"维多利亚女王到处传播血友病的遗传基因,而且女王的出世乃是偷情的结果",但是朋友却对它嗤之以鼻,不屑一顾。之所以这么说,是因为他们认为"皇室本来就善于偷情。无论是查尔斯还是戴安娜。这样的事情没有任何新闻价值。"对此,我也提出反驳:"正因为这样,所以站在遗传学的角度也就具有一定的意义了。"不过,即便我这么说了,对方却依旧觉得"那种东西,不是很无聊吗?"完全不当一回事。不久,我偶然地在皮卡迪利广场正中央的一家书店的"王室区"找到了这本书。

出现问题的环节,在于尼古拉二世(死于俄罗斯革命)和其孩子,也就是皇太子。维多利亚女王将她的一个女儿嫁到了俄国皇室。血友病的遗传基因位于 X 染色体上,从遗传学上来讲,只要不传染给男性成员的话,子孙就不会染病。也就是说,男性只有一条 X 染色体,如果染色体出现什么异常的话,就立刻会体现出来。但是,女性具有两条 X 染色体,如果出现了劣性遗传基因的话,就会隐藏在其中的一条。对于俄罗斯王室的覆灭,一个说法是认为维多利亚女王将带有遗传基因的女儿嫁给了俄罗斯的王室,从而导致了它的灭亡;另外一个说法则是认为维多利亚有意为之,但我认为这是不可能的。

问题出现在了俄罗斯。尼古拉二世的皇后陛下将这一基因传给了阿列克谢皇太子,也就是维多利亚女王的孙子。尽管皇太子被遗传了血友病,但是凭借那时的医学水平是不可能查出病因的。万般无奈之下,俄罗斯王室邀请了一位名为拉斯普廷的公子哥来为皇太子治病,没想到此人却与皇后陛下私通,将俄罗斯的政治弄得乱七八糟,从而导致了革命的爆发。可以说,正是因为遗传基因的问题,才造成了世界史上的数十年的大动乱,俄国共产党员借助革命取得了俄罗斯的政权。同时,我们也可以说一个遗传基因改变了欧洲的历史乃至整个世界的历史,这一事件由此也就成为遗传学历史上的著名事件。

不过,事实果真如此吗?即便是我们调查维多利亚女王的祖先,也不曾发现血友病的遗传基因。根据我曾读过的遗传学书籍的记载,之所以出现基因的问题,乃是因为维多利亚女王出生之际突然降临的异变。这样的异变的几率,大约是两万分之一。但是,毕竟英国人之中也不乏中聪明之人,他们认为:"两万分之一的几率基本上是不会发生的。与其追究这一问题,倒不如说维多利亚女王被什么人遗传了带有血友病基因的可能性更大吧。"由此，研究者们开始揣度维多利亚女王的母亲与什么人保持了不正当的关系，并着手调查这一事件。

这是否可能呢？维多利亚女王的母亲身份高贵，栖居城堡之中。他人进入城堡，必须留下记录。为此，研究者对记录进行了调查，推测 10 月 10 日维多利亚女王出生之前，究竟是否有可疑男子留宿于城堡之中。调查的结果，研究者居然发现了一例男性血友病患者。这位患者也是贵族子弟，而且还是一位极为重要的人物。尽管没有找到该男子跟女王母亲同床共寝的记录，但至少那个人曾经留宿于城堡。由此，我们可以推断那个人可能是维多利亚女王的父亲。

不仅如此，就这一问题也出现了各种各样的旁证。维多利亚女王的母亲名为维克托里，拥有正式的老公，但到了五十多岁的时候再次结婚。她与前夫生育过孩子，可以正常地怀孕生子。但是，与她再婚的男子之前并没有生育过小孩的迹象，可能是无法生育吧。但是，如果维克托里和这个男子生育了小孩的话，那么就将具有继承英国王室的资格。

维克托里野心勃勃，一直觊觎王室权力。怎样才能让自己生小孩呢？单靠一个人是不可能的，必须找到一个合作的对象。于是就不停地和出色的男子发生外遇，结果就出现了维多利亚女王。这一系列内容被撰写成书籍，令我也感到极为有趣。由此可见，即便是英国，遗传的问题也给世人留下了一个不好的印象。

2. 克隆人的问题

如今，克隆羊"多莉"成为世人最为关注的焦点。1997 年 2 月 27 日出版的《自然》杂志，封面刊载了克隆羊的照片。就在这之后，我偶然到英国去访问，而后到了美国，但令我感到极为惊诧的是，两个国家对于这一事件的反应截然不同。在英国，我的一位遗传学家朋友接受 BBC 的专访，但是，美国总统克林顿马上发表了"这是违反神的意志"的声明。根据美国的舆论调查，有80％的人反对克隆人。

《时代》、《新闻周刊》、《明镜》等周刊封面刊载的多莉羊的照片都是单色的，即便是美国专业经济杂志《商业周刊》也制作了"Biotech Century"（遗传基因技术的世纪）的封面。英国《经济学人》杂志也把标题定为"Hello Dolly"。为什么会命名为"Hello Dolly"，这是我极想知道的地方。

我不知道大家是否了解百老汇极受欢迎的 *Hello Dolly* 音乐剧？这一音乐剧曾在日本上演，1968 年我曾在百老汇看过。主人公多莉阿姨是一位红娘，专门撮合出色女子和出色男子的婚姻，讲述了男女之间如何生育小孩的故事。但是，《经济学人》的"Hello Dolly"并不是指音乐剧。之所以这么说，是因为关键在于多莉羊只有单亲，和 *Hello Dolly* 的音乐剧出现了矛盾。

《新闻周刊》的"Hello Dolly"，实际上是从 *From Nine To Five*（《朝九晚五》）电影而来。众所周知，9 点到 5 点乃是工作时间。这部电影讲述的就是在这一段工作时间内，一位名叫 Dolly Patton 的以胸大而出名的女职员向公司的重要人物撒娇，以乳房来施以诱惑的故事。"多莉羊"就是从母羊的乳房采集细胞由此而进行了实验。这也成为之后争论的焦点，实际上我也卷入了争论之中。我推荐多莉羊的制造者为某一奖项的候选人，却没想到在最终评选之前出现了质疑。之所以如此，是因为"多莉羊"的母亲那个时候正处在妊娠中，乳房较大，这一部位的细胞采集是否恰当？由此也就出现了问题。但是，我认为即便如此，也不能否定它的基因进入到多莉体内的可能性。外国学者指出了这一问题，我于是就放弃了推荐，至今对此也感到极为可惜。总之，"Hello Dolly"与"Dolly Patton"的 Dolly 构成了一个双关语。

回到日本之后，我发现日本的杂志没有予以报道。过了不久，《SAPIO》杂志的封面上刊登了"复制你的克隆人"的标题，并附上了日本关西极为有名的人气偶像"双胞胎"的照片。顺便说一下，这对双胞胎并不是单卵双胞胎。日本最有名的单卵双胞胎是金婆婆和银婆婆。名古屋大学的学者们曾经就此进行了学会报告。尽管是双胞胎，但是她们的面孔完全不一样。而且随着年龄的增长，也出现了不同形状的皱纹。

媒体对克隆的关注，为什么西方与日本会出现如此之大的差别呢？这是我极感兴趣的事情。这一问题，我认为也可以从著名的科幻小说 *Brave New World* 中得到启示。这本书是在1932年写的，那还是我出生之前，日本译为《美丽新世界》，实际上应译为"大胆的"或"让人吃惊的"世界。

这篇小说讲述了未来的几十年，还是两千年后到英国伦敦的故事。小说之中出现了高楼大厦，高楼大厦的电梯之内配备了负责电梯的男服务生，作者还没有想象到自动电梯。电梯男服务生只有一个职能，就是要事先接到指令，之后才能到正确的地方。过去的电梯，依靠人咯吱嘎吱地摇动，才会逐渐升高到与地板处在同一水平线的高度，这是熟练的技术工人才可具备的技巧。小说之中的男服务生犹如天才一样，可以轻而易举地做到这一点。到了天台之后，就会看到等待着的直升机。只要提出："我要到××大厦"，飞行员理解了这个命令，就熟练地操纵直升机，而绝不会出现事故。

若是到银行去的话，银行内部会配置专门接待的银行职员。

这一职务，除了银行职员之外，其他人哪怕什么也不会，也可以胜任这一工作。若是到人类制造工厂去，就会看到那里建设了一排排的房间，各个房间内放置着各种各样的储藏箱（bin）。这里的房间皆标示出制造"银行职员"或者"女招待"什么的标签，依据订单就可以制造出这样的人来，性行为只是作为了一种乐趣来进行。

这篇小说在英国引起了极大反响，人们预想克隆人的时代大概也就是这样的吧。就在不久前我到英国的时候，伦敦书店之中依然排列着 *Brave New World* 一书的精装本和袖珍本，由此可见，这部书籍对人们的冲击即便到了现在还依旧存在。

最初，以克林顿为首的大部分人强烈地反对克隆，认为"克隆人过于荒唐，违反了神的意志"。但是，过了一年以后，出现了一部名为 *Who's Afraid of Human Cloning*（《谁在害怕克隆人》）的书籍。这部书辩解克隆人乃是一件好事，并列举了具体的模拟事例。直到现在，我对此还感到困惑，不知如何去反驳它。

例如，一对年轻的夫妇生了个小孩，但是在小孩 1 岁的时候遭遇交通事故之类的，就快要死了。但是，如果从小孩身上采集细胞，就能复制出那个小孩。母亲由于之前刚刚分娩过，实际上是不可能再次怀孕的。如果是这样的话，那么母亲想找一个快死的小孩的替身究竟有什么不好呢？

但是，反对克隆人的人之中，也有一部分人认为多莉羊的母亲年龄为 6 岁，从 6 岁的羊身上收集来的细胞，其基因也已经 6 岁了。因此，有人批判说从大人的细胞造出的小孩不是从婴儿时代开始就老化了吗？若是利用 1 岁的小孩细胞来制造人不是更好吗？对于这样的质疑，我不知道如何去反驳。

就如今的日本而言，究竟谁最期望拥有克隆人呢？我认为长屿茂雄(时任日本职业棒球队巨人队教练)就是一位吧。如果长屿茂雄造出了 10 个克隆人的话,那么巨人军团将永远不灭,日本的职业棒球也绝对不会破灭吧。我想,长屿君一定在为自己的儿子不能像他那样活跃在棒球领域而感到遗憾吧。

我为什么从根本上反对克隆人呢?这是因为真正想要克隆人的,其意图无非是需要一个继承人,由此来对自己的后代施加一定的制约吧,我认为这是从根本上违反人权的。但是,如果换到刚才讲到的未满 1 岁的小孩的事例,我站在这一立场却无法提出反驳。因此,我希望借助大家的智慧来解决这一问题。

3. 人的选择分类

提到制造克隆人的问题,首先就会联想到一个区分好孩子和坏孩子的价值观,从而否定了人自身的多样性。就这一角度而言,我反对制造克隆人。但是,随着现代基因治疗技术的进步,克隆人已成为一个必然的趋势。实际上,我知道不少学者认为克隆乃是一件好事。如今,可以说我们正步入了一个非常危险的时期。

例如,这一时期甚至出现了一部名为 *Designer Babies* 的书籍。根据这部书的描述,即便是自己头发的颜色、皮肤的颜色,人类皆可以根据自己的喜好来自由地选择。由此我联想起来的,就是"人的选择分类"问题。历史上确实有存在了"这是好人,这是坏人"这样的一个简易划分的时代,也就是纳粹德国的时代。纳粹"不允许遗传性的坏人存在于地球之上",他们大肆杀害了犹太人、吉卜赛(罗姆族)人,也包括了精神障碍者在内的 600 余万人。更为重要的是,德国著名的人类遗传学家们也曾经向希特勒进言,这一件事是历史上无法改变的事实。

将这一事情披露出来的,是缪勒亥尔(Benno Mttller. Hill)著述的《杀人的科学》(岩波书店)一书。原著的标题是德语"Tödliche Wissenschaft",英文为"Murderous Science"。书上详细记录了遗传学家是如何帮助希特勒的。1980年左右,缪勒亥尔开始注意到这一问题,对相关人物进行了采访。如果遗传学家本人还尚在的话,他就直接采访其本人,如果已经过世的话,就采访其家属,并将之收录到了书中。就采访本身而言,100%的人都辩解:"我们只不过是仅仅阐述了遗传学的学说,并没有那样的行动意图。只不过是被希特勒利用了。"但是,缪勒亥尔发掘调查了他们的旧书信和相关文献后,发现几乎所有的学者都曾积极地协助过希特勒,并且证明他们曾经说过"我能证明犹太人是劣等民族"、"劣等民族就应该灭绝"这样的话。

缪勒亥尔并不是所谓的"觉醒型的学者"。他从事的是分子生物学领域的研究,也作出了相当于获得诺贝尔奖这一级别的了不起的成就。我收集了20部左右关于分子生物学的重要论文集,皆可以找到他的名字。他是一位特别了不起的学者,由此也树立了不少敌人,即便是在德国。我曾经邀请他一道制作了一场NHK教育专栏。

我曾与研究历史和日本文学的专家提起这一问题,他们提到了古代的《古事记》,并指出这部书告诉我们,"这样的问题(即人的选择分类)在日本乃是理所当然的,日本的历史可以追溯到那里"。《古事记》成书于公元712年,历史久远,不过,依据其记载的日本起源的传说,我们就可以找到早在那个时期就已经出现了人的差别意识了。

《古事记》上卷的造日传说之中,记载了一则伊壮诺尊和伊壮

311

冉尊两位大神诞生日本的神话故事。"你从右边绕过来,我从左边绕过去相会。"在他们约定天柱相会之际,身为女性的伊壮冉尊赞美道:"你是一个多么英俊的男人啊",接下来,身为男性的伊壮诺尊说了"你是个多么美丽的女人啊"。说完之后,两位大神进入寝宫,生了"水蛭子"。关于"水蛭子",注释里好像标注出"长得像水蛭的残疾儿"或者是"有手有脚却没有骨头的孩子"。由于是一个怪胎,所以就把他放在芦苇船内随水漂走。这样的神话也出现在了越南,解说也注释这一思想乃是亚洲共通的一个思想。接下来,他们生下来的是"淡岛",据说这个孩子同样也不是正常的孩子。因为两位大神总是不停地生出异常的婴儿,于是两个人就上天向天神询问原因。天神说:"让女方先发话不好,要降落人间重新来过",也就是说之前让女方先打招呼是不行的。于是两个人重新降落到凡间,这次由男方先发话。男方先说:"啊,多么漂亮的女性啊",女方接下来再说:"多么英俊的男人啊"。这样一来,他们就相继生下了正常的淡路岛,接下来是四国、隐岐之岛,之后则是本州,也就是所谓的八大岛。

换而言之,这是一个立足于"男尊女卑"思想的神话故事。因为违反了这一思想,所以遭到了报应。就整个亚洲而言,这样的思想亚洲自古即有之,乃是从中国传来。经中国的友人确认之后,我发现这样的神话故事在中国可谓不少。那么,印度究竟如何呢?就此,我向日本东北大学印度哲学的教授进行了询问,得知这样的神话在印度也是理所当然的,即便是以色列,出现这样的传说也是极其普通的。

日本古代流传着一寸法师的故事。尽管岩波书库出版了这样的书籍,但是传闻日本存在着各种各样的版本。这一故事的梗概如下:一位到了40岁还没有后代的人到住吉神社去祈求神明,

312

希望神明赐予他一个孩子。而后果真得到了一个小孩,但是那个小孩身高只有 1 寸,于是就被称为了一寸法师。但是,到了 12—13 岁的时候,这个孩子依旧没有长高。于是,那人就怀疑是不是自己做了什么坏事,住吉神社的神明就加以惩罚,给了自己一个长不高的小孩呢,于是,他们就商量着要把那小孩扔弃。一寸法师偷听到了这一消息,向他们留言"自己要到京城干出一番事业",就乘着鼻毛出发了。

京都两年前迎来了莲如上人 500 年忌。莲如上人被称为净土真宗中兴之祖。他留下了不少宣扬佛经精神的文章,皆是用那一时期的"现代文"书写的。500 年忌的时候,为了宣扬莲如上人的精神,京都地铁车站的地下通道里就张贴标有其名言即"分即是合,要找到一个认同差别的世界"的宣传。对此我深有感触,我希望这样的思想能够在日本一直存在下去,而且也应该如此。这就是我一直要阐述的问题之关键。

我的研究领域是原子弹或放射线影响的问题。京都大学原子弹调查团曾在 1945 年 9 月 17 日到广岛进行实地调查,不幸遭遇到了"枕崎"台风而全部殉职。因此,每年我们都会在那里举行纪念仪式。每年的 9 月,我也会到广岛慰灵碑进行参拜。

《赤足小子》的作者于 1968 年写了一本描述原子弹受害者的烦恼的书籍,他认为原子弹受害者的第二代人(原爆二世)是带着一定的残疾而来到这个世界的,开发原子弹是一个时代的错误,而这样的错误也一直持续到前一阵子为止。

就在 5 天前,我作为委员长,出席了广岛召开的有关原子弹受害者的第二代人的健康调查的学术会议。原子弹爆炸对于第二代究竟造成了什么样的遗传性的影响,广岛与长崎几乎没有进行过这样的调查。但是,那里的居民提到:"我们如今活得好好

313

的,就算你们进行了调查,我们也不担心会遭到他人的歧视。"所以,一直到了最近,才开始真正的调查研究。不过,距离原子弹爆炸,却已经过去了50多年了。

我之所以强烈反对核武器的开发,其最大之理由即在于此。战争之中互相杀戮是不可避免的。但是对于危及生命尤其是危及后代的问题,我们绝不可以轻易饶恕。战争期间我作为国民学校的学生,接受了如何打败"鬼畜美英"的军事训练。因为我也是一名候补战士,所以即便在原子弹爆炸中死亡了,我也不会抱有丝毫的怨恨。过去我们上体操课的时候,老师会让孩子们排成一排站在讲台前,老师站在讲台上发布号令:"踢吊钟。"所谓"吊钟",就是垂挂在腰间的东西。我们就把手放在腰间,把脚"噗"地抬高往上踢。老师看到我们这么做,非常生气。"美国兵比你们年纪大!你们是小孩,所以敌人会掉以轻心,你们应该尽可能靠近敌人,不要放过那一瞬间的机会,见一个杀一个。"那个时代我们经常接受这样的训练,如今想起来也觉得实在是愚不可及。在战争期间,日本可谓是全民皆兵,所以被杀也是没有办法的事情。

但是,正如海牙条约(附属条约第23条)所写明的,施加不必要的痛苦是违反国际法的。我想,再也没有比过了50年还要担心自己的子孙是否会出现异常更为痛苦的事了。对此,我认为日本政府完全应该明确指出:"原子弹爆炸违反了国际法。"但是不知道为什么日本害怕了,在针对国际司法裁判所的答辩书上写道:"日本政府不能断定(原子弹爆炸)是否违反了国际法。"我对此极为生气,郁闷不已。

遗传的误解之所以可以持续到现在,我认为这是日本人包括现在的教师们没有受到正规的生物学教育而导致的一场悲剧。

根据高中阶段的教科书学习指导大纲,《生物 IA》(与其说为进入大学的人,不如说是为读完高中就不再上学的人而教授最低限度的生物学知识)中列出了"人类的遗传"这一章节。与之相关的教材说明书上,也作出了极为细致也略微多余的说明,它指出:"人类的遗传现象,我们可以列举出血型的遗传这样的与我们的日常生活和周围事物存在着密切关系的事例。"即便是文部省,也只是进行如此的说明,从而令我产生了一种世界末日来临的危机感。我们可以断定,针对遗传的问题,几乎所有的教科书大概也只是举出了血型的问题,对于其他的问题则几乎没有提及,由此也就造成了如今生物学教育的大问题。

血型是在 1901 年被人类所发现的。也就是说,日本的高中教科书只是把一百年前的发现作为了人类唯一的遗传事例来加以说明,整个日本也只是学习这一内容。这样一个状况与其说是悲惨,不如说是一个极为严重的问题。我尽管不大喜欢赞美外国,但我还是要顺便说一下,1993 年美国的生物教科书之中,关于"人类的遗传"这一章节就长达 80 页。日本的《生物》教科书大概是 300 页左右,而美国达到了 1000 多页,而且还包括了"Sequencing human genome"(人类基因的排列解析)、"Genetic engineering of human"(人类的基因操作)等一系列章节。教科书的最后则是列举一系列重大问题,诸如"Ethical issues"(关于伦理的问题点)的问题,"遗传基因治疗"也是其中之一,而且,教科书还收录了不少处在尖端领域的话题。我想,日本和美国的差距已无可挽回了,不管我们怎么努力。

自 2002 年开始,日本的生物学教材有所改变。1998 年,日本文部省颁布了生物学习指导要领。我看了之后大为震惊,"人类的遗传"这一章节被取消了。也就是说,在今后 10 年,日本的高

315

中阶段将不会允许讲授人类遗传这一知识了。我对此深感绝望，我曾经饱含热情，提出意见，到处奔走，却遭遇到了行政管理部门的巨大壁垒。

接下来，我想穿插一个话题。1999 年 1 月 30 日，《伦敦泰晤士报》以头版头条的形式刊载了英国足球队遭遇世界杯大赛的失败这一则重大消息。英国人满怀期待，他们的足球队却遭遇了失败。之后，国家队教练霍顿接受了该报的采访。这个教练与日本的特鲁西埃教练不一样，其精神比较脆弱，所以为了安定情绪，他就找了一位女性祈祷师倾诉，并且在接受采访之际把那位女性祈祷师告诉他的也说了出来。

究竟女性祈祷师说了什么呢？大致内容如下："You and I have been given two hands and twos legs and half descend brain."（你和我有双手双脚，又有好的头脑。）"Some people have not been born like that for a reason."（但是有些人并不是生来就是健全的，这是有原因的。）原因就是"Karma is working for another lifetime"。"Karma"在日本姑且译为"转世"。之所以出现"转世"，是因为存在了前世。也就是说，所有的人都是从前世变化投胎而来，如果前世做了什么坏事的话，那么今世就会变成残疾人而来到人间。

对于这个发言，最为气愤的是布莱尔首相。他在采访中激动地说道："这是英国的耻辱。马上让他滚蛋！"而对此，英国前首相梅杰就比较内敛，说："不，这只不过是运动员的想法而已，还不至于让他滚蛋吧。"英国的教会也正式发表了声明："这种思想完全与自己所接受的教义相违背，如果英国人的宗教观被认为就是这样的话，那么会让我们感到极度困恼。"不仅如此，泰晤士报的投稿栏目还围绕这个话题，进行了长达 1 个月的激烈争论，其他报纸也加入到其中。根据舆论的调查，80%—90% 的舆论都认为

"这个教练实在是一个混蛋"。结果,这个教练就在 4 天之后辞职了。

如果活跃在日本联赛的两位著名的外国教练也说了这样的并成为报纸的头版头条的话,那么我们的首相会说什么呢?对此我抱有极大的疑问。尽管英国与日本历史上曾在如何对待纳粹德国的问题这一方面出现了分歧,但是就这一事件而言,也令我深切地感受到英国政治家们的卓越见地以及英国国民对于这一问题的高度关注。

4. 基因图谱解析的伦理问题

我参加了一个名为"基因图谱解析国际伦理委员会"的会议。作为与会者,南西·沃库斯拉极为担心自己可能遗传了母亲的疾病——舞蹈病。因此,他提倡应该认可另外一种选择,就是不予进行遗传基因的检查。

澳大利亚最高法官基尔比也是这一会议的参加者,是一位我最尊敬的了不起的人物。他虽然没有生物学和医学的知识,但却具有非常出色的判断力。澳大利亚可谓是世界上最受少数民族问题所困扰的国家。基尔比还兼任了索罗门群岛、新几内亚岛最高法院的法官,他和我意见大概一致。

国际伦理委员会的会议在美国或者欧洲举行,委员人数为 14 人。在我们就国际伦理的十项基本原则取得一致通过的时候,大家一齐拍手,并自认为"这样的十项原则可以称为摩西十戒的现代版"。但是,我对此表示怀疑,就反问他们:"大家知道圣德太子的十七条宪法吗?"他们最初的反应是:"我们之中出现了一位奇怪的家伙。"后来,他们就直接对我说:"老实说吧,你真是个麻烦

317

的家伙。"我非常生气,反驳他们:"你们仅仅代表世界上的10%或20%而已。我们这个世界上,如同你们所说的'麻烦的家伙'占据了大多数。如果你们自称是人类(human)的话,就应该用西方人、上等人或白人来称呼自己。"就这样陷入到了争吵之中,演变为一场大的论争。

如果在日本出现这样的争吵的话,那么到了下一次,我就会被罢免委员职务。但是,外国却不一样。在我被问到"你要推荐谁"的时候,我认为应该根据各国人口数由多到少的排列顺序来确定委员数量。由此,我们应该首先想到中国。幸运的是,我在香港找到了一个不错的继任者。早在6年前,这位香港人就拥有了自己的电子邮箱,可以避开政府部门的审查,而且,他的英语也不错,专业是哲学。接下来,印度、墨西哥、阿曼等国也选出了各自的委员,如今的国际伦理委员会大为改观。而且,应该说也多亏了这一主张,我如今担任了这一委员会的副委员长。

在这个会议上,大家对诸如遗传信息对加入保险有没有一定的作用等一系列议题进行了讨论。在日本,人们认为具有遗传疾病的人和先天的残障者不能加入生命保险,这是理所当然的,但是在美国,法律规定禁止保险公司进行这类信息的调查(健康保险也有个人加入的制度上的不同)。各个国家标准不一,所以针对遗传基因的问题,我们需要制定出一个国际性的标准,为此WHO(世界卫生组织)出台了指导方针。美国也有自己的一个指导方针,英国也出台了指导手册。日本尽管也出版了政府的指导方针,但可惜的是与国际性的基准大相径庭。我尽管也向那个委员会推荐了不少人,但是他们却被列入到了黑名单。我推测是不是因为他们被预想到不会赞成政府方案,所以就被拒绝了呢。对此我只是怀疑而已,并不知道这一猜测是否确实如此。

1997 年，美国杂志登载了题为"忘记克隆羊"的一篇报道，提到如今最为流行的是遗传基因芯片，在一个半英寸（1.25 厘米）的四方形薄片上凝聚了 46000 个检测点。"只要把一滴血放在上面，利用激光技术，那么 46000 个信息就可以全部了解。这样的检测是否合理呢？如果可以仅凭 46000 个信息之中的一个，就断言'癌症'高发的时代来临了的话，那将会造成一个什么样的结果呢？"我试图把这样的问题纳入到国际伦理委员会的议题之中，并为之而不断努力着。

如果照这样下去的话，那么一个"人的选择分类的时代"必将会来临。人们可以在怀孕初期就采集胎儿的遗传基因进行检测，如果断定不适合生下来就采取妊娠中止手术，这样的事态到了那个时候必将会不断上演。也就是说，优生学复活的可能性将会大为提高。

到昨天为止，我一直在参加埼玉县举行的日本唐氏综合征研讨会。本次会议聚集了四五百名唐氏综合征的儿童患者，大会气氛非常热烈。这个会议去年曾在大阪召开，几十个唐氏综合征的儿童患者载歌载舞，十分高兴。我们为此还制作了一个叫日本唐氏综合征网的信息网站。在日本，大约 10 万人患有唐氏综合征，但是我们如今所掌握的，最多也就 1 万人左右。如何改变将这一批儿童患者封闭于一个特殊教育班级内的现状，乃是家长们最为烦恼的问题。世界唐氏综合征会议曾在西班牙举行会议，唐氏综合征的代表抓住与会的卫生部长，提出"请与我们在这儿做一个约定吧"，强烈主张自己的平等权利，受到了与会者的喝彩。

一位患有唐氏综合征的日本女性曾到新西兰进行了英语演讲。世界上尽管出现了不少唐氏综合征患者，但能够进行外语演讲的人却还没有。所以，在唐氏综合征的这个领域内，日本绝对

319

可以称为模范。

作为 EU 宣传活动的一环，英国曼彻斯特机场内设立了一家"遗传基因之店"。这家专属店曾经关闭一年，里面放置了各种各样的手册，市民或者学生在此可以自由地向专家进行咨询，也可以彼此交换相关信息，所以获得了高度的评价。我们也曾想到过模仿它，为了启蒙，我们在京都召开了两次"up shop"。唐氏综合征是一位叫"唐"（down）的医生发现的，所以如此命名。我们则反之，取"down"之反义即"up shop"为名，预定最近开始巡回宣传。

320

一位外国诗人曾经为日本唐氏综合征的儿童患者做过这么一首有名的诗歌："接下来出生的小孩都是特别的小孩。这个小孩可能不会成为独立的人，也可能无法让我们了解到他。但是爱情是必不可少的。因此，神明选择了这个孩子的出生地。"这首诗歌通过这样的形式，想让孩子父母去了解与关心自己的孩子。这首诗歌深受好评，不过，一部分人也批评它将宗教观念强加于人，实在是难以言说。

1948 年制定的联合国世界《人权宣言》第一条中，明确指出："所有的人生来就拥有平等的权利。"关于生来就是平等的这一问题，我最为关注的，就是如何确保唐氏综合征的小孩加入人寿保险这一问题。日本的医师对于这样的事情不大关心。美国基因图谱解析研究的 3% 的经费被使用到了人权问题和伦理问题这一方面，日本 3 年前也只是达到了 1% 的水平，但令人感到惋惜的是，这一计划最后由于我们努力不足而被迫停止了。如果我们因为自己是一个发达国家，因为自己是 G8（西方八国首脑会议）的一员而感到自豪的话，那么，我想在此大声指出，在这一问题上我们也应该立志要做到符合 G8 的标准。

围绕论题七的讨论

小林傅司:武部先生提到了几个非常重要的问题。在此,我想阐述以下两点。

第一,是遗传学家协助纳粹政权的问题。在提到"科学家的社会责任"的问题的时候,科学家们的辩解经常是:"我们仅仅只是提供知识,如何利用是社会的问题。"今天武部教授也提到了这并不是实情,他们"实际上不是中立,而是协助"。

有意识地协助纳粹,不必说就是一个大问题。但是,如何判断却非常微妙。如果不是有意识的协助,那么是否就可以借口"如何利用是社会的问题"采取这样的"中立"的立场来进行辩解呢?

我曾对学生这么说,黑社会拿着匕首打斗的时代,一位小镇的科学家发明了手枪。在他公开这一发明的时候,黑社会也开始注意到了手枪。不久就开始了手枪的杀戮,打斗由此也进一步激化。科学家看到这一状况,如果辩解说:"我只不过是提供了信息。至于怎么使用,那是社会的问题",那么这位科学家实在是过于贬低了自己的价值,那不就是相当于说"我是傻瓜"吗?

"只要观察一下社会状况,略微发挥一下想象力,就应该知道自己公开了的知识将会以一个什么样的形式被人们使用。对此,科学家们至少应该考虑一下吧。"如果科学家被这样指责的话,那岂不是郁闷不已吗?因此,就此而言,"科学技术是中立的,如何使用是社会的问题"这一辩解,我想绝对不能成为科学家的自我辩护之辞。

在此,围绕着教育的问题我想再论述一点。确实,"遗传"的

321

教育这一方面日本存在着大问题。日本的理科教育,其前提一般是为了培养专家。对于不能成为专家的人,应该如何站在简化的角度实施教育呢? 为了改善这一状况,日本就在非专业用的《理科Ⅰ》、《生物Ⅰ》的教科书中准备加入"若干和社会相关的问题"这一章节。但是,我想这样的"结构"本身是非常有问题的。

另一方面,在指导要领之中,癌细胞的话题是不能写到高中阶段的生物教科书之中的,其理由是"会让人不开心","那样的东西不能放在教育这一方面"。但是,癌细胞的结构问题,应该是在解释细胞分裂之际的一个极具代表性的重要概念。这样的问题可谓不少,实在是不胜枚举。

第二点就是"舆论会议"的问题。作为专业的科学家或者技术人员必须具有高度的专业知识,由此而进行的质量保障体系,实际上也就是同事之间的相互评价。按照村上教授的讲法,这只不过是极少数职业科学家的评价基准而已。我认为这也存在了问题。即便是我们承认它,但是我认为由此而确立起来的评价体系,也必须是一个足以保障科学之合理性的体系。

但是,社会的最大的一个问题,就是把科学的合理性等同于社会的合理性,实际上却并不是如此。以医生这一领域为例,医学部的教授在进行医学研究的时候,即便是要进行互相评价,也需要一个相当高的专业知识。就此而言,科学的合理性无疑是必要的。但是同时,建立起医生和患者之间的一个社会评价的平台,乃是"职业"。就此而言,我们必须确立起社会的合理性,迫切地建立起足以确保社会之合理性的其自身也不断扩大的相互评价体系。

如果仅限于纯科学家之间的狭窄的相互评价的话,就不会那么重视社会的合理性问题。这恐怕就是一个大问题吧。尽管"舆论会议"按照社会的合理性这一方向不断前进,但是我希望它能以一种相互评价的形式,缓慢地落下帷幕。如果只是一味地要求以"全民参加"的形式来召开的话,恐怕这样的评价也会越来越发挥不出自己独到的作用了。因此,不限定于纯粹的科学家,如何能够确保更多的同类人士参与进来,这才是问题的关键。

提到基因图谱国际伦理委员会应该吸收什么样的人?是否要把哲学家也吸收进来?对此,我认为就是一个应该如何扩大的技术问题。但是,在这样一个广泛参与的成员之中,是否只是考虑其他领域的"学者"加入进来就可以了呢?对此,我认为"舆论会议"也正面临着这一问题。也就是说,舆论会议的形式带有了多少这样的众多同事参与评价的可能性呢?我们是不是也可以反过来考虑一下,采取一个可以检查其可能性的实验,由此来评价一下"舆论会议"呢?如今,对于这样的评价体系,如果我们不把它同"科学"、"社会"结合在一起,那我们也就会不得不陷入到困惑之中,即我们无从知道这样做究竟会带来什么样的结果。

武部启:您提到,"我的研究只不过是被纳粹随意利用了",这样的辩解对科学家来说并不是什么荣誉,我认为这一点尤其重要。当我们一谈到这样的伦理问题,即便是在日本也经常会被说:"对不起,能不能不要来干扰我的研究。"几乎所有的人都信心十足地认为利用这一逻辑框架就可以说服对方,强调指出:"我们是善意的,是为了患者而考虑的。我们没有时间花费精力去一个个地征求他们的知情与同意。"

我担任京都大学教授的时候,我丝毫没有隐瞒自己涉及伦理问题的相关活动。但是,对于活动的内容,我几乎没有向研究室的教授们提起过。如果不这样的话,或许就会被立刻要求:"您好像比较有时间啊,能否帮助我们指导一下研究。"之后,我也进行

323

了深刻的反省。现在,我任职于近畿大学,可以自由地涉及伦理方面的问题。一方面,一部分人感慨:原来真的这么需要啊,期望我讲述这一问题;另一方面,则是被贴上一个标签,真是一个奇怪的家伙,怎么讨论那样的问题。由此,我的存在价值遭到质疑,到了一个自己也不得不进行反省的地步。我认为,医学和伦理问题的关系实际上是密不可分的。

第二点,是科学的合理性和社会的合理性彼此不同的问题。我经常对 NHK 的小林发牢骚。例如,NHK 科学栏目"人类"邀请宇宙飞行员毛利担任讲解员,他以一个极为平常的口吻解说道:"生物非常聪明。沙丁鱼就会生出一大堆小沙丁鱼,但是,只要一条小沙丁鱼存活下来,那么它的家族数目就会不断增加。"我认为,诸如这样的生物为了生存而如此的"合目的性"的认识,在学问研究这一方面则是没有任何意义的。

一位原东京大学的教授因为忙于著书立说而辞去了教授的职位,而且还仗势欺人,对此我极为激动地发了牢骚。可是,小林的同事兼制片人却极为生气,反问我"那样的人究竟有什么不好",就这样我与他大吵了一番。

我曾为 NHK 的"人类"栏目——《遗传基因·DNA》第六卷撰写了前言。针对冰岛进行的遗传基因分析研究,NHK 特意派遣专人进行了调查。这部书籍对于遗传基因解析的问题也采取了批判的论调。我对此持有强烈的疑问,而且我也到冰岛进行了调查,事实并非如此。但是,他们却不允许我将之写入书的正文之中,所以我也就把它写到了前言,为这一研究进行辩护。

科学家不能只是专注于自己的专业研究,即便是一个狭小的突破口,我们也要尽力把它打开。因此,我非常感谢今天能让我来参加公共哲学共同研讨会。

桥本毅彦：普通公民参与"舆论会议"，他们或多或少会对遗传等一系列问题进行一定的思考，我认为这是非常重要的。之前提到日本的教科书针对基因问题只是介绍了血型这一知识，但是欧美的教科书却收录了遗传基因工学乃至伦理等最为尖端的知识。所以即便是同样的"舆论会议"，欧美和日本之间大概也会存在着巨大的差异吧。那么，导致日本和欧美的教科书出现如此差异的根源究竟在哪里呢？

武部启：我认为存在着两个理由。第一，是欧美没有教科书检定制度；其次，就是如果不学习这样的知识内容的话，就不具备医学部入学考试资格。在这一方面，英国贯彻得极为彻底。根据我在京都大学所做的调查，京都大学医学部的100名学生之中，选择"生物"科目考试的学生平均只有10人左右。这实在是令我无言以对。所以，现在我想进行一下改革，将"生物"这一科目作为一个必考科目纳入到后期的入学考试之中。

佐藤文隆：我对于NHK也有不少抱怨。以前我曾经担任"银河奥特赛"节目制作组的顾问，为此投入了不少时间。但是，我们制作出来的节目却令我感到不妥，所以节目制作的晚宴上发了牢骚。具体地说，宇宙并不是处于我们身边的熟知的事物，但是整个节目给我带来的一个感觉，就是宇宙与我们之间不存在什么"距离"。NHK的董事也出席了宴会，所以我被负责人指出："在这种场合说这样的话，实在是让我感到难堪。"之后也就再也没邀请我。

这几年，我也关注到了教育或大学入学考试的问题。如果被他人指出："你们在这一方面没有好好改善一下吗？"我会觉得十分惭愧。我之前担任过大学入学考试中心"物理"科的会长，曾经一段时间担任过所有科目的总负责人。

"生物"的入学考试之中,一旦命题者提出了与遗传相关的试题,我们会采取全体人员一致确认的形式来决定是否可行。在这一场合,也必然会出现疑问,即一部分人会考虑到这样的试题是否"会造成过大的社会影响"或者"不知道会引起什么样的反响"。让我们站在社会的角度来考虑这样的问题,实在是令我产生了一种披荆斩棘的感觉。教科书的编撰与制定也是如此。考试中心这样的机构也就是发挥一般性的职能而已,对于下层的、现场的部门汇报上来的东西,他们只是站在上级的立场来"回避实质性的问题"而已。就此而言,也可以说他们并不信任国民。

昨天的议论之中,曾提到采取国民投票的形式来决定原子能是否开发的问题。瑞典20年前国民投票的结果是要求在一个期限内完全停止,但随着日期的临近,国民的意见如今却发生了变化,认为"还是不得不持续一段时间"。若是将问题抛给国民来作出判断,国民也会深刻地进行考虑。总之,将问题"投向国民"(问题全权委托给国民)这样的想法,犹如前进道路上的荆棘,被无情地否定了。

编写教科书这一方面,如今流行着这么一个做法,即站在专业的角度,只要把专业知识加以简化,将它作为基础理科的知识来教授就可以了。但是,对于将来不想成为专家的人,考虑如何站在一个完全不同的立场来进行教授是有必要的。大学入学考试结束之后,我参加了与高中代表的会谈,结果令我极为震惊,哑口无言,之所以如此,是因为如今高中阶段的教师也成了"专家",成为某种意义上的纯科学家的教师,他们与"社会"几乎没有什么联系,只是长期以来担任教学工作,今后也要继续教授下去而已。

最近,中教审(中学教育审查委员会)吸收了持有广泛观点的人,因此也就时不时会出现与以前截然不同的意见。但是,在赋予实施的具体阶段,即专家和高中阶段的教师代表来进行操作的时候,好不容易才提出来的新的观点却被排除在外。换句话说,尽管在外表上符合了指导要领,但实际上还是按照以前的教法来进行的。以"资源"为例,这一观点是化学的一个新观点。但是对于现阶段的高中教师而言,如果一定要教授这样的内容,那么对于他们来说是极为困难的。因此,为了通过审查,他们进行了一种"变通"。与大学教师一样,高中阶段的教师们目光也非常短浅。日本社会的专家人数标榜达到了所谓的1亿,但是令我感觉到他们就好像是专业傻瓜一样。

西冈文彦:社会上流行的广告和杂志,实质上也具有了教科书的机能。过去一提到媒体,就是以印刷物为主。现在,电视广告反映了时代风潮,且对下一时代的潮流的形成起到了积极的作用。也就是说,与其说广告是某种商品形象的宣传,不如说广告是形象的创造机构。在这个意义上,武部先生的介绍中,对杂志封面和广告等表现出来的DNA形象变迁的追溯。这一介绍即便是对于一点也不了解的我而言,也产生了巨大的冲击。

那么,对于这样的社会性的冲击,我们应该如何来评价,如何利用公共的理念和哲学来进行干预? 在这一方面,我们却是极为匮乏,连一个可以发表意见的机构也没有。不仅如此,一部分无聊的论调还提出要禁止我们发言,由此更让我们感到烦恼。就此而言,您通过这样的形式列举了不少事例,对于下一代的我们应该如何去进行学习,如何去针对社会问题提出建议,具有重大的启示意义。

绫部广则:关于生物教科书的分量和伦理问题的记述,对于有意识地避开日本社会乃至社会这一部分,我觉得让国民和市民之间出现更多的讨论也是一件好事。

327

舆论会议采取的是倾听"社会声音"的方式。但是，这里所说的"社会声音"，我想只不过是"社会声音的一部分"而已。我并不是想全面否定舆论会议，只不过对于能否参加这一问题，其本身就存在着一种甄别基准。

提到教科书如何记述的问题，对专业知识要了解到什么程度才能参加讨论。现阶段可能是只要知道基础性的、一般程度的知识就可以参加了。但是随着时代的发展，议论也会逐渐走向专业化，发展到与学问完全一样的地步。这样一来，就会出现和职业科学家水平接近的"市民"，到时候我们会分不清楚究竟哪里才是"社会的声音"，因此，我们也必须就这一点加以考虑。

小林正弥：我想对武部先生在克隆人的问题上所作的不懈努力表达我衷心的敬意。加藤先生曾说过，就"只要不危害他人做什么都可以"的"他人危害原则"的角度而言，自由主义并"没有否定克隆人的理由"。武部先生也指出这个问题难以处理。在此，我要略微补充一点自己的想法。

若是进入到详细的议论之中，我们可以举出各种各样的观点或立场。但是，我想这还是与基本的人生观和世界观相关。从科学技术到遗传基因，最容易忽略的问题就是"对于生命的敬畏"。从哲学上来看，18世纪以来，"人类机械论的系谱"大为流行，人被视为了机器。因此，以"遗传基因"为中心，提出了"人类也可复制"的构想。这样做出来的人类，就跟机器人一样。但是，我们可以把"人类"看做是"机械"吗？这是一个根本的问题。

把"部分"集合起来，就可以做出"人类"吗？以前，在宗教和哲学的领域，我们是超越了"部分"的视角，站在一个"整体性"的角度来把握人类，通过灵魂一类的表达方式，将人类表现为超越可视性的"部分"的集合。若是不予考虑灵魂的部分，只是复制克隆人是否可行呢？我认为，如今的讨论之中，最为缺乏的就是这一根本性的问题。

我完全赞成武部先生所说的结论。"依靠传统的科学讨论和近代哲学无法解决"这一问题，事实上也提示我们，只有直接面对困难，别无他法。因此，不改变迄今为止的世界观、人生观的话，我们就会被"造克隆人是不得已而为之，它也是人们所希望的"的这样的言论所误导。我对此深切地感受到了一个危机感。

金泰昌：我想知道的是，科学家究竟应该对谁负责？一直以来，人们一直认为科学家只对科学家集团负责。这样的考虑是否合适？究竟是对现在活着的科学家集团负责，还是要超越它，对一般的市民社会负责呢？还是对将来的子子孙孙负责呢？对于这一问题，我想请教一下武部先生的意见。

武部启：首先，我就一开始佐藤教授所提到的教科书编写问题来谈一下。我认识不少教科书的编写者。编写生物教科书的是动物学家和植物学家，完全与医学专家无关。而且，我们还没有名为"人类科学"的教科书。这样的教育，也就是在下雨之际没法外出才学习一点"保健体育"，事实就是这样一个程度。但是，英国的高中阶段却编写了"人类科学"的教科书。我希望我们能把它作为范例来进行学习。

关于小林正弥先生提出的问题，我认为，包括人类在内的各种"生物"，其最大的特征就在于"多样性"（diversity）。但是，随着人们越来越了解到遗传基因的相关知识，就会出现"具有这样的遗传基因组合的人比较好"的想法。而且，还会认为患唐氏综合征这一类的人毕竟是少数，这样的人本来就不应该出生。但是，我认为这样的认识是不对的。我们的讨论应该是以这一类人也会出生为前提来展开的，我认为这样的前提就是衡量一个国家

329

是否文明的标准。

一位著名的人物曾在厚生省举行的会议上说了这么一段意味深长的话："所谓残障者及其家庭非常幸福的言论是极为奇怪的。按理说，实际上应该是不幸的，如果能承认不幸的话，那么厚生省就可以作出与之对应的政策，但是，如果大家都说幸福的话，那么问题就相对比较棘手。"对此，我以日本唐氏综合征患者网代表的身份写了一封措辞强烈的抗议书，与其发生了对抗。我曾被推荐为厚生省委员，却在最后一个环节被拒绝了，或许就是这一缘故吧。但是，我认为还是应该进行抗议，如果左右厚生省的会议的是这样的一类思想，那么由此而进行操作只能是一个国民的悲剧。

刚才，佐藤先生有所顾虑地提到了一点这样的问题。对于教科书的改善持否定态度，反对增加对社会造成一定冲击力的内容的人，我确信应该是出于我的母校东京大学的有关人员吧。这样的集会（即公共哲学共同研究会）为什么只在京都召开？——如果东京大学的教授也列席了本次会议的话，那就实在对不起了。——我认为其根本原因是"灯台（东大）之下更为昏暗"（译者注："灯台"与"东大"发音一致），露骨地说，那么一批人就如同卖国贼集团一样。

对于东海村的事故，大概名古屋以西的日本没有人可以说出一个所以然来了吧。之所以这么说，我可以抱有绝对的自信。NHK 制作的节目也实在过分。我为此向他们提出了抗议。就在距离事故现场大约数十米的地方，一个二十多岁的年轻人接受了NHK 电视台的采访，提到："就是我因为在这里受到了辐射，所以有可能无法结婚了，将来说不准也不能生育小孩。"对此，NHK 的人却没有说任何的评论。这是一场悲剧，我想至少应该对那个人说:"这只不过是微量的辐射而已,不必过于担心。"这样的节目,怎么能够作为公共广播的节目呢?

接下来,我认为金泰昌先生提出的问题非常重要。首先,科学家应该站在普通者、一般人的立场上来讲述科学技术的原理。那么,问题的差距究竟在哪里呢? 我认为"医学"就是一个关键。医师不能选择就诊的患者,我虽然不是医生,但曾经有过类似的经历。我曾经访问过一个家庭,他们因为家里人患上遗传病而向某个宗教团体祈求帮助。我对此却感到无能为力。

但是,我并不是说从这里开始产生落差,而是说应该将这一问题也考虑进来,由此来采取一定的对策。随着现代科学的不断进步,科学与人之间的距离也无形地扩大了。至于如何解决这一问题,或许到了最后我也会变得目光短浅,但是我认为,大学的"教养"教育是最为重要的。

京都大学医学部学生大多来自两种类型的名校,京都洛星高中是属于天主教系统,洛南高中隶属东寺,东大寺学园隶属东大寺,乃是属于佛教系统。大部分名校出身的学生皆自视过高,所以我采取了几乎谩骂的方式来斥责他们,但是,这样的一批学生也大不一样。或许一开始的时候他们不大愿意接受这样的教育,但我认为,应该从初中一年级的时候开始,哪怕只是一丁点,我们也要逐步地培养他们的宗教心或者说对于他人的博爱或者同情心。

东京大学原校长森亘教授还在担任东京大学医学部部长的时候,曾这么对我说:"你在京都大学真是好。东京大学的医学部,来自滩高中、开成高中、LaSalle 高中的学生占到了一半。但是,他们都不是什么正经的学生。"而后曾担任了东京大学校长的人竟然这么说,令我实在惊诧。我想向他建议,如果是这样的话,那么在成为了校长的时候,至少可以 10 年之内不再招收这样的学生了。提起后来的继任者有马郎人(原东京大学校长),我觉得也有点过分。到了他辞职之后,才指出东京大学的"近亲繁殖"的问题,即东京大学90%以上的教授皆是毕业于同一大学。我想质疑:"你在当校长的时候怎么不说呢?"如果他们不搞垮东京大学,或者不到 NHK 拒绝招募东京大学的毕业生,这样的地步的话,他们是不会重视自己的问题的(笑)。

　　科学家应该对谁负责? 我希望大家都要抱有"对人类负责"的意识。但是事实上,绝大多数人缺乏这样的意识,所以我才会觉得苦恼。我是京都大学医学部的局外人,但还是不得不说一下。京都大学医学部所具有的并不是"对人类负责"的意识,而是如何"对世界的科学作出贡献"的意识。与我同期的京都大学理学部的一位教授在其退休晚宴上,不无感慨地说:"真是遗憾,没有一个学生能够听明白我的课程"。大家或许会问:"这位教授究竟是教什么的?"我认为,这也正是京都大学的强势之所在,或许理科系的教育就应该是这样的吧。若是我们想到理科系的"理"并不是王字旁,而是反犬旁的"狸",那么就可以理解这一学科所潜藏的生命意识了。但是,如果医学部是反犬旁的话,那可就麻烦了,因为医学部应该是为了"人类的医学部"。

　　金泰昌:理科系的"理"并不是王字旁,而应该是反犬旁的"狸",通过这一想象思维,我们可以发现科学家缺乏了一定的社会责任感。作为我个人的意见,我想说他们连这样的责任感都没有。因为我认为科学家不仅仅要有"对人类的责任感",同时还要有"对环境的责任感"。而且,在此所说的"环境",是指一切有生命之物。即便是对动物、植物,也需要具有一种保护和维护的责任感,所以不仅仅是"理","狸"也是极为重要的。

吉田公平：高中阶段的教育，与其说是"素质教育"，倒不如说是"应试教育"。尽管我们努力想使教科书朝着一个更好的方向发展，但是在高中阶段，教师们还是只关注了"考试"。我认为要改变这个现状，不仅需要市民意识的觉醒，同时也需要得到专家们的理解。

另外一个问题，为什么科学技术会产生如此严重的社会问题呢？这不仅仅是科学技术进步自身的问题，还牵涉到了科学技术对于社会的影响比过去更为深远的问题。不管是遗传基因学还是 IT 技术，如今已经完全渗透到了每个人的生活之中。人们通过手机可以实现上网，如今的学生都不再购买书籍，据说手机的月费支出达到了 3 万到 5 万日元。父母邮寄过来的经费之中，10 万日元作为生活费，剩下的都消费在了手机这一方面。

但是，这并不仅仅是金钱的问题。如今的学生不会一个人安静地读书思考。如果手机上一直没有谁的来信，就会觉得自己被大家抛弃了。因此，最近提到的"把自己关在家里不愿出门"的社会问题，并不单单出现在这一方面，也出现在了生活场所之中，诸如手机的问题。就这样，科学技术完全渗透到了现在的生活之中，年轻人深陷其中，不能自拔。对此，我深切地感到了危机感。

我对通过技术克隆人的遗传基因学极感兴趣，这项技术与人的欲望密不可分。中国人自古以来就期望长生不老，可以一直活下去。对于自己的孩子遭遇到了交通事故而生命垂危，父母希望通过克隆的方式使其再生，对此我也深表同情。但是，我认为这完全是他们为了自身得以延续下去而为自己所做的"备份"。"备份"就是自己的"一部分"，这是极端违背人权准则的。令我感到极为震惊的是，人的欲望竟然可以到这样一个地步。即便是我们制定出规章制度，对这一技术采取抑制的态度，人们也会暗

333

地里进行这样的实验吧。

之前，日本报道了泰国医院买卖人体器官的事件，参与的医师被剥夺了资格。我认为，人类存在着极为复杂的多样性，它们来自人类对于生存、利益的无限的欲望。科学技术不断地进步，再一次刺激了人类这样的欲望，今后这样的事件或许会更为频繁地发生吧。如今的时代，乃是科学技术飞速发展并作为生活技术立刻融入到市民生活的一个时代。我也强烈地感受到，正是这样一个时代，所以才出现了一系列意想不到的问题。

小林傅司：我就是出身于受到武部老师赞扬的洛星高中。尽管如此，但是我的心情也非常复杂。我毕业于被称为反犬旁的京都大学理学部，之后又进入了被称为"卖国贼"的东京大学研究生院，现在，我任职于天主教系统的南山大学。我在想我究竟是什么呢？

在一开始的时候，武部教授让我们欣赏了极为有趣的 DNA 的幻灯片，并提供给我们一个信息，即如今人们对于 DNA 的印象比起过去的"遗传学"，更多的是来自"社会生物学"的理查德·多金斯理论。这一理论的影响可谓是压倒性的，而且他大胆提出的理论也可以适用到文化现象的分析。就此而言，这位英国生物学家实在是拥有了天才的头脑。正如吉田教授所说的，这一理论为解释社会生活的各种现象提供了一个理论基础。

对这一系列学问进行分析，乃是属于"科学技术论"的范围。关于 DNA 的问题，我曾翻译出版了一本叫《DNA 传说》（纪伊国屋书店）的书。著者是一位名为 Drothy Nelkin 的女性研究者。这一著作就数十年间整个社会对于 DNA 或者遗传基因的理解是如何发生戏剧性的变化、大众媒体又是如何对待这样的变化进行了分析。

綾部先生对我参与主持的"舆论会议"作了详细的介绍,在此我就简单地提一下。在论述到社会问题的时候,除了科学家之外,还有什么人具备了参加资格,这是一个热点问题。但是,扩大范围,吸纳更多的人参与进来,这样的做法犹如秀才的学习方法。我并不是秀才,所以我觉得这样的做法没有任何意义。我认为,还是采取实用主义比较好。至于为什么要采取实用主义,弄清楚之所以如此的理论意义,也是非常重要的一个问题。

另外我想补充说明一下,"社会"这个概念被质疑是否过于模糊,"社会"之中必然存在着"正确的社会意见",而你是否好好地加以吸取了呢?但是我认为,这样的质疑本身就存在着问题。

中村收三:我从事工程学伦理、技术者伦理的教育,所以今天被邀请参加共同研究会。在此,我想询问一下医学部是如何对学生实施医学伦理教育的。

武部启:正如吉田公平先生所讲的,即使改革高中阶段的教科书也是无济于事。对此大学一方应该负有重大责任。大学入学考试究竟是采取面试的方式还是论文的方式,全部事先告诉了补习学校,从来没有进行过一个成功的尝试。不过,还存在着另外一个入学方式,即如同其他国家一样,给予大学的毕业者再次报考医学部的机会。但是,这也牵涉到了延长退休时间的问题。不过,我非常期待日本可以采取这样的一个做法,而且相信这样做的效果将会不错。

以滩高中为例,第 1 名至第 10 名进入东京大学医学部,接下来的第 10 名至第 20 名到京都大学医学部。但是,我直接询问了滩高中的教师,他却告诉我学校并没有进行这样的内部分配,这不过是一个自然形成的现象。其理由,是因为他们认为这样的分配象征着自己的地位。过去,在可以参与两次考试的时代,滩高

335

中的所有学生皆是以京都大学医学部为第一志愿,东京大学为第二志愿。我曾经提议说全部不予录取,但却遭到了委员会的否决。但是,医学部是绝不允许把那样的人招收进来的。

科学技术的进步将给社会带来巨大的影响,这一点毋庸置疑。但是在日本,可以承担遗传咨询的人大概只有 500 人,而且是仅仅接受了两周讲座培训的人。美国和英国的人基本上都知道,根据精子的不同,小孩的父亲也不一样。但是在日本,向孩子隐瞒生父姓名或者小孩是养子这样的事情极为普遍。尽管日本与欧美之间的文化背景完全不同,但是外国的技术却不断地传了进来。由此,也就出现了生命伦理和科学技术的隔阂这一问题。对此日本人只能认真地进行思考,努力去加以解决。

中国和印度,可以说与日本大致一样。日本如果要使自己成为他们的范本,就得对包括哲学在内的各个领域再次进行深刻而广泛的讨论。对于"技术"只能被运用到生物学这一方面的基本现状,日本的医学界应该采取什么样的对策,这是一个迫切需要解决的问题。

接下来,就是小林傅司教授所谈到的理查德·多金斯理论。对于这一理论,实际上我并不赞成。我也曾阅读过理查德·多金斯的书籍。国外的人自不必说了,但是我认为他的理论与实验科学之间还存在着不小的距离。例如,对于医学或者人类基因学受到了理查德·多金斯理论的潜移默化的影响这一观点,我就持否定态度。日本只有研究"科学哲学"的人才会阅读理查德·多金斯的书籍,我还没有听说从事实验的人或者医学部研究基础医学的教授们在读之后深有感触的事例。

除了科学家之外,究竟还有什么人具有参加议论的资格,这个问题非常困难。同时,我还想拜托矢崎胜彦和金泰昌两位先生,在 NHK 之中呼吁更多的女性也加入到这样的讨论中来。至少在京都,只要我们去发掘,也是可以找出不少了不起的人物的。

医学部伦理教育的现状可谓是"悲惨"。尽管京都大学和大阪大学也开设了"医学伦理"的课程,但是却将它设置为特别科目,对于学生也没有什么影响。毕竟医学部的所有教师只有在自己的课程或者实习之中才能教授给学生一定的伦理知识。尽管一批大学规定所有的学生皆必须出席伦理课程,但即便是这样,学生们也不过是硬着头皮勉强而来的,也就没有多大的意义与价值。

对于"医学伦理"的问题,我认为应该首先从教授们开始改革。如果这样来不及的话,至少应该从现在开始,以即将成为教授的人为对象来进行改革。我担任京都大学教授的时候也曾尝试过努力,但是如今的大学教授,他们在学生时代是绝对不到我的研究室来的。所以改革的前途是严峻的,也是悲观的,需要一个漫长的过程。

但是,科学的进步是不等人的。因此,在指导方针上我们也必须提出一个期限。在此,我想阐述的一点就是,如今厚生省和科学技术厅所做的指导方针,与我们站在国际的立场审议制定的指导方针,两者之间存在着极大的不同。

简而言之,若是我的遗传基因将会引发极为严重的遗传病,那么该不该将这一信息告诉给自己的兄弟和小孩呢?按照国际的遗传信息的规定,如果这个病可以治疗或者是存在应对对策的话,则是需要将这一信息无条件地告知自己的兄弟和子女,哪怕是本人不愿意,也必须如此。但是在日本,如果本人不同意则是不能通知的。到了无论如何都必须通知的时候,就要召开伦理委员会来进行决定。

我在京都大学的医学部担任了长达 10 年的伦理委员，我关于遗传的发言百分之百地得到了通过。日本的大学之中，设立伦理委员会认真地探讨遗传基因问题的大学尚不多见。厚生省和科学技术厅委员会这样的部门内，一半以上的人不知道何谓"遗传"。参与会议之际，他们一言不发，只是到了最后才说"yes"而已。政府机构组织了这样空有其表的"伦理委员会"，还一声声宣传说得到了国民的认同，实在是令我难以启齿。希望 NHK 对此也进行采访，披露一下这样的事实。

论 题 八

专利制度与科学技术的公私问题

相田义明

人=人类,既是游戏人又是工作人。人通过模仿进行学习,使用前人的知识遗产来思考问题。人类只有在学习知识的基础上才能进行创作,其成果才能进一步丰富知识遗产,刺激新的知识活动。牛顿也说过这样一句话:If I have seen further it is by standing upon the shoulders of Giants.(如果说我看得比较远,那是因为我站在了巨人的肩膀上。)

但是,如果不以某种形式来保护我们的精神活动成果的话,人类自身所具有的创作活动的激情,到时候就会出现社会性的知识生产活动的停滞,知识、物品的流通不能够顺利进行的一系列问题。假如我们只是单纯模仿展示会展览品的话,那么企业家就会失去投资新产品的兴趣;假如能够自由复制著作的话,那么也就不可能出现什么出版事业。若是我们想到这样的事例的话,那么就会认识到这样的保护是必不可少的。

因此,近代社会给予了私人发明(技术信息)以一段时间的占有权利(专利制度),给予了他人禁止私自复制著作的权利(著作权制度),因此,在一个自然状态下为公共领域(public domain)所贡献的知识,在一定时间内只能在私人领域可以利用,从而为"知识"的流通、存取设置了一定的障碍。

可是,垄断或者整顿"知识"的利用,一方面有利于保持激励机制,起到促进产业、文化发展的作用;另一方面,则带来同业竞争者的技术开发萎缩、社会信息流通缺乏效率等看不到的不利因素。这样的紧张关系也就反映为了专利制度、著作权制度等知识产权制度的内在问题。这样的制度在一开始设立的时候,如何对它加以调整也就成了一大课题。

最近,随着信息高速传播的网络社会的到来,知识创作活动的成果作为信息开始流通,从时间上的、空间上的制约之中解放出来,从物理性的"物"的制约之中摆脱出来,信息本身可以进行交易了。不少评论者指出,伴随这种现象而出现的,则是两者之间的均衡局面出现了崩溃,而且这样的趋势也越来越显著。①

本论题将聚焦于专利制度这一问题,对科学技术的知识、信息的"共有"与"垄断"的紧张关系进行探讨。首先,本论题将回顾专利制度的发展史,接着,以 19 世纪至 20 世纪之交的电器技术、20 世纪初的航空技术的发展与专利技术的关系为题材,概观技术的"共有"与"垄断"的紧张关系之最初形态,最后,以如今成为世人之话题的生物科技和软件为例,来考察技术与社会的变迁给制度带来的冲击以及社会所发生的与之对应的变化。

1. 专利制度的发展史

在这里,我首先要简单回顾一下作为近代专利制度之开端的

---

① James Boyle, "A politics of Intellectual Property: Environmentalism for the Net, "47 Duke L. J. 87 (1997); Heller & Eisenberg, 1998.

威尼斯特权制度,近代专利权制度之起源的英国制度,萌生了审查主义(是否符合专利条件的审查制度)的法国制度,而后引入专利制度的德国,以"殖产兴业"为目标的明治政府导入的制度,以及倡导重视专利技术政策的美国制度的历史。

(1)专利制度的萌芽

14世纪以前,欧洲各地的国王、诸侯广泛地给予经营、产品的贩卖或者制造业以特权。但是,这不过是国王及诸侯进行产业统治以及确保资金来源的手段而已,并不被认为是为了产业振兴而施行的制度。为了产业振兴而制定的专利权制度的萌芽,始于15世纪的威尼斯。

威尼斯存在于公元1000年至1500年这一段时间,是意大利北部一个极为发达的国家。1400年左右,它掌握着欧洲与世界其他地区的贸易。文艺复兴时期,威尼斯的造船业、玻璃工业、手工编织业、印刷工业都十分繁荣,通商与产业皆被行会所垄断。一旦要开发什么新技术或者从国外引进的话,就会遭到行会的反对。于是,城市的执政者就给予了新技术发明者以及从国外引进技术者以特权。15世纪,奥斯曼帝国势力的兴起导致国际通商道路关闭,于是就出现了振兴国内产业的必要性。因此,威尼斯在1474年赋予了特权以一定的制度化。这一法律规定,作为得到特权的条件,必须具备新颖性、有用性、实施可能性,同时也给予行会以申辩的机会,已然具备了近代专利制度的结构。但是,这一可称之为近代专利制度之萌芽的制度,随着威尼斯的衰弱也逐渐消失。

(2)英国的制度

现代专利制度起源于英国。产业革命之前的英国是一个落

341

后的国家。国王给予来自欧洲大陆的具有了优秀技能的工匠以特权,希望能留住人才并振兴技术。最为古老的一个事例,即1449年亨利六世为了让来自弗兰德斯的玻璃工匠为伊顿大学制造窗户,从而给予了他们20年的垄断权。

那一时候的产业皆为行会所控制,因此,国王的特权使特定的从业者从行会制度之中解放出来,使他们具有了自由营业的性质。自此以来,国王对于特定的从业者,以等价交换的形式赋予了他们以垄断权。到了伊丽莎白时代,特权不仅仅限于发明,还涉及了各种各样的货物通商、制造与贩卖,特权制度被加以滥用。这一问题到了詹姆士一世的时候愈演愈烈,特定的人垄断了一部分工商业,其结果则是物价高涨、经济混乱。王座法庭(Court of Queen's Bench)宣布,伊丽莎白时代实行的大多数特权都与普通法(common law)相违背,因此被判定无效。

在此之后,1624年制定了《垄断法则》(Statute of Monopoly)。它规定,在取消特权的同时,给予事实的并且是最初的发明者以14年的专利权。由此,它被评为世界近代初期的专利权制度。只是,这部法则并不是以专利权制度的设立为目的的,而是要在立法上确认,超越了普通法之上的原则,即国王授予的对现有产业以一部分垄断特权的这一原则是无效的。作为一个例外,只有给予事实的且最初的发明者14年的垄断权这一规定是有效的,因此它并不被视为规定了专利权的授予手续。①

直到二百多年后的1852年,英国才制定了专利法。在那之前,它都没有制定什么替代《垄断法则》的成文法,只是依据裁判事例。要求记录发明内容的"明细表"的制度,始于安妮女王

---

① 中山信弘:《工业所有权法》(上),弘文堂1998年。

(Queen Anne)时代。第一件是 1718 年詹姆斯·帕克鲁斯发明机关枪。《垄断法则》制定之后很长一段时间我们都没有看到其应有的业绩,可是到了 18 世纪中叶产业革命时期,开始授予重要的技术以专利权。专利权的诉讼由此也开始增加,专利法以及专利事务随着判例的不断增加也逐渐完善起来。鉴于"明细表"的书写不恰当,阿克莱特的水利纺纱机之发明于 1785 年被判为无效。1796 年,瓦特提起了蒸汽机专利诉讼,确立了改良原有技术之后的专利之有效性的先河。

19 世纪中叶,鉴于专利申请手续繁杂,因此人们呼吁要加以改善,尤其是 1851 年伦敦万国博览会召开之际,这一问题被特别提了出来。因此,根据 1852 年的法律规定,英国成立了专利厅(在这之前,联合王国各个地区皆需要专利申请者提出手续,为取得专利权要经过多达 34 个部门)。

(3)法国的制度

法国也从 16 世纪开始实施国王授予技术垄断的制度。1699 年,国家科学院规定要审查垄断是否具有价值(科学审查主义——如后面所提到的那样,审查主义最终在法国消失,可是却被美国的专利法继承了下来)。这种垄断因为 1789 年的革命而被全部废除。1791 年,法国首次制定专利法。作为天赋的人权,发明者对于自己发明的专利具有所有权,排除了来自专利厅的审查,采用了无审查主义。行政厅开始事前审查发明之新颖性,即发明是否属于创新,则是到了现代之后(1968 年法开始)。

(4)德国的制度

近代德国还不是一个统一的国家,即便在欧洲也是一个落后

343

的国家。引入专利制度也比较晚。1871 年德国统一之后,德国正式制定了专利制度,即 1877 的《帝国专利法》。据说,那一时期的经济学者和德国首相俾斯麦皆反对这一专利制度。

这部专利法与其说是保护发明者,倒不如说是出自产业政策的目的。因为它规定了给予最先申请者以专利权,从而使被埋没的专利可以尽早地获得申请,推动专利的竞争,由此来提高产业技术水平。

德国的专利制度为 19 世纪末德国的化学工业(特别是染料)作出了巨大贡献。1900 年左右,具有化学工业之优势的德国以贸易制裁为手段,迫使专利制度不健全的瑞士提高专利保护水平。这是一个开端,由此专利问题被引入到了通商政策之中,如今也成为了一个极为普遍的保护手段。

(5)日本的制度引入及其发展

一直到明治时代之前,日本都没有制定什么专利制度。明治思想家福泽谕吉最早将专利制度介绍到了日本。明治政府为了富国强兵、殖产兴业而引进了大量的外国制度,专利制度也是如此。1971 年(明治四年),日本制定了专卖的简略规则。但是,这一规则既没有可以借鉴的发明,也没有经费雇用具有审查知识的外国人,也就不得不暂停执行。不过,在那之后,国内产业逐渐发展起来,出现了模仿展示发明的事件,恢复专利制度的呼声由此也就越来越高。1885 年(明治十八年),日本正式制定了专利制度,即《专卖特许条例》。日本的这一条例是以美国的专利法为蓝本而制定的。因此,那一时期的专利法采用了一个给予最初的发明者以专利的制度(先期发明主义)。

1899 年(明治三十二年),日本对这一条例进行重大修改,制定出了具有世界水平的专利制度,并加盟了保护工业所有者的《巴黎条约》。特别是1921年(大正十年),日本采取了德国的先申请主义(承认最先申请者)系统,一直沿用至今。

(6)美国的发展

18世纪80年代,美国召开合众国宪法制定会议。这一时期正值英国产业革命取得成功,美国也正在推行产业革命的时期,——费拉德尔菲制宪会议召开期间,约翰·费区于特拉华河进行了蒸汽船实验,据说为了参观这次实验,特意中断会议,——基本上没有人怀疑专利制度的有效性。

在这样的时代氛围下,合众国宪法引入这样的规定,即把发明与著作的保护权限委托给联邦政府。因此,它们在短时间内制定了联邦专利法。这一专利法包括七项规定,制定于合众国宪法生效后的第2年,即1790年。1793年,美国通过了修正法,构建起了现代专利法的基础。

发明专利被加以公开,专利期限到了之后,无论是谁皆可以自由使用,因此,作为补偿,要给予发明者以一段时间内的垄断权。专利制度是否能充分地发挥激励发明、促进技术公开的作用,必须全面地依靠自由竞争与技术革新的机制。即便是在1793年的修正法之中,托马斯·杰斐逊也不得不承认,专利是知识自由使用的一个例外。

345

2. 19—20世纪的技术革新与专利制度

根据罗伯特·梅尔哥斯(Robert Merges)等一批学者的观点,专利的发明奖励效果与竞争者的开发萎缩效果,两者处在一个对立抗衡的关系之中。确实在不少领域,我们难以评价专利制度最终为产业发展作出了多大程度的贡献。① 为此,罗伯特·梅尔哥斯列举如下事例。

(1)电灯产业

众所周知,发明大王爱迪生于 1880 年取得了电灯领域的碳灯丝的基本专利(权力的范围非常广泛),并陷入了专利的诉讼战之中。其结果,1891 年最终被认可了专利权的有效性。这样一来,许多与之竞争、改良开发的公司就不能进一步竞争下去了,不仅如此,那一时期爱迪生的兴趣也转向了其他方面,由此,电灯开发的速度逐渐缓慢下来。尽管如此,一直到专利权失效为止,电灯的价格却一直保持了一个极为稳定的低廉价格。如果爱迪生没有获得专利权的话,那么就不可能创立 GE 公司。但是,爱迪生的基本专利覆盖范围过于广泛,也阻碍了竞争,妨碍了在那之后的产业变革。

(2)航空器产业

莱特兄弟于 1906 年取得了飞机控制方面的基本专利。在飞机回旋的时候,要让主翼弯曲。具体的操作就是在主翼的两端绑上绳子,像拉拽绳索一样,使左右两翼朝不同的方向弯曲。因此,其专利的涉及范围包括了主翼周边的一部分弯曲,以保持机身稳定的广泛的技术。

在那之后,其他的发明者开发了辅助翼(这是今天仍在使用的一项飞机必需的技术),但是,莱特兄弟将自己的专利作为排除

---

① Robert P. Merges and Richard R. Nelson, "On the Complex Economics of patent Scope," 90 Column. L. Rev. 839(1990).

其他竞争者的周边专利权来加以使用,不给予其他的人使用这项技术的许可(license)。竞争者诉之于法律,法院却判定莱特兄弟一方获胜,认为竞争者的技术侵害了莱特兄弟的基本专利权。

虽然莱特兄弟极为真诚地进行了技术改良,但是,只要我们看一下之后的航空产业,大家就会一目了然,那不是个人发明家凭借自己的力量可以达到的。结果,莱特兄弟的基本专利权将其他的竞争者逐出了航空器产业,丧失了一个竞争环境。莱特兄弟的专利权到了欧洲无效,由此出现了自由竞争,所以欧洲被公认为航空器产业初期的领头人。

1917年,美国联邦航空委员会开始着手调整。指导航空产业协会,将包括莱特兄弟在内的各企业所拥有的专利权统一起来,允许他人在付出一定的许可费后进行合理使用。

(3)半导体产业

美国电话电报公司(AT&T)尽管一直持有晶体管的基础专利权,但因为接受了反托拉斯法的裁决,向同行业敞开了专利技术,这为之后的半导体技术作出了巨大贡献。因为 AT&T 只有基础研究部门,如果不将专利技术向外开放的话,是不可能进行充分的技术开发的。另外,开发 ENIAC(电子数字积分计算机)的两位科学家,即莫里奇(John. William. Mauchly)与伊卡特(John. Presper. Eckert)拥有了计算机的基本专利权,但最后被取消了。在那之后,计算机行业普及了交叉专利许可,对专利权在技术开发领域的阻碍作用予以了否定。

(4)化学·医药产业

迄今为止,化学·医药产业是公认的专利权发挥出了有效作

347

用的领域。开发有效的新型化合物,需要进行一定的先行试验以及投入大规模的资金,为了获得回报,专利权的保障是不可缺少的。航空技术以及电子技术存在着这样的特性,即在不断积累各种各样的技术突破的基础上,进行基础发明和改良发明,从而推进技术的发展。针对这样的情况,传统的医药开发技术比较单一化,专利权非常有效,覆盖面却是相对狭窄,存在了不少的通常替代品以及替代手段。专利带来的技术垄断以及竞争带来的阻碍技术进步的因素也比较小。

但是,生物科学改变了技术的内容,也改变了技术开发的形态。这一领域的不少问题,如今被人们提示出来。对此,我将在后文进行论述。

3. 技术信息化导致的"垄断"与"共享"的问题及其调整

激励论(incentive)一直是专利制度理论强有力的基石。为了确保劳动之外的资本投入所带来的成果,出现了"土地所有权"这一概念,希望由此增强整个社会的农业生产力。同样,为了保护发明创造者的投资活动所产生的成果,实现激活整个社会创作活动的目的,出现了"知识所有权"这一制度。如果没有"土地所有权"这一概念,就不会改变农业的生产性质,粮食生产也会减少,人口增长不会得到抑制,更不用说如今这样的社会发展。在技术方面,由于人类的创造被视为了知识产权,得到了一定的保护,对技术开发产生了激励作用,整个社会的福利由此也得以提高。[1]

---

① 加藤亚信:《所有权的诞生》,三省堂 2001 年。

但是,正如上述事例所看到的,本应该是允许技术的个人垄断、奖励个人发明的专利制度成为了阻碍自由竞争的技术发展的主要因素。不仅如此,在今天看来,专利制度对于研究开发的激励并没有发挥那么大的作用。① 另一方面,由于专利制度是给予特定的个人以一段时间内的技术垄断,通过市场介入的手段,对技术开发所必需的资源的拥有与进入(access)进行再分配,从而使个人的利益实现最大化。因此,如今最为重要的课题,就是要把握好专利权技术垄断的适当程度,在专利制度的制定与运用这一方面下工夫,从而调节它与竞争环境之间的关系。

　　不过,最近出现了尊重知识产权的一个潮流。在这一潮流之中,一个观点认为应该扩大知识创作的专利保护,提高保护的程度。知识的本质在于可以自由地加以利用,专利性的技术垄断只不过是一个特例而已。但是,如今这一原则却遭到了人们的轻视。我认为,尊重知识成果与个人利用这一成果进行排他性的活动,两者之间是没有任何联系的。

　　出乎我们意料的,技术革新带来的信息化社会,使人们意识到技术的公共性这一方面的重要性。尤其是生命科学与信息科学领域,信息的垄断与共享之间的关系非常紧张,由此人们开始寻求彼此调和的一个方向。我认为,其根本原因在于,生命科学与信息科学领域的技术开发的价值主体从开发者或者机构转移到了信息本身,伴随社会的信息化与网络化,技术开发的垂直分化与水平分化、市场化的进程,流通结构也发生了改变,由此,本应作为技术保护法的专利权框架内的技术开发开始出现萎缩,使世人开始担心整个社会出现一个为有限的信息所阻碍与控制的危险。

349

---

　　①　村上泰亮:《反古典的政治经济学》(下),中央公论社 1992 年。

（1）遗传基因信息的专利保护：垄断与信息的有效性

生物科技的发展越来越受世人瞩目。遗传基因组的碱基序列（约30亿对组成）的破译计划始于1988年，日本、欧洲之后加入进来，呈现出一个国际间合作的形式。在这期间，破译技术急速发展，——弗朗西斯·柯林斯（Francis Collins）指出，最初的10亿对碱基的读取花了4年时间，可是之后10亿对只用了4个月，现在读取全部的10%只需1个月。——重要发现、发明不断涌现，在比预想的期限短的期间内就了解了整个基因组。——人类的基因也大大少于预想，只有大约3万个。——在这个过程中，出现了不少的研究成果专利申请，美国的企业以及大学取得了大量重要技术的专利权。甚至有的时候，还没有搞清楚一个基因片断机能，就有不少人提出专利申请，针对这一现象，当时也展开了不少讨论。此外，发展中国家也强烈反对基因组信息的私人垄断。1997年，联合国教科文组织总会通过的《人类基因与人权的世界宣言》规定："人类基因在象征意义上是全人类共有财产。"①在这样的背景下，2000年3月14日，美国总统克林顿与英国首相布莱尔发表了"世界上的任何科学家都具有使用DNA碱基序列原始数据的权利"的联合声明。2001年2月，人类基因组计划与塞雷拉（Celera）公司分别在《自然》与《科学》杂志上发表了破译结果。

在此，我们通过专利厅公开发表《生物科技的专利权》（http://www.jpo.go.jp/indexj.htm）这一报告来了解一下生物科

---

① 隅藏康一：《生命科学与专利的新发展》，《尖端科学技术与知识产权》，发明协会2001年。

技领域的专利申请之状况。在日本提出了申请并进行登记的专利之中，日本人在全部领域平均占85%，美国占8%，其他国家占7%。但是，在生物科技领域日本登记的专利之中，日本人的申请占45%，美国占38%，其他国家占17%。在生物科技领域的原创性发明，比如遗传基因交换基础技术、遗传基因治疗技术、分析诊断等，不管哪一方面，基本上都是由美国籍或欧洲籍的人占有，基本上没有日本的技术。

那么，回到遗传基因的话题，因为遗传基因是化学物质，将它作为物质分离，如果弄清楚它的一部分机能，那么就可以成为物质性的专利。另外，如果发现了特定的用途（例如药效），也可以以它的用途来申请专利。

至此，遗传基因的碱基序列，经过这样的顺序，即首先检测引起某一特定生理活性的蛋白质的相同性质，并把它细化，然后以氨基酸的酸序列为标准进行确定，然后进一步根据实验来确定它的机能。所以，这样的专利就和普通的化学物质的专利基本上没有差别。

但是，随着生命科学与信息科学的结合体——生物信息学的快速发展，如今我们可以通过计算，在某种程度上预测人类基因与已经被认知的其他的遗传基因（例如酵母遗传基因）的相同性或者相似性。这样，就导致拥有的信息越多，就越能够垄断有限的遗传基因资源的专利权。[①]

不仅如此，如今也出现了类似研究方法的专利权，即可代替性比较小，缺少了它就会导致研究与开发难以继续下去的研究方

351

---

① 松原谦一：《防止垄断人类基因组计划》，论坛《朝日新闻》2000年7月19日。

法的专利申请。

另一方面,生物信息学带来了医药制品开发形态的变革。以前,制药厂是以这样的顺序来开发药品的:首先,探索具有一定前景的先进化合物,接着根据化学反应的过程,挑选出副作用少的制品进行开发,然后再进一步进行试验来开发新产品,以取得国家认可为目标。然后为了收回庞大的投资(据说一项医药品的开发需要投入5亿美元)而申请专利。但是,如今的情况显示,如果不利用生物信息学的成果就不能在新药开发的竞争之中取胜。这样就变为,为了取得开发具有商业价值的产品所需要的有效的遗传基因,就不得不求助于生物信息产业。这样的一个形式,也可以称为"垂直分工"。

专利制度通过允许私人在一定时期内垄断技术的使用权,从而激励与确保技术的开发,但是同时也改变了市场参与者的财富分配,进一步强化了技术差别。信息的不对称,更迫使这样的差别呈现出一个增长趋势。不管是国际的还是国内的参与者,都面对这样一个局面。只是关注国内市场,也许一部分人会指出,专利的主体一旦转移到只具备有限的信息、替代手段比较少的研究渠道的话,就会使专利制度导致竞争萎缩的本质效应进一步加剧,反而会妨碍技术自身的进步。①

(2)软件专利权的保护问题:共享与垄断的冲突

计算机软件被公认为具有了经济学上的"公共财产"之性质。

---

① Rebecca S. Eisenberg, "Bargaining over the Transfer of Proprietary Research Tools: Is This Market Failing or Emerging?" *Expanding the Boundaries of Intellectual Property*, 223 – 249(Rochelle C. Dreyfuss et al. edit. , Oxford Univ. Press, 2001).

"公共财产"存在了两个性质。一个是一个人对于财产的消费，并不会导致其他的任何消费者的消费减少，即没有竞争。另一个则是难以排除一批不予付出与之对等的费用即可进行消费的受益者，即排除的不可能性。这两个性质就是公共财产的特征。公共财产与垄断、外部性、信息不对称等一道，将给市场行为带来失败，并导致自由竞争的市场原理失效。

事实上，软件的复制成本非常低，一旦投入市场，其他人可以轻而易举地使用它，但是禁止这样的做法极为困难。而且，软件作为"信息"如果不被"据为己有"，许多人就会同时使用它。这样一来的话，市场就发挥不了作用了。

因此，大家认识到有必要采取某种法律的形式来对它进行保护。经过不断讨论，美国于1980年修正了《著作权法》，软件作为著作也得到了保护。日本也在5年后的1985年修正了《著作权法》，将软件（计算机程序）视为了著作。

但是，《著作权法》在原则上保护的是软件的"表现形式"，没有涉及其背后的"idea"（构思）。因此，如今我们开始摸索保护"idea"的专利法，尝试着保护软件开发的可能性。最近，以专利等形式来保护软件，成为了发达国家的一致目标。

迄今为止，大型软件皆是基于稳定而牢固的指挥系统，投入巨大资金而开发出来的。因此，不禁止对它的模仿行为，对它加以保护的话，就会打击投资的积极性。

但是最近，开放源代码（open source）的呼声不断高涨。之所以如此，是因为软件本来就是经过了不少人的不断改良而开发出来的，为了实现进行进一步的改良，应该将之公开出来。开放源代码的运动始于理查德·斯托尔曼（Richard. Stallman），他将自己开发的软件源代码全部公开，并推广了这样一个想法，即谁都可以利用软件,谁都可以进行改进,并且谁都可以利用改进过了的软件。

开放源代码的运动,起初被认为是一种理想主义,与商业世界的理论不相容。但是最近,以开放源代码为基础并与事业联系在一起的商业模式日趋明朗,一下子受到了世人的瞩目。Linux系统就是其中之一。1991年,为了使那一时期只有专家才可使用的UNIX操作系统能够在个人电脑上运行,赫尔辛基大学的学生李纳斯·托沃兹(Linux. Torvalds)编写了程序,并将它的源代码公布在了互联网上。1990年,互联网向私人开放,因此Linux也可以称之为互联网的一个弃子。不仅如此,世界上的不少程序员自发地成立起了不断改良程序的Linux小组,最终形成了拥有可与微软的操作系统比肩的软件。而且最近,Linux的周边也出现了商机。

如今的大型软件的基本开发形态是这样的,即选择命令系统之中的一部分为对象,从基础开始一步一步进行开发。这样的开发方式可以比喻为大教会方式或者伽蓝方式。Linux的开发模式颠覆了这样一个常识。与大教会方式相对应Linux的开发形态被称作了市场方式。一部分抱有兴趣的人集中到了自由市场,在那里交换信息与技术,找到可行性的解决方法,并让所有人可以共享。市场方式如今不仅Linux,而在许多方面也开始尝试了推行。

市场方式的成功,暗示了这样一种可能性,即让私人占有技术或者知识,从而保护激励措施,促进技术开发,引起变革的这一理论只是代表了一个方面。基于与"垄断"截然不同的"共享"的价值观发挥出了重要作用,这一方式也可以称为市场方式。这样的方式如果占据了经济活动的大部分的话,就会与现存的制度框架之间,乃至与这一框架的整合性之间出现矛盾,或许我们有必要讨论如何去支持这样一个新的开发方式。①

（3）技术的"垄断"与"共享"调整的可能性

在此,我们以生物科技以及软件领域的技术开发为焦点,就基本技术与有限信息的"垄断"与"共享"之间的紧张关系,与专利制度在原理上截然不同的"反垄断"的构思可能会成为技术开发的新的原动力等一系列问题进行了介绍。

对于这样的紧张关系,大家期待着采取一个什么方式来进行调整与缓和。接下来,我想通过一系列侧面的介绍,来论述一下法庭调整的可能性及通过技术提供者或技术利用者的共同行动来缓和这样的紧张关系的可能性问题。

（a）通过法院进行调整。

1996 年 10 月,英国贵族院(最高法院)针对比尔根(Biogen)与梅迪瓦(Medeva)二人之间的争夺 B 型肝炎病毒抗体 DNA 序列专利一案的诉讼,认为专利权的要求范围超出了明细表之中的形成发明之现有技术的贡献范围,所以裁决专利权申请无效。判决书指出:

> 如同 19 世纪的电器技术,向 20 世纪过渡时期的航空技术,或者是现代的 DNA 转换技术这样的尖端科学技术领域,出现了不少新的技术,应该对它们所带来的技术贡献作出一定的评价。但是,不能因为垄断全部的实现方法而妨害进一步的研究开发以及健全的竞争。我们必须注意到这一

355

---

① 平鸟龙太:《开放源码模式与知识产权法》,引自《尖端科学技术与知识产权》,发明协会 2001 年。

问题。①

为了保持先行开发者与竞争者之间的竞争环境,谋求发明奖励,专利保护在对先行者应该予以优厚对待还是苛刻对待这一系列方面出现了问题,因此,如何保持两者之间的一个平衡是极为重要的,但是,通过这一事例表明,法院可以发挥出一定的作用。②

不过,一部分人提议,积极地调整依据旧有的垄断禁止法等一系列竞争法之中不被承认的专利权,灵活地运用国家的裁决实施制度,并将之导入专利制度之中。③ 这样的法律适用的问题非常重要,不过,这样的诉讼案例一般皆是极为少见的事例,因此我认为需要依据具体案例来进行适时的调整,这一点也极为重要。

(b) 信息共享问题的缓和。

作为缓和基本技术以及有限的信息被垄断问题的手段,出现了(1)尽早公开信息,使私人难以取得专利,(2)将与之关联的专利权集中起来,使之可以相互利用等一系列提案。

专利权强调了发明的私人所有,但是阻碍了进一步的研究开发,为防止这样的"反对公共性"的悲剧产生,2000 年克林顿总统与布莱尔首相的宣言以及 2001 年 2 月国际人类基因组计划与塞雷拉公司公开的源信息数据,④对此我们应该加以高度评价。至少这样一来,利用遗传基因的原数据取得专利的可能性降低了。与此相反,也出现了这样的批评,即公开制度降低了利用生物信息

① House of Lords, Biogen Inc. v. Mediva PLC [1997] R. P. C. 1.

② Bengt Domeij, "Patent Claim Scope : Initial and Follow-on Pharmaceutical Invention,"[2001] E. I. P. R. *326* (2001)

③ 稗贯俊文:《知识财产与竞争政策》,《公正交易》,No. 606,2 - 14 (2001)。

④ Alexander K. Haas, "The Welcome Trust's Disclosure of Gene Sequence Data into the Public Domain &the Potential for Proprietary Rights in the Human Genome", *Berkeley Technology Law Journal*, Vol. 16, 145 - 17 - 81(2001).

技术解析遗传基因信息的可行性,换句话说,也就是夺取了基因研究公司申请专利的机会。但是一部分人指出,通过对利用遗传信息以及分析项目予以一定的承诺,由此来获得收益的商业模式也是可行的。对此,我们可以说这一提议将为专利制度打开一个突破口,即哪怕没有任何专利,也可以确保研究开发的激励机制的存在。

另一个解决方案被称做"专利权集中"。这就如同一个著作权的集中管理机关,特定的机构来管理专利权的许可,之前提到的美国航空业就存在了这样的实例。鉴于所有权集团与使用者集团之间的利益差别以及各个专利之间的复杂关系,权益的管理成本、交易成本超过了容许的范围,最终将导致两者之间的均衡走向崩溃,如果这样的专利制度反而影响了新技术开发的话,还不如站在一个与之相反的立场,投入适当的成本,通过技术流动组织,恢复技术使用与垄断之间的均衡。"专利权集中"一语,若是采用法律和经济的术语来解释的话,就是将"所有权规则"与"损害赔偿法规则"进行修正,从而对"垄断"的弊端加以调整。① 如今,世界上已经出现了这样的实例。鉴于特定的集团拥有了专利,该集团就可能控制整个市场,针对这样的危险性,人们开始摸索更为合理的运营方法。

357

(4)"垄断"与"共享"冲突的扩大:传统的知识保护问题

之前,我们探讨了技术的高度化、信息化所带来的问题。概而

---

① Robert P. Merges, "Institutions of Intellectual Property Transactions : The Case of Patent Pools," *Expanding the Boundaries of Intellectual Property*, 124 – 165 (Rochelle C. Dreyfuss et al. edit, Oxford Univ. press, 2001) .

言之,即便是在与尖端技术并无关系的领域,如今也出现了以"垄断"与"共享"为线索的重要问题。一方面,全球性的信息化使世界越来越小,经济活动、人类活动的跨国界化日趋显著;另一方面,生物科学与信息科学彼此同根相连,而且,就技术导致了各个问题层出不穷这一角度来看,也可以说二者之间的关系极为密切。这样的问题,也可以说是与传统知识或者 folklore(民间传统)彼此关联的一系列问题。

印度的"尼姆"树以杀虫的效果而广为人知。发达国家的制药厂关注到了这一树木,由此而进行开发,并取得了开发杀虫剂的专利。不仅如此,澳大利亚的土著民拥有传统的工艺技术,非原著民模仿了他们的技术,并应用于商业用途;或者借用原著民的音乐旋律取得了商业性的成功(例如,西蒙与加芬尔克创作了《雄鹰展翅飞翔》)。如何保护传统知识以及民间传统呢?是否商业性的成功可以不予以它们一定的回报呢? 这一问题曾成为 WIPO(世界知识产权机构)的讨论议题,它们被确认为"知识产权"。如今,人们正尝试着基于现有的知识产权法,或者在一个与知识产权法极为类似的独立法的框架之下,来对它们实施一定的保护,而且,世界上也出现了专门为之立法的实例。①

但是,针对传统知识或民间传统的一类的东西,即便是视为专利,也存在着两个截然不同的看法:一个是认为它们具有了处在"公有"与"私有"之间的性质,与技术和文化密不可分;另外一个则是认为,这样的形式与以往的西欧专利权制度完全不同,它提示

---

① Leanne Wiseman, "The Protection of Indigenous Art and Culture in Australia : The Labels of Authenticity"[2001] E. I. P. R. 14 (2001).

出了一个西欧模式的反命题。①

　　我认为,站在知识产权的体制之下是不足以解决这样的问题的,对于这样的问题的讨论,请允许我作为今后的问题来加以阐述。

4. 新原理的探索

托马斯·杰斐逊一语道破了法国大革命的弃子——自然主义支配时代的专利制度的本质。

> The patent monopoly was not designed to secure to the inventor his natural right in discoveries. Rather, it was a reward, an inducement to bring forth new knowledge. The grant of an exclusive right to an invention was a creation of society. Only inventions and discoveries, which furthered human knowledge, and were new and useful, justified the special inducement of a limited private monopoly.
>
> Thomas Jefferson, 1814

> 专利制度不是为了保护已发明的东西所具有的自然权力而设计出来的,而是对于新的知识所带来的成果给予的报酬。排他性的权力是社会创造出来的,只有推进人类的知识进步的、新的、有用的发明,才适合于私人性的垄断。
>
> 托马斯·杰斐逊,1814

知识创造的成果必须得到尊重。但是,技术的自由利用乃是

359

---

① 高仓成男:《原住民的知识产权》,AIPPI. Vol. 45, No. 11, 656－666(2000);《环境与知识产权的对立与调和》《特技肯》No. 212, 42－49 (2000).

一个基本原则，专利所带来的垄断则是一个例外。

知识产权制度存在了这样一种倾向，即由此带来的问题必须依靠创造出新形式的知识产权来解决。但是，我并不认为依靠知识产权式的思考能够发现解决的突破口。与其说知识产权制度与社会相契合，倒不如说，社会这一方面首先导致了现有的知识产权制度走向衰弱。20 世纪 60 年代到 70 年代，为了克服社会、经济的停滞不前的问题，环境主义思想曾发挥出极为重要的作用。对于知识产权的问题，我认为如今我们同样需要一个可以发挥巨大作用的新的思潮。①

360

围绕论题八的讨论

中村收三：我常年担任公司的技术人员，所以写了不少关于专利的书籍，也接触了不少侵犯专利权的事件，我辞去技术人员的工作已有 4 年了。我想就最近的动态请教相田先生两个问题。

首先，美国的专利法是怎样规定公开制度的？从国际上看，大概只有美国一个国家没有采纳公开制度。专利制度的基本原则是发明者以公开为代价获取一定的权利。保护发明者权利的同时，也推动技术的进步。可是美国的专利制度不管是否申请专利，在不予公开这一点上不做区分，过了几十年后突然浮出水面，堂而皇之地提出自己是发明的原创者，要求对方缴纳专利费。国际社会都非常指责这样的做法，我听说美国也要向公开制度靠拢了，现在是一个什么样的情况呢？

---

① James Boyli, "A Politics of Intellectual Property : Environmentalism for the Net," 47 Duke L,J. 87 (1997).

其次,则是与基因组计划相关的问题。即使美国存在着自己的想法,若是依据日本一直以来的专利法所作出的解释,应该给这一问题下一个什么样的结论呢? 一直以来,成为专利的是"发明",而"发现"只不过是自然界物质解析的结果而已,不能成为专利,这是专利法最基本的原则。因此,只是解析基因组的排序,不能成为专利。"相似性"究竟意味着什么,我不是十分清楚,这一部分"似乎"与病因的发现一样,不过是一个单纯的解析而已。这样的解析、解释成为专利,日本的专利法自不必说,美国的专利法应该也是不允许的。事实是否是这样的呢?

最后,我想提出一下自己的评价。正如轻部征夫教授所说,如果日本在几十年前就以基因组的解析为开发重点,由此来提高国力的话,今天的日本说不定就可以像美国那样垄断这一领域的信息。如果这样的话,美国就不会说出于如今这样的话,肯定会提出反对的意见。对此,我们应该如何把握呢?

美国不是以道理,而是以实力在说话。拒绝专利的公开制度也是以实力说话,现在还没有采用公认的法度,随便怎么说也是基于自身的实力。这样一个状况到了 21 世纪还要继续下去吗?

这不仅仅是日本的公共哲学的问题,也是国际化的,更进一步说,是 21 世纪极为重大的公共哲学的问题。美国这样的实力强大的国家没有优先考虑到世界,而只是考虑自己的国家。这将置国际社会于何处呢? 如果世界默许了美国的行为,其自身的制动器的作用也就消失了。

我在美国接受了长时期的教育,对美国有着深深的感恩之情,因此,不应该说我对美国有什么憎恶的情绪。但是,如果认真地考虑人类未来的话,这将是个不得了的问题。

相田义明:您的第一个问题是指美国存在着与其他国家不同

的专利制度,它的现状怎么样了。对于这一问题,我不是十分清楚,在此姑且做一个说明。世界上的专利制度大体分为两种,即"先期发明主义"与"先期申请主义"。美国承认率先发明的人,其余的国家则是承认率先申请的人。简单而言,就是最初发明的人理所当然地应该拥有专利权。但是,到底谁是最先发明的人,这一点却非常难以确定。

以电子计算机为例,最初的计算机是电子数字积分计算机(ENIAC),开发它的人被认为拥有了电子式计算机的基本专利权。于是就出现了一场诉讼,法院的最终判定确实否定了电子数字积分计算机的最先发明权。由此可见,由法院来决定谁是最先发明者,乃是一个不成熟的举措。

因此,大家公认最先申请的人取得专利权者这一立场更胜一筹。但是,美国迄今为止仍旧坚持"先期发明主义"。在美国,人们认为"发明"是自己的东西,只有取得了"专利权"才能公开。早在过去就存在着这样的想法,即只要没有给予专利权,就把它当做自己的秘密一直保存。日本以及欧洲皆是在申请的1年半之后自动将专利加以公开,将知识贡献给社会,而美国并不是这样。

但是,美国的大企业也在其他国家进行着一系列经营活动,因此自然也要向其他国家诸如日本或者欧洲国家提出专利申请。即使这一专利在美国处于保密,也必须在日本以及欧洲公开,所以"保密"几乎没有任何意义。最近,美国的法律进行了修正,如果在其他国家公开了的话,那么这一专利在美国国内也要公开。

然后,就是估计着对方的技术走向成熟,由此开发的成品上市之际,立刻申请取得专利权,进而攻击对方侵犯了自己的专利权。美国历史上曾经出现一个所谓潜水艇(submarine)的专利问题。这一专利适用于测量潜水艇的潜水时间,尽管美国对此提出反对,但是也不得不接受专利申请的20年有效之原则,即 TRIPS(关贸总协定知识产权协议)原则。美国法律尽管提示了过程规定或者例外的可能性,不过原则上还是遵循20年之后专利权消失的规定。由此可见,美国至少也出现了一些融入世界原则的趋势,但是,其先期发明主义的界定本身却没有丝毫改动的趋向。

您提出的第二个问题,即专利法是怎样对待基因组计划的问题。事实上专利法只是制定了所有领域彼此共通的一般规定,对它加以解释,而后规范适用的原则与范围而已。

例如,一个人于筑波山发现并采集了一种奇怪植物,由此要求批准专利,但是却不能予以授予,毕竟单纯的发现不能构成专利权的对象。这是世界各国通用的原则之一。人类基因图谱解析计划也是如此,即使我发现了基因序列,提出了专利申请,也不能够予以批准。原本专利是给予有用的并可发挥出一定作用的发明的,因此,如果发现筑波山上的植物存在着什么有用的效果,这才可以与专利联系在一起。人类基因图谱解析计划的信息也是一样,如果不能确认某一序列将会产生什么样的实用效果,那么就不能成为专利。这是专利确认的一个基本思路。

美国一开始也采取了通过"相似性"的检测来推定其机能如何,由此来确定是否可以授予专利权。如果成为专利的话,必须存在着最小限度的有用性(utility),这一确认机制作为了判例而被确立下来。但是,检测的技能不断提高,而且数据也不断完备,由此可以极为精确地推断出专利的有用性。这样一来,推定结果与实验结果的界限也就渐渐模糊起来。

美国大概是在1999年出现了一个通过相似性的检测,进行一定程度的推定,由此给予研究成果以专利权的事例。2000年6月召开的日美欧专利厅聚会上,这一事例成为了一大议题。美国认

363

为,对于可以以一定的精确度来进行预测的东西,只要简单地通过解析的手段予以确认就可以了。日本的技术较为落后,因此这一方面的申请专利即计算机可以预测出它的机能的专利,采取了一个高度限制的门槛。

这不仅仅是日本、欧洲、美国的问题,同时也是全球性的问题。今后,或许在不少的场合皆会进行这样的讨论吧。不管怎么样,美国在这一领域掌握了技术主导权,其实力异常强大。因此我认为,其他的国家如果不团结在一起,与美国进行抗争的话,那么就不可能得出一个恰当而合理的结论。

到现在为止,专利权一直是专家之间互相讨论的问题。但是,自 20 世纪 80 年代中期开始,美国把它变成了一个贸易问题。在这之后,专家们互相讨论,寻求对策的氛围逐渐消失,取而代之的是政治场合下的专家们的谈判,所以问题越来越复杂了。不管怎么说,我们都必然对美国的技术霸权施以一定的牵制,但是我却没有一个行动的方案。因此,我希望各位通过讨论来想出一个不错的方法。

金泰昌:相田义明教授在论题的最初部分曾指出,科学技术知识的"共享"与"垄断"之间的相克与紧张的关系才是科学技术与公私问题的核心。在这里所说的私人垄断,原本也可以解释为"知识"究竟是"财产"还是"权利"的问题。在欧美国家特别是在美国,存在着这样一个思路,即作为研究成果的知识乃是属于个人的财产,所以与之相对的权利要好好地加以确认并保护起来。这一思路可追溯到英国的哲学家约翰·洛克(John Locke)。洛克之前,人们并没有对劳动所得究竟归自己所有或者自己的财产产生出一个固定观念。但是,洛克的思想成为美国宪法的基本精神。在那之后,模仿它、追随它的制度与规范在世界上得以推广并确立下来。

这样的一个思维方式,之后并没有局限于"知识",而是扩张到了"艺术"乃至其他所有的领域,与资本主义紧密结合在一起。前一阵子,英国物理学家古纳·佐哈尔和医学家艾恩·马歇尔(两个人是夫妻)到日本访问,与我们进行了座谈。他们采取了画图表的形式来解释我们讨论的问题,在图表上注明"copyright"(著作权),并署上了自己的名字。我质疑说:"有必须做到如此吗?"他回答道:"我可以相信你,但是不能相信别人。如果被他人使用,那么就麻烦了。"在这一时候,我脑海中立刻掠过这样的回忆,到目前为止,我大概免费提供表格达到几百次了。

他们二人如今之所以这样强调自身的参与,突出自身作为一个超个体的自我观念,是因为他们一方面一直主张批判性地重建欧美一直以来以个人为中心的资本主义的价值观与世界观;另一方面,他们试图彻底地修正过分拘泥于个人主义的资本主义逻辑,这样两个方面的追求遭遇到了理论与实践的巨大问题,无法跨越两者之间的巨大鸿沟。不可否认,这不过是一个事例而已,但是我之所以将之提出来,是因为同样的事例我也曾反复经历了不少。

与英国的两位科学家的行为形成对比的,是经常浮现于我的记忆之中的曾任京都论坛首席委员的京都大学名誉教授清水荣先生的身影。1995 年 8 月 3 日至 4 日,京都论坛邀请帕格沃什会议即"科学和世界事务会议"的主要成员,召开了一场"科学工作者的良心与将来一代"的国际会议。在会议前夜,我与罗特布赖特(Rotblat)总裁闲聊,他十分确切地指出,帕格沃什会议的创立源于新的知识与觉悟产生出来的巨大影响。这样的新的知识与觉悟乃是基于以清水荣教授为代表的京都大学教授团的研究成果而得以产生的。对于这一问题的真相,虽然我十分清楚必须考虑到那

365

一时期的国际形势，但是却完全没有得到清水教授的事前承认，也没有进行事后的了解。不言而喻，清水教授想必也一定没有向京都大学的其他教授提起所有权的问题。

我认为，如果站在强调专门知识的公共善（财）的角度来论述的话，那么这样两个截然不同的态度即英国科学家与清水教授对待所谓"专利"的态度之所以出现如此巨大的差异，应该就是我们今后必须重新考虑的问题。

最近，以 IT 革命所带来的社会变革为主题的会议之中也出现了这样的议题。随着 IT 革命的不断深入，最后"专利"以及"所有权"是否还可以成立？由此就出现了尖锐的对立，一方主张强化体制、保护权利；另一方则认为这样的政策完全没有意义。

在此，我们谨以歌手与小说家为例，不可否认，一部分人关心的是自己演唱的歌曲、撰写的小说是否畅销，是否能够获得更大的收益。但是，也存在了一种相反的论调，认为就本质而言，得到大家的喜爱，让大家产生快乐与共鸣，这才是最为根本的东西。

什么都与金钱扯上关系，这大概是资本主义社会无可奈何的事情。但是，"专利"与"知识产权"的问题核心，正处在金钱报酬与科学技术的研究成果以及由此而获得的知识这两方面的结合点之上。因此，信息化如果获得高度的发展，就会产生出更为深刻的纠葛，毕竟人类在金钱面前是软弱的。

我另外想说的一个问题是诺贝尔奖。对于科学技术方面的专家而言，诺贝尔奖是一个最高荣誉，对于文学家以及经济学家也是如此，连政治家也为了得到诺贝尔奖也拼了命地与各个方面进行各种交易。虽然这一奖项与"专利"没有直接关系，但是获"奖"这件事会在全世界范围内造成巨大轰动，具有重大意义。我的疑问也就在于此，所谓"奖"，原本应该是什么呢？

获得诺贝尔奖之后,人生也会立刻发生改变。仅仅是因为获得了诺贝尔奖,讲演的报酬也会提高,委托别人做些什么,别人的回答也会不一样,参与的人数也会发生改变。明明是同一个人,得奖之前与得奖之后出现了这么大的差异,这到底是为什么呢?"专利"也好"奖"也好,还是由此而衍生出来的权威也好,我认为都有必要从根本上对它们加以重新考虑。

吉田公平:某个特定团体垄断了传统知识,将它作为专利的对象。这样的话,就会产生大问题。相田教授列举了印度的具有杀虫效果的树木的例子,中国也存在着不少没有成为专利,却被有效地加以利用的"草药"、"生活常识"、"知识"。假如,某个团体把一种草药进行分解,科学地论证了它的有效性,并取得专利。这样的话,一直在日常生活中使用这种草药的人们就不能够再使用了吗?如果深入思考到这一问题的话,那么所谓专利的问题就会变得极为严重,使人产生出一种危机感。

相田义明:如果国家赋予传统知识以专利化的话,那么不少人将无法继续使用这样的知识。但是,直截了当地说,这样的问题应该不会发生。例如,若是只在美国提出专利的话,那么这一专利的效果也就只适用于美国,这就是专利的所属地原则。但是,美国的公司可以在美国垄断这样的药物生产,所以就会造成它的价格昂贵,其结果,就会造成传统的原住民高价购买药物的问题,而且,我认为他们还会产生这样的意识,即自己的名誉遭到损害,自己的原创被他人任意地利用,自己的财产也遭到掠夺。

吉田公平:这样一来,如果是中国的话,美国企业在中国申请专利并获得了承认的话,那么这样的药物在中国也就不能自由使用了。

相田义明:是这样的。如果在原住民所在的国家申请专利,并

367

成功地进行了专利登记的话,那么他们自己就不能继续使用了。但是如今,日常生活所使用的物品本身并不能构成专利。即使探究草药的成分,由此而开发新药并取得了专利,但是,传统的中草药使用方式本身不会构成违反专利权的问题。

吉田公平:不过,一旦推广起来,向世人强调这是一个非常不错的药物,与专利权没有任何关系,整个世界上皆去争相购买的话,那么它的价格就会不断上扬。

相田义明:他们试图去购买药物,价格却比较昂贵,由此,他们可能会认为原本属于自己的智慧,而今却被他人窃取了。

绫部广则:我认为,罗伯特·金·默顿(Robert King Merton)所提到的"知识的公有性",只要能在科学家集团之中发挥出强大的作用,就可以成为转向私有化的一道门闸。但是,随着科学家、技术人员也加入到产业之中,这一原则正在走向崩溃。就此而言,我们应该重新认识到旧有的学院派科学的益处。

相田义明:金泰昌先生也曾经指出,科学技术知识让私人垄断这一状态本身存在了问题。近代的所有权思想确实始于约翰·洛克。洛克发展了自然权利思想,他认为:"人是自己的主人,人是自己的身体、以及活动或者是劳动的所有者,其成果也是他或她的东西。"实际上,这样的近代的私人所有的概念,也完全是一个近代的产物。"专利制度"也是人们创造出来的社会制度。是否这样做,就会真的妥当呢? 对此,我应该在此披露一系列批判性的观点。

一桥大学的森村进教授撰写了一部名为《洛克所有论的再生》(有斐阁,1997 年)的书。其论述的焦点集中在了著作权这一方面。他采取了批判式的讨论,指出:"现行的著作权法是不是矫枉过正了呢? 这一法律应该最大限度地保证信息传递的自由。有了这个,才有文化的发展。"

专利制度也是如此。美国如今出台了专业专利政策,这是因为整个社会的氛围乃是广泛地认识到了"专利保护"的重要性,世人皆在谈论"专利"的问题。可是反过来考虑的话,应不应该给予私人以垄断发明和技术的权利,这本身就是一个大问题。之前介绍了 Linux 的市场开发模式,它是无论如何也不会给予私人垄断的权利的。这样一来,现行的专利制度也就出现了重新加以构建的必要性。如果再过 50 年,说不定大学之中也会设置这样的教学内容,"过去存在着一个名为专利制度的东西"。您指出,给予"知识"以垄断权这一事态本身乃是社会的产物,而非自然的产物。我认为这一观点非常重要。

我认为,国家给予"专利权"的思维方式今后将逐渐废止,取而代之的是国际机关统一给予"专利权",经过这一阶段之后,专利制度本身最终将会发生根本的改变。

所谓"奖",究竟是什么? 我们对此抱着这样一个根本性的疑问。国家给予特定的权利(专利权),依此作为振兴的"发条"来追求经济的发展,这一想法本身就是落后于时代的。

桥本毅彦:专利的有效年限是通过法律来决定的,我认为这与"专利到底是什么"之间存在着一定的关系。随着时代的飞速发展以及从不得不共享知识这一角度来考虑的话,在知识产权的专家中间就出现了这样一个讨论,即应该重新考虑有效年限的长短,有必要把它进一步缩短。

369

相田义明:政策上给予垄断权利的"专利"是存在了期限的。自然权利是伴随人的一生的权利,人工制造的垄断性的"专利权"不言而喻,具有一定的有效期限。最初,英国定为 14 年。据说它的根据是从外国引进技术工人,技术的培养与稳定需要 7 年左右的时间,将它反复利用两遍,大体上就可以普及技术了吧。

最近,TRIPS(关贸总协定知识产权协议)条约得以签署。国际标准的专利权期间达到了 20 年。那么,究竟有没有人讨论变更这样一个期间呢? 实际上是有的。"专利制度"原本是物质时代的产物,产生构思,进行开发,直到实际成形,需要比较长的一段时间。所以,我认为收回投资需要 14 年乃至 20 年这一设定是妥当合理的。但是,以信息技术为例,它的进步非常快,如今的软件过了一两年就会过时淘汰。经过了一年半之后再予以公开的话,就完全不能适应信息技术的发展速度了。因此,最近也出现了不少这样的讨论,有的人认为应该变为 3 年;有人认为应该缩短审查期间;还有的人认为应该取消审查,将之改为登记制,如果后来出现了问题,那么就提出不同的意见。但是,如今的现状,确实还没有形成一个国际性的舆论。

中村收三:刚才听了金泰昌先生的发言,我想提两个问题。首先,给予"专利权"的"公家"就是指国家吗? 这个问题,若是站在技术人员的立场来加以考虑的话,"公家"是指整个技术人员。"专利权"是以技术公开为代价,让个人来垄断权利。如果不把这两者放在一起,"专利权"这一观念一开始就不会得以成立。

但是,唯独美国奉行的是先期发明主义。不予公开技术,发明之后就让它一直沉睡,即便如此也可以获得权利。对于这样的莫名所以的专利方式,我认为,这牵涉到了"专利"的公与私的核心问题。

接下来,金泰昌先生谈到了"奖"的问题。最近,我也一直在认真思考这一问题,尤其是诺贝尔奖的问题。一个是针对诺贝尔奖的权威本身的疑问。诺贝尔奖是瑞典皇家科学院与挪威共同评选的一个大奖,诺贝尔和平奖与经济学奖是挪威议会评选出来的。

瑞典的皇家科学院与诺贝尔奖委员会尽管没有攻击和平奖，但是却提到"不要设立经济学奖"这样的话。

每一年，皆会出现有助于经济发展的重大发明。因此，每一年皆会颁发诺贝尔经济学奖。它的理由，就是在于阐述世界经济到底会变成什么样子？为什么会出现泡沫经济？泡沫经济崩溃之后应该怎么办？苏联解体，共产主义经济编入到了资本主义经济体系之中，东德与西德合为一体，可是经济学到底作出了什么样的贡献？

更为有趣的是，迄今为止，日本人一共得到了9次诺贝尔奖，唯独没有获得过经济学奖。在这几十年间，日本一直处在了被称为经济学奇迹的发展之中，可是却没有获得过一个诺贝尔经济学奖。这究竟是为什么呢？

更进一步地说，最近出现了"对冲基金"的事件。以对对冲基金研究而获得1990年度诺贝尔经济学奖的威廉·夏普陷入舞弊丑闻，受到刑事处罚。诺贝尔经济学奖首先没有发挥出任何作用，其次使人走向堕落。因此，一部分人主张停止颁发诺贝尔经济学奖。

如今，诺贝尔化学奖、诺贝尔物理学奖也发生了巨大变化。尤其是今年（2000年），就某种意义而言，我可以说是遭到了严重打击。诺贝尔奖到底是什么？对于白川英树先生那样的学者从事导电性高分子材料的研究而获得诺贝尔奖，对此我认为极为不错。尽管瑞典王室学院完全没有在这一方面吹毛求疵，但是他们的思维方式较之过去发生了根本性的转变。

总之，无论是物理还是化学，如今它们的研究课题皆集中在了IT领域，因此，导电性高分子材料的研究到了现在，也就获得了诺贝尔奖。不过，本年度的诺贝尔物理学奖则令人感到极为不可思

371

议。科尔比专利的持有者杰克·科尔比,其发明集成电路乃是在大约 40 年前。如今,诺贝尔奖颁给了这一历经了四十多年的发明。这本是无可厚非的,但是,与这一领域没有任何关系、成功地完成了常温下半导体激光连续振荡这一实验的科学家也一道获得了诺贝尔奖。站在以往的观念来看,将诺贝尔奖授予一场促进技术领域进步的实验,可谓是闻所未闻。但是,如今发生了这样的授奖,实在是令我感到惊诧。

请允许我进一步就此来谈论一点。在这一激光连续振荡实验获得成功之前,日本学者林严雄就曾在贝尔实验室进行过这样的研究并作出了伟大的成就。为什么林严雄没有获得诺贝尔奖呢?对此,我一直想不通。

小林傅司:诺贝尔奖的奖项或许会还原到诺贝尔的遗嘱之中所设立的一个范围。这一问题的实质,也就是如何理解"人类的利益"的问题。

之前,关于"发明"与"发现",我还是有无法理解的地方。中村教授也指出,不能以"发现"为对象,而是应该以"发明"为对象,这是我们对于基本专利的理解方式。DNA 的排序以有用性为条件,那么有用性又是以什么为对象呢? 是发现有用性的手法,还是有用性本身呢? 如果是有用性本身,那么我们注意到这与"发现"之间极为接近。那么,为什么我们要将其称之为"发明"呢?"发明"与"发现"的区别究竟如何? 对此,我不是十分清楚。

"卡尔马克专利"是一个类似于线形代数的分析解题方式的专利,它对于解决世界各地的美国军用飞机互联网之日程表的问题极为简易方便,所以就被确认为了"专利"。但是,如果数学定理与发现方法可以获得专利,那么通过常识判断的话,则是极为奇怪的。总之,所谓数学定理或者发现方法,皆是属于公共财产,皆是世人公认的要加以公开的科学知识。那么,我们应该如何来保持它与专利之间的平衡? 应该如何将它们加以区分? 对此,我也抱有一定的疑问。对于遗传基因这一领域的问题,我也抱有同样的疑问。对此,专利法究竟是如何进行解释的呢?

相田义明:如今您所提出的问题,可以称为一个永恒的课题。怎样区别"发明"与"发现",学问的"知识"与"发明"之间应该怎样划分界限,这其实是很早以前就开始出现的一个问题。对于一个基本的数学问题,利用计算机来阐述这一数学问题的复杂性究竟到了什么样的程度,这就是学问的研究对象。为了解决这样一个复杂程度的过程而编写出来的计算方法,就是"卡尔马克"。总之,这一专利最初是为了解决纯数学的问题而提出来的。卡尔马克是隶属于 AT&T 研究所的研究员,因此应该与数学的应用密不可分。这样的计算方法能够规划出全美电话网络的最为合适的线路。因此,他就为了实现资源的合理分配而创造出来的计算机计算方法这一形式申请了专利。

美国确认了这一专利,日本曾拒绝过一次,但是被申请进行审核裁决,而后也就取得了日本专利。但是对此,东京工业大学的今野浩教授请求仲裁法庭给予无效审判,并认为这一专利本就不应该授予专利权,但是专利厅对这一请求予以驳回。由此可见,属于学问或者是人类的共同知识领域的东西,与属于所谓的"发明"的东西,两者之间的区分极为困难。

373

为了建造房屋而设计的图纸,与实际建成的房屋之间,可以说存在着一定的差异。实际的建设活动之中,雇用人员、调度资金这样的事情时有发生。不过,若是依据计算机程序来进行设计的话,那么设计图也就是建筑物,两者之间没有区别。信息技术的发展,使"学问的知识"与"应用的知识"越来越难以区分。

"发现"与"发明"也是如此。遗传基因解读出来之前,也曾存在着"发现"与"发明"的巨大差异。但是,随着生命科学与电脑技术相融合,由此而形成的生物信息技术的发展,两者之间的壁垒正在逐渐消除。这样"发明"与"发现"之间、"学问的知识"与"发明"之间的划分也就越来越困难。如果专利制度出现崩溃,那么极有可能就是从这里开始的。其结果,造成了世人越来越不信任所谓的"专利",其本身也失去了作为制度的维持价值,由此也就出现了停止的可能性。IT 技术显现出来的问题,极有可能对专利技术带来致命的影响。

西冈文彦:威尼斯竟然是专利制度的萌芽地,对此,我感到非常有意思。实际上,就在同一时代,美术在威尼斯也快速地转向了私人化。迄今为止作为公共交流手段的绘画一下子走向了私人化,如今的作为私人收藏的美术这一形式开始得以出现。

之前,我们列举了《雄鹰展翅飞翔》的事例。应该说,它也是一个涉及知识产权侵害的事例。民族音乐遭到美国流行文化的横加掠夺。那一曲目原本是土著居民民族战争时期的歌曲,其曲调极为悲伤。不过,就是这样一首歌唱民族英雄的歌曲,却遭到了美国流行文化的横加掠夺,即便是歌词也被改为了"如果我成了钉子,那么希望你成为锤子"这样完全悖逆逻辑的句子。因此,一部分人指出,这是一场双重意义下的抢夺,它不仅是实物性的,同时也是精神性的。

之前,吉田公平教授指出以民族传承的智慧与生活方式作为专利的对象,站在物理的角度,我认为这一问题极为重要。简而言之,传统的智慧与风土之间存在着密切的联系,与此相反,如果处在一个市场经济原理发挥出了重要作用的场合下,那么首先就会给原住民带来直接的危害,他们将无法获得原材料。接下来,也就是原田宪一教授的专门研究领域了，与风土密切相关的技术就会向偏远地区逐渐扩散，不断得以传播下去，就这样，人类对于地球的直接掠夺日益变本加厉。我认为，吉田教授所提出的问题极具思想性或者伦理性的意义。这一问题是与我们21世纪的生活方式直接相关的，对此我们必须加以慎重讨论。

相田义明：确实如此。我认为，传统知识的垄断问题归根结底与地球的环境问题密不可分，而且也非常重要。您提到了《雄鹰展翅飞翔》这首歌曲，实际上，保罗·西蒙也创作了一首名为"Spirit of Voices"的音乐，好像也借鉴了加纳的民间旋律。为此，保罗·西蒙支付给了加纳政府专利局以43564美元的使用费。不过，这并不是什么法律所规定的，而是他愿意支付的。

今天我们以"专利制度与科学技术的公私问题"为课题，提示了计算机的最新开发所带来的问题，遗传基因的专利保护所带来的问题，以及传统知识的保护问题等三大论题。通过本次共同研究会，我受益匪浅，在此谨以致谢。

论 题 九

科学与公私问题

每当我执笔写一点什么的时候，总是一下子就会陷入到说教之中。但是今天，我不想这样，而是希望可以放纵一下来展开这一话题。刚才，武部先生提到自己担任京都大学教授的时候，对于我们在此讨论的问题，会尽量地不让研究生们了解。或许有人漏听了这一段话，不过我有犹如一种恍然悟道之感。

接到"公共性"这一主题研究会的邀请之际，我对此抱有了极大的兴趣。之所以如此，是因为从 5 年前开始，我就围绕这一主题撰写文章或进行演讲。我曾就职于京都大学理学部物理研究室与基础物理研究所，前后历时近 40 年，极为了解那里的学术气氛。不过，我却留下了一个不好的名声，"那个家伙总是在自己的研究室阅读公共哲学一类的书籍"。或许会有人感到诧异，不过对此，我自己知道并非如此。

以前，我就宇宙论、大爆炸、黑洞等问题写过一系列解说性的文章，而且一部分文章还提到了与物理没有什么关系的历史插曲。我的同伴阅读之后，禁不住问我："您什么时候在哪儿读了这样的书籍？您是不是对这一方面也进行了研究？"我回答："那不过是乘坐阪急电车之际所积累的知识，我也只是在上下班的途中来阅

377

读它们。"在京都大学的研究室内，我不会读也不写这一方面的东西，只是在家或者乘坐阪急电车的时候才会偶尔翻阅一下。这样一个获得知识的途径，若是说存在了问题也的确如此，但是，我也不否认实情就是如此，而且一直维持到 2001 年 3 月我退休为止。

1. 冷战结束之后

与本次研究会的主旨密切相关，我开始将自己的想法公开发表，也就是《科学和幸福》一书。这部书于 1995 年经岩波现代文库出版，日本存在着一个名为"幸福的科学"的团体，所以我的一位只是看到封面而没有看到实际内容的同事就对我说："一位与您同名同姓的人出版了一本奇怪的书。"我只是对他说："是吗？我也去买来看一看吧。"尽管我没有公开自己的身份，但是不久之后就坦言相告，对方极为惊诧。就这样，我脱去了自己的假面具，这可是一个犹如月光面具一样的东西啊（笑）。

1989 年 11 月，柏林墙拆除。1990 年，美国物理学界开始面对冷战结束所带来的巨大影响。那一段时间我经常到美国，这一切可谓是历历在目。"苏联的解体"，在政治上并没有被日本认为是一个影响巨大的事件，媒体也尽量地不引导大家去这样想。以"即便如此，资本主义也不会变好"这样一个论调来淡化冷战结束所带来的影响。

可以说，冷战结束对整个科学产生了深远影响。我曾对元粒子、原子核、广义相对论和宇宙现象之间的关系问题进行理论性的研究。这是一个处在与专利型社会截然相反的领域，也许大家会认为，无论政治体制或者产业结构如何改变，对此都不会产生什么影响，但是实际上，这个领域在美国正面临着巨大的冲击。

1993 年,美国宣布中止 SSC(巨型粒子加速器)的建设。里根总统在卸任之前(任期 1981—1989 年),白宫决定推行建设巨型粒子加速器的庞大计划,以便制造出一个真空场,来探讨物质的起源。1989 年,布什总统上台之后(1989—1993 年),将这一计划实施的地点确定为自己的故乡——得克萨斯,并投入数万亿美元的经费开始了建设。之后,以民主党为中心,美国议会出现了反对的声音。1993 年,民主党人克林顿上台之后,宣布中止这一计划。不可否认,耗资巨大乃是原因之一,不过,这一计划本身是否可行,应该说是一个更为重要的因素。由此,我希望各位可以读一下《科学和幸福》这一本书,如今也出现了韩译本。

　　我于 1960 年进入京都大学研究生院,那个时代,乃是自我完结性的科学的鼎盛时期即将终结的一个时期,到处充满了一种喧嚣,即"如果不学物理学,那么就将寸步难行"。那个时候,冈田节人教授经常对我一个劲儿地抱怨:"物理学者经常问我,你们研究的是科学吗?"就是这样的较我略微年长的学者如此对我说,如今这样的"报应"也落到了子孙即我这样的物理学研究者身上来了。60 年代之前,就是这样的一个时代。冷战的结束,也就象征着这样一个时代的终结。

2. 诺 贝 尔 奖

379

　　一提到诺贝尔奖,站在过去的诺贝尔物理学奖的历史来看,就在不久之前,获得诺贝尔奖实在是令人感到震惊之大事。但是本次诺贝尔奖却反而令我感到不同。这十几年来,我每年都会收到诺贝尔奖获得者的推荐书,并对此作出回答。不过在几年前开始,这样的推荐书发生了变化,附加了半片红纸,要求写出"被推荐者的个人的并希望涉及个人品质的问题"。这说明诺贝尔奖不仅重视获奖者的学识,也开始重视其基本的道德品质的问题。

20世纪七八十年代,我们之间经常半开玩笑地提到美国科学界经常发生的一个现象。一旦获得诺贝尔奖或者成名之后,获奖者就不再带夫人而是带其他的女人外出了。于是大家就公开地说,如果没有这样的动力就无法进行诺贝尔级的研究了。若是我们静下心来思考的话,这样的一个氛围实在是令人难以恭维。

物理学这一领域的研究,经常会还原到研究的原点。一开始,应用型研究成为了人们普遍研究的对象,1901年,德国科学家伦琴因发现X射线获得第一届诺贝尔物理学奖。这一发现令世人感到震惊,正是因为发现了一个新奇的现象,所以才获得了这一大奖。据说传统学者极为推崇同为候选人的凯宾与备受德国人尊重的科学家艾伦斯特·马赫,不过这一奖项乃是一个小国——瑞典授予的奖项,一开始并没有什么权威,所以一开始应该是授予一批德高望重的人,以提高自身的知名度,但是,诺贝尔奖没有这么做,而是将大奖授予了具有创新意义与价值的发现。

我曾经读过关于什么没有授予艾伦斯特·马赫物理学奖的历史记述。尽管在那个时候为数不少的学者都推荐了他,但是结果却并非如此。如今我们回首历史,站在X射线与之后的原子物理、量子力学相关的角度而言,诺贝尔奖授予X射线的发现者乃是完全正确的选择。但是,在那个时候,谁也没有预料到这一发现会长成如此一棵大树。站在现在,回首过去,我们不可以错误地去理解过去的那一段历史。

我把自己称为"物理帝国主义者",但是,赋予诺贝尔奖以权威地位的,则是微观"物理"学之流派。不言而喻,物理化学一类的领域也是如此。但是,正如诺贝尔奖编撰出了一部自身阐述的

"物理学"一样,它确实恰如其分地将物理学奖颁给了与物理学的发展路径相一致的人。以微观(microscopic)领域为基础的物理化学所走的"一条道路",就这样得到了诺贝尔奖的大力推崇,从而也走上了正确的道路。不过,即便是诺贝尔奖也因为不得不处在世界的非感情化的综合技术之中,所以也会倾向于大众瞩目的事物,由此来保证自身的权威。我一直认为,不是什么大奖存了绝对的权威,而是获奖的人给予这样的大奖以一定的权威,事实也就是这样的一个相互作用。

3. 不计亏盈的科学研究

冷战结束之后,美国的物理学界即我所从事的研究领域不得不发生剧变。不仅出现了 SSC 计划中止这一大事件,大学物理研究室本身的运作也深受打击。不必说与军事相关的研究经费锐减,只要是与军事开发相关的部门,也几乎同步地大幅削减研究经费。而且,这样的部门,其中的一部分转向了非军事领域,与军事开发没有什么关系的部门由此也受到巨大影响。不仅物理学,乃至整个理工科系统在这一发面皆发生了剧变,各个大学的日常运作经费严重不足,从而对整个学术领域造成了深刻影响。之所以造成如此激烈的动荡,是因为美国大学采取了 overhead(企业一般管理费用)式的制度,即依据一定的比率,研究经费的一部分要上交给学校作为大学的运作经费。

广义相对论与军事研究看似毫无任何关联,但不知为何,广义相对论到了战后一直受到空军的关注。元粒子、原子核的相关研究以前是由原子能委员会而今是由 DOE(能源部)加以管辖,氢弹开发计划也归属这一部门管辖。所以,即便 SSC 计划是否继续下去受到质疑,美国"今日物理学"学会的杂志还是刊登了这么一则报道:SSC计划能否顺利进行? 与它能否在美国批准签署CTBT(全面禁止核试验条约)之前取得突破密切相关? 是否要投入研究经费进行寻找元粒子之下的夸克? 这一研究与CTBT的国际政治交织在一起,一直持续了两三年。如果美国略微减少核开发的话,那么DOE的预算就将转向于此。正因为如此,所以说两者之间的关系也结合得非常紧密。

为什么军事和纯粹科学如此接近,也许大家会对此感到不可思议。但是,两者皆是耗资巨大的研究领域,现实之中也存在着密切的关系。通过制造武器获得巨额利益的,不过只是制造武器的公司而已,国民不会为此去发动战争。就此而言,元粒子研究和国防开发皆不同于"专利"。不过,如果就几乎不与进行"核算"即无限投入这一角度而言,国防开发和基础研究应该是属于同一类型的研究。

中止SSC计划之前,美国曾就投入巨资研究元粒子这一计划是否牵涉到了"公共性"的问题进行了讨论。《纽约时报》也开设专栏,令双方展开公开讨论。不言而喻,这与美国国会内部的民主党和共和党争夺主导权的斗争密不可分,所以,这一问题即便是到了国会,也必然是一大问题。在这之前,DOE投入了庞大预算来进行处理,但是如今时代变迁,元粒子的发现牵涉到了"理性"的问题,因此,这一研究对于普通人而言究竟具有多大的意义与价值,也就得以开始公开讨论了。如果只是普通人参与的话,那么这样的讨论是找不到希望的,为此科学家们也就会将所谓的"理性"的问题无限地加以扩大。这样一来,就不仅会遭到了科学论学者的嘲笑,也会遭受有识之士的抛弃。

美国决定中止SSC计划之后,巨额预算投入还是持续了一段时间，正如拆毁一条隧道重新填埋的费用与建设一条隧道的费用几乎相同一样，那之后计划就被中止了。计划之初，布什总统亲自选择地点，将这一计划带到得克萨斯，但是，计划中止导致了 2000 名员工全体被解雇，这样一来，布什的信任度也就大为下跌。

最近，日本也正在讨论中止大型公共事业的问题。但是，采取果断措施加以实行的几乎一个也没有。如果让日本的政府人员就此进行评论的话，也许他们会认为美国这一做法实在是精彩无比。反之，SSC 计划的中止也极大地冲击了美国科技界，其影响大为超乎其作为事件之本身，应该说整个美国科技界的氛围都为之一变。不过，如今看来，那不过就是一场哗众取宠的表演而已。事后，一部分人认为美国以 SSC 计划为牺牲品，是一场精彩杰作。对于这一问题，日本人乃是混乱不堪地讨论一番；反之，美国则是以一个明确转向的形式来进行了"中止"处理。由此，我们可以感受到美国与日本之间政治手段的截然不同。

4. 科学、技术与人类

SSC 的中止令我深受打击。毕竟自己从事这一领域的研究，因此也会过多地加以考虑，对此可以参考《科学和幸福》一书。若是回到 5 年前的日本，一提到 DOE（能源省）将核武器和元粒子合二为一加以管辖这样的美国体制，我周围就会出现对此感到奇怪，认为这一计划耗资庞大等论调。我也曾认为："日本与美国不同，日本分别设置了科学技术厅和文部省，对于学术这一领域采取了严格把关的措施。"我也曾希望自己可以断然回答"不，美国这样的体制是错误的"。所以我将这一计划的中止视为了一个世纪性

383

的大事件。我对我的同事和晚辈们说："虽然我得以逃脱了，但是你们却惨了。"我们进入到了一个时隔150年的大变革时期。这样的变革不仅体现在我自身，而且其影响也散见在了各个领域。

岩波出版社的大塚信一先生还没有担任社长之前，我就曾对他说，科技界正在发生一场大革命，以美国为首，日本也将随之发生。以此次谈话为契机，岩波出版社决定出版"科学、技术和人类"的文集。冈田节人、竹内启、长尾真、中村雄二郎、村上阳一郎和原东京大学校长吉川弘之，与我一道组成了编委会，在一起聚会讨论了四五次。但是，毕竟是岩波讲座这样的极具影响的会议，所以与会者皆彬彬有礼，反而减少了不少有趣的内容，而且也难免出现与会者"各抒己见"，难以形成一致的场面。

与其说这一文集的目的在于如何改变20世纪日本人认识科学技术的固定观念，倒不如说其作用在于如何软化日本人的头脑，打破他们对于科学技术的模式固见。科学家们皆是善于思考、极为聪明的人，应该可以自己开辟出一条道路来吧。在这一系列丛书之中，我所担当的部分，是关于对从事纯粹科学研究的人的认识问题。

美国克林顿总统曾经指出，20世纪是一个物理学的时代，而今则是一个转向生物学的时代。这一发言在美国占据了领导地位。我认为，克林顿所提到的物理学乃是指作为纯粹科学的物理学，如今的物理学实际上已经进入到了科学研究的所有领域。无论是激光技术还是纳米技术，皆是物理学的延伸；支撑生命科学的手段，也正是物理机械。

5. 物理学的世纪

曾经一段时间,物理学犹如"神"一样受到世人的鼎力尊崇,可是如今为什么会遭到如此的蔑视呢? 我曾撰写了一部名为《物理学的世纪》(集英社,1999 年)的书籍,以我自己的专业即物理学为中心,对 20 世纪的科学发展的潮流进行了描述。我认为,我们有必要注意到科学技术作为人类的生活手段所与生俱来的精髓,同时也要关注其走向社会之后所体现出来的形态或者方式。20世纪是一个战争的世纪,在这样一个特殊的历史阶段,科学技术受到极度"歪曲"的历史条件的限制,由此出现了急剧膨胀的两面性。那一时期,科学技术的体现方式与其说是被外敌所控制,导致令人惋惜的"异变",倒不如说是科学技术的操纵者们兴风作浪,使之急剧地走向人类历史发展的反面。因此,科学技术并非只是一个单纯的"受害者"。

美国将原子弹投向了广岛与长崎,由此所造成的惨状一段时间并不为人所知。孩提时代,我曾一度认为"原子弹"具有积极的意义,也认为这一技术实在是"了不起"。但是不久,我们就进入了一个对此不得不保持缄默的时代。《科学和幸福》一书,我就是以考察整个社会对于"原子弹"的印象是如何改变的这一问题作为了论述的起点。岩波讲座《科学/技术和人类》之中,中村雄二郎这样写道:"我认为,科学家们过去认为'原子弹技术了不起',但是谁也不敢直言,只有佐藤文隆明确地指出了这一点。"如果这一技术只是将科学家们强制性地征用起来,令他们从事极不情愿的劳动,那么是不可能在那样短的时间内取得如此之成功的。正因为科学家们极为活跃、极为兴奋地参与了原子弹的制造,皆埋头

385

致力于此,所以即便是命令他们"停下来",他们也会无法控制自己地参与其中。就是这样的一种"动力"(power)才造就了"原子弹"这样的科学技术。

我曾留学美国加州伯克利分校,奥本海默到阿拉莫斯实验室之前,就曾居住在此。也就是说,伯克利分校与芝加哥大学一样,也是原子弹技术的一个重要摇篮。伯克利分校聚集了不少劳伦斯的弟子这样的研究者,他们担任了大学的教授。而且,他们之中的一部分人到了反共的麦卡锡主义时代成为了奥本海默的背叛者。我对奥本海默本人极感兴趣,也在美国购买了不少与之相关的书籍。作为岩波讲座《科学/技术和人类》之别卷,我也撰写了奥本海默传记,但是如今,我想进一步加以充实,撰写长篇巨著的奥本海默传记。

6. 何谓伟人

学问如今进入到了一个先进与发达的时期,我认为,为了将学问与它的价值结合在一起,我们需要建立起一个与科学研究之贡献相符合的社会机制。对此,我曾谈论过"三体"或者"三极结构"问题。纯粹科学的研究或许只是需要纸张与铅笔即可,但是,对于宇宙飞船、粒子加速器等需要巨额资金投入的研究而言,我们必须要回答这样的研究究竟具有了什么样的社会意义。不言而喻,对此我们难以站在正面的角度来进行回答。在此,我想罗列一下我如今所思考的问题。科学技术对于健康、环境和安全究竟发挥了什么作用,这是毋庸置疑的,在此我就不予提及。我只是想讨论一下世人极为敏感的问题。

或许这样的话题偏离了主题。最近我一直在想,人类的"伟大"究竟是什么决定的？不言而喻，拥有了权力不能称之为"伟大"。就在一个时代之前，或许每一个人皆会这么认为，"我长大了要当伟人"，但是如今，如果在民众之中使用"伟大"一词（现在指政府部长和担任公共要职的人），就会被人讽刺为"下流之人"。但是，我认为"伟大"一词原本是利用来作出一个综合评价的语言。

就科学的某个领域撰写了旁征博引的学术论文，或者获得诺贝尔奖，大概这可以评价为"伟大"吧。但是，古人定义的所谓"伟大"，并非如此。古人认为，"作为一个人"本就是伟大的，正因为如此，所以才可以取得巨大成就。人与成就乃是一个统一的整体。但是，不知道什么时候开始，这样的两个要素被完全割裂开了，甚至出现了这样的论调，即"想成为一个了不起的人，就无法作出一流的研究，这是毋庸置疑之事"。我觉得未必如此，但事实上，公然发表的这样言论已成为了学术研究的大气候。

即便是"科学"，也是一个极为广泛的领域。我处于科学的最边沿，如今正在研究物理学所谓的时空论，但是，我无法将其中的乐趣广泛地告诉给世人。我是一名理论物理学者，正接受着数理性的训练，但是我认为自己就是这样一个人。所谓"美"，与其说是"作为一个人"本身，倒不如说是以数学为基础，由此而构建起来的一种感觉。这就是我的研究动机。但是，我深深地感到，要让社会完全理解我几乎是不可能的。不过，我会尽最大努力让世人理解我，至少也要"清白、正确"地生活，哪怕这样的生活对我而言乃是一种奢侈。

过去，不少人要求我去进行演讲，他们认为我是一个掌握了生动的演讲技巧的人。这一系列体验让我感悟到，要让世人理解我的研究领域的核心内容乃是不可能的。自 1960 年年末开始，"宇宙大爆炸"和"黑洞"成为科学界流行的热门话题,直到 1990 年,已经出版了不少与之相关的书籍,我也出版了数部。但是,最为畅销的,则是 30 年前首次与他人合作出版的讲谈社科普丛书(Blue Backs)的一册书籍。我试图为此加入一部分最新的研究成果,将之再版。但是对于一般人而言,即便是附加了也无所谓。出版社则认为,若是撰写最新的研究成果则难以销售出去,还是撰写符合了一般人的兴趣爱好的书籍最为持久。

我认为,整个社会只是站在一个象征性(symbolic)的视角来看待基础领域的科学家的。他们之所以一致认为可以支持国家投资开发宇宙和元粒子这样的研究,也并不是在了解到了详细的研究内容之后而作出的一个判断。倒不如说,他们更为追求的,是在一个充满了金钱纷争的科学技术的研究领域,是否依旧存在着保持了清白、正确之态度的科学家。最近,我阅读了日本江户时代朱子学和阳明学的知识分子这一方面的书籍,我并非要弄清楚他们的学问究竟是什么,而是希望接触到他们即一批具有了清白、正确之态度的传统知识分子的精神世界,并试图探讨他们究竟为什么会受到世人的尊敬。

7. 真理的探索

最后,我想谈一下什么是"探索真理"。最近一段时间,所谓"探索真理"成为了一个流行话语。科学(science)界批驳技术领域不过是应用,而科学本身则是追求真理,为自身的研究立场辩护。在饱受"获得专利"、"展开冒险"这样的"攻击"的时候,科学只要如同诵经拜佛式地宣扬"我们所从事的是真理的探索"这样的话,或许就会产生令对方退避三舍的效果。彭加勒的科学三部曲之一,就洋洋洒洒地描述了真理的探索。我重新阅读了这一套书,意识到他所提出的"为科学的科学"这一论断就出自三部曲之一的《科学的价值》。1950年之前,理科系统的学生大概皆会沉迷其中,深受其影响。

如今的人却将"真理的探索"考虑得过于简单,他们认为作出了一个新的发现,将之建设成为一个知识的数据库,就是"探索真理"。但是,彭加勒所提出来的绝不是这样的。也就是说,面对真理毫不畏惧,改正错误,为此所进行的一种训练才是探索真理。他指出,科学研究就是献身于这样的一种训练。

在那个时候,也出现了一种主张,即不能够转为应用的研究实质上没有什么意义。另一种主张则是认为,学问或者理学(正如中国的《大学》之中所记载的)原本就是和道德观念一体性的。由此,世人曾一度批判,科学尽管创造出了了不起的成就,却无助于一个时代之前的学问之理想即道德的提高。对此,20世纪初(1902—1908年)问世的彭加勒的科学三部曲对这一批判进行了反击。岩波文库曾出版彭加勒的三部曲,在此我谨推荐大家阅读一下,哪怕只是这部著作的前一部分。

彭加勒指出:"为了培养面对真理毫不惧怕的基本素质,学习与研究科学乃是一个极好的途径。"而且,他还指出:"不可采取集团的形式进行科学研究。"他究竟是想到了什么才对"集团"如此忌讳,我不是十分清楚,但是,我认为这一问题非常重要。

389

之后,卡尔·雷蒙德·波普爵士(Sir Karl Raimund Popper)的"科学哲学"登上历史舞台。我认为,这一哲学实在是枯燥无味,是完全背离了道德的纯粹真理论的探讨,它将科学转变为了利用逻辑符号所标注的讨论。彭加勒认为科学与道德之间存在了重叠的部分,因此对科学哲学进行了批驳。

结　语

　　尽管"神"消失了,但是我们依旧期待着"伟人"的出现,社会之中也应该存在着不少"希望变得了不起"的人。面对市民,我一提到"要好好地生活下去",结果大家就问我:"你信奉的是什么宗教?"但是我认为,过去我们称之为"伟人"的人物究竟为什么会受到世人的尊崇,对此我们可以更多地向世人进行宣传,这也就是"教育"。"将来世代"成为了本次共同研究会举办方(译者注:将来世代财团)的一个关键词,如今我们的讨论也是站在一个长远的目标来看待整个社会这一立场下逐步推进的。或许有人评价我的发言"不知所云",对解决科学技术的问题"过于轻松乐观",但是人类毕竟还将存续下去,"如今不是可以轻松乐观的时候,首先要解决 IT(Information Theory,信息论)的问题",这一论调也不无道理,我们必须解决它。但是,我认为不管到了哪个时代,皆会出现这样急迫的课题。生活在这样的一个社会之中的人究竟应该采取什么样的态度,或许这样的问题根本不存在,但我们对于未来还是不可掉以轻心。尽管讨论这样未来的问题会不免流于抽象,但是我感到极为紧迫。

围绕论题九的讨论

　　中村收三:我以前和 SSC 有联系,因此研究过相关的材料。这一计划中止令我感到遗憾,日本政府原来也打算参与这一计划,结果却没有。

　　佐藤文隆:那个时候给人的感觉是因为单纯依靠美国不行,所以让日本也参与出资,其实质让人怀疑。

中村收三:结果,日本政府没有出资吗?

佐藤文隆:是的。

绫部广则:政府的通产省对 SSC 计划特别感兴趣,他们认为如果在资金上支持美国,就可以培养日本的高新技术企业。不过,各个政府部门对这一计划的态度完全不同。

佐藤文隆:通产省一开始并没有协助之意。文部省等部门认为,计划一开始的时候没有邀请我们参与,到了中途因为资金不足才让我们参加,所以,我们不应该参与进去。

绫部广则:不过,众所周知,小泽一郎等人那个时候提出了"国际贡献税"的构想,据说来自美方的压力非常大,不如暂时就以这样的一个形式出资吧。不过,据我调查,究竟从什么地方获得这一资金,政府并没有一个明确的答案。

金泰昌:刚才佐藤先生提到了彭加勒,我对他也有一点兴趣,我想谈一下我自己的看法。最近,我一直在考虑"科学的宗教化"这一问题。同样是"真理",宗教的真理就绝对是正确的,不可以提出任何异议,否则就会被视为"异端"加以处置。我觉得科学在某些方面也趋同于宗教。把科学当做亘古不变、独一无二的真理,从某种意义上可以说,这就是"科学"的宗教化,可以称为"科学教",也可以说是科学至上主义。

坦率地说,应该如何理解科学和宗教,我曾经也一度极为迷茫。那个时候的我觉得科学是明确的,而宗教是不明确的。波普使用了"反证可能性"这一术语,他认为,在被反证之前,处在假定之基础上而得以确立的"陈述"一直被视为了真理,当被反证的时候,这个"真理"也就废弃了。科学应该就是这样一个过程下的不断的反复和延续。尽管波普的一部分观点也存在着牵强附会、令

391

人难解的地方,但是,他对于这一问题的认识还是让世人意识到有必要对迄今为止的真理观进行反省。

所谓科学,不是指人类发现了绝对不变的"真理",而是指人类逐渐认识到:前人的研究在一定时期一定领域可以通用,但是深入研究之后则未必如此。科学的发展在于反证的不断反复。无论是什么人,皆应该如同门外汉一样,意识到科学的发展和宗教是完全不同的。

一次,我偶然阅读了彭加勒的《科学的价值》一书,看到了"科学"就是"纠正错误"这一论断。他指出:不管是多么伟大的物理学者和科学家,只要不是神,他所得出的结论就不会是亘古不变的真理,而只是那一时期的人们认识范围之内的真理。所以,随着社会的发展,还会不断地出现新的解答。科学的真理在时间和空间两个机轴上得以展开,通过反证进行自我修正即纠正错误。不言而喻,也许波普和彭加勒到了最后,也都会不了了之。

科学研究需要自我修正的勇气和坚定自己的信念的勇气,如果没有对自我判断的信念就无法产生坚持到底的勇气,也无法产生修正自己错误的勇气。

第二点,彭加勒提出:"不可采取集团的形式进行科学研究"一说,令我浮想联翩。如果是一个"集团",那么就必然会出现"压力"。利用集团的力量来压制个人自觉认识真理的历史事例实在不少。如果个人根据自己的良心相信自己是正确的,就不应该屈从于集团的压力而改变自己的想法,这一点非常重要。

以原子弹为例,每一个人都能潜心研究,其原因之一就是因为每个人皆从自己从事的研究之中感觉到了自己的价值所在。但是,从另一方面看来,集团思维是否也起了一定的作用呢?进入到一个集团之中,与其单纯地考虑个人,还不如融入到集团的力量之中,这样的想法是极度危险的。所以,彭加勒要求:"每个人都应该好好地思考一下自己应该如何"。

"科学技术和公共性"这一课题的最大的薄弱环节究竟是什么？一个时代的集团心理朝着一个方向发展,在它的发展过程中,在意识到自身的研究成果存在了问题的时候,是否真的有勇气承认自己"错了"呢？我想,最多也就是保持沉默吧。集团心理学一直强调集团的危险性。那么,就"集团"和"科学研究"之间的关系问题,我想请佐藤文隆教授谈一下自己的想法。

佐藤文隆: 我想首先介绍一下彭加勒的著作之中与此相关的部分。"追求真理需要独立自主,彻底的独立自主。无法做到这一要求的人团结起来一起行动,力图借此来掩饰自己的弱点。但是,我们不可以害怕真理,因为只有真理才是唯一美好的东西。"在整篇文字之中,这一部分略微不协调,让人迷惑这一段话为何会出现在这儿。我不曾看到任何与此相关的专家的解说,所以,关于彭加勒究竟是出于什么目的写下了这么一段文字的问题也就不甚明了。

之后,波普的真理论和范例论之中,彭加勒的言论受到了批判,被视为了过时的结论。现实之中,道德的真理和科学的真理被区分开了。就在两者要被分开之际,彭加勒在《科学的价值》一书中指出:"学问和道德的真理息息相关,学问是为了道德而存在的。"同时,他指出:中国儒学之中的理学和道德乃是一体的,欧洲曾经也是这样的。学问存在的目的是为了道德。

之后的科学哲学在隔离了科学和道德的基础上发展了真理论。现代社会针对科学提出了一系列新的问题。对此我想提出的是,我们不该停留在波普的科学哲学,而是应该还原到彭加勒的出发点,由此来探讨科学技术的问题。

金泰昌：在开始考虑"真理是否存在"这一问题的时候，我阅读了波普的著作，并尝试探寻波普思想的源泉。不言而喻，所谓"真理"，有别于东方思想的"穷理"观念下的"理"、"天理"或者"道理"等一系列概念，我的视角就是站在真理和宗教、道德、科学的关系的角度进行研究。东方思想是站在"实存"层次的一体性（知行合一）角度进行考虑的，其归结点在于如何把握"真实"。由此，我试图了解西方思想，尤其是科学思想对这一问题是如何把握的，彭加勒就是我关注的对象之一。既然说到了彭加勒，我想谈一下自己阅读了他的相关书籍之后的感想。

提到市民社会与科学技术研究应该如何这一问题，我认为一个观念极为重要，那就是"科学"不应该拥有绝对的权威。科学的目的是为了努力地去"纠正错误"。那么，是否只需要科学家们的共同努力，就可以实现这一目标呢？我认为，我们是否也应该考虑通过科学家集团外部的公共讨论来接受一定的信息，站在一个更为广阔的范围内来努力地"纠正错误"呢？因此，在思考科学技术的问题的时候，迈向公共性的第一步，就在于不能让科学技术领域的专家权威横扫一方，而是需要他们放下架子，走出自我闭锁的圈子，谦虚地倾听来自外部的呼声和批评。

绫部广则：另一方面，是因为如今也出现了"知识不断积累"的一个现象。不过，简单地说，我认为科学分为两种，一种是对于未知领域的探索；另一种是检验已经获得的经验的正误。

如果和刚才金泰昌先生的谈话联系起来，问题就出在了后一种即检验已经（暂时）确立的理论（真理）之际，科学家们应该保持一个什么样的态度的问题。我认为，我们必须清楚地认识到观察者是带着一个有色眼镜来进行观察的。就此而言，我们不应该简单地将按照社会组织的方式来重新确立科学知识的结构，即"社会结构主义"这样的主张视为"反科学"来加以批判,而应该冷静下来重新思考这一内涵究竟意味着什么。

经过了"科学宣言"(Science Words)这一时期之后,如今在科学论的研究者之间流传着这么一种认识,科学知识的"社会结构主义"的主张过于偏激了。不过,科学知识的社会结构主义也让我们再次认识到,纵使是"真理",我们也不应该囫囵吞枣地胡乱加以接受。就此而言,这一主张还是存在着一定意义的。

这应该是一个正确的主张,这样的话语本身就带有了"权力"。社会和科学之间,其根本的问题之一,或许就是这样一个"权力"的问题。

佐藤文隆:波普认为,这就是问题的关键。不过,彭加勒所说的则与之完全不同。他所论述的,依旧是道德和科学是否分离的这一问题,如果说过时也确实如此,但是,他就是坚持这样的一个立场。

彭加勒所说的"纠正"一词,依据字面翻译,不如说是面对真理丝毫"不怯懦"、"不恐惧"之意。科学的目的就是为了培养人类这样的坚强性格。或许,试图把科学和道德的问题联结在一起的关键之一即在于此。彭加勒所谓的"纠正",可以说与波普之间存在着一定的相关因素,他是以"面对真理无所畏惧"为基本论点来竭力提出自己的主张的。

彭加勒的思想有助于人类的思考训练,但的确过于陈旧了。在这之后,"道德的知性"和"科学的知性"明确地被分离开来,所以,彭加勒可以说是一直在努力地阐述着即便是自己也认为"过于牵强"的观点。因此,对于彭加勒这一人物,我认为应该这样去加以解读。

小林傅司:刚才,佐藤教授指出彭加勒是道德和科学结合时代的遗迹，而波普则并非如此。一提到波普，我认为正是因为他将能否进行反证视为了科学性的基准，所以站在前沿的科学家们对此感到难以进行实际操作。

确实，波普的"科学哲学"广为流行，也给人留下了这么一个印象。作为"日本波普哲学研究会"的创立者之一，我阅读了大量的相关书籍。在此我想澄清一下，波普一开始并非以"科学哲学家"的身份来进行研究的，他最初的身份是"政治哲学家"。那么，他的"哲学科学"的出发点究竟在哪儿呢？针对第二次世界大战期间，或者从第一次世界大战到后来德国的混乱时期的思想或政治课题，他以"批判精神"为出发点，树立了自己的理论。他指出，在这一时期，使他的思想得以体现出来的动力就是来自爱因斯坦。若是赋予这一思想以一个形式的话，则就是"反证可能性"这一抽象概念。波普的"科学哲学"的本质就在于"批判精神"。

这样一来，面对如何评价"科学"这一问题的时候，就出现了两种标准。一种是实存主义的标准，"知识"不断积累，让人感到将有助于物质上的开发；另一种是批判的视角，在广义的层面这一批判与道德联系在了一起。

现代社会之中，实证主义占据了绝对优势，科恩将此表述为"常规科学"。如果这就是科学的标准的话，那么，在大学之内阅读"公共哲学"一类书籍的话，自然也就会被视为丑闻。

如今，我们寻求的不是"究竟是这个还是那个"这样的两者择其一的问题，而是"恢复"平衡的问题。但是现实之中，TLO（技术转移机构）的进展不言而喻，是要将"常规科学"（实证主义科学）进一步运用到现代社会的市场机制之中，使之机构更为庞大。就我自己的感受而言，我认为大学不应该如此。更为极端地说，大学应该把它们彻底地剔除出去，应该奉行具有批评精神的纯科学，或者佐藤教授所说的彭加勒式的感觉,也就是"道德"、"改革社会"、"不惧怕真理"这样的感觉,这才是大学应该具备的。而今,追求这样的感觉之可能性的场所正在逐渐消失。

换言之,这一形式下的科学,究竟相当于村上一阳教授说的前科学、原科学、新科学之中的哪一个? 毋庸置疑,我所说的缩小化了的大学乃是前科学时期,绝对不是原科学时期。

这究竟意味着什么呢? 刚才佐藤教授谈到何谓"伟人",而且指出,普通人所追求的并不是尖端科学的正确的解释。我认为的确如此,大概普通人追求的,乃是前科学期所具有的、一种世界观的提示功能而已。若是我们意识到了世人追求的乃是如此,由此也就会抱着批判的精神进行讨论。总之,这就是自然哲学的现实。

换句话说,现代社会,纯科学以自然哲学的形式得以保存下来,并成为针对教育场所和社会发出科学信息的基地。但是,无论是原科学还是新科学,对于处在两者夹缝中的实证主义科学家而言,这样的话语犹如"失常"之发言,所以也受到他们的强烈批驳。而今的社会就是这样一个结构。若是采取中世纪自然哲学式的研究方式的话,或许在资金援助这一方面大概也不会出现那么庞大的要求。为此,大型科学研究的推进就会极为艰难。如今我们的讨论之中,对于这样的所有的问题,是否真正地有所觉悟呢? 这样的讨论或许走向了极端,但是我认为如何来设计出一个平衡的结构,乃是我们将不得不面对的问题。

金泰昌:我对波普的理解和小林傅司教授有所不同,特别是您提到可以通过"反证可能性"来理解波普,我认为这尚不足以完全理解波普的思想。您断言,批判精神并不是一个抽象概念,而是为了更正确地理解本质,对此我不敢苟同。依照我的理解,批判精神对科学加以批判的方法论,就是"反证可能性"这一精神(方法或者态度),其具备的实践哲学性的源泉,不就是在于批判精神吗?而且,我想说二者彼此紧密相连,并非抓住这个就是错误、抓住那个就是正确这么简单的一个问题。

佐藤文隆:简而言之,也就是"彼此蔑视,同处一室"。这样一个态度即便是作为实际的存在形态也未尝不可。首先,我想说的一点就是,彭加勒的书籍值得一读。在 1930 年至 1950 年期间,彭加勒是青年人立志研究学术的支柱,是心灵的支撑之一,这样的影响绝非只是日本而已。

但是,我认为到了成年之后,大部分人不会再阅读彭加勒的书籍。经过了七八十年之后,如今我再次阅读它,会惊讶地发现:"如今的时代变化实在是巨大啊",从而给我留下一种极为新奇的感觉。

批判性的和实证性的(即进步),这样两个科学技术的原点,彼此之间强烈排斥。即便是带有了魔术性的事物,也是因为存在了批判,而得以逐步提高,这也是一个根本的事实。即便是价值观截然不同的两个事物也可以"同处一室",我认为这正是我们应该追求的状态。如果一个局部发生了彻底的转变,那么双方都将会消失。究竟应该是站在魔术师这一边还是站在批判的观众这一边,依据这样一个构思,若是没有了批判的观众,那么魔术师也就会失去工作。

正因为有人一直努力地制造可成为批判的种子,所以才有了批判这一职业。作为社会性的或者大学之中的组织,如何实现一个"同处一室"的共存方式,我认为需要一种极为实用型的智慧。

小林正弥:我发表两点感想。一点是关于科学论问题。我不想过多地涉及波普的理论,从波普到科恩,科学论发生了巨大变化。一个论调是利用"科学革命改变了范式"这一科恩的观念,推导出"没有不变的真理",由此赋予这一相对主义式的讨论以合法化。但是对此,我持强烈的反对意见。

我认为,科恩所说的"科学革命"和彭加勒的观点存在相似之处。利用常规科学的发展状态来进行实证,并由此对它提出反证。一般情况下,这样的推导是没有什么问题的。不过,若是站在常规科学体系这一立场,是难以意识到范式本身存在着什么问题的。但是,在面对依据以前的范式无法解释的数据的时候,也许会突然心生闪念或者灵感,可以采取另一个范式来解决这一问题。若是可以做到这样的话,那么就必须具备直接面对真理的勇气,必须讲述出与他人截然不同的东西。这可以称之为一种"灵感"(inspiration),这样的灵感与其说是道德性的,莫如说是宗教性的东西。

所以,我认为波普之后的科学论的发展,并没有能够充分地抓住科恩的"科学革命"所阐述的"灵感"的问题,这也正是关键之所在。站在这一角度来反观的话,彭加勒的思想反而会让我们产生新奇之感。

第二点,我认为,刚才佐藤教授提到的 SSC 中止事件,和科学技术的中立性或者方向性的问题密切相关。这也说明科学技术走向何方,将取决于社会性或者公共性的价值或者关心的变革。我认为,这一事件具有了象征的意义。也就是说,制造军事性武器的必要性降低了,由此这样的研究经费转向了其他方面。所以,在美国总统咨文之中,提到了科学研究的重心转向 IT 产业与纳米技术这一领域。SSC 计划的中止,最终让我意识到了这一点。我认为,今后我们考虑日本科学技术的走向的时候,这一事件也许会成为我们的一个参考。

佐藤文隆:关于您谈及的第一点,我认为,彭加勒的相关文章存在着各个不同的解读方式。文章的主体部分阐述了那一时期天

399

体力学的知识,令人感到晦涩艰深。不过,我认为大家不妨阅读一下序言部分,由此可以找到其根本主旨。

而且,我还要指出一点,关于科学技术的基础性问题,我们必须认识到即便它不是什么文化遗产,但是人类蓄积下来的技术或许会应用到其他的方面。为了研究元粒子而出现的大型加速器的技术即是如此。如果在过去,而我们不予强调"这是如今的科学之中最为重要的东西",那么或许这样的技术就不会保留下来。如今则与之不同,时代也发生了变化,我们尝试开发的或许会变成一个重要的技术,因此我们应该适当地展开研究。这样的一个思维,应该是无可厚非的。

这样的知识之所以没有拓展到实际应用的场合之中,受制于人们对于科学技术的一种"非高即低"的把握方式。我认为要作出一个冷静的判断,较之国家,专家们的集体智慧更为重要。如果不强调指出"这是今后研究的核心",那么就无法将它留存下来。如今的这样的一个研究现象,实在是令人感到恐怖。

我写了不少关于"社会"和"科学"之间的四大关联的文章。所谓四大关联,第一是"渴望知道",即好奇心;第二是挑战未知,科学家和奥林匹克运动会的选手们皆具有这样的特质;第三是运用,也就是产业、健康、环境、日常生活和科学的关系问题;第四则是作为政治手段的科学,它可以使整个国民产生出一种整体观念,这一点在20世纪可谓具有了无与伦比的重大意义。

以第四点为例,美国的元粒子研究领导世界潮流。SSC 计划之前,美国也进行了几乎没有实用价值的大型加速器的研究。对此,美国国会议员质疑"这样的研究对于国家的安全和福祉究竟有何作用",作为国立费马研究所的创立者和所长,威尔逊在国会听证会上回答指出:"这一技术可以让美国国民产生出我们必须保护自己国家的一种自豪感",从而赢得了雷鸣般的掌声。针对宇宙飞船和导弹开发的问题,他也回答说:"这是一个让国民产生出我们必须保护自己国家之自豪感的工具",政治家就是这样和科学牵涉在一起,20 世纪的"科学"具有了这样的功用。在这之后,里根总统突然决定大量扩充军备,那个时代的气息让人捉摸不定。

桥本毅彦:在奥本海默的指导下,原子弹获得了成功。1947年,奥本海默在麻省理工学院进行了演讲,提到"物理学家知道了什么是罪"的一段话。对于"知罪"这样的话,首先我想询问一下佐藤教授作何感想。其次,奥本海默在这次讲演的后半部分,略微提及了"科学家的社会责任"这一问题。关于"科学家的社会责任",创立了原子能科学家同盟的群体反应强烈。《弗兰克报告》(1945 年)的前文之中,提到了科学是善、是恶还是中立的问题。但是,原子能科学家们制造的原子弹影响力巨大,原子科学家们自然了解这一点,但是,出于"社会责任",他们认为自己也必须说点什么,于是就在他们的杂志上就此展开了讨论。

但是,同样是在麻省理工学院的演讲之中,奥本海默也批判性地指出,物理学家的专业是物理学,缺乏社会科学知识,而社会科学家具有这一方面的专业知识,因此关于如何运用科学技术和研究意义何在的问题,应该交由社会科学家去研究。关于奥本海默所提到的两个立场,我曾在大学的课堂上让理科系的学生们展开讨论,结果两个立场几乎持平。在此,我想请问佐藤教授对此有何看法?

佐藤文隆:"物理学家知道了什么是罪"这一句话非常有名。反之,灾难发生之前,他们却没有认识到这一点,这也正说明了来自社会的反作用。当初,奥本海默被视为了英雄,此后的一两年也

401

被视为了政治界的英雄。日本被美军占领期间，报纸报道遭到封锁，国民无法了解到原子弹爆炸造成的悲惨景象，只能通过文学作品捕风捉影。

"科学家的社会责任"一说出自那一时期的物理学家之口。如今，这一说法的转义是，科学家知道他人所不知道的事情，所以要承担社会责任。因此，这一转义和信息公开之后的判断不同，简言之，也就是科学家 = "精英"的责任，不言而喻，这一说法本身确实容易引起误解。

昨日的讨论会提到了信息公开、舆论会议的问题，强调要培养出一批可以站在对方的立场进行平等对话的人来，认为民主社会只有建立在这样一个基础之上才能得以实现。但是，我认为奥本海默谈到"知罪"和"科学家的社会责任"之际，他自身的想法并不是这样的。应该说那一时期，他认为自身乃是社会选择的精英，作出的是一个为社会负责的决断。

杰拉德等一批人继承了这一社会责任的立场，帕格沃什会议讨论了核武器的世界影响的问题，由此整个世界也对科学家的责任开始关注起来。但是事实上，普通的科学家却越来越远离了自身的社会责任问题。如今所谓的科学家，正在逐渐丧失过去的那种精英意识。不过，战争结束的那一段时期并非如此，确实存在着一种精英的"罪责"的意识。

参加帕格沃什会议的并不是普通的科学家，这一会议的成员大部分皆获得过诺贝尔奖。日本的汤川秀树和朝永振一郎曾去参加这一会议。但是，经过了二三十年，帕格沃什会议不知什么时候已经成为了一个精英的集团会议。它发挥自身独有的影响力，致力于处理各类大事，但是，我认为它的出发点和普通的科学家之间存在了不同。

我们科学家所苦恼的问题,我们连续三天在这里共同探讨的问题,我认为也就在于此。

西冈文彦:如果把"美术"的系统框架放在"宗教"体系之中来加以考虑的话,那么会比置于"政治"体系下更为容易令人理解。刚才金泰昌先生提到了"科学宗教化",我感到这样的问题极为具有现实性。尤其是在我们回顾欧洲近代美术史的时候,我们就会发现,随着现代化步伐不断向前迈进,"神"也逐渐淡出了历史舞台,使人对于神的认识也越来越淡薄。但是,这一现象对于日本人而言,可以说完全没有什么感觉。日本将一年之中的 10 月份称为了"神无月",是指在那个时候,诸神皆到"出云"这一地方聚会。日本人轻松地谈论着诸神外出的话题,以这样的心态度过了千年,但是,深受基督教影响的欧洲人做不到,从文艺复兴时代开始,他们就致力于探讨"神"与"人"的和解。

对于彭加勒此人,我并不了解,所以,也许我会偏离主题。不过,站在美术的角度而言,透过"毫不惧怕真理"这一表述,我们可以看到人类的心理活动之中若隐若现的神的影子。即便是科学革命舵手的牛顿,也使用了"神的窥视孔"这一说法。

19 世纪,世人对于"自然"的崇拜取代了"神",对自然的"恐惧"被审美化。对于超越性的存在备感恐惧,乃是一种审美式的正确的生存方式,这就是浪漫主义的最大特征。就这一脉络而言,"毫不惧怕真理"这一句话留给日本人与欧洲人的印象是截然不同的,也许欧洲人的印象之中较之我们更多地包含了一种宗教性的感觉吧。对此,不知道您如何看待呢?

佐藤文隆:彭加勒站在了一个与此完全相反的立场。他所说的"真理",是某种意义上的人类的理性(logos)。为此,他明确提到了"数学",认为与数学之间保持调和就是真理。这是回归人类自身的真理,而不是超越性的存在。不可否认,20世纪20年代乃至30年代,美国天文学家爱德温·哈勃(Edwin P. Hubble)也倡导宇宙膨胀论,改变了物理学界自古以来的物质观、宇宙观,您所说的宗教性的范畴也不断涌现。为此,也有人展开了激烈的辩论,但是,彭加勒与他们的立场完全不同,他认为真理是数学般的调和,对此我也深表同感。

人们问我:"在您从事的研究领域之中,您觉得什么是让自己快乐的?什么是比较出色的?"我往往如此回答:"什么也不是。"即便是与之交流了一个多小时,我仍然只想回答:"什么也不是。"这一问题相当于英语的"nothing but"。我之所以学习,或许就是为了果决地作出回答。虽说这样的回答杂乱无章,我还是痛快淋漓地说:"什么也不是。"我认为,彭加勒告诉我的,就是这样一种美学。

西冈文彦:这或许可称为一种"人类宣言"吧,我是否可以理解为,彭加勒确认了科学乃至真理皆可以为我们所正视。

佐藤文隆:不言而喻,彭加勒之所以强调"毫不惧怕真理",乃是站在了一个启蒙主义的立场。常规科学将之理解为增加新知识。就人的存在而言,他认为只要是人,都会掩埋在一个思维方式之中。他认为,一个什么也不予考虑的人是不会到学校去补充自己的知识的。一个人总是会沉浸在什么思考之中,而且会站在人类的知识遗产的立场,将这样的知识逐步地加以改变。因此,他认为人并不只是具备了后天接受的知识,而是认为即便是什么教育也没有接受过,也会描绘出一个世界的形象来。

金凤珍:佐藤先生是理论物理学的权威,作为外行,我想请问您,大约20年前,物理学界兴起了新科学运动,量子物理学和元粒子论给理论物理学带来了什么样的影响?这是否就是科恩所说的范式革命呢?

佐藤文隆:20 世纪 60 年代末到 70 年代初,发生了一个世界性的传统知识权威走向衰退的现象,反文化(counter culture)就是代表之一。这场运动是以物理学为核心而兴起的,它是一场东方式的亚文化(sub culture)运动,却对物理学本身没有带来任何影响。

金凤珍:根本就不是什么范式转型吗?

佐藤文隆:这次运动与物理学毫无关系,只不过是一场以物理学为内容而兴起的世界性的文化运动。

金凤珍:也就是说,物理学依然"健在",这场运动不过是范式的内部转换而已。

佐藤文隆:1970 年之后,物理学界出现了一个名为"复杂系统"的范式转型。不过,要对此进行说明,至少需要一个小时。

金凤珍:我还想请问您第二个问题,昨天 NHK 介绍了宇宙飞船的发展进程,我以前就一直有这样一种感觉,不管时间跨度(time span)如何,将来的世界终会变成一个技术性的精彩世界,或者也有可能变成完全与之相反的一个世界。也就是说,科学发展遭遇到了能源危机和环境问题,也许会面临一个失败的结果。总之,我想请教您,近现代科学的发展对于我们自古传承下来的世界观和文明观本身是否产生了什么影响?

佐藤文隆:无论是谁,皆无法预测未来,而且,这也不是什么经历了累积型的思考训练之后就可以回答的一个问题。关于科学技术,不少人认为人归根究底会被科学技术冲昏头脑,但是实际上,科学技术是因为在社会之中具有了巨大的力量而得以不断发展的。今后是否会因为人们厌倦了科技而回归宗教时代,对此谁也说不准,而且问题也没有那么简单。所以,我认为未来的决定权

（casting vote）就在于科学技术。

金泰昌：非常感谢大家，本次共同研究会让我深刻地感受到无论何时何地，对话都是一个难题。本次会议的收获远未超过以往的研究会，尽管如此，还是出现了无法去理解对方的具有了建设性的问题和质疑，只是一味地突出自身观念的合理性的问题，其结果，也就无法开拓出一个新的共同探讨的平台来。

但是，借用佐藤文隆教授的话，即便是我们"彼此蔑视，同处一室"，也要忍痛坚持对话，这样也许我们可以建立起"语言互通的关系"。我们不应该抛弃这样的愿望，而这也是我的希望和期待所在。所谓公共性的课题，也就是在语言沟通的情况下，每个人如何进行自我定位的问题。

拓　展

主持人：金泰昌

科学技术与公共哲学

金泰昌：在此，我想提出与公共哲学共同研究会相关的一点，我认为日本对于法国哲学家卡尔·雷蒙德·波普爵士（Sir Karl Raimund Popper）存在了极大误解。我不知道为什么，他所讲述的思想在日本并没有得到传播。

波普所论述的究竟与公共哲学的讨论之间存在了什么样的直接相关的视角，就此我提出自己的问题意识。波普真正地试图阐述的重点之一，即如果存在了"绝对的正确"这样一个形式前提的话，那么究竟什么人会知道它是"绝对的正确"的？由此，这个人可以说掌握了一切，支配并决定了一切。这样一来，果真就会带来一个好的结果吗？若不是这样的话，那么也就不存在什么"绝对的正确"。这一质疑的核心，就在于我们的认识或者知识的前提或者基础必须立足于"可能错误"这样的可能性，由此整个社会才可能成为一个开放型的社会。我认为，这样的一个前提设定极为重要。

如今处在世纪之交的一个转换时期，面对这一时代的变革，我也进行了一系列思考。首先，若是赋予"绝对的正确"这样的思维方式以合法性的话，那么基于这一观念，所有的一切——包括政

407

治、经济,将会构成一个社会系统。其次,人类可能出现错误,不存在什么绝对的正确,这也是我思考的一个前提。柏林墙倒塌的象征意义,即在于世人站在"绝对的正确"这一前提下所确立起来的社会系统无法维持下去了。在此,我并不是要说什么"资本主义取得了胜利,社会主义失败了"这一类的话语,而是要对这一象征性事件进行更为深刻的思索与探讨。

"绝对的正确"被赋予合法化的话,那么垄断这一"正确性"的集团就拥有了自身的合法性。与之相违背的人,则会被定性为异端或者非爱国者,遭到排斥、歧视乃至抹杀。这样的一个社会系统,我不知道究竟应该如何称呼它,至少它不是一个开放的社会。

我认为,"改正错误"存在了不同的理解,我们必须要经常重视"改正错误"的可能性,所谓错误,实际上也是千差万别的。不是真的,而是谎言,这也是"错误";不正确,漠然处之,这也是"错误";不贴切适当,行为过分,这也是"错误"。

同时,对于"改正错误"这样的言论本身,我们应该承认也存在着一个"反论"。我们可以想象得到,由此而展开的对话交流就在科学家之间或者专家集团的内部与外部得以进行下去,彼此之间的"错误"就会得到改正。由此我们再进一步向普通民众提出"应该不是这样的,或许还略为不同吧"的问题的时候,作为专家不应该强制性地辩解自己是绝对正确的,认定对方不了解才出现了错误,而是要倾听大众的意见,抱着一种谦逊的态度实现与普通民众之间的对话。

另一个让我感触的地方,就是奥本海默所说的"知罪"这一名言。基督教文化圈内的人,不管是不是基督教徒,都怀有一定的基督教素养。因此,他们的每一句话都会在不知不觉中带有了这样一种色彩。

"知罪"一语,存在了多种文本下的多样性解释的可能性。所谓"罪",站在传统的基督教神学的文本下来解释的话,是指人违背了神创造万物的目的与意志的行为。《新约圣经》的英文版本所使用的"hamartia"一词,带有了"判断错误"的内涵,由此而不断发展,也就出现了"原本的目的并非如此,但是却出现了令人意外的结果";另一个意思则是"傲慢",自己超越了自身的固有领域,由此而犯了大错。所谓"知道了罪恶",应该是包括了这样的双重内涵。这一概念在西方社会之中已经成为了基本常识,几乎不需要进行这样的一个解释。

如今我们所进行的"科学技术"的探讨,并不是我所设想的那个样子。不过,不知道怎么就走过了头,也就出现了如今偏离我的初衷的一个结果。但是,我认为由此也可以推导出"科学技术"究竟包含了什么样的内涵。

爱因斯坦与汤川秀树在普林斯顿高等学术研究所会晤之际,他们也说了同样的话。"我做了极为严重的错事,作为补偿,我呼吁今后绝对不能做这样的事,也希望你来协助。"这一对话,是我通过 NHK 所看到的。因此,我感到,与宗教的背景存在了直接或者间接关系的文化圈,与之并没有什么关联的文化圈,两者之间还是存在着一定的差异。总之,科学家之中也存在着一批对科学技术的过度开发而抱有罪恶感的人。

所谓"公共性",就是不要封闭,将之"公开"。昨日的讨论之中,提到了科学技术将会在科学技术者的集团内部走向自我的终结或者完结的问题,究竟什么才是"私"的本质,对此寻根问底,也就是走向自我完结。由此,一个被自我完结的被封锁与禁锢的所有的"私"的性质的问题得以展现出来。所谓"公开",就是突破这样的自我完结性,将之打破,转变为"他者应答"的形式。若是科学家集团的内部也进行封锁,走向自我完结的话,那么它也就变成了一种"私"的存在。我认为,较之这样的"自我完结"性,"公开"的行为本身才是科学公共化的最为重要的环节。关于这一问题,如果在此我们可以再次深入讨论的话,那么我认为将会出现更多更大的启发。

德国哲学家康德,应该说是第一个采取明确的形式提出这一问题的人。康德与他所在的那一时代,世人对于普遍给予的理性抱有了强烈的信任感,即便到了现在,人们还在提到:"人类之所以是人类,与动物不同,就在于人类拥有了理性。"但是这一时期,既存在着适用于"公"的场合下的理性,也存在着适用于"私"的场合下的理性。"国家"名义下的"理性"表述,乃是它的公共的使用方式;至于个人名义下的表述,则是私人性的使用方式。但是康德指出,实际上并不是这样的。

理性的公共的立场是什么?就职于政府部门的国家公务员为了政府部门而工作,或许就是一种"公"的立场,但是站在一个更高的层次来看的话,乃是一种私人的立场。国家公务员回到家里,就不再是政府官员,而是作为一个"个人"。而且,这样的"个人"还会批判性地审视自己从事的政府部门的工作是否适合于自己生存的"整个社会"的发展目标。他们在讲述什么的时候,乃是处在了一个公共的理性的立场。我之所以提出这一问题,是因为康德的认识至少为我们思考"公共性"的问题提供了一个契机,而且是一个极为重要的契机。

我想将康德提出的"理性"转换为"知识"来进一步探讨下去。这样的知识可以是"科学的知识",也可以是其他的什么知识。依照康德的思维方式,"知识"具有了公的立场与私的立场的两面性。对此,各位或许持有反论,但是为了阐明这一问题,我姑且这么来进行划分。为了发展科学技术而使用科学技术知识这一立场,应该是广义的"私"的立场。所谓"公"的立场,乃是指为了世人——与科学家集团或者技术人员集团截然不同——而使用科学知识的方式。

站在二元对立论的角度来探讨"公"与"私"的问题,我们就不会找到问题的核心之所在。我们承袭康德的问题意识,思索所谓"公共的"与"私"的之间究竟存在了什么差别。也就是说,无论是政府官员,还是学术团体,或者什么别的,在我们第一次只是浮现起"自身所处的集团"的时候,我们的思维方式严格来说就处在了"私"的立场。若不是如此,而是首先想到了外部、社会、状况的要求、他者等一系列概念,并站在与之关联的一个较为开放的立场下进行思考的话,那么也就是处在了"公共性"的立场之下。

因为,为了国家这一名义下的"公"(以往的"公")的立场若只是限定于国家之下的话,那么它也就不是"公共性"的,而是变成了"私性"的立场了。

"私"与"公"之间的相互关系如何?为了进一步阐明这一问题,我再提示一个例证。第二次世界大战究竟是一场什么样的战争,各个学者提出了完全不同的解答。但是就我自己而言,我认为是一场"灭私奉公"性的社会体制与我们如今正在推进的"活私开公"型的社会体制之间的战争。我曾亲身服役于韩国军队与美国军队,韩国军队如今发生了巨大变化,二十多年前则是深受旧日本军队的影响。尤其是日本陆军士官学校毕业的朴正熙担任总统的时期,韩国军队接受的完全是战前的日本式训练。在这样的训练之中,完全找不到"私"的存在,只有"公"的立场,只有抹杀"私"、为"公"效力的唯一观念。对于上级下达的命令,只能被迫地"绝对"服从。

这是我在韩国接受军事训练之际所发生的事。担任训练任务的教官突然对我们说："李舜臣是高丽时期的将军。"但是，历史的事实则是，李舜臣是朝鲜李王朝时代的将军，丰臣秀吉侵略朝鲜之际，李将军给予日本军以沉重打击，迫使其退出朝鲜半岛。

一位士兵举手回答："不对，李将军不是高丽朝的将军。"训练教官命令他出列，施以棒击 10 下的惩罚。接下来继续问："李舜臣将军是高丽时期的将军，是不是这样？"那位士兵还是否认，于是又遭到了击打 10 下的处罚。而后，训练教官再次提出了同一问题，为了避免处罚，士兵保持了沉默，训练教官大声斥责："你不回答，就是混蛋。"于是又处以击打 10 下的处罚。最后，在士兵拼命地控制住自己的情绪，不得不回答"是"的时候，训练教官说了这么一段话："如今知道了吗？军队之中不允许存在任何的抱怨，必须绝对服从上级的命令，不可提出反驳。"

而后，我因一次巧合到美国军队担任口译人员，我感到美国军队与韩国军队迥然不同。下级对于上级可以提出各种各样的反论或者直接反驳。决定一个事务需要相当长的时间，但是一旦决定下来，大家也就团结在一起。由此我发现了"私"的存在，这不是"灭私"，而是"活私"。

真正强大的军队究竟是哪一个呢？是无条件服从上级命令的军队？还是投入大量时间进行讨论，让士兵们知道为什么那么多的人要参加战斗，从而鼓舞士兵奋起的军队？我的真实感受还是倾向后者，即使每一个人得以充分地了解自己究竟在干什么，而后齐心合力投入战斗的军队的力量更为强大。

军队之外，我也经历了不少。我所想到的是，"灭私奉公"对于处在上层地位的一部分人而言，可能在一个短的时期内是有效的，但若是强制性地进行"灭私"的话，长此以往将会出现问题，而且会产生出背后的不满，乃至背叛。如今的时代，已经不是"灭私奉公"畅通无阻的时代了，而且我们也不能让它继续下去。如今这个时代，我认为需要走出"灭私奉公"的藩篱，转化为一个"活私开公"的存在形式。

站在这一立场，我对欧美的主要论断进行了正式的调查研究，由此我想到了"私事化"（privatization）一语。所谓"私事化"的问题，其中之一，即"parochialism"（狭隘）意识，也就是"过度自我防卫的狭隘主义"。人的自我防卫不能是无限的，必须限定一个程度。但是，若是超过了这一程度，变成了过度的自我防护的话，那么就会造成问题。不仅中央政府，即便是一部分与之利益密不可分的领域采取了防卫性或者保守性的措施，不与他者进行交涉的话，其结果，也就会将自己完全封闭起来，陷入到一种自我完结性的安全利益的追逐之中。这就是过度自我防卫的狭隘主义，也是"私事化"的一个典型。

"私事化"的表现之中，与"parochialism"（狭隘）意识构成一组概念的，则是"privatism"，它也体现在了各个方面。我将它翻译为了"内部逻辑埋没主义"。封闭于内部的逻辑之中，失去了自身与外部逻辑的平衡，或者完全排斥外部的逻辑，不管是国家还是政府人员，或者是专门领域的研究者，抑或是什么别的，在某个程度上他们或许也不得不如此。但是，这也是一个超越了限度的问题。"professionalism"（专业至上主义）也是一个问题，"专业"这一概念本身是一个不错的概念，但若是走向什么"ism"（主义）的话，那么就会出现各种各样的弊端。专家们或者专家集团发挥了巨大的社会作用，应该受到尊敬与优待，但若是过度的话，就会导致出现傲慢的态度，会发展成为自我中心主义，这样一来就会引起巨大的危害。

413

总括一下我自己的发言,也就是"私事化"一语。作为现代社会的整体倾向,如今这一"私事化"的事态正在发生,也是引发各种各样的社会问题的根源,因此,作为一个对策,广义性的"脱私事化"(de privatization)如今为人们所提倡,而且新的公共性的问题也在这样的语境下展开了讨论。我们公共哲学共同研究会可以说也存在着与之类似的并作为前提的问题意识。接下来我们要进入到"拓展"的环节,若是我的发言可以成为诸位之参考,则将令我备感荣幸。

作为"事例"的曼哈顿计划

中村收三:关于科学技术的公共性,科学技术人员是如何考虑的呢? 我在大学教授"工程学伦理"的课程,迄今为止一直从事实用型的工作,所以几乎不曾利用"公"与"私"这样的抽象概念来思考过自己的工作。但是,通过这三天来的共同探讨,刚才也得到金泰昌先生的赐教,令我真切地感受到自己正在探讨公与私的问题。

正如之前的"工程学伦理教育"的报告所指出的,技术人员必须最为优先考虑公众的安全、健康和福祉。我认为这最大限度地概述了金泰昌先生所说的对于终极的"公"(公众)的义务。与此相反,"私"的立场乃是一个与之对立的概念,是对雇佣者的一种义务。全美专门技术人员协会的《伦理规则》也规定了这一内容。

那么,"公"与"私"达到一个极致的状态,究竟会出现什么呢? 原子弹爆炸是如此,曼哈顿计划亦是如此,奥本海默他们所考虑的,也是一个终极状态。我们如今一直讨论的就是这样的一个问题。如果我们对曼哈顿计划的技术参与者提出:"请务必优先考虑公众的安全、健康和福祉",那么公众究竟是指谁? 最终的结果,我认为就是世界的公民。美国的技术人员而后也进行了各种各样的辩解,但是皆是站在美国人自身的立场,诸如为了保护美国军队的安全,所以不得不制造出原子弹并将之投掷下去一类的理由。

佐藤文隆教授曾在美国加州大学巴克利分校遇到了曼哈顿计划的"残余分子",我自己也在曼哈顿计划的中心之一、芝加哥大学进行过试验。我所使用的试验台,就是曼哈顿计划开展之后进行钚（plutonium）提取试验的试验台。那个时候,令我不由得浮想联翩。对于技术人员协助战争所出现的"公"与"私"的问题,我们应该如何考虑? 如果我们断言"公"就是世界市民,那么这样的讨论也就没有必要了。不管哪一个科学技术人员,也不能将自己的研究应用到戕害世界公民这一方面。

如今美国并没有继续执行曼哈顿计划,而是将生命科学或者IT作为了自己的国家战略。——他们并不是为了所谓的"世界的公民"。——在这个时候,科学技术人员究竟应如何考虑公与私的问题呢? 问题的关键也就在于究竟是以美国的利益为目的,还是优先考虑到世界公民的安全、健康和福祉,由此而展开自己的研究活动呢?

与之不同,一般的企业诸如日本的一般企业之中的技术人员是依据市场原理来从事研究活动的。所谓市场,就是指普通市民,他们是为了普通市民而从事研究活动的。不言而喻,他们也必须站在优先考虑普通市民的安全、健康和福祉来从事研究活动。他们必须考虑到自身对于雇佣者的义务,乃至公与私之间的平衡,由此来展开自己的研究活动。

如果我们反过来思考科学技术的公共性的话,那么,科学技术的研究与开发实质上并不是基于国家目的。我们在以市民为对象,依据市场原理从事科学研究的过程中,对于公共性的问题所作出的反应与认识或许多多少少会比较迟缓，但是也并不是完全没有考虑到这样的问题。如今的现状尽管是如此，不过，我们也会按照自己的做法一步步地来进行。我们在这里进行的讨论，政治界、政府部门、经济领域、媒体、教育界之中存在着不少问题，而且一点也没有进行过改进。但是，如果只是要求科学技术这一领域进行彻底改良，期待它出现飞跃，我认为也是难以实现的。对于科学技术，我还是保持着一种乐观的态度，这是因为科学家与技术人员也是抱着良心而拼命地努力着，尽管他们不为人真正地了解。

西冈文彦：对于您所说的，后半部分我没有什么问题，对于前半部分，我也存在着若干疑义。您所说的技术人员不管处在什么样的状况之中，都必须忠实于人自身的良心，对此我是大力赞成。

不过，对于您的开场白，如果将曼哈顿计划称为"终极状态"的话，那么我认为在此我们也没有探讨下去的必要了。我对曼哈顿计划抱有深厚的兴趣，并做了一定的调查。不过，我没有阅读国家的机密文件与专门的学术书籍，只是学习了我们普通市民可以找到的有限资料。因此，就这一问题，我希望您能有所赐教。

爱因斯坦之所以向美国的罗斯福总统致函，是来自杰拉德的建议。对于投掷原子弹的动机，杰拉德的理由在于"良心"。"良心"并不能赋予曼哈顿计划以正当性，但是至少对于是否投掷原子弹，他提示要保持一个慎重的态度。尽管人们将杰拉德视为"狂人"，但是他之所以不得不去劝服爱因斯坦，是因为他对希特勒可能拥有原子弹怀有极大的恐惧。美国接受了被迫逃亡的犹太人，作为对抗纳粹的势力，他们认为有必要要求美国制造原子弹。

众所周知，原子弹尚处在开发阶段的时候，纳粹德国投降，由此开发原子弹的理由，乃至制造原子弹的动机也就丧失了。不过，令人惊诧的是，杰拉德发起了反对向日本投掷原子弹的运动。而且，参与到曼哈顿计划的数名科学家们也在这一运动宣言上署名，但是作为美国政府，考虑到第二次世界大战之后的对苏战略，不顾反对将之投向了还在顽固抵抗的日本，并认为这可以成为警告苏联的行动。因此，这一事件之中的日本，尽管事实上处在战败的边缘，但是作为一个"绝好的落井下石的对象"还是遭到了原子弹的沉重打击。

对于这样一个计划，您指出它是一种"终极"的状态。但是，即便是在战争期间制造原子弹的技术人员，他们也署名指出"绝对不可以将之投掷于日本"。若是将曼哈顿计划之中的杰拉德、爱因斯坦、奥本海默等人物的各自不同的立场归结起来，那么，在这样的"终极"状态下，我们就可以感受到他们这样的科学技术人员自身的局限性。而且，我们也可以看到，作为人类本身，他们也会作出"放弃"自身研究成果的决定。

佐藤文隆：您所说的与历史事实完全不同，尽管我们可以创造出这样的故事，但是历史却完全不一样。在此，我们就不必为此而深究了吧。

所谓"公"，乃是超越了"国家"的存在形式，对此我们已经进行了讨论。但是在科学技术领域，尤其是最近的动向，围绕这一问题出现了国家的霸权竞争的观念。我这 4 年来一直以能源问题作为研究对象，学术杂志的霸权竞争如今也呈现出白热化的程度。在此，美国的霸权主义毫不隐讳地暴露出来，我也在一部分国际场合体验到了这一点。尤其是理工科系统的杂志，已经开始转变为互联网支持下的网络形式。同时，与这样的技术性手段的转换（transition）彼此互动的霸权竞争也开始出现。

不言而喻，科学信息应该将之开发为市场化的商品。这并不仅仅是指我们不能更为广泛地利用信息，实际上各个国家的学会要独立地拥有杂志也越来越不可能了。如今正处在一个向一极化集中的倾向。尤其是网络性的媒体杂志，可以说走向集中化的速度最为快捷。只要开发出一个软件，那么就可以将所有的信息复制出来加以使用。若是将这样的信息加以集中编辑，那么就会引起大家的关注，由此各个研究论文也会汇聚到此。应该说世人皆认识到，如今的科学研究正处在了这样的一个状况之中。

曾经一个阶段，联合国教科文组织、国际团体 ICSU（国际学术联合会议）面向未来，对此进行了一定的调整。如今，我们正处在一个信息化的时代，学术交流形式正在发生巨大的变化，作为学术联合会议的 ICSU 尝试开展了联合各个国家的学会共同讨论，一道构筑研究小组（working group），并使之成为未来的国际性组织的活动。但是，作为事实性的标准，美国较之其他国家遥遥领先，完全掌握了主导权，因此它们绝不会参加这样的会议。

我也曾在国际团体的委员会上提出，可以在欧洲组织起一个与 ICSU 相关的研究小组，并完成了极具分量的报告书，希望就此进行具体的探讨。但是，美国的代表就在现场对此进行了否决。他们甚至向委员会的议长提出："希望通知各个相关部门，这样的研究小组发挥不了任何作用。"我亲身体验了这样的蛮横场面，如今战争没有了，但是在这样的地方却出现了霸权之争，实在是令我万分惊诧。

中村收三：我要对西冈教授提出反论，我认为您对我的讲述产生了误解。我一点也没有要为参与曼哈顿计划的科学技术人员进行辩护，使之正当化（justify）的想法，应该也没有说这样的话。之前，佐藤文隆教授提出了问题，我只是对他表达支持而已。曼哈顿计划，乃是终极的国家目的的一个体现，即便是到了现在，美国人还在"国家战略"的名义下进行着技术开发。与此相反，我认为日本这样的商业开发性的科学研究并没有什么值得世人担心。

西冈文彦：我并没有说什么正当化(justify)啊。

中村收三：那么，您究竟怎么认为呢？

西冈文彦：简单地说，曼哈顿计划被称为"恶魔的计划"，但是至少，对于杰拉德他们来说，一开始的动机乃是为了"对抗纳粹"。与此不同，如今的生命科学这样的大型技术，并没有这样的动机一类的东西，而且研究的事态也正在不断恶化。我认为有必要对此进行思考与讨论。这就是我想要说的。因此，我非常赞成金泰昌先生所说的，奥本海默他们提到的"知罪"，我也就解释为了基督教的"原罪"意识。

中村收三：那么，您想说的是如今从事生命科学的人没有良心，不知罪吗？我还是没有理解您究竟要说什么。

西冈文彦：或许是我的表述存在了问题，我想再次阐述一下。我认为，曼哈顿计划至少是在一个将杀人赋予正当化的"有事"前提下，是在一个限定的历史时期内运作起来的计划。如同这样的在一开始就要进行充分探讨的问题，——我并没有说生命科学——，如今到了我们通过技术手段进入到了一个新的领域的时候，是否进行过了一定的探讨呢？就此而言，尽管曼哈顿计划被称为"恶魔的计划"，但是如今我们对于现代大型科学技术的担忧却远为超过了它。对此，我们实在难以抱有一个乐观的态度。

原田宪一：之前提到了美国的问题，冷战之后的现代世界，成为了美国一极化的世界，反之，整个世界皆成为了美国的敌人。冷战时代，美国与英国携起手来，也与日本结成同盟，但是到了如今一国独大的时候，在金融、信息等各个领域，美国也变得极为霸道，强调自己一定要取得胜利。

对于这一状况，令我感到危机的，乃是完全缺乏了对于资源、

419

环境的考虑。军事技术的目的乃是不惜一切代价追求终极技术，这样的技术可以杀人，可以警告他国，这就是它的目的。因此，军事技术的开发完全不予考虑环境与资源的保护问题。以此为鉴，民间企业出于成本的考虑，也就会出现提高能源效率、减少资源利用的倾向。

目前我们可以这么做，但是，若是我们不站在公共性的角度，对将来的一代人加以考虑的话，那么这样的负面遗产也就会不断累积起来，毒气弹、生物武器这样的后遗症将会给后人带来巨大恶果。令人遗憾的是，如今的生命科学技术、信息技术的开发计划完全没有考虑到对环境问题造成的影响。

美国微软公司组织了三个研究小组，三者彼此竞争，开发新系统。计算机的主机原则上可以使用 15 至 20 年，但是实际上如今仅为 3 年。新型主机的开发强调的是低能消耗，看起来可以节约能源，但实际上却废弃了庞大的主机，造成大量的环境污染。他们强调可以不必需要纸张，但是如今纸张的消费却是日益高涨，由此而带来的环境问题可想而知。

刚才，中村收三教授提到了公众的安全、健康和福祉。我认为，站在一个更为长远的目标来看，若是我们不予考虑未来一代人的安全、健康和福祉，那么科学技术与公共性的问题就根本找不到解决的方向。

科学知识的全球化标准

金泰昌：佐藤文隆教授的发言之中提到了"超越国家"，我认为这未必就是要否定国家的存在及其价值。国家的作用极为重要，但是，我们有必要对它的机能与作用进行重新考察。由此，也有必要思考站在"公共性"这一基准——与国家内敛型的"公"处在了不同层次——的重要性。若是没有超越国家这样一个立场的话，那么我们就无法知道真正重要的究竟是什么。公共性使国家走向了相对化，若是我们没有充分考虑到这一点的话，那么我们的主张与批判就会缺乏一个有力的支撑，就会在大多数场合下陷入到自相矛盾的陷阱之中。

一到原子弹爆炸纪念日，广岛与长崎的市长就会举行一系列纪念活动。他们向世界传递的信息，就是基于自身是原子弹的受害者，希望"为了人类与地球，绝对不可以再犯这样的错误"，并由此而声讨向两个城市投下了原子弹的美国。

但是，若是不站在超越国家逻辑的公共性这一视角的话，那么美国完全有理由申辩自己是为了"国家"取得战争胜利而实施这一行为的。这样一来，两者之间的争辩也就会没完没了。由此，日本对美国投下原子弹进行抗议的正当性，最终也就只能归结于"人类的良心"而已。批判的前提若是超越了国家这一层次，乃是基于国家间的协议而形成的一个更高层次的规范的话，那么日本就可以指责美国违反了这一规范。总之，我们必须设定一个超越了国家层次的"公共性"的前提，否则这样的争论也就毫无意义。单纯地以国家为"公"，即站在美国的"公"与日本的"公"的对立立场，那么对于双方而言，是不可能开拓出一个有价值的新的立场的。

如前所述，若是我们拘泥于自身内部的逻辑而丧失了内部与外部之间的平衡的话，那么也就只能是一种"私"的立场。同样是讲述原子弹爆炸的经历，若只是依据自身的内部逻辑来讲述的话，即便看似出现了什么普遍性的伦理，但是讲述者却不会意识到，自己已经陷入到了一个自身的个体讲述与自身的设定基准彼此矛盾的困境之中。

421

在探讨跨国境的公共性这一问题的时候，即便是同一个历史事件，也会出现与我们自身所想相吻合或者与之相背离的问题。不管什么样的历史事件，想必皆会出现不尽如己意之处。我们不能总是责备过去，我相信人类的学习能力，因此，正因为我们体验到了过去的悲剧，所以我们才会尽量地避免这样的错误也落到将来的一代人身上。若是我们决心这么做的话，那么探讨跨国境的"公共性"的问题也就成为了一个极为现实的问题。尽管这一问题极为复杂，但是我们绝不可以轻易放弃，而是一定要做到如此。

佐藤文隆教授的发言之中，对于现代美国的霸权主义表达了愤慨，对此我也深有感触。但是，美国是否可以一直实行这样的单边霸权主义呢？我认为这样的状况并不可能长久下去。我这样认为的理由也不少。正因为如此，我才认为有必要指出美国的一国优越的霸权主义思维方式并不是到了任何时候都可以行得通的。而且，美国自身也出现了一批反省自己行为的人，时代的格局也正在发生变化。

提到"全球化标准"，如今最为世人关注的是经济与贸易的领域。但是我认为，与之相比，"知识的全球化标准"迄今为止一直是被欧美所占据，这是一个更大的问题。诺贝尔奖就是一个典型的事例。日本在经济上积累了巨大实力，因此，日本不要走自身一国中心主义，也不要如同美国那样摆出一副傲慢的姿态，而应该率先创造出更高层次的知识的全球化标准。所谓诺贝尔奖，则是另一个全球化的知识标准。正如佐藤教授所说的，人类的"出色"之处各自不同，我们应该考虑到不同的全球化标准。或许一开始我们的进展不会一帆风顺，但是通过不断持续的努力，就会产生出一定的影响。即便是诺贝尔奖，其最初也并不具备现在这样"惊天动地"的影响力。

地球与人类这一层次下的公共性的问题，并不单是什么抽象的理想主义，而是一个切实的现实的问题。日本曾经遭受核武器的打击，也经历了第二次世界大战之后的痛苦、悲哀与忏悔，对于美国的蛮横应该会感到厌恶吧。若是这样的话，那么日本就应该不断努力，拿出超越他们的成果来吧。

小林正弥：佐藤文隆教授论述了美国的霸权主义，令我得以确认美国就是这样一个国家。这样的美国与战前存在着雷同之处，美国掌握了战略霸权，四处出击。但是我认为，即便是选择了一个出击方向，美国也没有什么绝对胜利的希望。

我们究竟可以做什么？战前是军事力量的对抗，如今是 IT 领域的竞争，我感到在这样一个美国模式的赛场，与之进行同台竞争，日本没有丝毫取胜的希望。因此，对于我们来说，最好是创造出另一个模式即日本模式。日本应该创造出以"将来一代"或者"公共性"之理念为核心的科学技术开发模式。曼哈顿计划战胜了纳粹主义，对此我也认为它存在了积极的一面，但是同时我也认为，日本要建立起以能源为核心，在短时期内可以促进其快速发展的积极性科学技术规划。我希望日本的科学家们可以提出这样的构思来。

环境问题应该说也是一个典型。日本曾经出现过极为严重的公害问题，所以在公害治理技术方面大为领先于他国，若是学术界提出一个非美国的模式，并可以为世界的发展提供新贡献，那么将会是一个了不起的大事。曼哈顿计划毕竟是原子弹开发研究计划，不管它怎么辩解说是为了打倒纳粹，若是将之放任自由，则会令人难以保持乐观。但是，若是涉及新能源的开发，乃至"软能源"（soft energy）或者自然能源开发这样的对环境有利的技术开发计划的话，那么由此则必将获得令人可喜的成果，我们也丝毫没有必要去对它加以责难。即便是其他国家,也会认为日本的举措值得赞赏,也会对日本表示感谢吧。

我们可以命名一个"富士计划"或者其他的名称,站在公共性的视角,将我们认为必要的环境科学技术规划开拓为一个大型国家计划,通过立案逐渐推进,就可以达到这样的效果。"科学技术创造立国"的方针在明确了自身研究的理念与目的之后,将之落实为"环境科学技术创造立国",那么日本的科学技术研究就将走上一个新台阶。或者,我们不是推行日本一个国家的计划,而是采取与亚洲其他国家合作研究的态度,或许这一规划就可以发展成为"环境科学技术创造立亚"这样的方针了。

本次共同研究会再三地讨论了产学合作与发明专利的问题,与之相关,北欧国家推出的 UNIX 计算机新系统,或许将来会全面压倒微软。站在传统的模式来看,这实在令人无比惊奇,即便是站在科学的"公共性"这一理念来看,也是我们极为愿意看到的前景。而且,微软公司败于市场垄断的诉讼,逐渐走下坡路,应该说这也是一个历史的大事件。它也标志着美国模式的败北。

我一直在思考,是否通过其他技术,我们也可以如同北欧一样推出自己的新系统。作为一个外行,令人遗憾的是我无法找到这样的答案,但是我希望会出现这样的多样化,即便是站在"公共哲学"的立场也是如此。我认为,自然科学系统的研究者们有可能提出这一技术的构想。

发明专利的问题,如今也是跌宕起伏。各个国家判断、确认发明专利的基准也存在着不同。以 IT 领域为例,北欧开发出来的新系统将自己的专利完全公开,走透明化的道路,完全不允许利用发明专利来进行垄断。日本如果不能一下子达到这一标准的话,那么也可以通过缩短发明专利的有效时间这一途径,来有效地避免垄断。这样一来,也就与美国的模式得以区分出来。我期待着日本朝着这一方向发展下去,并可以提出更多的各种各样的构想。通过连续三日的研究会,我也想到了不少问题,对此,我希望今后可以形成一系列提案。

小林傅司:金泰昌先生在自己的问题意识之中提到了"知识的全球化"的问题,我认为这非常重要。他还提到如今的诺贝尔奖具有了一定的象征意义。白川英树教授获得了本次的诺贝尔化学奖,在这之前,高木仁三郎先生去世了。或许一下子,世人就会忘记高木仁三郎先生之死。依照如今的媒体评价标准,他所获得的 Right Livelihood Prize 奖与世界闻名的诺贝尔奖完全不属于一个层次。如今的科学类评奖,采取了不同的知识评价基准,但是,现实中的科学家们的意识应该说还是看重纯科学的或者什么其他的逻辑性强而稳固的科学研究。

刚才,金凤珍教授在提到新科学的时候,我认为佐腾文隆教授几乎是一口断言,那是以物理学为题材的文化现象。这样的一个回答,站在现实的物理学者的感觉这一立场,则是理所当然的一段话。"学问"的根本究竟是什么,这一问题的关键就在于我们要如何对待历史传承下来的"学问"。现阶段,我们是通过进化模式来展开讨论的,至少,自然科学家们采取的是一个进化模式。过去,我们依据数学知识的模型可以达到真正的认识,而后它转变为了神学,进而以历史学为参照物,出现了"Wissenschaft"这样的理想的学问模式。而今,则是以物理学为范本的自然科学。若是我们将学问的发展视为历史的"进步"的话,那么我们如今所说的"科学",就带有了学问的终极形态的内涵,我们所进行的讨论,大概也就可以归结为诺贝尔奖。依据其他的基准来把握学问的历史发展,可谓是异常艰难。今后,或许发明专利、TLO(技术转让)这样

425

的新型基准下的知识创造系统模式,将会转变为受到世人高度评价的知识模式吧。

新型基准下的知识创造系统模式承载着将全球化与 Public 即"公共的善"联系起来的功能,对此,我们究竟可以提倡到哪一步?首先,这一模式的存在是必要的,但是,在知识模型通过与市场机制相结合而形成的一种进化论发生之际,我们却没有建立起可以与之对抗的知识模型。高木仁三郎先生所获得的 Right Livelihood Prize 奖,应该说也是一个包含了人类智慧的知识模型的表现形式,但是对此,我预感到了人们对它漠不关心。但是,这样一个问题与过去的科学伦理要处在一个什么样的关系下? 对于否定过去的物理学而出现的新的学问模式,也令我感到一丝怪异。对于这一方面的问题,我并不是十分清楚。不过,我却感到极为痛苦,也略微带有了一点悲观的情绪。

作为跨国界之公共性的承担者的科学家集团

绫部广则:我认为,如果把世界视为一个纵向结构的书册的话,那么,各个书页之间的横向联系就是科学家集团(scientific community)。就跨国境实现了横向交流这一意义而言,科学家集团最初具有一种接近"公"的存在性质。不可否认,这一集团本身也会转变为"私"的存在,而且这样的可能性也不小。但是,伴随着国家的技术化、科学的体制化,科学家集团也被国家包容进来,出现了断裂,而且我认为这样的趋势也越来越快。如今,世界上确实存在着 ICSU(国际学术联合会议)这样的跨国性组织,但实际上,国家就是国家,产业就是产业,依据这样的框架,科学家集团出现分裂。

罗伯特·金·默顿(Robert King Merton)描述了具有科学精神

气质(CUDOS)的科学家集团。假如它实际存在的话，那么我们就会把这样的集团树立为"公"的典范。在现实之中，科学家集团是"私"性的存在，如何将之还原为"公"，即便是事实上不可能，但是我们可以以此为借鉴，来展开自己的思考。我认为这也是一种构思吧。

金泰昌：就公共性的基本原理而言，作为跨国界之公共性的承担者，较之任何一个人类集团，科学家最为具有这样的可能性。之所以如此，是因为作为科学知识及其应用的技术不会受到国界的限制。但是，实际上提供研究经费的是国家机构或者企业，所以科学研究是否可以发挥出良好的作用，也就由国家机构或者企业来进行判断了。最后，科学家会响应政府或者企业的召唤，从事科学研究，而后被公认作出了什么成就。科学家乃是探索将地球与人类串联在一起的普遍知识的人，但是到了现实之中，却不得不转向或者屈服于这样的制度。在此，我们究竟如何才能取得完美的平衡？究竟如何才能一方面对应现实之需要，另一方面足以站在一个更高的基点对国家政策与企业行为进行批判性地思考、判断与评价？而且，是否可以站在一个更高的层次来重新审视我们所做的一切？我们不可避免地要去面对这样的一系列问题。总之，问题的关键，就在于我们如何才能建立起一个这样的公共性的社会系统，才能超越只是依赖于每一个人的良心的根本界限。

另一个问题，就是科学知识的全球化标准与从以此为基础的知识的殖民主义之中独立出来的问题。为什么诺贝尔奖具有无与伦比的影响力，其他的奖项没有可以与之匹敌的影响力吗？我认为问题的症结在于媒体——它在知识领域无法充分地独立起来——的宣传。对于日本媒体的报道我感到无比惊诧，我曾看到这么一则新闻："金大中获得诺贝尔奖，象征着他所推进的政策获得了认可。既然这样,也就不会出现反对意见。如果朝鲜南北实现了统一,那么只有他才有资格担任这个统一国家的大总统。"

我感到惊诧的地方不是在于金大中获得诺贝尔奖如何,而是在于人们判断一个事物的时候,动辄就将诺贝尔奖视为了判断的基准,这一行为方式本身是否合理呢?

不仅如此,一旦获得诺贝尔奖,获奖者就会被认定为那一领域的"权威",但是我认为,这样的一个知识"同调"的倾向存在着极大的危险。

日本也存在了不少这样的授奖。在决定授奖者的时候,也是采取了与之类似的基准。为了今后不出现什么抱怨,所以授奖委员会选择了一条安稳的道路,乃至诺贝尔奖的获得者回到日本之后也被再次授奖。这样一来,这一奖项可以说是站在了与诺贝尔奖一样的基准之上。在它的背后,则只是对诺贝尔奖的价值予以提高,而没有反映出自身的一个标准。

"为什么总是做这样没有一点出息的事呢?若是要给予大量奖金,那么就应该站在一个完全不同的立场,制定出一个与诺贝尔奖完全不同的评价基准,若是谁提出抱怨的话,我们就可以解释本奖项是采取这样的基准进行评选的,在我们看来,诺贝尔奖的基准也并不完全是绝对的,应该站在另一个角度来进行评价。"如果我们明确地提出这一点的话,我不知道是否会立刻得到认可,但是一段时间之后,我想会出现这样的评价方法吧。

总之,"只有这个基准才是唯一正确的,其他的全部是错误的"这样的思维方式是错误的。尽管如此,无论是评估(assessment)还是评价(evaluation),若是没有明确基准是什么的话,则必然会招致后来的批评。若是将明确下来的基准通知给所有人,并基于这样一个大家公认的基准进行评选的话,那么获奖的人就是在一个不同于诺贝尔奖的基准下被推选出来的,由此也就具有了独特的价值。

但是,最为不幸的也是最不合理的问题,就是诺贝尔奖是否是一个终极性的基准? 如今,这样的倾向不仅丝毫没有改变,而且在某个领域获得诺贝尔奖的人,也被认为可以在任何一个领域畅所欲言,且被人们视为正确之言论。由此,也就可能引发了巨大的错误。我认为这是一个极为严重的问题。

若是长此以往的话,实在是令我感到恐怖。一位获得诺贝尔奖的脑生物学的学者出席了日本淡路岛举行的国际会议,偶然地与我相邻而坐,我询问他:"您觉得什么样的政治制度才是最正确的?"这位诺贝尔奖的获得者回答:"这个问题极其简单,只要获得诺贝尔奖的人担任大总统就可以了。"我继续追问为什么,他回答:"因为他们知道什么是正确的。其他的人连什么是正确的、什么是错误的也无法判断,这样的人去干政治,只会使政治走向疯狂。因此,只要完全知道什么是正确的人担任了最高的领导人就可以了。"通过这样的言论,应该说他们这样的人并不相信哲学之王,而是真正地信仰"科学之王"可以统领一切。

我认为,没有比这个更令人感到恐怖的事了。波普对于这样的问题曾反复提出了警告。因此,我希望日本真正地去了解一下波普的思想。所谓政治,并不是从什么是正确、什么是错误这样的角度出发的,而是要去思考大多数人抱着各自不同的立场,且不得不共同生活在一起的时候,究竟怎么做不会导致不幸,如何尽量地减少受害者,如何使更多的人能够实现自己的人生目的。它并不是要去思考什么是真理或者什么不是真理。真理性的政治最终会不得不导致极权主义的独裁,这样的立场与政治本身存在了根本性的差异。这也是我一直以来反复强调的问题。

我经常感到,诺贝尔奖给我们带来了极大的危害。同样是小说家,到昨日为止还没有办法销售出去,只能长眠在书库之中,一旦获得了诺贝尔奖,则一下子销售一空,这样还不能满足需要,只能是通宵达旦地加紧印刷。我想大概没有比这个更具讽刺的事情了。

科学技术与国家战略

金凤珍:美国将科学技术作为自己的国家战略(national strata-gem),对此进行了大量投入,处在执牛耳的领先地位。日本则截然不同,但是,令我感到痛苦的是,日本加入了美国的世界战略同盟,韩国也是如此,处在了一个以美国为主导的军事世界战略下的极为艰难的立场。科学技术的军事应用属于真正的国家机密,我们在日常生活之中是无法接触到的,因此,我们所知道也就是常识性的知识而已。

所幸的是,韩国宣布"不参加"TMD(战略导弹防御系统)。但是,日本却参与进来。我相信处在一个艰难环境下的日本,应该是没有办法才加入进来的。总之,日本加入到美国的"国家战略 + 世界战略"之中。对此,我们应该如何去理解它呢?

研究国际政治的人经常这么说——或许是夸张吧——日本的技术极为优秀,若是没有日本技术制造出来的零部件,美国高科技的导弹根本不可能飞起来。我认为在这之中,也包括了美国将日本的民用技术随意地转化为军事用途的一环。这样的判断基准比较模糊,总之就是这么被转化到了军事领域。但是对此,我们这样的民间人士是无法了解到的。针对这样的一个现实,我们可以提出什么样的批判呢?日本只是基于和平的目的发明了这样的技术,而且也极为注重技术人员伦理,所以才会令我们感到安心。但是,我们是否就可以这样完全相信他们呢?

佐藤文隆:美国的 MD(反导系统)将会如何,只有等待美国总统选举的结果。您刚才说日本抓住了技术的命脉,究竟是指什么我不是十分清楚,我并没有这样的感觉。倒不如说,日本在飞机技术、宇宙开发这一领域非常落后,半导体技术、纳米技术尽管并没如此。日本火箭发射连续失败,可以说是日本技术落后的一个象征,甚至一部分人认为日本还赶不上北朝鲜,毕竟他们取得了成功。因此,我感到日本期待着一种技术意义上的"后盾",可以给予自己以一定的信心。就这一认识的大前提而言,与您不同,我并不认为这是什么了不起的问题。

围绕科学技术的动态这一问题,如果让我来阐述的话,我感到原子能开发的问题,也包括和平利用的问题,渐渐地成为了一个过去的问题。鉴于开发的成本高昂,或许今后将自然而然地消失吧。

美国宇宙航空产业正在走向衰退,遭受这一影响的人们,如今正拼命地寻找着可以继续生存下去的手段。美国阿拉巴马州汉斯庞尔镇,就是一个以宇宙航空与军事导弹为产业的城镇,我去年到那里参观访问,发现与导弹相关的军需产业如今陷入到了极为艰难的处境之中,MD(反导系统)由此也带有了使之继续存在下去的潜在内涵。不言而喻,这一研究与开发也潜藏了巨大的危险。

扎根于地域的科学

佐藤文隆:金泰昌先生与小林傅司教授都提到诺贝尔奖的评选基准乃是欧美式的基准。我认为,尤其是最近,美国越来越依循诺贝尔奖的权威这样的话语霸权。以物理学奖为例,委员会时不时为了与美国对抗,勉强地将欧洲人也拉入到了获奖者的行列。但是不管怎么说,诺贝尔奖的评选方式还是越来越依据欧美式的价值观。

因此，正如之前所说的，日本到了自己要开始作出一点什么的时候了。而且，不仅是日本，我认为也要将中国拉进来，整个东亚一起来树立自己的基准。

金泰昌先生提到，科学技术（科学的知识）才可以超越"国家"的形式。但是，正因为这一方面过于强大，所以如果将之适用到亚洲这样的原本文化上就存在着巨大差异的地方，那么它所产生的威力就会无比巨大，甚至可以改变整个社会的价值观。反之，这样的观念适用也会"侵略"到我们的心灵深处。

之前提到学术杂志的霸权问题，我也给它添了一把火。究竟是怎么一回事呢？欧美国家来购买日本的杂志，提到"编辑权交给你们，希望我们的在线系统（online system）可以刊载你们的论文。"我负责汤川秀树创办的一个学术杂志，是直接将它销售给欧美，还是自己来制作在线系统，最后，这一与物理学相关的杂志还是决定自己开发在线系统。

美国依据学会体系已经建成了庞大的在线系统数据库，我认为亚洲将来也会如此。日本针对科学技术厅、文部省、过去的NACSIS系统，如今依据国家的投入要制定"信息中心"这样的数据库，包括成本预算的各个相关领域已经开始启动，各种各样的杂志皆可以进入到这一数据库之中。

我们希望创造出这样一个系统，可以将亚洲的各种各样的杂志都收容进来。对于这样的一个前景，正如我在序言之中所提到的"三极"，尽管站在局部的立场它被指责带有了"帝国主义"的色彩，但是我认为在此还是要意识到亚洲的地域性特征。我担任日本物理学会的会长期间，曾在学术杂志的卷首撰写了"日本问题"这篇文章。读者对此感到一片茫然，不知道究竟是为什么。那个时候,他们普遍讨论的是"普遍"、"国家化"这样的话语,但是我反其道而行之,写下了"日本问题"这一标题。

"日本问题"之中的"日本",不是一个狭隘意义下的日本,而必须是扎根于自身地域性的一个概念。但是,"科学"本身可以说与"地域"之间没有丝毫关系。尽管如此,我认为与其一下子就走向国际化,倒不如说更为重要的是,日本必须考虑到日本也存在着不少人,他们围绕科学技术的问题,正在与日益强大的霸权主义进行对抗。通过树立具体的目标,日本就可以抵御日益嚣张的霸权主义。我认为,如果日本不这么做的话,那么就会被外来的霸权压倒下去。

就此而言,这样的地域,并不是指"日本"一个国家,而应该是整个"亚洲"。因此,我认为有必要重新审视一下与亚洲的各个地区相符合的价值观究竟是什么。不过,这样的价值观的统合乃是极度危险的,对此我也深有体会。

金泰昌:美国在现实社会中就体现为一个通过各种各样的方式来发挥主导作用的知识帝国主义的形象。但是接下来,就并不单是美国一方的霸权主义,可以说得到美国人之认可并将之视为最高荣誉的人也不少。即便是日本的第一流的学者,也出现了不少借口"我所说的得到了美国什么大学什么教授的认可,所以被证明是正确的",由此来为自己辩护的人。而且也存在着不少人,他们提到自己的"研究成果在美国发表",意味着受到了高度的评价,试图论证自己研究素质高,并以此为自豪。如果是未成年(junior)的青年学者,他们试图成为人们所接受(establish)的学者,从而说出这样的话,那么则是无可厚非的。但是,这样的人在任何场合都说这样的话,则实在是令人叹息不已。正如佐藤教授所说的,在他们看来,只是存在着美国这一个基准。作为基准,可

433

以是两个，也可以是三个，尽管如此，到了国家这一层次，如果不制定出自己的基准的话，那么就会陷入到无政府的状态。对于美国主导的知识全球化的基准，我们在进行另一个选择（alternative）的时候，也正如佐藤教授所说的，最为重要的地方还是在于创造团体的多样化。如果只是日本一个国家来做的话，那么就会遭遇到反对的壁垒，无法实行下去。

但是，如果采取东亚的模式，只是一个中国，就拥有了 12 亿的人口，如果将日本、韩国集中在一起的话，那么在数量上就可以与北美大陆或者欧洲相抗衡。如果大家众志成城，一道设立一个知识性的大奖，就可以在诺贝尔奖的话语霸权之外，树立起"存在着另一种知识的存在方式"这一观念。不可否认，要做到这样需要不少的时间，但是只要我们不断地努力，媒体也持大力赞美的态度，大多数人表示认可并加以宣传的话，那么就可以改变如今的美国一边倒的现状。我认为，这样的"基准改正"绝不是没有可能。一开始或许它没有什么力量，但是在不断发展的过程中，就将会成为一场全球化的变革。

美国论述"公共哲学"的学者为数不少，但是他们大多是停留在了国家层面。他们的前提在于"美国就是世界"这样一个错觉。就此而言，中国也完全如此。因此，考虑到中国与美国之间的霸权对抗的问题，我认为跨国界的公共性的理论建构实在是一个紧迫的课题。

西原英晃：刚才，两位先生的发言之中提到了东亚，我也谈一下自己的想法。我所研究的工程学领域并不是处在一个核心的地位，所以对于东亚的问题我也所知甚少。在工程学这一领域，日本设立了日本工程学研究院这一组织，是一个与外国对等的研究院，也是一个世界性的组织。亚洲的韩国与中国也设立了同样的组织，它们和日本一起，如今正进行着如同佐藤教授所说的形式下的合作与交流。东亚的共同文化究竟是什么？我们可以以汉字文化为开端，共同创办出一个可以共通的杂志就可以了。就我自己而言，反正是以工程学为突破口，或许创办一个全面性的科学研究杂志存在着一定的困难，但是如果其他领域也开始这样做的话，我认为也不是不可行的。

原田宪一：您提到科学技术具有"普遍性"，确实，如今的科学技术乃是物性利用，基本上只有拥有实物与能源，不管到哪里我们皆可以利用它。站在原理性的角度的确如此，但是，以原子能开发为例，这样的科学技术却遭到了严格的地域限制。

原子能开发走向实用化的时候，美国流行着"古地磁气学"这样一门学问。为什么会如此呢？根据它的理论，进行深度的地底钻探，地球磁性最初发生逆转的地层，乃是 70 万年前的地层。美国进行核试验的方法极为简单，就是通过深井钻探，深入到那一地层，如果没有发生断层，那么就将之确定为进行核试验的场所。但是，这样一个试验在日本是不可能的，日本不存在着 70 万年间不发生断层（地震）的地方。

另一个问题，就是核废料的处理问题。如果是月球表面，因为物体不会发生移动，所以处理极为简单，只要挖掘一个深坑就可以了。那里没有水也没有风，即便是搁置数万年也没有任何关系。但是，地球则是不可能静止不动的，尤其是日本，本身就是一个湿度高的国家，而且还处在了地震带，原理上进行封存是可行的，但是实际建设的废弃场所，正如物理学所描述的那样，并不是一个单纯的自然形成的场所，而是存在着极大的隐患。因此，对于日本来说这一问题尤为复杂而艰难。

若是科学技术只是停留在实验室进行实验的范围之内，那么

435

只要是物质与能源,不管如何皆会得出一个带有了普遍性的可行性结果。但是,一旦到了现实生活之中,现实的条件将发挥极大的制约作用。如果我们不考虑到这样的实际问题,只是抽象地讨论"科学技术创造立国",那么将会陷入到极为危险的境遇之中。

第三个问题,我们在实验室进行试验的时候,我们可以采用92 类元素进行各种各样的实验。但是,现实之中我们将它们作为"资源"加以使用的时候,"量"的问题也就显现出来。以超导体电线为例,它的电阻为零,确实是如此。但是,若是在整个日本皆进行铺设的话,则需要 6000 吨左右的钇(yttrium),而日本一年只能进口 200—300 吨的量。而且,世界上也没有专门的钇(yttrium)矿带,它只是作为锡、铜、铅这样的广泛使用的金属矿的附属产物而被提取出来。由此,就出现了一个不到 20 年就无法收集齐全这样的材料的问题。与此同时,在技术上我们可以采取铍(beryllium)来代替它,但是潜藏着毒性,如何进行废弃物处理也成了一大问题。

日本与亚洲之间的共通之处是什么,如今也出现了共同创建这样的动向。与此相关,我认为,站在量子论、机械论的思维立场的物理学在这一方面取得了决定性的成功,我们具有足以建立起一个物理帝国的实力。但是,我们对于生态系统、环境变化的认识远为不足。我们通过与循环、阴阳和这样的传统观念彼此相同的"相互关系",也就是站在关系论的立场来看待事物的发展,由此我们应该可以对它进行一个合理的说明与解释。

因此,我不认为我们可以完全超越物理学。对于生态系统、环境、资源这一类问题,我们可以把东方的阴阳五行这样的要素(element)之间的相互关系作为突破口来加以解决。我认为这一方式也体现在了工程学之中的材料与技术的灵活运用这一方面。

我们可以从小事着手,一点点地努力,就可以扩大未来的可能性。因此,对于物理学不予考虑的"生态系统"这样的宏观领域的问题,我认为事实上是极为重要的。

小林傅司:原田宪一教授所涉及的内容之中,我认为出现了一个极为有趣的问题,也就是金泰昌先生提到的创建"新的基准"下的"奖"的问题。科学技术具有普遍性,而且这样的势力极为庞大,因此要设立一个新的知识基准下的奖是极为困难的。不过,反过来说,科学技术的普遍性究竟是什么,对于这一问题,我认为必须进一步地探讨到底。

这样一来,物理学之所以被视为普遍性的学问,大概就是因为它的研究对象是一个不必受到特定地域条件限制的普遍现象吧。我们可以将天体现象记述下来,也可以将实验过程中的物质运动轨迹视为普遍现象记载下来。物理学的研究一开始就依赖于这样的特定环境(site),由此也就逐渐地出现了偏差。若是要将这样的实验结果赋予一种普遍性的话,那么就必须要将整个地域、整个环境也考虑进来。换句话说,科学研究通过将整个社会视为自己的实验室,就可以确保其自身研究的普遍性,这也就是从物理学到社会学的一个框架结构。如果忘却了这样的转换问题,那么我们就会错误地认为物理学的普遍性就是绝对的普遍性。

对物理学提出反论并背叛了它的,则是地质学这样的研究领域。日本不可能具备欧美那样的将地质研究转化为实验室研究的基本条件,这样一来,也就变成了各自研究自身固有地域的问题了。由此,我认为我们有必要好好讨论一下普遍性、地域性这样的问题。这样的讨论或许会偏向科学哲学的范畴,但是我认为这样的问题确实存在。

437

科学技术与人类未来

林胜彦：如果没有一个人提出不同意见的话，那么我们这个共同研究会就有可能变成批判诺贝尔奖、批判"科学技术创造立国"的一次讨论了。在此，我就站在相反的立场来建立起一个拥护阵营。

对于诺贝尔奖，大家应该是极为了解的了，尤其是诺贝尔和平奖，政治性的判断也渗透了进来，所以以色列的拉宾首相、佩雷斯外交部长、巴勒斯坦的阿拉法特议长也获得了这一殊荣。但是，在这之后，中东和平处在了一个什么样的状况下呢？日本首相佐藤荣作也曾获得诺贝尔奖，那个时候的功绩与之后的结果也是出现了巨大落差。正如大家所知道的，我们对他们表示了祝贺。但是，科学技术则与此不同，它必须对自己的未来持有一种不可动摇的普遍的"实际功绩"。我在本次研究会的一开始，的确说过要对韩国的金大中总统与日本的白川英树博士作为东方人获得这样的殊荣表示祝贺，韩国的人士也参与了本次研究会，是否我们真的表示祝贺就可以了呢？若只是这样做的话，为什么就不行呢？

本次研究会，我最想说的一点就是"多样化"的问题。这次研究会之所以了不起，就在于各个不同的学术立场的人基于自身的信念进行了各自不同的发言。就此而言，站在亚洲式的思维方式，金泰昌先生提出要设立一个与欧美的价值观完全不同的奖，对此我完全赞成，认为这是一个不错的提案。

其次，否定"科学技术创造立国"是不是一个错误的思想呢？"人无恒产，则无恒心"，那么为什么日本可以享受科学技术的成果呢？这也是我想问的一个问题。产业的成果毕竟要以科学技术作为积淀，文科系统的学问也极为重要，但我们不是为了学问而学问,为了科技而科技。我认为,对于文化、文明,我们怀有一定的期待,如果它们不能正确地指引出学问的方向,那么这样的学问也就没有任何意义。

如今,日本发行了大约660兆日元的赤字国债,尽管进行了大型公共投资,但是却陷入了长期不振的烦恼之中。"世界经济论坛"发表的《2001年国际竞争力》的报告之中,日本在49个发达国家之中落到了第26位。但是,若是我们采取历史考察的视角,就会发现日本曾经被高新科学技术、原子弹打败,从战后的一片废墟之中崛起,成为世界第二经济大国,这与日本民族的刻苦耐劳、长期稳定的政权、有效的政府机制、民族的同一性乃至公平而高质的教育水平密不可分,正因为如此,日本才实现了快速发展。追究其根源,我认为就在于以科学技术为根本的、极为优良的产品与产业。但是,具有讽刺意味的是,近代合理主义带来了快速发展,同时也滋生出了全球性的环境问题,乃至人心的"荒废"。我认为,20世纪可以概括为"科学技术的时代",大量的生产,大量的消费,大量的废弃,使人们的生活越来越丰富起来,那么,究竟"近代合理主义"的什么地方出现了问题呢? 我们只是站在现代这一代人的眼光来看待科学技术,而且为了使我们的个人生活更加丰富,为了最大限度地满足我们"个人的欲望",才走向了"效率一边倒"的方向。我认为,近代合理主义的弊端即在于这一思想。随着技术的日新月异的发展,它走上了一条专业化与细分化的道路,这也是一个必然。不过,反过来,则是要走向一条统合化、跨学科化的道路,我认为这也是必要的。我们忘记了文科与理科之间的融合,只是将目光投向了专业化,缺乏了整体性与全局性的思考,那么,这样的科学技术就会出现解体,由此而出现的最大问题,也是20世纪遗留下来的最大的负面遗产即地球的环境问题。若是不解决这一问题,那么人类的未来也就无从谈起。我们只是关注到了一个人的生命,一个人的幸福,而且也只是现代这一代人的幸福,这样的"哲学",我认为根本就是错误的。

最不可饶恕的问题,就是原子能开发的问题。如今,不少国家提出要增建轻水反应堆,但是欧美的发达国家并不在其列,而且,被称为"梦的反应堆",可以生产出钚(plutonium)239——它既可以作为原子弹的原料,也可以作为核燃料——的高速反应堆的建造计划,即便是领先日本一步的英国与美国也决定放弃。处在世界领先地位、领先日本两个大步的法国的建造实证反应堆——距离实用反应堆仅一步之遥——"超级不死鸟"(super-phoenix)计划也出于安全性与经济性的考虑而被搁置起来。如今的高放射性物质的处理问题,与我20年前制作NHK特别专辑"秘密化的巨大技术·原子能开发——如何来处理放射性废料"那个时候的技术水平比较起来,基本上没有任何的进步。20年前,一部分国家宣称要在2000年之前将核燃料废弃物处理完毕,但是如今它们却不得不推迟。而且到目前为止,应该说世界上还没有一个国家真正地实施了处理技术的改进与革新。

美国的原子能委员会(AEC)曾经就这一问题进行了认真审议,其结果是提出了各种各样的解决方案,并进行了科学性的探讨。他们提出"利用火箭将之送入太空,任由宇宙与太阳来处理","投到南极大陆去处理","通过核爆炸,建立起地下洞穴,进行填入处理","挖掘深井,进行多孔性地层处理","投弃于深海海沟,进行地幔处理"。但是不管哪一个解决方案,皆存在着一定的风险,所以在排斥了一系列不现实的方案之后,地层填埋处理方式成为了一个首选的方式。目前为止,最为快捷的核废料处理,则是美国与芬兰的两个处理地点,它们预计到2010年为止将核废料处理完毕。但是，据说美国内华达州开始提出诉讼，状告美国联邦政府（能源部），而美国的统计检察院（GAO）也对于这一计划提出了根本质疑。

日本也正在考虑采取地层填埋处理的方式，核燃料回收开发机构为了显示这一技术信赖可靠，于1999年11月向原子能委员会递交了《地层处理研究开发第二次总结报告》，其结论认为，日本适合处理核废料的场所极为广泛，哪怕是过去了10万年，也不会发生任何安全的问题。但是另一方面，神户大学石桥克彦教授在第二次总结报告的"地震"这一条目下，反思"地震只是活断层才会出现的活动"这一观念，指出"若是没有出现活断层也就不会发生地震"这样的一个认识是完全错误的。而且，他还指出，要在日本找到10万年期间一直处于稳定状态下的地层，依据现代的地震学是完全不可能的。那么，事实应该是什么呢？对此我希望我们的科学家们能够站在科学的立场好好地思考一下。不管如何，就这一问题，日本政府代表已经在1955年的原子能和平利用国际会议上就发表了如下讲话："现代原子能工业的最大烦恼之一，就是放射性核废料的处理问题。即便是站在医学的立场而言，也是一个极为重要的问题。放射性核废料能否得到处理，将决定今后原子能工业的发展前景。"不管是谁来考虑这一问题，我认为皆会遭遇到原子能开发的这一软肋。

我事先声明，我并不是一个绝对反对一切原子能开发的人，倒不如说是一个现实主义者。众所周知，日本是一个缺乏资源与能源的国家，正因为如此，所以确保包括原子能在内的能源利用的多样化是极为关键的。但是，利用什么样的技术来处理高放射性核废料，如何来保证数万年乃至10万年内它对环境、人体没有任何危害，完全安全，这需要一个科学的论证。完全无视这样的现实问题,在没有决定最终处理场所的前提下就继续增加核电站,其严重后果就会转嫁给我们的子孙后代。我认为,若是让普通人来思考这样的问题是十分滑稽的,必须是真正的科学家与决策者。就此而言,现代这么一代人,也就是作为父母的我们,对于子孙后代也就是未来的一代人实在是没有承担起自己应尽的责任。

对于技术人员而言,最为优先考虑的伦理问题,并不是给将来一代人带来什么"报应"的问题,而是作为现代这么一代人要承担起自己的责任来进行技术开发。之所以如此,是因为日本无论是推迟决定开发原子能,还是如同瑞典与德国一样,每隔32年就重新选择核废料的处理方式,这一问题始终是我们回避不了的一大课题。我认为,这一问题所质疑的伦理问题,不仅仅是针对科学技术人员,同时也包括了参与到原子能开发产业的人,不管是执政党的政治家还是在野党的政治家,或者地方自治体的人,政府部门的人以及作为普通市民的每一个人。

日本通产省在1997年的COP3会议(第三次缔约方会议)召开之际,为了达成《京都议定书》的一致意见,日本政府提出有必要在国内增设20多座轻水反应堆这一议案。但是,日本总理府1997年的社会调查表明,越来越多的人认为原子能开发应该逐次递减,应该予以废止,不应该再给予增加。这次调查,不仅是东海村核燃料泄漏事件发生之前的一场调查,同时也是一次舆论调查,其调查数据显示:反对派(现状维持、阶段性递减、立刻废止)为48.6%,推进派(注意安全地推进、积极推进)为42.7%,反对派首次超过了推进派。而且,在以新泻县卷町、割羽村、三重县海山町的居民为对象而进行的原子能开发事宜的投票之中,反对派占据了多数。不仅如此,在就"对原子能开发是否感到不安"的舆论调查之中,最新数据表明,83.1%的日本人都怀有了一定的不安。这就是最为根本的事实，是我们绝对不能忽视、必须直接面对的事实。

我一直强调，日本的轻水反应堆不会发生切尔诺贝利核电站那样的大型事故，这是基于日本的平均技术水平极高这一前提而言的。但是，事实上发生了东海村的核泄漏事故，两个人死亡，而且还出现了一系列莫名其妙的事故。我以前也提到过这样的话题，在这次事件发生之后，东京大学与京都大学的优秀学生不再选择原子能开发作为自己的专业了。这样的现实也令我感到恐惧，而且我认为，这样潜在的危险性将来也绝对会越来越突出。

正如武部启教授所说的那样，日本对于"基因图谱计划"的安全性投资几乎为零。美国如今也不过是投入了几个百分点的研究经费。这样一个状况，实在是令人难以恭维。我们应该在重新确立未来发展方向的前提下来发展科学技术，由此才能为人类带来真正的安全与安心，才能使人类的生活变得更加丰富多彩。

支撑这一方向的基础，我期望是"生命的哲学"。令我明确意识到这一问题的，乃是阿波罗8号拍摄的"Earth rise"（地球升起）的一组照片。透过月球表面冉冉升起的地球，没有比这个更为"凑巧"、没有比这个更为"美丽"的画面了。从外部拍摄下来的地球这个蓝色星球的照片，给我的心灵带来了戏剧性的变化，令我深深地感受到这个小而薄的生命体就是我们的生命赖以生存的地方，就是所有的动植物乃至细菌不断繁衍的地方。它经历了37亿年，成功地创造出了一个富有生机的生态系统。与此同时，也令我深切感受到在时间与空间的交叉活动之中，在过去、现在、未来的发展过程之中，我们不仅要珍视每一个人的生命，也要珍视自身与所有生命体之间的关系。对此，我称为"生命哲学"，它并不是"生命伦理"。生命伦理的侧重点在于医师，而且还限定了医疗这一领域。但与之不同，所谓"生命哲学"乃是将普通市民放在一个重要地位，而且要求这一学问适用于所有的科学技术。遗产基因、DNA 具有了 37 亿年的生命历史，经历了保守与革新的进化，才创造出了现在的生态系统与丰富的多样性。否定这样的多样性，也就是否定包括我们人类在内的地球生命的连续性。忘却了共生与循环、忘却了大地母亲和大自然，将"报应"转嫁到下一代人的科学技术，不仅不是什么美丽的东西，而且它的价值也极为低下。我认为，科学家与技术人员必须培养起一种时代精神，去努力承担起自己的责任。

每一个生活者，每一个市民，如同这样的"转型"（paradigm shift）已经开始出现，因此，未来的科学技术若是没有他们的支持，想必科学技术的研究与开发就会陷入到一个止步不前的困境。

"生命哲学"极为重视将来一代人。对此，我由衷地祝愿它可以成为一个贯穿整个 21 世纪的理念（concept）。

矢崎胜彦：本次共同研究会持续了 3 日，经历了认真的探讨，在此我谨向各位专家学者表示感谢。本次研究会的主题是"科学技术与公共性"，我认为，迄今为止我们没有举办比这次讨论更为深刻的研究会了。本次研究会留给我的一个印象，就是在世界朝着"公共化"这一方向发展的时候，科学技术的本来面目究竟是什么，我们可以说找到了一个新的发展契机。我认为，科学技术带来了社会的繁荣，科学技术只要沿着这一目标前进下去就可以了。可以说从一开始我就是抱着这样的问题意识一直参与下来的。经过了 3 天的探讨，展现在我们眼前的结论，也就是科学技术的目的是为了公共化之"当事者"（直接体验者）的人的发展、人格的发展，也就是说，承担科学技术的每一个人，本质上就是抱有了内在的良心、即更高层次的自我的人。

这是我在讨论的间隙曾讲述过的一段话。但是，若是将科学史视为认识方法论的发展历史的话，那么，无论是以物为对象还是以什么为对象，我们的认识框架会不断地得到发展，由此被我们所认识的对象世界也在不断地发展。而且，我们认识的世界本身，也发展成为一个较之其本来形象更为庞大的框架，乃至扩展到整个宇宙。这样的一个认识的方法论再次落实到我们每一个人的"内在良心"——人的主体性或者主观性之原动力——这一更高层次的自我的时候，科学技术就必然会朝着人的发展与社会的发展合二为一的方向前进，并可以为人类作出真正的贡献。这样的科学技术的公共性包含着巨大的可能性。通过本次研究会，我深刻地感受到了这一点，在此谨以致谢。

445

拓　展

后　记

金　泰　昌

　　将来世代综合研究所(现为公共哲学共働研究所)的目标,就是不拘泥于学术界的藩篱,进行研究的提案、推进、发表与交流这一系列活动。而且,也要为此树立起一个场所(使对话互动得以生生不息地延续下去的时间与空间)。不仅如此,我们还要促进学术界与市民社会之间的对话交流。与此同时,对于其他的集团、团体、组织难以处理的问题,或者世人不愿去从事研究的问题领域,我们也会积极地通过强化国内与国外的联系来谋求解决。尤其是对于只是一味地关心现代这么一代人的倾向,我们会站在要为将来的下一代人考虑与负责的立场,来促进我们去理解社会、环境的变化的趋势,在不剥夺下一代人的选择权的前提下,为实现人类的未来作出贡献。我们关注为了实现知识的体系化而必不可少的研究技术,并将不断地拓展与这一发展方向相适应的实践活动。

　　就在这样的期待之中,我们举行了第 26 届公共哲学共同研究会(2000 年 10 月 14—16 日),这一共同研究会是以如下的基本认识为前提而组织起来的。

　　1. 作为科学的知识与应用的技术开发,乃是重要的公共资源之一,同时也是社会发展的重要原动力。因此,我们认为有必要站在一个更为广阔的视野来研究科学技术本身,并坚定地立足于科学技术与市民社会彼此相关的立场,将科学技术作为一个公开对话的议题。

2. 封闭的内部逻辑、伦理、事理存在着"自我完结性"或者"自我满足性"的本质弊端,科学技术领域的专家们在克服这一弊端的过程中,需要提高自我认识。与此同时,科学技术的进步与发展带来了正与负的社会影响。因此,即便是普通市民,也必须抱着"共同参与"与"共同责任"的态度(stance),对这样的影响加以认识、评价与判断乃至决定未来的行动方针。也就是说,这一过程要求普通市民要转换自己的观念,要具有实践的意志。

3. 如今,科学技术的社会需求急剧扩大。伴随于此,人们开始更多地考虑将之使用到军事性的、营利性的开发领域。由此一来,作为研究成果的知识与作为研究成果之应用的技术,极有可能在国家权力的名义下被恶意地开发为战略武器,或者被误用为企业追求"私密性"的剩余利润,谋求自身发展的战略商品。针对这样的现状,要求我们进行深刻的探讨,如何才能建构起一个与之对应的基本对策。

4. 无论是科学技术领域的个人还是集团,皆要求深刻认识到科学技术自身的社会责任问题。在这一认识过程中,对于"国家"的忠诚(公)与对于"企业"的忠诚(私)——作为我个人的意见,我不愿采取这样的固定的二分法,哪怕是将来不得不进行一个一般性的划分——这样的问题姑且不谈,人类与环境的问题也彰显出来。我们在考虑到两者的同时,也要考虑到两者之间的问题。这样的考虑,也就是要站在"公共性"的基准之上。现代社会需要这样一个基准,它是一个超越了"国家"的概念,原则上也应该成为我们进行思考、行动与判断的基准。

基于这样的现实性的思考与认识,本次公共哲学共同研究会将"科学技术与公共性"作为了共同议题。通过本次研究会的各个分议题的讨论与协议,在此我进行一个总结,也就是迄今为止我们阐明了什么样的问题、出现了什么引起思想混乱的问题乃至我们今后的课题是什么。

我只是就我自己感受的范围来进行一个总括,所以感到万分抱歉。我认为,本次研究会阐明的问题如下:

首先,真正的对话应该是什么?本次研究会促使我不得不重新思考这一问题。我们"将来世代综合研究所",也包括本研究所的母体——京都讨论会议(forum)在过去的 12 年期间,一直试图通过最大努力来建立起一个理想的对话互动的场所。但是,几乎在所有的场合,皆令我们感到了沉重的挫折。其根本缘由在于:

1. 共同讨论的方式过于苛刻,即提问的时间过于简短,而征询对方意见的时间却过于冗长。

2. 与会者具有一种执著而顽强的防卫心理。他们谋求对自己有利的探讨方式,认为与其参与超越自己专门领域的共同议题的讨论,倒不如将探讨的议题牵引至自己的专门领域之中,在这一框架下与辩论者一决高低。

3. 与会者抱有了极度强烈的自我意识。与其说他们是通过对话,彼此皆认识到什么新的观念,并由此抱有一种新的问题意识,积极而深入地进行思索、研究与实践,倒不如说他们的目的是为了谋求自身建议或者理论的正当化。

就在这样的进行过程中,我偶然接触到了一本著作;就是英国伦敦大学柏贝克学院理论物理学戴维德·波姆教授著述的《对话论》①一书。这一著作从多个角度对"对话"的重要性进行了深刻

449

---

① David Bohm, *On Dialogue*, London & New York: Routlege, 1996.

思考,如实地记录下了引发对话行动的自然科学家的思考与体验。在此,我借助这一著作,来尝试着描绘一下我与他之间的假想对话。

金泰昌:依据我以往的经验,在将我自己的固有观念传递给对方之际,最为显著的一个现象,就是我会单一方向地或强制性地或宣传性地或传递性地告诉对方,而且,在对方接受了我的观念之后,我会借此给予对方影响,试图控制对方。几乎所有的场合,我皆是处在了这样一个状况下。那么,如何才能实现真正的对话呢?

波姆:"Dialogue"(对话)来自于希腊语的"dia-logos","loges"(逻格斯)是指"语言",而且我们将它理解为"语言的意义";"dia"乃是"通过",而不是"对"之意义。因此,所谓对话,并不仅指两人之间,也有可能指几个或者多个人之间所进行的交流行为。但是,即便只是一个人,只要拥有了对话精神,也可能出现自我内部对话的感觉。"Dialogue"一词的由来所暗示的印象或者想象,也就是在我们之中;且通过我们,在我们之间得以实现"意义的交流"。因此,对话可以使整个群体内的意义交流成为可能,由此也会产生出一个"新的理解"。它是一种新生之物,是我们的出发点所没有的东西。而且,它还具有了一定的创造力。不仅如此,由此而实现的共同意义(理解),就是联系人与社会的"黏着剂"或者"接合剂"(cement)。

与"对话"处在可对比的立场的,就是"讨论"(discussion)。"讨论"的词根与"冲击"(percussion)、"激动"(concussion)一致,它实质上是指对事物进行"分割",强调了"分析"之内涵。一场讨论之中存在着无数的观念,也会提示出各自不同的观念,对此进行分析,进行分割,以确立各自的价值,这也就是讨论。但是,这样的价值皆是有限的,并不能够将我们牵引到一个超越了不同观念的深度。

讨论与乒乓球比赛极为相似，人只是送出自己的想法，接受对方的想法而已。而且，乒乓球比赛的目的是为了胜利，为了得分。或许爱好乒乓球比赛的你会为了强化自己，去接受他人的建议。而且，在这一过程中，你会与某个人取得一致，也会与其他人意见相左，但是最为根本的，就是要赢得比赛。

但是，在"对话"之中，我们无法找到谁会取得胜利。如果说某个人获胜了，那也是所有人的胜利。这样的精神与"讨论"完全不同。"对话"之中，我们既不会想着要得分，也不会强迫对方只是接受自己的意见，倒不如说，若是谁发现了错误，大家都会受益，也就是一个"双赢"（win-win）的局面。其他的游戏则是"赢与输"（win-lose），如果我取得了胜利，那么也就表示你失败了。但是，"对话"乃是超越这一层次的共同参与，参与的人不是进行相互间的对抗游戏，而是"共同"做什么。因此，对话会使大家都受益。①

金泰昌：尽管我们抱着强烈的愿望，但是我认为绝大多数场合，我们所进行的并不是您所说的意义下的对话，而始终贯穿了讨论。我如今的一个心情，坦率地说，就是要放弃对真正的对话的追求。

波姆：在这样的对话中，若是一个人说了什么，那么一般的情况下，其他人不会按照第一个人所理解的那样来进行回答。倒不如说，他们所说的意义极为相似，却并不相同。因此，第二个回答者在进行回答的时候，就会找出一开始说的人试图要说明的与第一个回答者所理解的、这样的二者之间的差异。通过对差异的思

---

① （David Bohm, *On Dialogue*, London&New York: Routlege, p. 6—7.

考,他或许会找到什么新的东西。这样的新的东西既适合于他自己,也适合于第一个回答者。接下来,这样的差异时而扩大时而逆转,由此而继续下去,就会出现参与对话的双方的一个共同的新内容。由此可见,在一场对话之中,每一个人已经不是要将自己所知道的想法或者信息与他人一道"共有",而是体现为两个人要在一起创造出什么,也就是说,两个人会一道尝试着进行新的事物的创造活动。①

金泰昌:若是我们只是尝试着让其他的参与者来理解我们已拥有的固定知识,若是我们只能以自己的知识为中心,在它的范围内并基于其规范进行单向性的知识传递的话,那么我们就没有必要举行连续性的讨论会了。正因为存在了对话,正因为存在了讨论,所以若是无法产生什么新的事物的话,那么我们对话的目的究竟是什么,举行讨论会的意图究竟何在,由此也就不得不抱有这样的疑问。对此,您有什么意见吗?

波姆:如果人们不带有偏见,不是试图要给予对方以影响,而是做到了自由倾听的话,那么这样的交流就可能实现创造出什么新的事物的目的。每一个人必须关注真理与整合性,而且,在必须舍弃陈旧的想法与意图的时候,两个人如果只是期望如同事项通知一样,来彼此地传递某种构思或者想法的话,那么他们就必然会走向失败。之所以这么说,是因为每一个人都会通过自己坚持或者辩护的思想这一"有色眼镜"来听取他人所说的东西。这与它是否真实,或者说是否具有整合性并不存在任何关系。

这样一来,如果人们期望实现彼此合作、共同进步(协动)的

---

① David Bohm, *On Dialogue*, London & New York: Routlege, p. 2.

话,那么他们就必须要能够创造出彼此共有的东西。①

金泰昌:所谓可持续性的协作,如果不抱有由此而产生的事物会生生不息地演变下去这样的实际感受的话,那么也就不会实现。如果某一个人只是进行一种基于既有知识的解释或者意见的传递,进而试图将之纳入到他自己的框架之中的话,那么他即便是接受了什么人的观念,我认为也绝不会成为可不断繁衍下去的对话。

我想要阐述的第二点,乃是科学研究与技术开发转变为更加关注"向社会的还原"这一事态的认识与实践的问题。尤其是科学,作为个人或者集团而存在的科学家们,他们的内部意识(冲动、诉求、动机、志向、观念)的特权性,无论是客观上还是主观上,皆得到了世人极大的认可。但是,可以说科学的研究成果所带来的社会影响,在正面的与负面的影响同时加剧的现实状况之中,总是一直不能满足科学家的知性冲动与欲望的要求。

就此而言,我认为本次研究会的各个议题发言,若是与两位前辈科学家的对话内容进行比较的话,将会十分有趣。这两位前辈科学家,就是汤川秀树与梅棹忠夫。较之社会关系,他们更为强调了以人的根本性的、内在性的动机形成为重点对象的科学观。至少我在筹划本次研究会的时候,我就读过两位前辈科学家著述的《对于人类而言,科学是什么?》②一书。在此,我想将他们两位的看法或者想法,与如今的科学技术领域的专家们进行一个对比。这一段文字非常冗长,在此我只是引用了我自认为重要的

453

---

① David Bohm, *On Dialogue*, London & New York: Routlege, pp. 2–3.

② 汤川秀树、梅棹忠夫:《对于人类而言,科学是什么?》,中公新书 132,东京:中央公论社 1967。

地方。

（一）

汤川秀树：……提出量子论的生物学家马克斯·普朗克反复使用了这么一句话，即"脱离了人"。现代物理学的思维方式，正在"脱离"人的范畴。这一句话存在着各种各样的解释，但是我认为它的确抓住了 20 世纪以来的物理学的发展变化。

（如果科学的巨大化不断地超越人的认识以及与人之间的关系的话，那么科学将会变成什么，是否会变成令人感到恐怖的怪物，恰如弗兰克斯坦所创造出来的妖怪一样。）

梅棹忠夫："脱离了人"？我认为这是一个非常有趣的说法。不过，具体而言，它究竟是指什么呢？

汤川秀树：以前，或许是因为物理学与我们人类保持着直接的密切关系吧，按照其研究的尺度（scale）来看，它是以人的尺度下的各个现象为研究对象；若是从其研究的规模大小来看，或者说从动态的速度乃至温度或者其他什么基本条件来看，物理学研究的对象皆没有远离人的感觉或者经验。也就是说，物理学的研究对象就是在一个与把我们人也包容进来的、与普通环境没有什么差别的状况下的、我们可以体验到的现象。但是，到了 20 世纪，出现了原子研究、接近光的速度的研究，物理学的研究对象逐渐地脱离了人，而且，我们为了理解它，也必须要具备极为奇妙的思维方式。就这两层意义而言，物理学的研究已经脱离了我们的常识。所谓"脱离了人"，简而言之，也就是如此。①

----

① 汤川秀树、梅棹忠夫：《对于人类而言，科学是什么？》，中公新书 132，东京：中央公论社 1967 年，第 5—6 页。

（二）

　　梅棹忠夫：如果说"对于人而言，科学是什么"这一问题是追索科学的直接应用的问题或者探讨它究竟带来了什么效果的话，那么我认为也有可能不得不得出这么一个答案，即科学在本质上是没有意义的。

　　汤川秀树：站在终极的角度而言，科学技术将会变得没有意义。科学技术在快速地向学问还原的过程中，它是一边搜索着自己的折返点，一边向前进的。但是，科学之所以是科学，就在于它怎么也无法还原回去。

　　梅棹忠夫：我也这么认为。科学的目的必须是为了所有的人，这一思想一直伴随着科学的进步，倒不如说它是一个极为危险的思想。

　　（如果说科学对于人的应用"诉求"乃是本质性的，而且是终极的，没有意义的话，那么究竟谁会来承担科学研究的维持费用，如果是为了贵族或者有钱阶层的兴趣而出现的科学，则还不会出现什么问题。但是，如果只能是依靠所有国民缴纳的税金来进行维持，而且除此之外别无他法的话，那么科学的存续如何才会成为可能呢？）

　　汤川秀树：但是，一旦出现了原子能这样的问题，那么我们就必须重新大力地宣传一下科学是为了人类的这一理念。

　　梅棹忠夫：如果这么做的话，会是一个什么样子啊。应该说科学毕竟是为了人类。

　　汤川秀树：这样做确实比较困难。科学走在了前列，如果它折返回来，将会是一个极为了不起的大事。我认为，如果我们认识到这一点，就会在这一过程中"注入"人道主义思想，而且也应该将

455

它贯彻下去。但是,科学的还原将会是什么样的呢,对此我们还无法预料。但是如果事先进行一个限制即"为了人类"这一前提,那么问题的关键就不在于是否需要注入,而是在于如何注入了。

（科学将会给人类带来正面的、负面的重大影响。这样的可能性也在现在的状况下不断加剧。如果不对科学赋予"为了人类"这样的一个限制,那么也就等于是完全放任科学为所欲为。）

（三）

梅棹忠夫:科学一般被认为是理性的经营活动,但是科学实际上并非如此,推进科学研究的力量并不是理性,倒不如说是一种冲动——知性的冲动。我没有考虑科学折返或者还原的问题,因此对于这一问题应该如何对待,是否可以不必解决就可以了,我的心底抱着这样的一种难以放弃的情绪,试图直接面对这一问题,努力地去解决它。这大概也是一种知性的冲动吧。这是一种无法控制的情绪,制动器也不可能完全有效。若是我以后慢慢地加以整理的话,我会认识到科学存在着折返或者还原的问题,同时也会做到如何去控制它。不过,与其说如今推动科学前进的力量并不是什么理性的观念,倒不如说更为接近一种盲目的冲动。

（科学的合理性与非合理性,天使的善的角色与恶魔的恶的角色,作为救赎的科学与作为灾难的科学——我们如何才能找到改变这样的两难之境的突破口呢?）

汤川秀树:但是,您所说的知性的冲动,还有诉求,它们究竟是指什么呢?

梅棹忠夫:科学的原动力并不是性的诉求,与性的冲动一样,知性的冲动、知识的好奇心也是人最为根本的行为之一。如果这样地去进行思考的话,那么也就容易理解了。

我想说的是,之前存在着基于人类生活之需要的各种各样的课题,为了满足人类生活的需要,科学才得以诞生。所以,使科学得以诞生的人的生命诉求先于科学而存在。人的生命诉求乃是处在根本的地位,而科学则正如之前所说的,本质上会脱离人类的日常经验,走向人的日常经验难以企及的一个地方。①

(科学走向了超越人的日常生活之体验的一个地方,这一转向是否是必然的呢?)

(四)

梅棹忠夫:美国、俄罗斯、日本这样的国家,如今正迎来人类历史上第一次的"大众科学时代"。一个日常性的(routine)、大众化了的社会正在逐渐形成。这会带来一个什么样的结果呢?在这样的科学大众化的时代,科学走向日常性的社会的状况下,科学开始触及人的存在之根本,并得以完全展现出来。科学的出现并不是基于自身的奋起,而是作为日常生活的经营原理来发挥作用的。我认为这一转型非常有意思。

汤川秀树:这是一个新的状况啊。

梅棹忠夫:我也认为如此。之前您也提到了这一问题,不过,科学始终抱有了要解决未知问题的基本观念,也就是说它是一个开放的体系。在此,若是依据个人精神来加以判断的话,那么能够处在这样一个开放的状态之下,就可以断定那个人的精神实在是过于顽强,充满韧性的。

所谓精神,只要不走向终结,就不会安定下来。精神处在一个

457

---

① 汤川秀树、梅棹忠夫:《对于人类而言,科学是什么?》,中公新书132,东京:中央公论社1967年,第102—103页。

开放的观念体系之根底,也会受到不安的驱策。我认为,宗教处于统治地位的时代就是这么一个状况。在那个时代,如果不向人们提示出一个终极的思想或者世界观,那么他们就会感到不安。由此而出现的安定性,也就成了宗教时代的基本原理。但是,科学不会给予我们这样一个终极的安定性,哪怕是到最后也是不可能的。即便我们使科学走向了日常性,它也不会提供给我们以安心之感。

(科学的开放性与宗教的终结性,是否可以成为一组矛盾性的概念呢?)

汤川秀树:我最近一直在谈"开放型的世界观",不管科学研究的方向是向内还是向外,我们皆会面对一系列未知的事物,我们要在这样的一个世界中生存下去。我对他人说这一生存方式与常识性的立场没有什么差别,每一个人都可以抱着这样的生存方式。但是,不少人也认为,只是依靠自身的开放性并不能使自己安心立命。事实上也正如此。在所谓的"开放型"之背后,我们也会产生改变它使之走向终极的一个要求。而且,这一要求始终在发挥着潜在作用。我们从事学问研究,一般是站在了一个开放型的世界观,但是同时,我们也会努力地去改变它。我们不会期待这样的转变立刻发生,但是我们总是想着自己可以终结它,并为之而努力。或许只有宗教的力量,才能一下子使这样的世界观走向终结。对于这样的一个问题,我不知道处在这一世界观下的人可以忍耐到何时,但是,只是依靠走向日常性的操作的话,那是不足以解决什么问题的。

(尽管强调的是一个开放型的世界观,但是我们意识内部的未知世界不会发生任何改变,因此,这样的开放并不是认同他者的存在、价值与尊严,并响应它的呼唤进行应答这一意义下的开放。我这样理解不知道是否存在了误解。这样的世界观与其说是开放的,倒不如说是封闭型的世界观。这样一来,是否就隐藏了科学对于宗教化的一种"乡愁"(nostalgia)式的即还原到宗教化的一种情绪呢?)

梅棹忠夫:我也认为只是依靠日常性的操作是不行的。这一点尤为重要。科学不管怎么走向日常性,或者并非如此,也绝对不会走向终结吧。①

(我们是否可以说科学正是因为它的未终结性,所以才与宗教完全不同?尽管科学未曾终结,但是科学家无论是个人还是集团,究竟为什么会对它的自我完结性抱有如此强烈的执著呢?是否因为不管是个人的还是集团的,急剧膨胀的权威意识与防卫心理发挥出了强大的影响作用,所以才不会向他者真正地开放呢?)

两位科学家应该说各自超脱了自身的研究领域,实现了思想的互动与俱进。而且,我感到,较之思考的内容,倒不如说通过彼此间的概念性的交流,在这样一个思想走向融合的过程之中,产生出了二者皆没有明确表达出来的新的思想。

但是,我们必须明确的是,两位科学家的对话之中,我们没有找到与科学研究的"公"与"私"乃至"公共性"这样的问题意识相关联的讨论。我不知道我的解读是否正确,但是这一对话留给我的一个印象,即科学就是科学家个人的秘密的经营行为,同时也是依据一种宇宙的生成力量得以发展起来的。

之前,我尝试着假想了自己与波姆教授之间的对话,在此我也引用了汤川秀树与梅棹忠夫的对谈。之所以如此,是因为我认为通过多人之间的对话,——而不是一个人的思索与体验的独

459

---

① 汤川秀树、梅棹忠夫:《对于人类而言,科学是什么?》,中公新书132,东京:中央公论社1967年,第144—146页。

白——会产生出新的构思、意识、思想火花或者展望,本次共同研究会的期待之一,也就是希望超越"两人间的对话",由此更进一步,使"多人之间的对话"成为可能。

我想要阐述的第三点,就是我们思考与"公"、"私"皆不同的"公共性"的问题是否必要?是否妥当?

"新的公共性"的特征之一,首先就是"向他者开放"。以往的"公"集中在了"国家"这一层次,如果走向极端,它自身就会被封闭到"国家"这一名义下之下(论及过去的体验,我认为这一倾向极为显著)。

不仅如此,个人或者团体、组织等也会忽视他者的存在、价值与尊严,他们自身也会被封闭在一个只是一味追求自身利益、追求自身目的的思维与行动的空间之中。这就是"私"的横行无忌的体现。因此,关注他者的思考、责任与义务,以此为前提而进行的观念改革,就是"新的公共性"的第一步。而且,这个第一步的首要问题,就是与他者之间的真诚对话。我认为,我们有必要对此进行重新的认识与思考。

站在这一立场,"对国家的忠诚"这一层次下的"公"、"关注人类与环境"这一层次下的"公共性",在这样的二者的互逆性的对抗之中,我们应该如何来看待科学技术领域的专家们的基本态度(stance)呢? 在此,以曼哈顿计划的参与者为例,我想阐述一下自己的意见。我认为中村收三教授的讨论之中提出了一系列尤为重要的问题,在此,请允许我引用一下。

1. 在从事曼哈顿计划这样的将技术用于战争的科学研究之际,必须"优先考虑到公众的安全、健康和福祉"。参与曼哈顿计划的技术人员在谈到这一段话的时候,他们所说的公众究竟是什么人。如果站在一个终极的立场,我认为就是世界的公民。不过,美国的技术人员而后进行了各种各样的辩解，诸如为了保护美国士兵的安全，所以不得不开发原子弹，不得不将之投掷到日本，总之是站在了美国人自身的立场。

2. 技术人员参与协助了适用于战争的技术开发与研究，对于这一状态下的"公"与"私"，我们应该如何考虑？如果说"公"就是世界的公民，那么就没有继续探讨的必要了，无论是谁，也不能做这样危及世界公民的研发行为。对此，我不再赘述。

3. 技术人员究竟是如何思考"公"与"私"的？是否要以美国的利益作为最优先考虑的对象？还是要优先考虑到世界公民的安全、健康和福祉而后才决定是否参与呢？

通过交换具体的意见，大家一起进行思考，增进相互间的理解，由此，我们会尽可能地开拓出一个新的认识与思考的平台。抱着这样的期待，我就中村收三教授所提出的重要问题逐次地进行分析，借此来阐述一下我自己的想法。

首先，针对第一个问题，"公众究竟是什么人"与"美国人自身的立场"（之所以必须优先考虑乃是我自己的解释）是一个重点。所谓"公众"，按照我自己的说法，就是指"人"（国民、公民、人类），我们将之分为美国人（美国的居民）与日本人（日本的居民），这一划分解释乃是可供考虑的最小限度的讨论范畴。这是因为我们讨论的脉络，就是限定在美国制造原子弹并将之投在了日本（广岛与长崎）这一事件而展开的。

针对优先考虑美国人立场的问题，这一思考方式存在着两个解释，即它是完全无视日本人这一他者的存在、生命和尊严，完全只是考虑美国自身的利益呢？抑或是也考虑到日本人（国际法领域的普遍认识是将这一概念加以区别对待，一方面是指利用日本这一国家并在它的名义下发动战争的政治家与军人，另一方面是指普通的公民)的问题？由此,也就预先设定了两个不同的基准,即向"国家"表示忠诚的意义下的"公",还是考虑到"人类与环境"的"跨国界的公共性"。所谓"跨国界",并不是指要否定国家意志,而是指要在不被国家意志单独制约的前提下,进一步地追加并补充与之处在不同层次的立场和观念。本国的"人与环境"非常重要,他国的"人与环境"也同样重要,哪怕对方是自己的战争对象国。"跨国界"的思维方式或者看法,在此也就牵涉到了是否对这样的普遍性加以认同的问题。

正如中村收三教授所说的,即便是我们曾经处在一个终极的状态,但是在我们回归到一个正常状态的基点之际,进行反省也是具有重大意义的。通过这样的挫折性的体验与思考,人类与社会的道德意识、伦理意识才会得到真正的提高。

其次,我认为您提出了这一问题,即技术人员参与协助战争的技术研究,对于这一状态下的"公"与"私",我们应该如何考虑？我认为这里的"公"并不是指世界公民,而是"国家";所谓"私",就是"我们自己"。那么,技术人员在战争中协助国家从事研究,这究竟意味着什么呢？简而言之,科学技术人员认为自己的研究对于国家正在进行的战争有益,从而向政策的决策者提供了自己的专门知识或者技术,并要正确地向他们指出这样的技术将会带来正面或者负面的双重影响。所谓"私",就是只有自己知道,而对他人则是秘密。技术人员通过保守这样的秘密,抱着"为了国家"这一信念而感到自豪,——哪怕是牺牲自己可以得到的利益或者恩惠,——并乐意向决策者提供。这样的行为可以称之为"灭私奉公"吧。

但是,是否只要告诉政策的决策者就可以了呢？对于知识与技术的应用所带来的危险性(尤其是武器的杀伤力),是否不必告诉被害者(不管是本国的人＝国民,还是他国的人)就不会出现问题呢? 为了"胜利"这一目的(价值)与由此而不得不付出的代价(不管是物的还是人的代价),两者之间是否不必进行一个"正当的(可以为人接受)判断"呢? 如果可以确切地预测出这一危险性大为超过了正常的许可范围,那么只要对于"胜利"不会带来决定性的影响,就也有必要告诉被害的当事人这样的危险性究竟如何。

这既不是"公"的问题,也不是"私"的问题,应该是"国家"这一层次不可包容的、必须站在另一层次的基准来加以思考的一个问题。这也就是跨国界的"公共性"这一概念。(1996 年日本信息处理学会开始实施的《伦理章程》之中,对社会人的义务进行了如下规定:①不侵害他者的生命、安全和财产;②尊重他人的人格与隐私。在此明确出现的"他者",我认为应该解释为不受到国界限制的人。)

再次,我认为,优先考虑"为了国家"乃是一个极为普遍的现象。但是问题在于,是否有必要向人类隐瞒自身预测到的、令人感到恐怖的悲惨结局呢? 技术人员并不是军人,也不是政策的决策者,他们作为一个普通人不仅要面对自身所处的位置与状况,同时也要面对"历史"与"将来一代人",因此他们必须认真思考一下自己究竟要站在什么样的立场。我认为这是一个非常关键的问题。

参与了曼哈顿计划的杰拉德、奥本海默,他们采取了什么样的态度呢? 在此,我尝试着从"公"、"私"以及"公共性"的立场来加以思考,所以想对实际的状况进行一个设定。尤其是对那一时期公开发表的主张与反论的记录进行了调查,它真实地记载了从原子弹制造成功,到最终决定是否向日本城市——预定向多个城市投掷原子弹——投掷这一重大历史过程。我认为这会成为一个基于历史事实而进行判断的有效方法。而且,通过参考各种各样的大量资料,也可以提高这一判断的可信度。

首先,杰拉德如是说:

1. (1945 年 5 月 28 日,与杜鲁门总统时代的国务卿詹姆士·巴恩斯之间的面谈)参与原子弹制造的科学家们自然会关心它究竟是如何使用的,而且,只有科学家才是可以对此提出忠告的最好的——大概也是唯一的——具备资格的人。①

2. (在向日本本土投下原子弹之前,是事先展示它的破坏力,还是向日本提出事先警告,或者这两个都不做,直接投下,在究竟选择什么的激烈争论之中)基于道德的问题,科学家们反对向日本多个城市投下原子弹,我断定,把这个作为记录应该加以保留下来的时候已经来临了。(1945 年 7 月初)②

3. (向芝加哥与阿拉莫斯的科学家们寄送的请愿书之中)敌国提出的投降条件已经公开了,在给予日本以投降机会之前,我主张不应该对日本使用原子弹。(1945 年 7 月中旬)③

4. (向阿拉莫斯的奥本海默寄送的请愿书并同时寄送的信函之中)鉴于科学家的历史上的评价,我们个人的努力尽管是高尚的行为,但或许也会成为一场虚幻。之所以如此,是因为在目前这个倒退的时期,我们无法改变事态的发展。我们要承认这一点。但是,在一两年之后,普通民众将会如何看待我们。科学家之中的少数派实际上是赞成将重点放在道德讨论这一方面的,因此,我毫

① Spencer Weart and Gertrud Weiss Szilard(eds.), *Leo Szilard: His Vision of Facts*(Cambridge, Mass. : MIT Press, 1978) , p. 186.

② Spencer Weart and Gertrud Weiss Szilard(eds.), *Leo Szilard: His Vision of Facts*(Cambridge, Mass. : MIT Press, 1978) , pp. 185 – 187.

③ Spencer Weart and Gertrud Weiss Szilard(eds.), *Leo Szilard: His Vision of Facts*(Cambridge, Mass. : MIT Press, 1978) , p. 187.

不怀疑地认为,最好还是将这样的事实完整地记录下来。①

5. 科学家向政府递交请愿书,或者投以个人的申诉,力求影响政府,对此我们感到失望。但是,我将全力倾注到了原子弹究竟具有什么样的意义这一促进公共讨论的活动之中。而且,我通过向最新出版的《原子科学家公报》(*Bulletin of the Atomic Scientist*)杂志投稿,严厉批评了杜鲁门政府对于原子弹的秘密垄断政策。②

6. 结果,围绕向日本投掷原子弹的问题,美国科学界发生了分裂。在努力试图影响杜鲁门政府的政策这一过程中,美国科学界的分裂进一步加深了。就在这一时期(尤其是 1949 年前后),我几乎是在孤军奋战的状态下尽力地为原子能的国际合作(政策)进行规划。③

7. 这之后,对于氢弹开发制造计划,我也一贯坚持了反对的立场。

关于杰拉德这一人物,存在着不少的意见、解释与评价,但是通过公开的记录,我们了解到他一贯地努力坚持着要超越美国这一个国家的框架来进行思考、行动与判断。即便是战争的对象国,他也指出要事先告知原子弹的恐怖威力,给予日本以选择的机会,并认为这一点极为重要性。而且,他还批判了美国秘密垄断的政策。在此,我认为应该从另一个角度,即不是“公”与“私”,而是“公共性”的立场来对他进行评价。不言而喻,我们并不知道他在

465

---

① Spencer Weart and Gertrud Weiss Szilard (eds.), *Leo Szilard: HisVision of Facts*(Cambridge, Mass. : MIT Press, 1978) , pp. 211 - 213.

② Bernard Feld and Gertrud Weiss Szilard(eds.), *The Collected Works of Leo Szilard—Scientific Papers*(Cambridge, Mass. : MIT Press, 1972) , pp. 180 - 190; Weart and Leo Szilard, Leo Szilard, pp. 223 - 229.

③ Gregg Herken, *Cardinal Choices: Presidential Science Advising from the Atomic Bomb to SLD*(Stanford, Calif. : Standford University Press, 2000) , p. 33.

那个时候是否意识到了"公共性"。但是,抱着从历史之中进行学习的态度,去追溯杰拉德的事迹,我认为其中确实存在着不少值得我们现代人再次加以思考的内涵。

另一方面,奥本海默如是说:

1.(关于原子能的普遍使用这一方面)我们作为科学家,并没有什么正当的权利。在过去的几年期间,关于这样的问题,少数公民拥有了可以对此进行慎重考虑的机会,其中也包括我们。但是,我们并不具备什么特殊的能力,足以解决原子弹爆炸这一事件所引发的政治、社会乃至军事的各个问题。①

2.(1945年6月,德国投降数周后,与物理学家罗伯特·威尔逊进行对话。在论述展示原子弹威力与事先警告这一议题之际,认为事先警告的提案"不切实际",采取反对态度。)之所以反对,乃是意识到若是原子弹没有爆炸,那么将会发生不可预料的后果(而且,对于向美国空军的最高领导者们展示原子弹威力这一提案,他也采取了断然否定的态度,而且在确认了"空军没有给予敌方以巨大的损害的意图,他们会断然拒绝派遣飞行员驾驶装载原子弹的飞机驾临日本上空"之后)。因为原子弹将会给普通人(民间人)造成强大的心理威慑作用,所以必须要对他们使用(1984年,奥本海默的友人罗伯特证实了这一点。Interview with Robert Serber)。原子弹的爆炸最终使战争结束,而且,在对它进行展示实验的时候,其冲击比较小,而且即便是几个目击者宣传它的冲击力如何大,或许也没有人会相信吧。关于这一点,罗伯特证实奥本海默也抱着同一观点。

---

① Martin S. Sherwin. A World Destroyed: *The Atomic Bomb and the Grand Alliance* (New York: Knopf, 1975) , pp. 304 - 305.

3. （在向日本投掷原子弹之前，是否要进行威力展示与事先警告，围绕这一问题科学家们进行了一年的讨论。）主张进行纯粹的技术性的威力展示的人，期望原子弹的使用非合法化，而且，他们担心如果我们现在使用了这一武器，那么我们将来进行谈判的时候，我们的立场就会被指责为不公正。其他的一批人则是强调立刻使用到军事领域，认为这是一个可以拯救美国人生命的机会，而且，他们相信由此可以改善美国的国际声望。就此而言，他们关心的重点不在于如何消除这一特殊武器，而是在于如何结束战争（奥本海默自身明确地站在了为军事应用进行辩护的一个立场）。①

4. （阿拉莫斯的原子弹第一次试验成功结束之后，奥本海默拒绝散发杰拉德的请愿书，其决定的依据是）科学家没有利用权威来干预政治决定的权利（特勒赞成威力展示，这一意见与奥本海默相似）。②

5. （关于氢弹的制造问题，为了强调它的破坏力极大，超过了人类的想象。）原子弹相当于以往的 2000 吨乃至 20000 吨炸弹，与此不同，一颗氢弹则是相当于 1 千万吨乃至 1 亿吨的 TNT，在强调这样的爆炸威力之后，基本上我一直坚持了反对的立场。③

奥本海默的思考、行为与判断，并没有超越对国家表示忠诚这一意义下的"公"的范畴。他与杰拉德不同，在曼哈顿计划的推进工程中皆是处在了核心人物的位置，这一立场与个人的品性，正如

467

① 参照 1945 年 7 月 16 日，给美国陆军部长亨利·斯蒂文森的书简。

② Edward Teller, "Seven Hours of Reminiscence," *Los Alamos Science,* Winter/Spring 1983, pp. 190 – 195.

③ Martin S. Sherwin. A World Destroyed: *The Atomic Bomb and the Grand Alliance,* New York: Knopf, 1975, pp. 286 – 288.

后来的哥伦比亚大学拉比教授所说的那样，存在着一种接近于"殉教者的心理结构"（martyr complex）。站在为了国家这一立场，他不会对原子弹的破坏力与使用的正当性抱有丝毫的怀疑。随着岁月的流逝，尽管他充满了爱国的热情，但是也被卷入到一种不可名状的疑惑之中，并陷入了绝望与苦恼的深渊。我们不要追究奥本海默作为个人的荣耀与失望，透过他自己的发言与行为，我们将会获得什么样的信息呢？我认为这一点尤其重要。

尽管奥本海默抱着"殉教式"的心理勇于献身，但是所有的决定毕竟还是要军方与政府的主导者来作出与实行。与以杰拉德为首的大多数科学家一样，奥本海默也逐渐远离了决策的中心层。就此而言，他只是一个彻底的被利用者，最终逃脱不了被抛弃的命运。

尽责奉公，牺牲己私，就某种意义而言是难能可贵的。但是，这样的"公"或者是一时的政权或者是一个权力集团，一旦它的真相被披露出来，就会暴露出其无比丑恶的原形。历史上这样的事例可谓是不胜枚举。考虑到此，所谓"公"（国家）的理由或者主张，究竟是要为了"人民（国民、公民、居民、人类）与环境"，还是完全无视"人类与环境"，只是一味地为了实现不断膨胀的野心而强迫世人作出牺牲呢？对此，我们必须慎重地看清它的真相。与此同时，我们也需要真正的智慧，可以使我们作出一个明确的判断。不过，这样的问题，就不再仅仅是科学技术领域的专家们的问题了。

这一问题，是不管哪一个领域皆要直接面对的问题。不论是处在一个极端的状况下，还是处在一个回复到正常状态，考虑我们自身所处的位置的时候，历史给予我们的裁决绝不是宽容的。将来一代人将会如何来评价我们，我们必须牢记于此来展开自己的思索、行动与判断。透过杰拉德与奥本海默两位科学家的经历，令我再次认识到了这一方式的重要性。

后　记

译 者 后 记

　　公共哲学作为一门多元交叉学科,应该说日益受到世人的关注与重视。之所以如此,我认为乃是缘于三大价值观念的求索。首先,作为世界发展趋势的"全球化"浪潮潜藏了"公平屈服于效率,资本优先于人权"的问题,由此而为了逐步拓展与"全球化"相辅相成的、具有独特个性的"地域化",也就需要一个"公共"的价值平台;其次,作为时代之反思的"启蒙"现代性的理性建构之基础,必须要脱离过去的"一元的普遍性"与"多元的特殊性"的二元对立的或者互媒性的框架结构,由此也就需要一个具有了"横向的共媒性"的"公共"的价值视角;最后,面对日益突出的、来自市民阶层的"公共性"的质疑与以之为争论焦点的频发不断的社会活动或者运动之现实,在重塑与加强"公共理性",推动"公共"对话的同时,我们也需要一个以公共哲学的建构为目的的,而且要使世人皆抱有基本的"公共素养"的价值关怀。

　　日本京都公共哲学共働研究所(原将来世代综合研究所)编撰、东京大学出版会出版的《公共哲学》丛书,可以说正是应时代与社会之要求,谋求建立起 21 世纪的新的公共哲学而进行的一个大胆尝试。之所以强调这是一场大胆的尝试,乃是基于这一丛书的参与者们尽管没有就"公共哲学是一个什么样的学问体系"这一核心问题达成普遍的共识,但是他们的研究活动是站在了世界或者社会的各个视角,针对公共性的一系列问题而进行的深入浅

471

出的对话与探讨,这样的活动无疑将会对这一学科的构建活动产生直接而深远的影响。

第一次结识京都公共哲学共働研究所金泰昌所长,是在《公共哲学》丛书翻译计划之始。不过,"公共哲学"这一术语乃至"将来世代综合研究所",应该说是译者于1997年至2001年留学日本京都大学之际即已闻之。曾给予译者悉心指导的大阪府立大学名誉教授花冈永子教授、东洋大学吉田公平教授就是这一学术活动的积极参与者。不过,公共哲学究竟是什么,对于这一问题,应该说是在结识了金泰昌所长之后,才开始对它抱有了一定的关心,而且也越来越切身地感受到它的重要性与现实性。

首次会晤之际,金泰昌所长曾与我谈论起了"公共哲学"是什么,并提到这一哲学本身对于目前的中国所具有的影响与意义,断言:"中国迄今为止并没有出现过真正意义上的公共哲学。"对此,译者也提出了自己的反驳:"如果中国迄今为止没有出现真正意义上的公共哲学,那么究竟依据什么可以断言它对于现代中国具有真正的意义与价值呢?"不言而喻,对于固守历史哲学之思维方式的译者而言,这样一场交锋既是一个思想史或者哲学史的重新诠释的契机,同时也是一个针对新的学问的思想挑战。问题的焦点也就在于此。"真正意义上的公共哲学究竟是什么"、"对于现代中国而言,它是否具有了现代性的意义与价值",就在这样的思索的困境之中,译者开始了《科学技术与公共性》一书的翻译。

不过,现代中国的科学技术的问题直接而有效地解答了译者针对"公共哲学"之必要性的怀疑。就在这一著作翻译完毕之际,译者的栖身之所出现了反对建设化工基地的市民活动。这一事件本身给予译者以巨大震撼,使我切身体会科学技术的问题,尤其是科学技术的安全性问题,成为了困扰现代中国的最为紧迫的一大问题。而且,透视整个事件,译者也深切感受到加强作为"私"的市民与作为"公"的政府部门之间的"公共"对话的必要性与重要性。由此,译者提出了"开拓对话渠道,推进公共对话"的参政议案,并觉悟到新时代的"启蒙"尤为关键。而作为一个知识分子,目前最为紧迫的问题就是如何向广大的市民推广与普及科学知识。

《科学技术与公共性》一书,就译者而言,可谓涉及了四大问题。第一,是现实操作下的技术伦理的问题。这一问题的关键在于如何逐步建立起各个技术人员的学会团体的伦理章程的问题。这样的伦理章程,不应该是国家体制下的、法律框架内的法规,而应该是以世界的同一技术下的《技术人员伦理章程》为最终之目标的自觉建构。第二,则是技术的组织形式的问题。产学研的合作与开发是一个世界性的潮流,打破"公"与"私"之间的行政壁垒,通过科学技术的普遍性与普世性,来促进整个社会机制走向活跃化,应该说是一个世界性的课题。第三,站在研究的角度,应该如何站在一个多元学科交叉或者说新的学问的体系下来重新探索科学发展的未来性的问题。正如村上阳一郎教授所指出的,这一问题也涉及了科学史本身的自我诠释的问题,科学家或者科学家集团的自我定位、价值判断、社会责任等一系列问题。第四,则是科学技术的价值体系的重建问题。西方话语霸权下的诺贝尔奖是否就意味着绝对的权威?科学技术的"放纵"与"肆虐"本身是否存在了根本性的问题?如何在保障基本人权的独立与自由的前提下,打破一元价值体系的控制与世人的盲信观念,树立起真正意义上的人文关怀?总之,这样的一系列问题归根结底,也就在于"公共理性"应该如何建立起来的一个问题。

就《科学技术与公共性》一书的整体而言,应该说给译者留下

473

了"一大震撼"与"一道警示"。所谓"一大震撼",就在于京都公共哲学共动研究所作为一个民间财团支持下的独立研究机构,竟然召集了如此众多的日本一流的学者与社会人士,编撰出了如此庞大的系列研究丛书。这样的民间研究团体如此锐意从事人文科学研究,应该说与以矢崎胜彦为理事长的将来世代财团的经营理念密不可分,同时也与日本现代知识分子的人文关怀密切相关。由此,我深刻地认识到科学技术的普及不仅是国家体制下的一个环节,同时也应该是民间团体与民间人士尤其是现代知识分子的一大任务。

所谓"一道警示",乃是针对日本经济的衰退所进行的解读。迄今为止,探索日本失去的十年的症结究竟何在?外部环境的问题、经济结构的问题、经营模式的问题、国际资本流动的问题、国民消费观念的问题,可谓是各个不同的领域皆给予了不同的解答。本书则是站在科学技术的视角,指出科学技术的主导方向出现了根本的问题。不过在此,我并不愿过多地探讨日本科学技术的主导方向究竟出现了什么样的问题,而是希望提出一道警示,希望我们自己可以引以为戒,即作为第一生产力的科学技术如果出现了方向性的根本错误,那么就将会成为迟缓整个国家与社会发展的最大症结之一。

《科学技术与公共性》一书的翻译,可谓经历了不少的挫折与反复,所幸终于得以付梓。无限感慨,无数困惑,至今犹反思不已;百种滋味,千般心情,可谓是难以言表。在此必须提到的是,厦门大学的一批学术研究者也参与了本书的翻译,许萌承担了论题四、论题八,商钟岚承担了论题七,胡永红承担了论题九,译者则是承担了整体性的翻译与校正。出版之际,厦门大学外文学院的王韵、周岚两位同学也对整篇文稿进行了再度校对。鉴于本书专业性强、涉及面广之特点,故整篇翻译难免纰漏遗憾之处,期待有识之士不吝赐教,感激无限。

本书的出版,得到了人民出版社夏青编辑的大力支持,整个翻译过程中也一直得到翻译的策划者与负责人、中国社会科学院日本哲学研究所卞崇道教授的支持与鼓励,也得益于丛书翻译同仁的指导与教诲,在此谨以致谢。

吴 光 辉
2008 年 4 月于厦门大学囊萤楼

第26次公共哲学共同研究会

[发题者]

柴 田 治 吕：科学技术振兴事业集团理事

岸 辉 雄：物质·材料研究机构理事长、东京大学名誉教授

中 村 收 三：立命馆大学理工学部客座教授（原大阪大学教授）

轻 部 征 夫：东京大学国际·产学共同研究中心教授

加 藤 尚 武：鸟取环境大学校长、京都大学名誉教授

村上阳一郎：国际基督教大学教养学部教授

武 部 启：近畿大学理工学部生命科学科教授、京都大学名誉教授

HUGO（基因图谱）国际伦理委员会副委员长

相 田 义 明：原东京大学尖端科学技术研究中心客座教授

佐 藤 文 隆：甲南大学理工学部教授、京都大学名誉教授

[讨论参加者]（按五十音图排序）

足 立 幸 男：京都大学大学院人间·环境学研究科教授

绫 部 广 则：东京大学大学院综合文化研究科助教

金 凤 珍：北九州市立大学外国语学部国际关系学科教授

小 林 傅 司：南山大学人文学部教授

小 林 正 弥：千叶大学法经学部法学科副教授

西 原 英 晃：京都大学名誉教授

桥 本 毅 彦：东京大学尖端科学技术研究中心教授

原 田 宪 一：京都造型艺术大学艺术学部教授（原山形大
学理学部教授）

薮 野 祐 三：九州大学法学部教授

山 胁 直 司：东京大学大学院综合文化研究科教授

吉 田 公 平：东洋大学文学部教授

林 　 胜 彦：NHK"21世纪企业"栏目高级策划者、制
片人
东京大学尖端科学技术研究中心客座教授

[主办方出席者]

西 冈 文 彦：京都论坛策划委员、传统版画家

矢 崎 胜 彦：将来世代国际财团理事长（兼任公共哲学共
働研究所事务局局长）

金 　 泰 　 昌：将来世代综合研究所（现为公共哲学共働研
究所）所长

[**发题者简介**]

柴田治吕（Shibata Jiro）1947 年生，科学技术振兴事业集团理事，研究方向为科学技术论。出版《谁是技术革新的承担者》（日刊工业新闻社 1983 年），《从 CAM 到神》（筑摩书房 1991 年），*Langue conaissance pensée*（Librairie D'amérique et D'orient Adrien Maisonneuve, 1986）。

岸辉雄（Kishi Teruo）1939 年生，物质材料研究机构理事长、东京大学名誉教授、日本学术会议会员（前日本经济通产省技术综合研究所产业技术综合领域研究所所长），研究方向为材料工程学。出版《追索微观之伤》（共著，丸善 1989 年），《金属材料》（共著，岩波书店 2001 年），《材料概论》（共著，岩波书店 2001 年）

中村收三（Nakamura Shuzo）1937 年生，立命馆大学理工学部客座教授（前大阪大学教授），发表《工程学伦理教育之倡导》（《朝日新闻》，论坛 1999 年 12 月 30 日），《工程学伦理教育之倡导》（《大学的物理教育》，2002 年第 2 期，2000 年第 4—7 期）、《技术人员的教育与伦理——技术者 OB 教授的工程学伦理》（《日本机械学会杂志》，2002 年第 4 期）。

轻部征夫（Karube Isao）1942 年生，东京大学国际产学共同研究中心教授、东京大学尖端科学技术研究中心教授、日本工程学学会会员，研究方向为生物电子工程学。出版《知识的生产、思考的技术、我的方法》（三笠出版社 2001 年）、《生命科学——对社会的冲击》（放送大学教育振兴会 2001 年）、《尖端技术的大常识》（日刊工业新闻社 2001 年）、《生命工程学（bionics）之书》（日刊工业新闻社 2001 年）。

加藤尚武（Kato Hisatake）1937 年生，鸟取环境大学校长、京都大学名誉教授，研究方向为伦理学。出版《尖端技术与人》（NHK 出版 2001 年）、《应用伦理学入门》（晃洋出版 2001 年）、《价值观与科学技术》（岩波书店 2001 年）。

村上阳一郎（Murakami Yoichiro）1936 年生，国际基督教大学教养学部教授，研究方向为科学史、科学哲学。出版《科学技术与社会》（光村教育图书 1999 年）、《质疑科学的现状》（讲谈社 2000 年）、《作为文化的科学技术》（岩波书店 2001 年）。

武部启（Takebe Hiraku）1934 年生，近畿大学理工学部生命科学科教授、京都大学名誉教授、HUGO（基因图谱）国际伦理委员会副委员长。研究方向为遗传学、放射性生物学。出版《DNA 修复》（东京大学出版会 1983 年）、《为什么会形成癌》（裳华社 1991 年）。

相田义明（Aita Yoshiaki）1954 年生，前东京大学尖端科学技术研究中心客座教授，研究方向为知识产权法。出版《软件专利入门》（日刊工业新闻社 1996 年），《尖端科学技术与知识产权》（共著，发明协会 2001 年），《专利审查、审判的法理与课题》（共著，发明协会 2001 年）。

佐藤文隆（Sato Humitaka）1938 年生，甲南大学理工学部教授、京都大学名誉教授，研究方向为天体核物理学。出版《物理学的世纪》（集英社 1999 年）、《科学与幸福》（岩波书店 2000 年）、《科学家的将来》（岩波书店 2001 年）。

责任编辑:夏　青
封面设计:曹　春

图书在版编目(CIP)数据

科学技术与公共性/〔日〕佐佐木毅,〔韩〕金泰昌主编;吴光辉译.
　-北京:人民出版社,2009.6
　(公共哲学丛书/第8卷)
ISBN 978－7－01－007457－3

Ⅰ.科…　Ⅱ.①佐…②金…③吴…　Ⅲ.科学哲学-研究
　Ⅳ.N02

中国版本图书馆CIP数据核字(2008)第170790号

科学技术与公共性

KEXUE JISHU YU GONGGONGXING

〔日〕佐佐木毅 〔韩〕金泰昌　主编　　吴光辉　译

人民出版社 出版发行
(100706　北京朝阳门内大街166号)

涿州市星河印刷有限公司印刷　新华书店经销

2009年6月第1版　2009年6月北京第1次印刷
开本:880毫米×1230毫米 1/32　印张:16.625
字数:396千字　印数:0,001－3,000册

ISBN 978－7－01－007457－3　定价:55.00元

邮购地址 100706　北京朝阳门内大街166号
人民东方图书销售中心　电话 (010)65250042　65289539

原 作 者：佐々木毅、金泰昌　編

原 书 名：科学技術と公共性

原出版者：東京大学出版会

我社已获东京大学出版社（東京大学出版会）和公共

哲学共働研究所许可在中华人民共和国境内以中文

独家出版发行

著作权合同登记　01－2008－5128号